種子學

郭華仁——著

Seed Biology

序

多數種子可耐乾燥而不失生命力，得以逃避惡劣的環境，在繁殖過程又透過遺傳特性的排列組合，增加後代變異，以資適應新的環境。在植物界中，相對於苔蘚類與蕨類植物，裸子與被子植物之所以能更為擴散，憑藉的利器就是種子。

為了繁衍後代，種子在成熟期間會蓄積養分，提供幼苗初期生長所需。這個特性讓人類學會播種，而發展出農業為根基的文明。現在占全球耕地面積約 45% 的禾穀類，約 16% 的油料類、約 16% 的豆類，以及約 3% 的蔬菜類等，這些作物大多用種子來播種生產，而除了蔬菜以外，這些作物也常以種子的型態供人類食用。

以上所提兩個方向就是本《種子學》撰寫的著眼處。

作者 1974 年在臺大農藝學研究所碩士班選讀故陳烱崧教授的種子學，開始接觸到種子科技。修習博士學位時有較長的時間將 Kozlowski《種子學》（*Seed Biology*）上中下三冊讀過一遍，也鑽研不少第一手學術論文，因此任職臺大之初就得以接棒講授種子學概論。

種子學兼顧學術與實用，作者三十多年的研究領域涵蓋種子發芽、休眠、壽命、生態，與種子清理、檢查，後來又及於品種權、種源權、基改種子管理等相關議題。種子學專書的寫作始於 1996 年，不過正式撰稿則在 2009 年再次休假時展開，因工作的關係直到退休前兩年才較能專注，終於在今年 5 月委交臺灣大學出版中心編輯出版。

種子學領域浩瀚，非一人所能盡。本書只能以講授內容作為骨架，然後多方涉獵文獻予以增添。近年來分子生物學方面的論文較多，因非作者所長，也因篇幅與時間的限制，僅選擇若干重要的研究成果加以介紹，各方遺珠就另待高明。早期撰寫時並沒有考慮到出版時引用的問題，未能即時記錄文獻，雖然正式撰稿時盡量搜尋，仍有部分出處無法找到。即使如此，所參考著作仍有 444 筆之多，提供讀者做進一步的探討。

生物本就多樣，許多學說的形成都是先由少數物種甚或品種透過試驗而得，然後再擴及其他品種或物種，在這樣的觀念探索過程中，學者逐漸對生物界的秩序加以歸類。然而再怎樣的歸類，例外總是會出現，此現象在種子科學上更為普遍，在閱讀本書時宜加注意。也由於種子科技的研究對象植物涵蓋甚廣，為了便於閱讀，六百多種植物在正文都使用俗名，其拉丁學名則以對照表的形式附於書後。植物名稱在單引號'　'之內者為品種名稱，少數微生物或動物則直接將拉丁學名書於文中。

科技書籍頗多外來專有名詞，首次出現時會附加原文，其後出現則省略之，需要時

可以找尋索引。有些外文名詞，特別是機構名稱習慣上會用縮寫，也是首次出現時掛上原文，其後就以縮寫代之，需要時請參考頭字詞對照表。正文所附的圖表大抵來自期刊或專書，為方便閱讀，圖表的出處統一附於書末。由於原始圖片取得不易，因此泰半由 PDP 檔案或者透過掃描複製，製版時容有不清晰之處，還請多包涵。至於書中難免有錯謬之處，自是作者無所辭的責任。

　　感謝以下諸君與單位無償提供圖片檔案：臺灣大學的馮丁樹教授、黃玲瓏教授，中央研究院的簡萬能博士與沈書甄小姐，屏東科技大學的楊勝任教授與彭淑貞講師，科技部周玲勤副研究員，烏拉圭 Pampa 聯邦大學的 Cristiane Casagrande Denardin 教授，英國倫敦大學的 Gerhard Leubner 教授，美國華盛頓州立大學的 Linda Chalker-Scott 副教授，以及我國中央研究院植物暨微生物研究所、CAB International、The Company of Biologists Ltd、John Wiley and Sons、Nature Publishing Group、Oxford University Press、Society for Experimental Biology 等。感謝陳函君小姐協助繪圖，羅振洋先生協助處理版權事宜，臺大出版中心的曾双秀小姐與蔡忠穎先生協助本書的出版。臺大圖書館電子期刊資源還算不少，大大減少撰寫時所花費的時間，也一併致謝。

　　最後作者要多謝師長、同仁、農業界先進以及研究生的提攜、指導與切磋。已故雙親的養育，以及愛妻淑媛的扶持，讓我得以安心地工作，在此致上最深的感恩。

郭華仁

2015 年 9 月 10 日

目　錄

種子由胚（embryo）、胚乳（endosperm），及種被（testa，或稱種皮 seed coat）等三部分構成，此乃植物學的定義。但農學、生態學或者一般的所謂種子可以涵蓋穎果（caryopses）、瘦果（achene）、穀粒（grain）等，這些通稱為散播單位（dispersal unit）。馬鈴薯以塊莖做無性繁殖，中文稱為種薯，有別於馬鈴薯的種子。英文迅稱馬鈴薯種薯為 seed，為了避免混淆，種薯常以 seed potato 表示，而其種子則稱為 true seed。

第一節　種子的定義

種子植物經過營養生長期之後，在適當的時機或者環境下，頂端分生組織分化形成花芽，是為生殖生長之始。雌蕊基部膨大的部分稱為子房（ovary），子房由一個或多個大孢子葉（megasporophylls）向內包圍而成，大孢子葉又稱為心皮（carpel），心皮內含有一個或一個以上的胚珠（ovule）。被子植物的胚珠包藏於子房之內，裸子植物的胚珠則裸露於外，並沒有被果實包裹著（圖 1-1），而是生長於毬果之中，或僅有種鱗（seed scale）保護著。

胚珠的表皮為珠被（integument），珠被將大孢子囊（megasporangium）包圍著，大孢子囊之內為雌配子體（megagametophyte 或 female gametophyte），或稱胚囊（embryo sac）。胚珠由珠柄（funiculus）將胚珠連接到子房內的胎座（placenta）。

大孢子囊也稱為珠心（nucellus），在胚珠的中心位置，為雙倍體的母體組織。發育時珠心可能增大，但也可能僅為一到三個細胞層。珠心的作用可能是將養分傳導到雌配子體。種子成熟後珠心細胞或消失，或剩下若干層細胞，少數發育成儲藏養分的組織，即外胚乳（perisperm）。

珠心由一片或兩片細胞層所包圍，這細胞片即是珠被。珠被發育時由大孢子囊基部開始細胞分裂，向尖端進行，最後在先端留有一孔，稱為珠孔（micropyle），這是花粉兩個精核進入胚囊的入口，也是發芽時胚根的突出口，那時就稱為發芽孔。珠被基部，即外珠被與內珠被相合處稱為合點（chalaza，圖 1-2），位於珠孔的相對處。珠柄與珠被相連處稱為珠脊（raphe），即成熟種子的種脊。維管束由子房經珠柄而止於合點，為養分、水分之供給途徑。

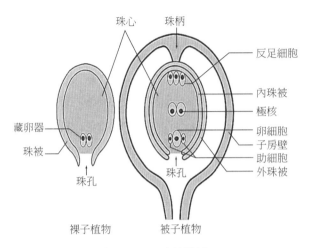

圖1-1　胚珠的構造

大多數被子植物在珠心之內由單一個大孢子母細胞（megasporocyte）經減數分裂產生4 個單倍體細胞，其中僅一個具生命力，再經過三次有絲分裂，形成 8 個單倍體核，即是雌配子體（圖 1-1）。這 8 個核各 4 個分在細胞的兩端，然後每端各 1 個核回到細胞的中間部位，成為 2 個極核（polar nuclei）。胚囊接近珠孔處具有 1 個卵細胞，卵細胞的兩側又各自有 1 個助細胞（synergid）。與卵細胞相對的遠端有反足細胞群（antipodal cells），反足細胞的數目常為 3 個，向日葵 2 個，菊屬 7 個，月見草屬無之，而禾草類有超過 100 個者（Meyer, 2005），臺灣蘆竹可達 18 個（簡萬能，1992）。

受精作用之後精核與卵細胞結合發育成為胚（N+N），另一精核與兩個極核結合發育成胚乳（2N+N）。珠被發育成種被。種子發育成熟之後，珠柄與胎座斷裂分離，在種被上留下略呈隆起或凹陷狀的痕跡，稱為種臍（hilum）。基本上種子即由胚、胚乳和種被等三大部分構成（圖 1-2），但許多種子成熟時胚乳已經不見或僅剩痕跡。

種子不同部位其遺傳組成可能不同。被子植物在卵受精之時，另外一個精核與胚珠內兩個極核結合而成三倍體的胚乳核（endosperm nucleus），因此胚乳的基本遺傳構造是 2N（母本）+1N（父本）。胚乳的主要功能是儲藏養分，提供為胚生長之用。胚是卵與精核結合而成，因此其遺傳組成分別由父本及母本各取得一半（N+N）。種被來自珠被，由於珠被是母體組織，因此種被的遺傳組成和母體細胞相同（2N），不會表現出花粉帶來的父本特徵。

被子植物種子的三個部位不但在來源與遺傳組成上截然不同，種子成熟後其構造、成分與大小也互異，其中尤以胚乳與胚的相對大小在物種間差異甚大。裸子植物是在珠心之內發育出雌配子體，雌配子體非常微小，下端原葉體，頂端則生有二或多個藏卵器

（archegonium），與游離核受精而形成胚。原葉體部分將來發育成養分儲藏組織，有時也稱為胚乳，但是僅為半倍體，而非被子植物的三倍體。

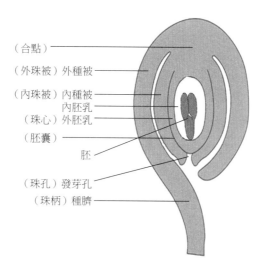

（合點）

（外珠被）外種被

（內珠被）內種被
內胚乳
（珠心）外胚乳
（胚囊）
胚
（珠孔）發芽孔
（珠柄）種臍

圖1-2　胚珠發育成種子示意圖

　　被子植物的種子之外有果皮（pericarp），果皮是由子房壁發育而成。種子成熟經自然脫落或人為簡單處理後，常可與果皮分離。然而有許多一果含一粒種子者，種子在成熟脫落之後，或經簡單的處理後，仍與果皮共存。由於這些種子的自然傳播或人為種植，皆以整粒果實為之，因此在一般或農業用語上仍常稱之為種子，不過在植物學上是果實，因此以「種實」統稱或許比較妥當。研究論文也常以種子涵蓋各類種實，比較嚴謹的做法需要在註釋上說明，閱讀時則應留意文字中「種子」的意涵。

　　植物學上的一果一粒種子的果實而習稱為種子者頗多，禾穀類作物如小麥，種子成熟時果皮與種被受擠壓融合，兩皮無法區分，是為穎果。水稻、大麥、薏苡等成熟脫落時，穎果之外尚附著有內外穎、護穎等母體構造。禾穀類種實常稱為穀粒。

　　萵苣、向日葵的成熟果實，其種被和果皮雖沒有融合，但種被甚薄而可以與果皮分開，不過分離的程序較複雜而且顯得不需要，因此仍以整個果實作為散播單位，稱為瘦果。舉例而言，咬食西瓜子時，吐棄的硬殼是種被，而吃向日葵子時，吐棄的硬殼則是果皮。

　　蓼科的酸模及蕎麥，其瘦果在成熟時通常與花被（perianth）一齊掉落，因此整個散播單位有時直接稱為 perianth。藜科的甜菜種子（果實）成熟時，花被木質化連結兩個或多個瘦果成塊，英文稱為種子球（seed ball），俗稱的甜菜種子常含兩個或多個瘦果，因此發

芽或種植時，一粒種子常長出兩本或多本甜菜幼苗。不過種子球一詞也常用來指稱外加物質於種子使成球形以利播種的產品。

　　莎草屬、莧菜種子成熟時，其外包有一薄膜囊，稱為胞果（utricle），豆科的天藍苜蓿種子也包有一莢囊，成熟後與種子一起自然脫落。

　　果皮特化為翅狀而藉以散播者稱為翅果（samara, pterocarpus fruit，圖1-3），翅果通常由果皮或其他部位發育成翅狀物將種子包圍。楊勝任、陳心怡（2004）將我國29科50屬108種植物的翅果分成十大類，分別是：（1）假翅果（如阿里山千金榆）；（2）翅狀胞果（如皺葉酸模）；（3）聚合翅果（如鵝掌楸屬）；（4）分離翅果（如臺灣三角楓）；（5）頂生翅果（如白雞油）；（6）環生翅果（如臺灣赤楊）；（7）具翅莢果（如小葉魚藤）；（8）具翅蒴果（如臺灣欒樹）；（9）具翅瘦果（如假吐金菊）；以及（10）聚合蓇葖翅果（如青桐）等。有些種子由種皮特化成翅狀，稱為具翅種子（詳第四節）。

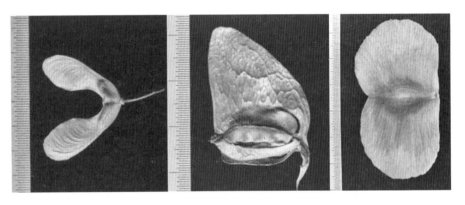

圖1-3　翅果
由左而右：分離翅果（雙翅果的臺灣三角楓）、具翅蒴果（臺灣秋海棠）、翅狀胞果（馬尼拉欖仁）。

第二節　胚珠型態與種子型態

　　種子由胚珠經過受精作用發育而成，種子的型態相當多樣，不過常與所來自的胚珠有關，因此要了解種子的型態，宜先認識胚珠的型態。依照胚珠的形狀，以及胚珠在子房中著生的位置，可以有各種類型。胚珠型態歸類的主要根據是珠孔與合點的相對位置，以及珠柄的長度，一般可分為倒生、直生、曲生、橫生、彎生與捲生（圖1-4）：

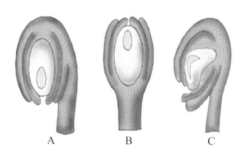

圖1-4　胚珠的型態
A：倒生；B：直生；C：曲生。

（一）倒生胚珠（anatropous embryo）

　　這是被子植物最普遍的胚珠型，有 204 科（約 80%）的植物屬之，特別是合瓣花亞綱植物為然（David, 1966）。此型的特徵是胚珠直線形，合點在上端，珠孔朝下接近珠柄與胎座的接合處，該接合處將來發育成種皮上的種臍。珠柄甚長，與珠被接合甚密，成稜起狀的珠脊。由倒生胚珠發育成的種子，發芽孔與種臍相近，合點與種臍相對，兩者之間以種脊相連。

（二）直生胚珠（orthotropous embryo）

　　此型的胚珠為直線形，珠柄甚短，珠孔朝上，合點在基部，而珠柄、合點、珠心與珠孔同在一直線上，在裸子植物較為普遍。被子植物僅約 20 科有之，如天南星科、半日花科、大風子科、胡桃科、茨藻科、胡椒科、蓼科、山龍眼科、蕁麻科等。直生種子的種臍與發芽孔相對，而不見合點與種脊。

　　在倒生胚珠與直生胚珠兩型態之間，有許多種可能的珠型，較顯著者如下三種。

（三）曲生胚珠（amphitropous embryo）

　　胚珠甚為彎曲成拱狀。珠柄較長，珠孔向一側，合點在相反另一側，如澤瀉科、花藺科有之，但有學者將此種珠型併於彎生胚珠之下。

（四）橫生胚珠（hemianatropus embryo）

　　胚珠呈直線狀，與珠柄的角度約在 90 度左右者，毛茛科有之。

（五）彎生胚珠（campylotropus embryo）

胚珠略呈彎曲，珠柄甚短，珠孔向一側或微向下、合點在基部，十字花科植物如甘藍屬、芥屬，以及石竹科的女婁草屬、麥仙翁屬等有之。彎生種子的發芽孔、合點與種臍略為接近，而種臍居發芽孔與合點之間。豆科植物的胚珠彎曲，因而被列入彎生胚珠，但由於成熟的種脊常甚為發達，因此亦有人將豆科列為倒生型。

此外尚有各種中間型態，如直立彎生、直立拱生、側立彎生、側立拱生、橫立彎生、橫立拱生等。

（六）捲生胚珠（circinotropous embryo）

胚珠呈直線狀，珠柄甚長圍著整個胚珠，並將胚珠推倒轉 180 度，使得珠孔朝上，仙人掌科、藍雪科等有之。

第三節　種子內部結構的歸類

自從 Joseph Gaertner 在 18 世紀後期發表兩冊的專書 *De Fructibus et Seminibus Plantarum*，對於種子的比較形態學做詳細的描述之後，有關這方面的研究大抵都局限於較少數的科屬。然而 A. C. M. Martin 以徒手切片的技術，對 1,287 屬的植物種子進行內部形態的比較研究，在 1946 年依種子構造提出其歸類（圖 1-5）。他根據胚與胚乳的相對大小以及胚的大小、形態與位置，將種子的內部結構分為三大基本形態，即基部型、周邊型和軸心型。基部型再分成四類，軸心型再分成七類。

種子內部構造有分類學上的意義，某一科植物的種子可能以某種類型為主。實際上例外的情形也常見，例如繖形花科中，比較多的是線條胚如胡蘿蔔，有些胚屬於不全胚如雷公根，若干為飯匙胚如大茴香。

一、基部型胚（basal embryo）

基部型的胚通常較小而且局限於種子的底邊，種子通常中到大型，可分為四類：

（一）不全胚（rudimentary embryo）

不全胚的胚小，圓形到卵形，子葉很小，但有時亦稍大而近似小的線條型。單子葉植物的紅根屬及延齡草屬為不全胚，雙子葉植物則可以在冬青科、五加科、木蘭科、罌粟科和毛茛科發現，但罌粟科和毛茛科有些屬則較接近線條型。

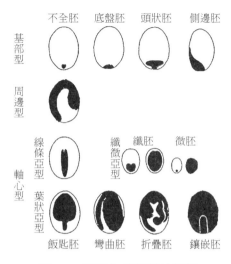

圖1-5　種子內部構造的歸類

（二）底盤胚（broad embryo）

底盤胚的胚位於種子的基部，略較不全型者寬廣，單子葉的殼精草科、燈心草科、苔草科和蔥草科有之。雙子葉植物的睡蓮科和三白草科亦可見到底盤胚，但胚部常不若單子葉植物同類型者那麼寬。

（三）頭狀胚（capitate embryo）

頭狀胚僅見於單子葉植物，胚位於種子基部，具類似頸部的頭狀構造，莎草科者屬之，但本科內的若干屬則為底盤型或線條型，諸藨屬和鴨跖草屬者亦類似頭狀型。

（四）側邊胚（lateral embryo）

側邊胚為禾本科特有，胚位於基部而偏向一側。胚的相對大小變異甚大，大可占整個種子的二分之一（如珍珠粟）。具有較大胚部者如芒刺格拉馬草，其胚的長度可接近種子的長度，短者如阿肯色泥草的胚，約僅種子長度的十分之一。

二、周邊型胚（peripheral embryo）

周邊型胚的胚面積常占種子的四分之一到四分之三，胚伸長彎曲，而一邊緊接種皮，胚乳（大多是外胚乳）部分被彎曲的胚包圍著。本型僅見於雙子葉植物，番杏科、莧科、石竹科、商陸科、紫茉莉科等皆屬之。蓼科及仙人掌科亦可列為本型，但例外較多。

三、軸心型胚（axile embryo）

軸心型胚位於種子中央，可再分為三個亞型。

（一）線條亞型（linear embryo）

線條亞型的胚細長，其長度有底盤型者的數倍之長。線條亞型的胚或直線或彎曲或捲曲，子葉沒有擴充，胚若彎曲，也不與種皮接觸，此與周邊型胚者顯著不同。本型在裸子植物、雙子葉及單子葉植物皆有之，種子通常不很小。裸子植物大多數皆為線條亞型胚，如紅豆杉科、銀杏科、蘇鐵科、松科等都是直立的線條胚。單子葉植物如石蒜科、鳶尾科、百合科（但豬牙花屬例外，接近不全型）、雨久花科、鈴蘭科、粉條兒菜科等的植物也都是線條胚。此外曇華科的黃花美人蕉、薑科的馬拉蓋椒蔻薑、竹芋科的水竹芋等，其胚亦皆為線條型。棕櫚科者通常介於線條胚與底盤、不全胚之間。天南星科種子具胚乳者屬於線條型，但不具胚乳者則非為典型的線條型，因此不易歸類。

雙子葉植物中，櫻草科、茄科、越橘科、繖形花科等經檢查 39 屬中 24 屬為線條型，10 屬為不全型，5 屬為飯匙型者。其他如紫金牛科、小二仙草科、第倫桃科、嚴高蘭科、番荔枝科、黃楊科、檀香科、桑寄生科、馬兜鈴科、海桐科、瓶子草科、茶藨子科、紫菫科等亦有之。

茄科的胚大多數是彎曲狀的線條胚，圖 1-6 顯示番茄不同品種，胚部兩片子葉的位置也可能大有不同，不過胚部未緊貼種皮則都一致。

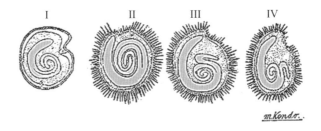

圖1-6　番茄胚的形狀
I：茄子；II：'Yellow Plum'番茄；III：'Table Queen'番茄；
IV：'Mikado'番茄。單括號' '內為品種名稱。

（二）纖微亞型（miniature embryo）

纖微亞型胚有纖胚（dwarf embryo）與微胚（micro embryo）兩類，胚乳都不具澱粉。

纖型胚種子長度通常在0.3mm至2mm之間，長度可能與寬度同大。雙子葉植物中桔梗科、虎耳草科具有微胚，但微胚不見於單子葉植物。

微胚種子更小，在0.2mm以下，通常為球形，由50-150個細胞組成。纖胚在單子葉植物僅見於蘭科和水玉簪科，而雙子葉植物則見於錫杖花科與鹿蹄草科等兩科。

（三）葉狀亞型（foliate embryo）

葉狀亞型的胚通常中到大型，胚乳非澱粉性，胚部居種子之中，約占種子體積四分之一至全部，子葉擴張。本亞型可再分為四類：

1. 飯匙胚（spatulate embryo）

飯匙胚直立，子葉擴張呈飯匙型，僅見於雙子葉植物，主要是菊科、大戟科、木犀科、薔薇科、蕁麻科、馬鞭草科、董菜科、蘿藦科、衛矛科、山茱萸科。此外日日春、鳳仙花、胡麻、酢漿草、百香果、福祿考等屬者也皆為飯匙胚。

2. 彎曲胚（bent embryo）

彎曲胚的胚似飯匙型，但胚軸曲度甚大，整條胚根甚接近子葉，十字花科、大麻科、漆樹科、蝶型花亞科等屬之，但蝶型花亞科中的落花生則為鑲嵌胚。

3. 折疊胚（folded embryo）

折疊胚的子葉薄而擴張，並折疊包於種皮之內。雙子葉植物的錦葵科及旋花科皆為折疊胚，此外，橄欖科、蠟梅科、牻牛兒苗科、蠅毒草科亦有之。殼斗科的山毛櫸屬種子亦為折疊胚，十字花科的蕓苔屬（如甘藍）與萊菔屬（如蘿蔔）亦有折疊型的傾向。桃金孃科屬於折疊型，但例外較多，無患子科亦然，例如荔枝就是飯匙胚。

4. 鑲嵌胚（investing embryo）

鑲嵌胚充斥整個種子，胚乳沒有或甚少，子葉厚，將短小的胚軸（柄）包圍達一半以上，這是因為胚軸與子葉的接點並非一般的落在子葉基部，而是在基部之上，樺木科、蘇木科、含羞草亞科、鼠李科屬之，茶科、唇形花科、殼斗科、胡桃科、刺球果科、池花科、角胡麻科、金蓮花科等也皆有之。芸香科本為飯匙型，但是柑桔屬、金柑屬、枳殼屬等則皆為鑲嵌胚，千屈葉科者則並非很典型的鑲嵌胚。

第四節　種被

　　種被由珠被發育而成，因此其構造也反映出珠被者。被子植物所有科中約一半的科其成員都具有兩片珠被，分別稱為外珠被與內珠被，但約四分之一的科僅有一片珠被，包括爵床科、繖形科、夾竹桃科、桔梗科、旋花科、唇形花科、茜草科、玄參科、茄科、馬鞭草科等。約 5% 的科其成員或一片或兩片珠被不等，如豆科、紫茉莉科、報春花科、蓼科、毛茛科、薔薇科、虎耳草科，以及單子葉植物的石蒜科、百合科、蘭科等。某些蘭科種子的珠被只剩一層細胞，偶亦有沒有珠被的胚珠出現，通常出現於寄生性植物，如桑寄生科、檀香科、蛇菰科者。

　　珠被在受精之際即開始進行細胞分裂，分裂之後再進行細胞增大或者分化。平行分裂（即分裂面與珠被平行）的結果增加珠被細胞層數，而垂直分裂則增加各層細胞的數目，細胞擴大可以增加珠被的表面積。細胞擴大的方式若為徑線面的增長，則可以形成柵狀細胞，若為切線面增長，則可以形成管狀或漏斗狀的細胞，若四面均勻地擴大，則形成圓球狀細胞。由於分裂、增大、分化這三種珠被細胞活動的先後次序及不同強度，有些細胞層分化成為厚壁細胞層，種子成熟之後有些細胞層也隨之壓縮，更有些則被吸收擠壓而不見。由於種被的多層細胞在各種植物各自有不同的組合方式，因此種被的構造成為植物科的特徵（Corner, 1976）。

　　裸子植物的種被一般可分成 3 層，即肉質種皮（sarcotesta）、硬質種皮（sclerotesta），以及內肉質種皮（inner sarcotesta，或 endotesta），但 1 到 4 層者也皆有之（Schmid, 1986）。在具兩片珠被的被子植物種子，由外珠被發育成為外種被（testa），而由內珠被發育成為內種被（tegmen）；發育中外種被與內種被各有 3 層，分別稱為表外種被（exotesta）、中外種被（mesotesta）、裡外種被（endotesta），以及表內種被（exotegmen）、中內種被（mesotegmen）、裡內種被（endotegmen）。這 6 層分別可能有數層細胞。種皮有時候除了內外種被外，還包括來自珠心細胞的細胞層。

　　一般英文教科書常將外種被與內種被合稱 testa，這容易引起混淆，兩層種被合在一起時，英文宜稱為 seed coat，中文則種皮可以與種被通用。

一、種被構造的歸類

　　依照成熟種子種被厚壁細胞層的所在，Corner（1976）將雙子葉植物的種子分成 7 型：

（一）表外種被型（exo-testal）

此型種子其種被的機械（厚壁）層源自外珠被的表層。具有此型種被的植物種類頗多，尤其常見於合花瓣單珠被（即胚珠僅有 1 層珠被，無內外之分者）的植物（圖 1-7 A）。秋海棠科、小檗科、豆科、蜜花科、鼠李科及無患子科等皆屬於表外種被型種子。

（二）中外種被型（meso-testal）

此型種子其種被機械層源自外珠被的中層細胞（圖 1-7 B），具有此型特徵的植物如金縷梅科、玉蕊科、桃金孃科、薔薇科、茶科、瓜科及芍藥科等。

（三）裡外種被型（endo-teatal）

由外珠被的裡層組織衍生出種被機械層的種子屬之，如木蘭科、單心木蘭科和葡萄科。此層細胞通常單層，但亦有多層者，而其形狀相當多樣，例如在肉豆蔻科為柵狀細胞，在茶藨子科為立方形細胞，在柳葉菜科為星狀細胞，在樟科為縱向拉長的細胞層。

十字花科種子亦屬此型，其機械層細胞壁一邊不增厚，切面呈現 U 字型。一般以為十字花科與山柑科為很接近的兩科，但根據種被的研究，山柑科種子的機械層在於具纖維細胞的表內種被，因此與十字花科者大為不同。此外，就胚之形狀而言，十字花科屬於彎曲型，而山柑科則屬於線條型，也可以作為兩科不接近的佐證。

這層細胞有時含有晶體，如在牻牛兒苗科、酢漿草科、錦葵科、菫菜科及芸香科可以見到草酸鈣的結晶，鴨跖草科、薑科等有矽粒，大戟科則含有碳酸鈣。

（四）表內種被型（exo-tegmic）

由內珠被的表層細胞形成機械層的種子屬之。表內種被的機械層依其形狀可分為兩大類，有呈各式各樣的纖維狀細胞者（有時細胞伸長，形狀如柵狀細胞），如亞麻科、衛矛科、酢漿草科、楝科、菫菜科、山柑科、黃褥花科、大戟科等；亦有呈厚壁者，如錦葵科、木棉科、藤黃科、金絲桃科、牻牛兒苗科及大戟科等，皆有例子。

此型種子除了表內種被層之外，亦可能同時存在其他機械層，如草原老鸛草的裡外種被與表內種被兩者皆為機械層。

（五）中內種被型（meso-tegmic）

即由內珠被中層細胞形成機械層者。例子甚少，見諸山柑科、金粟蘭科。

（六）裡內種被型（endo-tegmic）

由內珠被裡細胞層形成機械層者，可在胡椒科、三白草科、南天竹科見到。

（七）種被未分化者

外、內種被都不具有機械層者，常出現於較為進步而具閉果或核果植物的種子，如楓樹科、漆樹科、山茱萸科、防己科、繖形花科等。在其他一些科中也偶而會有未分化種被者，如衛矛科、楝科、山龍眼科、薔薇科、芸香科及瑞香科。閉果類者亦可能具有無機械層的種被，如冬青科、橄欖科、使君子科、杜英科、田麻科等。

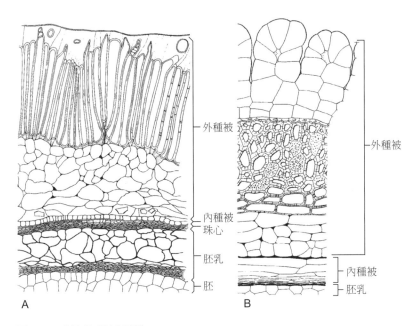

圖1-7　成熟的種被構造

A：萊姆，外珠被表面的柵欄細胞層成為機械層，為表外種被型，內珠被只剩一層薄壁細胞。B：粗根茶梨者為中外種被型，外珠被中層細胞成為機械層。

二、特殊化的種被構造

種被細胞的變化大，可分化出各類細胞（Boesewinkel & Bouman, 1984）。種被細胞分化的結果或成為表皮細胞層，或成為薄壁細胞層，也可能分化成維管束鞘，或向外生成種被附屬物，如翅、毛等。種被細胞也可能分化成管狀細胞、木栓細胞或纖維細胞。前節所

述的厚壁機械層屬之。

　　種被外邊可能出現附屬構造，包括肉質種皮（sarcotesta）、假種皮（aril）、種疣（caruncle）、種阜（strophiole 或 lens），以及各種翅狀、毛狀物等。附屬構造若為肉質而且富含油脂，或也含有蛋白質等，皆可吸引動物來傳播者，在種子生態學上都稱為油質體（elaiosome）。約 1 到 2 萬種植物的種子具有油質體，因此被認為是趨同演化（convergent evolution）顯著的例子（Lengyel *et al.*, 2010）。

　　肉質種皮指的是外種被外面軟狀可食的部位，木瓜、蘇鐵等有之。肉質種皮之下的種被常為堅硬，可防止動物吞食後種子受到傷害。肉質種皮的來源不一，有時僅來自外種被外層，如醋栗科、安石榴科是由表皮細胞擴大而成肉質狀，包著種子，大戟科的銀柴則是由整個外種被發展出肉質種皮。外種被外側有時著生假種皮，稱為具假種皮種子（圖 1-8）。假種皮通常由種臍、珠柄或珠脊長出，向種子外面生長，全面或部分覆蓋種子。龍眼、荔枝、榴槤、山竹的可食部位就是典型的假種皮，其特點是末端沒有融合，因此可以由之掀開。苦瓜、肉豆蔻、月桃、南洋紅豆杉種子外部也都是假種皮，但猢猻樹果實裂開取出的種子，被厚厚的白色組織包圍，此組織是果皮。

圖1-8　倒地鈴種子
倒地鈴種子具有白色的假種皮。

　　大戟科的假種皮常由外珠被尖端長出，特稱為種疣（圖 1-9 A）。豆科種子長在種臍旁邊的種阜（圖 1-9 B）大小因種而異，與種臍一樣，在豆科內都可用來做分辨不同種屬的參考。

　　垂葉羅漢松種子的種被外面有一套被（epimatium）包住種子。在胚胎發育時，緊接著珠被的分化後，套被開始形成於珠被的外圍，因此也可以說是裸子植物種子的假種皮。除了羅漢松屬植物外，其他有類似套被的裸子植物種子如銀杏、麻黃屬、買麻藤屬等（Stoffberg, 1991）。

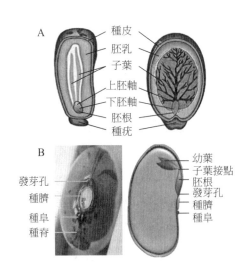

圖1-9　蓖麻（Ａ）與紅花菜豆（Ｂ）種子的構造

　　單寧細胞常出現種被之外層細胞，但有可能出現在種被內層，如亞麻屬。單寧細胞中的液泡含有單寧類化合物，單寧（tannin）是可溶於水的多酚物質，據云可以保護種子，避免昆蟲、草食動物、微生物的侵害，也可能與種子休眠有關。高粱‘臺中 3 號’種子的種實呈現褐色，含有單寧，會影響釀造高粱酒的品質，‘臺中 5 號’種實呈現白色，果皮／種被不含單寧，但在田間種子成熟期易受鳥害。

　　外種被的表皮細胞也可能分化成黏液細胞（mucilage cell），這類細胞常呈現不均勻的細胞壁，只有外邊細胞增厚，遇水即分泌黏液，此特性常出現於十字花科、唇形花科、車前草科、茄科等。唇形花科中的九層塔與作成山粉圓產品的山香，以及十字花科的薺菜，其種子都可分泌黏液。有些豆科植物其黏液層緊接在表皮角質層（cuticle）之下，有些柿樹科的種子其黏液細胞出現在內種被層，而梧桐科者可能在內外種被都會出現。

　　這些黏液是複雜的碳水化合物，主要是果膠（pectin），成分可能是聚半乳糖醛酸（polygalacturonic acid）或鼠李半乳醛酸聚醣（rhamnogalacturonan）。這些物質遇水溶成黏液將種子包裹，可以黏著土粒，增加種子與土壤的接觸面積，對於種子散播及發芽甚有助益。黏質在水中的性質介於溶液與懸浮液之間，因此在製藥工業上，可以用來促進溶解度低的固體均勻地擴散在液體之中。

　　種被各層細胞也可能出現結晶細胞，其內可能含有氧化鈣（如牻牛兒苗科、酢漿草科、錦葵科、堇菜科、芸香科等）、碳酸鈣（如大戟科）或矽粒（如單子葉植物的鴨跖草科、薑科）。

　　外種被上著生毛者稱為具毛種子（haired seed，圖 1-10）如番茄，而經濟價值最高者

是棉花。棉花種子的種髮遍布整個種被，但許多種子則可能叢生於頂端。由種被所長出的種髮常為單細胞，但芸香科月橘以及木桔屬的種髮則為多細胞。楊柳科的種髮源自珠柄，而檉柳科與柳葉菜科者源自珠孔（Boesewinkel & Bouman, 1984）。

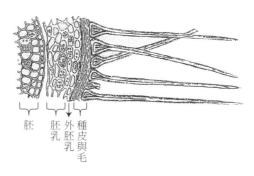

胚　胚乳　外胚乳　種皮與毛

圖1-10　番茄種子外表具毛

種被附屬有翅、毛等這類種子通稱為具翅種子（winged seed, pterospermous seed，圖1-11）。種翅形狀差異甚大，但大略可分為側生翅、頂生翅與環生翅等三大類。我國具翅種子約 29 科 66 屬 106 種，如臺灣肖楠、臺灣二葉松、臺灣杉、港口馬兜鈴、馬利筋、蒜香藤、穿山龍、楓香、紫葳、大葉桃花心木、水團花、華八仙、臺灣泡桐、刺茄、大頭茶、薄葉野山藥、臺灣百合等屬之。夾竹桃科的大錦蘭與許多蘿藦科的種子，在環生翅上也有種髮（楊勝任、薛雅文，2002）。

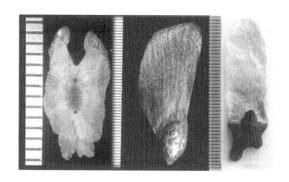

圖1-11　具翅種子
由左而右：環生翅（臺灣泡桐）、側生翅（臺灣五葉松）、頂生翅（穿山龍）。

三、種實表面

在掃瞄式電子顯微鏡底下，種實（種殼。或是種被，或是種被外的包覆組織）表面呈現相當複雜而有規則的立體構圖（圖 1-12）。種實表面的特性可以分四點觀察，即細胞的排列、細胞的形狀、細胞壁的輪廓，以及角質層分泌物等。約有 30 科的植物種子在種被上出現氣孔，如錦葵科、牻牛兒苗科、木蘭科、罌粟科、遠志科、石蒜科等有之。雖然大多數學者認為豆科種子的種被上並沒有氣孔，但 Rugenstein & Lersteny（1981）在 45 個羊蹄甲屬中發現 8 個種具有氣孔。通常氣孔出現在外種被，與葉片者相比，其構造較不完整。

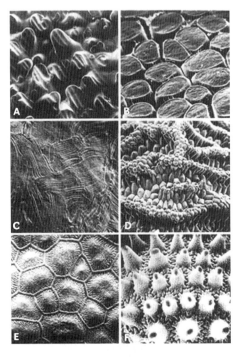

圖1-12　掃描式電子顯微鏡下的種被表面
A：三葉椒；B：艾氏鐵荊；C：總花烏柑；
D：黑種草；E：苦楝；F：紅女婁菜。

笠原（1976）就日本 57 科 219 屬 408 種雜草的研究，將種殼表面構造，即鳥瞰面及水平面的特徵，區分出 40 種型態。其中鳥瞰面細胞排列的型態，包括星狀型、龜甲型、網目型、魚鱗型、屋瓦型、齒牙型、流線型、堤防型、拉鍊型、山脈型、階梯型、織布型等，不一而足。細胞斷面的形狀也可以分為隆起型、突起型、穴狀型、鋸齒型、乳頭型等。

　　種被表面微觀不但具種間差異，有時種內不同生態型間也有所不同，作為判斷種的特徵時需要注意。Gunn & Lasota（1978）發現芒柄花屬四個種之三個，在肉眼下不易區分種被特徵，但在掃瞄式電顯下則有明顯的差別。雖然在兔仔菜屬、婆婆納屬、月見草屬這幾個屬，種間的變異很大，但許多同屬內種間的表面型態皆很類似，無法區分，因此難以作為判斷植物種的根據。環境差異大的六個馬齒莧生態系，其種被掃瞄式電顯外觀卻也有明顯的差別（Matthews & Levins, 1986）。

　　外種被的顏色以褐色以及相近顏色者最為普遍，黑色也常見，其他如紅色、綠色、黃色、白色者較少。外種被顏色在種內也可能有相當大的變異，如大豆的種被基本上有黑、褐、黃、綠四類，而西瓜種被顏色在種內的變異更大，包括紅色、綠色、古銅色、褐色、黑色、雜斑，以及許多深淺不一的色澤等不一而足（Mckay, 1936）。

第五節　胚乳

　　胚乳英文 endosperm 全名為內胚乳，是被子植物特有的組織，由精核與二個極核結合發育而成，因此含有全套母體與半套父體的遺傳質。胚乳的最外一或少數幾層的細胞層，稱為糊粉層（aleurone layer）。裸子植物的種子包於胚之外部的組織，是由雌配子體（N，半套的母體遺傳質）直接發育而成的養分儲藏組織，沒有經過雙重受精的步驟，遺傳組成中不含有父本者。這個組織有時也稱為胚乳，但在植物學上與被子植物的胚乳不同。

　　裸子植物在胚開始發育時，雌配子體中央部位的細胞亦開始解體，形成一空腔，位於基部的胚柄支持體伸長，將其上的胚擠入此腔之內。雌配子體在胚發育過程中累積脂質、澱粉及蛋白質，成熟後，這個組織提供將來胚發芽時所需要的養料。

　　某些雙子葉植物的種子在胚發育過程中，逐漸自周邊的胚乳吸收養分，因此種子成熟時，胚乳僅剩幾層細胞，甚至於全部消失。早期文獻稱這些種子為無胚乳（exalbuminous）種子，如油菜、甘藍，以及若干豆類，如豌豆、蠶豆等，這些種子的子葉取代胚乳，司儲藏養分的功能。

　　種子中胚乳所占的比例較大者稱為有胚乳種子（albuminous seed），如大多數的單子葉植物種子，以及部分的雙子葉種子如蓖麻。豆科中的茜紅三葉草、紫花苜蓿等，種子在成熟時仍維持薄的胚乳，其外層甚至於也分化而成糊粉層，大豆胚乳則僅剩痕跡。而在葫蘆巴豆、長角豆、皂莢屬等豆類，胚乳卻還是主要的養分儲藏組織。多數種子的胚乳為活細胞所組成，但禾本科的胚乳則僅剩下糊粉層為活細胞，其餘皆已無生命活性。

　　有些植物由珠心細胞發育而成外胚乳（2N），為該等種子主要的養分儲藏組織等。胡

椒種子的 95% 都是外胚乳，藜粟（圖 1-13）、甜菜、玉蘭屬、石竹屬、菖蒲屬等也有顯著的外胚乳，但大多物種種子的外胚乳則甚小甚或沒有。有時位於種被和糊粉層之間會有一層透明的折光帶，是珠心細胞的殘餘，薄而無明顯的細胞結構，橫斷面上只是一條無色透明的線。咖啡種子發育初期（開花後 15 週）外胚乳相當明顯，等到成熟時外胚乳已不見，胚乳成為主要的養分儲藏組織（Mendes, 1941）。

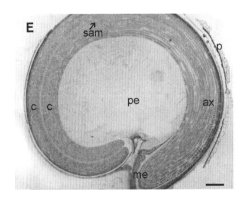

圖1-13　藜粟種子圖
周邊型胚的藜粟種子具外胚乳（López-Fernández & Maldonado, 2013）。ax：胚根軸；c：子葉；p：果皮；pe：外胚乳；me：發芽孔附近的內胚乳；sam：莖頂分生組織。尺度200μm。

一、胚乳的歸類

胚乳的發育過程因種子而異，一般可分成三大類（Bhatnagar & Johri, 1972），即核胚乳（neclear endosperm）、細胞胚乳（cellular endosperm）與沼生目胚乳（helobial endosperm）。核胚乳與細胞胚乳皆出現於單子葉與雙子葉植物，沼生目胚乳僅少數的單子葉植物有之。

（一）核胚乳

具此形式的胚乳，其 3N 的原核首先進行游離核分裂，但未產生新細胞壁，整個胚囊內充斥游離的核。這類胚乳要經多次的核分裂之後，才由邊緣往中央逐漸形成細胞壁，將各游離核納入各細胞內。在瓜科、豆科、山龍眼科等的若干物種可以見到核胚乳，小麥、菸草、蘋果亦屬之，有時候細胞的形成僅限於胚乳的中、上段，而接近合點部位仍維持游離核的狀況。在尖子木及澤花屬，游離核一直維持到胚乳幾乎完全被胚吸收殆盡，都不見

有細胞壁的情形。

　　有時候細胞的形成僅限於胚囊的中、上段，而接近合點的部位仍然維持游離核的狀態，形成特殊形狀的吸器（haustorium），其功能是自珠心細胞吸收養分。吸器的形狀在種間差異甚大，例如同為豆科的決明屬者為球狀，含羞草屬為緊縮狀，粉撲花屬為螺旋狀，而在瓜爾豆與排錢樹則其吸器最後也形成細胞壁。

（二）細胞胚乳

　　此型態的種子，胚乳的原核一開始就行細胞分裂，沒有游離核的出現，如鳳仙花屬、山梗菜屬、木蘭屬等。此種胚乳也會出現胚乳吸器，但其形狀之變化更超過核胚乳者。

　　此類胚乳在原核分裂後，胚囊分成二室，靠近珠孔者再分裂而成胚乳本體，而靠近合點者形成吸器，稱為合點吸器，常見於檀香亞目這類寄生性植物。合點吸器通常為單細胞單核，但亦有單胞四核或多細胞者，有些吸器分化成多分支的形狀。這些高度分叉的吸器有時甚至可以深入種被或果皮。

　　若吸器靠近珠孔，則稱為珠孔吸器。細胞胚乳可以在爵床科、鞣木科、苦苣苔科、茶茱萸科、檀香科、刺蓮花科、桑寄生科、玄參科中看到，鳳仙花屬與山梗菜屬亦為此型。

（三）沼生目胚乳

　　沼生目胚乳可說是前兩者的混合，細胞分裂在胚乳周圍形成，內部則為游離核，僅出現於少數的單子葉植物，如田蔥、狹葉日影蘭、波葉延齡草、折葉茨藻、卵葉鹽藻、錢蒲等。其特徵為胚乳原核位於反足細胞處，即合點的附近。第一次核分裂後，就形成細胞壁分成兩個大小不等的細胞，靠近珠孔者大而近合點者小。大者先行游離核分裂，到後期才形成細胞壁。小者具有吸器的功能，通常也行游離核分裂。

二、特殊的胚乳

（一）液狀胚乳

　　椰子的胚乳屬於核胚乳，特殊的是在果實約 5cm 長時，胚囊內充滿水液，可說是液狀的胚乳〔液態合胞體（liquid syncytium），俗稱椰子汁〕，內含有游離胚及細胞質顆粒，核的倍數由 2N 到 10N，核的大小由 10 到 90μm 不等。果實增大後，核數目亦隨之增大。後期游離核集中於合點附近，此時核分裂伴隨著細胞分裂，形成所謂椰子肉的細胞胚乳。由於椰子的胚囊甚大，因此細胞胚乳無法充滿整個空腔。

（二）芻蝕胚乳

　　由於胚乳個別細胞的不正常突出，或者種被細胞的向內凸長，導致若干種子的胚乳表面呈現不規則的侵蝕痕跡，稱為芻蝕胚乳（ruminate endosperm，圖 1-14）。典型的例子出現於肉豆蔻與釋迦。釋迦種子的胚乳，其徑線縱切面左右裂成多條脊狀皺摺，與種子長軸垂直。兩條脊狀皺摺之間的褐色組織是個別種被細胞向胚乳方向生長侵蝕所致。除了番荔枝科以外，類似的構造也見於爵床科、棕櫚科、馬錢科、肉豆蔻科、西番蓮科、蓼科、玄參科等的種子，但種被內生的情況有所不同。除了胚乳外，外胚乳或子葉也都可能出現這種不規則的特徵，通稱為芻蝕種子（Boesewinkel & Bouman, 1984），出現芻蝕種子的植物約有 58 科（Bayer & Appel, 1996）。有些種子芻蝕的程度大，連子葉也受到影響而呈現類似的情況，有些在種子成熟時脊狀皺摺胚乳被子葉吸收而不見，僅剩下皺摺的子葉。內生的極致如斐濟豆者，種子內的各切面都可以看到彎彎曲曲的脊狀皺摺，複雜如迷宮。

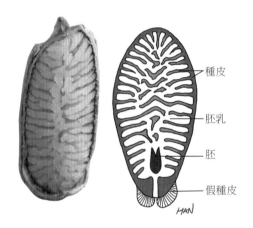

種皮

胚乳

胚

假種皮

圖1-14　釋迦種子的芻蝕胚乳

第六節　胚

一、胚的構造

　　典型的胚，包括胚軸及其上的子葉。胚軸由胚芽（plumule）、上胚軸（epicotyl）、下胚軸（hypocotyl），和胚根（radicle）所組成。子葉的數目因植物種類而異。大多數的雙子葉植物皆有兩片大小對稱的子葉，但偶會出現兩枚以上者（如圖 3-2 H），或者一片子葉退化者，如菱角（圖 4-9）。裸子植物大多也是具有兩子葉，但松柏類的子葉則 2 到 15 片不

等，馬丁內斯松的子葉高可達 24 枚。

　　豆類（圖 1-9）、十字花科、菊科等種子成熟時胚乳幾乎不見，兩片肥厚的子葉成為養分儲藏組織。一般豆類雖然子葉發達，但也有若干種仍具明顯的胚乳，如印度草木樨。柬埔寨山竹以及巴西核桃種子的胚則由下胚軸肥大充滿種子內部，成為養分儲藏組織。蓖麻的胚屬於直立的線條胚，胚的長度幾乎與種子者相當，但是兩片子葉大而薄，胚乳仍然是主要的養分儲藏組織（圖 1-9）。

　　禾本科的胚（圖 1-15）在單子葉植物當中相當特殊，因為其分化程度甚為複雜，甚至於具有胚盤（scutellum），而為其他植物所無。胚盤盾狀且具有維管束組織，與胚乳相連接，胚盤接觸胚乳的那面有一層司分泌吸收的上皮細胞（epithelial cell，圖 4-14），每個細胞成圓棍狀往胚乳延伸，在發芽時大大地增加與胚乳的接觸面，以利養分吸收。

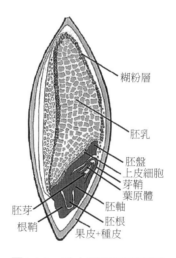

　　糊粉層
　　胚乳
　　胚盤
　　上皮細胞
　　芽鞘
　　葉原體
胚芽　　胚軸
根鞘　　胚根
　　果皮+種皮

圖1-15　禾本科種子示意圖

　　胚盤與胚軸連接處稱為胚盤節（scutellar node）。胚由此分為上下兩半。上半處主要由莖頂生長點，以及 1 到 6 個葉原體構成，其外並包圍著芽鞘（coleoptile），這一些構造合稱為芽體（acrospire）。正對著胚盤節，相對於胚盤的另一側，可能長出不具維管束的小突起，稱為上胚葉（epiblast，圖 3-3 G）。在禾本科植物中，稻、小麥、大麥、燕麥有上胚葉，但玉米則沒有。

　　芽鞘基部短小的組織稱為中胚軸（mesocotyl），胚軸在胚盤節之下者為胚根，胚根之外包圍一層組織，即是根鞘（coleorhiza）。下胚軸與胚根的分界點通常不易區別，某些種子在此處有若干個種子根原，發芽時長出一至數條的種子根（seminal root）。下胚軸與芽體通常會呈現折角，角度大小不一，玉米者小而水稻者大（圖 3-3 G）。

在龐大的禾本科植物內，胚的構造因植物分類學上的位置而有不同。Reeder（1957）指出，羊茅亞科（包括稻、麥、狗牙根等）的胚與黍亞科（玉米、薏苡、小米等）者有若干不同處：（1）羊茅亞科的胚相對於胚乳顯得較小，而黍亞科者胚相對較大；（2）黍亞科的芽鞘與胚盤維管束的連接較為間接，中間存在有節間，而羊茅亞科的芽鞘直接連接胚盤維管束；（3）羊茅亞科的胚經常出現上胚葉，而黍亞科者常不具上胚葉；（4）黍亞科胚盤下方與根鞘分開，而羊茅亞科者常與根鞘相連；（5）黍亞科的葉始原有較多的維管束，而且上下葉始原的尾端重疊，但羊茅亞科者相反。此外，和田與前田（1981）指出，穎果基部胚乳外緣僅黍亞科者出現有轉送細胞（transfer cell），而羊茅亞科者無之。

Barkworth（1982）進一步指出上胚葉的特性與胚之長寬比可用來區分針茅屬和落芒草屬，用上胚葉的形態可將野燕麥與燕麥區分，Tateoka（1964）利用上胚葉的特性與葉耳之有無也將稻屬分成三個群。

在過去150年以來，學者一直爭論禾草胚構造的起源。有學者認為胚盤即是子葉，而上胚葉是另一片已退化的子葉，可作為單子葉由雙子葉進化而來的證據，芽鞘則是另一種葉的變形，而根鞘為主根受壓抑變形而成。但亦有學者認為芽鞘是胚盤之鞘、腋芽，或是甚至認為芽鞘即是子葉，而上胚葉則是芽鞘之外生物（Burger, 1998）。至於中胚軸的起源，爭紛亦多，或認為是一個節間，或認為是節，或以為是下胚軸與胚盤接著融合而成，或者為子葉之一部分。

二、發育不全胚

大多數的種子皆有發育完全的胚，但部分植物的胚則發育不全，胚小而不具有子葉或頂端分生組織，有些胚即使在種子成熟散播時，仍然未進一步發育，此類種子在單子葉及雙子葉植物皆有。

最簡單的胚要算單花錫杖花，其胚（只能說是原胚）只含2個細胞以及若干胚乳細胞（Olson, 1980）。其他植物的種子亦具有4、6、10或數十個細胞的原胚者。這類植物多見於不全胚（如毛茛科、罌粟科）、底盤胚（如三白草科、蔥草科）、纖型胚（如水玉簪科、蘭科）及微型胚（如龍膽科），當中有部分為腐生性（如龍膽科、鹿蹄草科、水玉簪科）或寄生性（如蛇菰科、鎖陽科），但亦多可行光合作用者。

蘭科種子的胚（圖1-16）常為橢圓形或卵形，甚小，僅占種子體積的一部分，無胚乳，由種被包著。不少物種胚與種被之間餘留相當大的氣室。胚的細胞數目從8個（無葉上鬚蘭）到734個（白及）不等。這些胚雖然構造極為單純，然而細胞已進入分化的最初

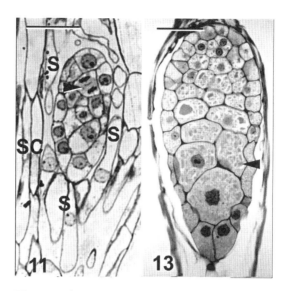

圖1-16　臺灣蝴蝶蘭的種子縱切圖
直線40μm。左圖為發育中（授粉後90天）的胚，
還可看到細胞分裂（箭頭）。SC：種被；S：支持
體。右圖為成熟胚。

期，例如橙紅嘉德麗亞蘭的卵圓形胚，其頂端部位的細胞通常較小，直徑約為 8-10μm，而基部細胞則較大（Yam *et al.*, 2002）。

三、多胚

　　一粒種子含一個胚，在發芽之後，長出一株幼苗。有些植物則一粒種子可以長出二株或更多的幼苗，這些種子除了含有一個受精而來的胚之外，尚具有其他來源的胚，稱為多胚（polyembryo, Lakshmanan & Ambegaokar, 1984）。

　　多胚的起源甚雜，可以由珠心細胞、珠被細胞直接分化形成多個無性胚，也可能由多精卵發育之胚的頂端細胞或支持體發育而成多個有性胚，此外助細胞也可能經受精作用而產生多胚。

　　未經過受精作用，直接由母體細胞分化發育出來胚，又稱為無融合生殖（agamospermy或 apomixis），其中以由珠心細胞發育而成的多胚最為普遍，稱為珠心胚（nucellar embryo）。無融合生殖另一個來源是由未經減數分裂的胚囊直接分化發育出來。無融合生殖至少出現於 40 個植物科 400 個植物種，包括單子葉植物與雙子葉植物，但未見於裸子植物。無融合生殖常可在菊科、禾本科與薔薇科等三科的多年生植物見到（Bicknella &

Koltunow, 2004）。無融合生殖特性有若干潛在的實際用途，例如不用重複自交系的雜交而生產雜交一代種子、原本無性繁殖作物可進行無性種子的大量生產等。

漆樹科的檬果與芸香科的柑橘常出現多胚。除了柚子以外，大部分柑橘類種子皆有多胚現象。以金桔為例（Lakshmanan & Ambegaokar, 1984），在受精之後，珠孔附近的珠心組織含有若干細胞，核大而細胞質濃。這些細胞經分裂而形成似胚個體，突入胚囊之內，在其中吸收養分發育而成完全胚。這些無性的珠心胚具有支持體，與受精胚相似不易區分。每粒種子可以產生的無性胚數目不一，例如金桔約 20 個，而同為橘子這一種，椪柑一粒種子約 3-5 個（圖 1-17），溫州蜜柑則多可達 40 個。

圖1-17　柑橘發芽種子圖
柑橘屬一粒種子種被內的多胚。

柑桔一般以營養植條行無性繁殖，但次數過多，所產生的植株逐漸衰弱，此時若利用無性胚來進行更新，可以得到健壯而與母本遺傳組成無異的植株，其主根系統又十分發達，也可以提供為優良的砧木。無性胚所長成的植株，由於遺傳組成一致，因此數量多時可以提供為實驗材料。

由於柑桔無性胚與有性胚不易區分，因此必須要等到植株相當成熟後才易於辨別。有人利用枸橘三複葉的特性來做遺傳記號，使母株與枸橘雜交，將來產生的多胚幼苗若具三複葉，必是有性的結合胚，其餘者皆為與母體相同的無性胚。

芒果類植物亦常出現多胚種子，部分品種一個種子內無性胚高可達 50 個，而結合胚則常退化。珠心胚偶而出現三子葉，甚至於多個胚部融合面形成一個根系而數個莖部的幼苗。具含胚之品種一般屬於東南亞系統者如土檬果，而印度系統者如愛文、海頓則沒有多胚之種子。其他如桃金孃科（如蒲桃屬）、仙人掌科（如仙人掌）及蘭科（如細葉線柱蘭）亦皆有珠心胚的報導。

也有有性的多胚，來自受精胚的多胚有不同的起源。在鬱金香、可可椰子、耳報春、空心紫菫皆是由受精胚頂端細胞分裂而成多胚。硬葉蘭者由接合子直接分裂成多胚，爵床科的多胚則常由支持體發育而來。這些由受精卵胚或支持體起源的多胚，皆為兩倍體。但這些多胚中，也可能為半倍體、三倍體與多倍體，因此具有農業上的用途。

學者自 49,903 粒玉米種子發現到 32 個雙胚種子，他們認為其來源部分可能是胚原分裂而成，或者是胚囊內二個細胞經受精而形成，其中也有若干的半倍體（Lakshmanan & Ambegaokar, 1984）。在水稻偶而也可看到具雙胚的種子芽。

四、嵌合胚

嵌合體是指植物個體或組織具有兩種或以上的遺傳型質者，其外表表現兩種或以上的性狀，在觀賞植物上用途很大，也可用來進行遺傳研究。嵌合體常出現於嫁接植物，但也可能源自種子，源自種子者可稱為嵌合胚（chimeral embryo）。Baattaglia（1945，見 Natesh & Rau, 1984）在研究裂葉金光菊時發現精核進入卵細胞之後，不與卵核融合，細胞分裂時，二核各自進行分裂，導致其胚兼具父源及母源，而發展出嵌合胚。此現象出現在少數植物，如海島棉、金光菊，以及蔥韭蘭類的雨百合屬與蔥蘭屬等。

嵌合胚雖然出現於胚發芽早期，但其特性可表現於植株，形成嵌合體植物，並且可能遺傳到下代。例如 Turcotte & Feaster（1967）將海島棉含深綠色葉片與油腺體的品系與另一品種（葉淺綠色、不含油腺體）雜交後，其後代部分呈深綠色，部分呈淺綠色，有些地方具油腺體有些地方則否。

第**2**章 種子的化學成分與物理特性

種子是高等植物延續生命的精巧設計，種子發芽長出下一代，發芽初期採用異營生活，由種子自身所累積的養分來供給生長所需，直到具光合作用能力的器官出土後，才逐漸轉為自營生活。

種子所含有的化學成分甚多，重要的有碳水化合物、蛋白質、脂質（油脂）、核酸等巨大分子，形成這些大分子的代謝物，如各種醣類、胺基酸、脂肪酸，以及其他有機酸等。此外尚有礦物質、維生素，以及各種二次代謝物與水分。這些成分當中有些是用來作為種子的結構，如細胞壁等，有些則是作為下一代生長或者人類可以吸收的儲藏性養分。

第一節 種子儲藏養分及其分布

種子主要的儲藏性養分有三，即澱粉（starch）、蛋白質（protein）與脂質（lipid）。此三種成分的比率在不同的科別有相當大差異（表 2-1），例如瓜科、菊科者的澱粉偏低，而禾本科、蓼科者高。

表2-1　若干科植物種子平均成分百分比

科別*	脂質	蛋白質	非氮抽出物***
十字花科（7）	28.8 (22.6-32.4)**	19.8 (16.6-29.5)	25.5 (18.3-33)
瓜科（10）	29.0 (22.1-36.6)	23.1 (16.6-29.5)	12.8 (5.5-25.1)
禾本科（20）	3.4 (0.2-6.6)	14.9 (8-34.9)	57.8 (27.6-70.3)
豆科（9）	9.6 (0.3-45.4)	29.1 (22.9-37.9)	40.3 (11.1-57.3)
茄科（5）	16.5 (13.1-24)	17.8 (8.5-29.6)	20.8 (16.1-29.1)
菊科（4）	24.1 (18.1-34.3)	20.3 (16.2-28.6)	18.6 (13.3-28.2)
蓼科（4）	2.9 (2.3-4.2)	10.7 (7.3-14.6)	59.9 (57.2-64.2)

1. * 科後面數字表示不同種或品種的數目。
2. ** 平均數（最小值-最大值）。
3. *** 主要指澱粉、醣類等儲藏性碳水化合物。

　　根據主要成分的多寡，可以將作物種子大略分為三類，即禾穀類種子、豆菽類種子與油籽類種子（表2-2）。一般而言，禾本科種子的儲藏性澱粉（即非氮抽出物）含量高而脂質者低，而蛋白質大致也不高，約5-12%，不過果園草種子蛋白質含量可達34%。豆科種子含有比較豐富的蛋白質，其次為澱粉，油脂的含量一般不高如紅豆、綠豆等，但落花生、大豆則含有相當高的油脂，油脂高，其澱粉的含量相對地降低，大豆的蛋白質成分又比其他豆類種子者高出很多。菊科、十字花科、瓜科與茄科種子脂質含量高，蛋白質次之，而澱粉較少。在表2-2前12種作物種子間，種子油脂成分與澱粉成分的負相關高達0.9，而油脂成分與種子熱量與含水率的正相關各高達0.93與0.89，蛋白質與各成分與熱量間相關性較低。

　　枇杷等種子因為儲藏特性異於一般種子，因此稱為異儲型（recalcitrant，詳第六章）種子。這類種子的特點是果實成熟時種子含水率還很高，不過乾燥後種子即喪失生命。表2-2列出的三種異儲型種子，其乾物質也是以澱粉居多，但同為異儲型的胡桃屬種子則具有高油脂。

表2-2　種子的主要化學成分（%）

	作物	熱量*	水分	蛋白質	脂質	灰分	纖維	非氮抽出物**
禾穀類	水稻（臺南5號）	366	12.9	11.4	5.8	1.3	1.0	67.6
	玉米（臺南5號）	327	14.9	4.8	3.9	1.3	3.8	71.3
	小米	333	13.3	5.5	1.7	2.1	1.7	75.7
	小麥（臺中31號）	317	13.0	12.4	1.5	1.6	2.7	68.8
豆菽類	綠豆	314	11.8	26.3	0.6	3.8	4.0	53.5
	紅豆	295	18.6	17.8	0.6	3.0	4.0	56.0
	豌豆（大粒種）	312	12.8	21.2	2.7	3.6	6.7	53.0
	大豆（十石）	374	9.3	35.7	14.9	4.4	5.1	30.6
油籽類	花生（臺南6號）	557	6.0	22.6	48.1	2.4	3.4	17.5
	向日葵	511	6.0	20.3	45.2	3.9	9.5	15.1
	油菜	435	7.2	20.1	37.8	4.3	18.7	11.9
	芝麻（黑）	377	5.6	20.0	33.0	6.7	27.1	7.6
異儲類	枇杷	172	54.0	2.9	0.4	1.9	1.9	38.9
	波羅蜜	93	75.8	3.3	1.2	0.7	1.4	17.6
	荔枝	172	53.3	3.1	0.4	1.4	3.1	38.7

1. * cal/100g。
2. **主要指澱粉、醣類等儲藏性碳水化合物。

種子成分含量在品種間的差異不小，例如水稻 79 個品種 91 份樣品中，蛋白質含量在 5.2-11.2% 之間（Bett-Garber *et al.*, 2001）。Yaklich（2001）在大豆 19 個不同品種發現蛋白質含量約在 34.2-54.5% 之間，油脂的含量約在 13.5-25% 之間。

養分的分布在不同種子也有很大的差異，豆科、瓜科、十字花科胚部的子葉就是其主要的儲藏組織，巴西栗的子葉很小，但是下胚軸與胚根膨大，蓄積很多的油脂。象牙棕也是以胚軸為儲藏性組織，不過所含的是一種碳水化合物，即半乳糖甘露聚醣（galactomannan，表 2-3）。

表2-3 各類種子的儲藏組織與成分

物種	儲藏組織	平均成分%（乾重）			
		蛋白質	油脂		非氮抽出物
蜜棗	胚乳	6	9	58	（半乳糖甘露聚醣）
油棕	胚乳	9	49	28	
玉米	胚乳	11	5	75	（澱粉）
蓖麻	胚乳	18	64	—	
蠶豆	子葉	23	1	56	（澱粉）
西瓜	子葉	38	48	5	
棉花	子葉	39	33	15	
象牙棕	胚根／下胚軸	5	1	79	（半乳糖甘露聚醣）
石松	雌配子體	35	48	6	

有些種子以胚乳作為蓄積養分的主要部位，禾穀類胚乳主要的蓄積養分是澱粉與少量蛋白質，胚部與糊粉層則儲存蛋白質與油脂。在中東地區數千年來當作主食的蜜棗，其胚乳所累積的養分是半乳糖甘露聚醣，而在蓖麻則是油脂。幾內亞胡椒的儲藏組織是外胚乳（Achinewhu *et al.*, 1995），整粒種子的成分約一半是碳水化合物，油脂約 20%。

種子的三種主要儲藏性養分通常都以顆粒的形狀保存在儲藏組織或胚部中，分別為澱粉粒（starch grain）、蛋白質體（protein body）及油粒體（oil body）等，不過某些種子的蛋白質則分散在細胞內，如蓖麻胚乳可見到一些蛋白質體塞在密集的油粒中，其胚部也有若干。

萵苣主要的儲藏組織雖然是充滿了蛋白質體與油粒的子葉，但是在下胚軸與胚根中也會出現，即使在尚未完全退化的胚乳中，也含有蛋白質體與甘露聚醣（mannan）。

禾穀種子如黑麥在胚乳中不見油粒，但見許多大小不等的澱粉粒存在分散的蛋白質當中。不過胚乳最外面的糊粉層則以蛋白質體及油粒體為主，胚部的胚盤也富於油粒體。

　　即使在同一個組織，養分的分布可能不是均勻的，禾穀種子如水稻的胚乳，在較中心的部位以澱粉為主，蛋白質略少。胚乳外層則蛋白質較多，越接近糊粉層，蛋白質含量越高，相對地澱粉含量則遞減。

第二節　碳水化合物

　　種子內的碳水化合物可分為寡醣類與多醣類。最普遍的碳水化合物為葡聚多醣（glucan），其中包括儲藏性多醣如澱粉以及結構性多醣如纖維素（cellulose），次要者有半乳糖甘露聚醣或半纖維素（hemicellulose）等。

　　寡醣類所占的比例一般皆低，如雙醣類的蔗糖、海藻糖（trehalose），三醣類的繖形糖（umbelliferose）、車前糖（planteose）、棉籽糖（raffinose），以及四醣類的水蘇糖（stachyose）、毛蕊花糖（verbascose）等。

　　儲藏性碳水化合物在種子發芽時提供為能量的來源以及一些重要成分的碳架構，有些結構性多醣，如胚乳胞壁上的纖維素在發芽過程中經水解後也可以被利用（Boswell, 1941）。

一、澱粉

　　澱粉為葡萄糖的聚合物（圖 2-1），依構造之不同分為兩種。直鏈澱粉（amylose）又稱為粉質澱粉，其分子呈現長條螺旋狀，乃由 100-10,000 個葡萄糖依次接合而成一條無分叉的長分子鏈，接合的方式是由葡萄糖的第四個碳與其前面另一分子的第一個碳經脫水而結合，即 α-1 → 4 接連。

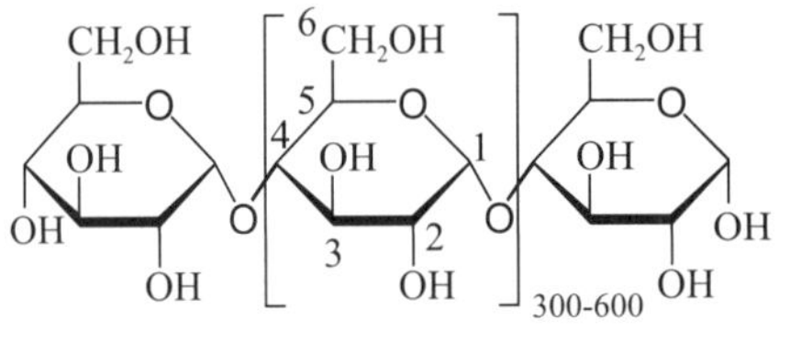

圖2-1　直鏈澱粉分子構造簡圖
最左邊的葡萄糖分子為非還原端，最右邊者為還原端。

　　支鏈澱粉（amylopectin）又稱為膠質澱粉，具有許多分叉，即在直鏈澱粉上，由 α-1 → 6 接連方式衍生出支鏈（圖 2-2 A, B）。支鏈澱粉中 α-1 → 6 接連者約占 5%，其分子

量約有直鏈澱粉的 100-1,000 倍。由於澱粉各個分子之間，葡萄糖的數目不盡相同，因此沒有所謂固定的分子量，只能測出平均數，例如小麥的直鏈與支鏈澱粉的平均分子量分別為 14,000 與 4,000,000。

　　支鏈澱粉的分子結構較為複雜，部分分支鏈高度集中聚成一團（圖 2-2 C），其中成對支鏈交錯成為雙螺旋狀，這樣的結構讓葡萄糖分子非常緊密團聚地保存在澱粉粒中，可能導致澱粉粒所具的半結晶體的特性（James *et al.*, 2003），兩個結晶狀區夾著無定形的區域，排列較為鬆散，為支鏈衍生處（α-1 → 6 接連），此區可能含有直鏈澱粉。

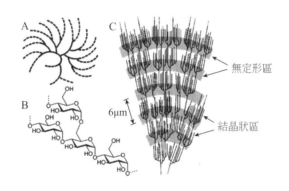

圖2-2　支鏈澱粉分子構造圖
A：示意圖；B：分子結構；C：團狀結構。

　　種子內的澱粉中直鏈澱粉約占 25-30%，支鏈澱粉約 70-75%，但兩者的比例依作物、品種而有很大的差異。糯性品種具有蠟質基因，導致其成分以支鏈澱粉為主，直鏈澱粉含量甚低，因此黏性高。稻米中的秈米（在來）直鏈澱粉含量常高於 30%，稉米（蓬萊）在 18-22% 之間，黏度最高的糯米，其直鏈澱粉含量不超過 3%。小麥的直鏈澱粉約 28-29%，玉米的直鏈澱粉約在 28%，糯性玉米者在 1.4-2.7% 之間，而軟質玉米品系的直鏈澱粉高可達 43-68%。

　　甜玉米的澱粉含量不高，而且其澱粉與一般的澱粉結構上不同，其分叉更多，可溶於水，化學性質略近動物的肝醣，因此稱為植物肝醣（phytoglycogen）。

　　從營養學的觀點，澱粉可分為易分解澱粉、慢分解澱粉，以及抗性澱粉（resistant starch）。抗性澱粉在胃與小腸中很難消化，當通過結腸時，經細菌分解產出一些短鏈脂肪酸，使大腸環境更具酸性，防止某些害菌的生長。穀物煮熟後放冷，可以增加抗性澱粉的含量。由於直鏈澱粉無分支，在澱粉粒中易於緊密排列，較容易產生抗性澱粉。一般而言，豆類種子中直鏈澱粉的百分比都在 33% 以上，可以產生較多的抗性澱粉，特別是豌豆（Eliasson & Gudmundsson, 1996）。

二、澱粉粒

　　在種子裡澱粉很緊密地包裹於細胞內的澱粉顆粒之內（圖 2-3），澱粉粒〔或稱澱粉體（amyloplast）〕除了澱粉以外，也可能含有很少量的蛋白質（酵素）、油脂與其他碳水化合物。澱粉粒的外觀或球形、或角形、或卵形不等，因作物而有相當大的差異，即使同一種子之內，各種澱粉粒的大小形狀亦有所不同，甚至於可說沒有兩個澱粉粒是完全相同的。澱粉粒不但可以作為分類學上的工具（Czaja, 1978），考古學上也逐漸發展鑑定澱粉粒的技術（Henry *et al.*, 2009）。

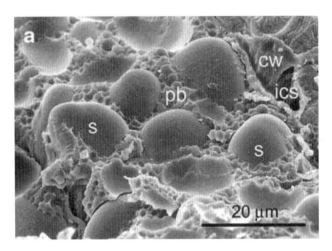

圖2-3　豌豆子葉澱粉粒的掃描式電子顯微鏡（SEM）圖
s：澱粉粒；pb：蛋白質體；cw：細胞壁；ics：細胞間隙。

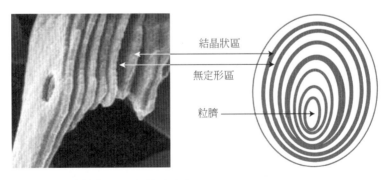

圖2-4　澱粉粒剖面示意圖（右）
小麥（左）澱粉粒經酵素水解後，顯示內部結晶體層結構。

　　直鏈澱粉的含量可以決定澱粉顆粒的形狀，含量越高顆粒越圓。澱粉粒內部的澱粉分成結晶體（圖 2-4）與非結晶體，兩者相錯。此結構導致澱粉粒的同心輪，同心輪最中心部分稱為粒臍（hilum）。結晶體部分主要是支鏈澱粉，支鏈澱粉在此處其葡萄糖鏈呈現雙螺旋狀。直鏈澱粉主要是存在非結晶體的無定形區部分，其葡萄糖鏈呈現單螺旋狀。

　　就禾穀作物而言，玉米澱粉粒常為角形、多角形或球形，直徑約 2-30μm，平均 10μm，粒臍星形而同心輪不明顯。高粱者似玉米而略大，直徑約 6-20μm，平均 15μm。

　　小麥、大麥與黑麥都具有大、小兩類澱粉粒。小麥的小澱粉粒直徑約 1-10μm，呈球形，大澱粉粒直徑約 15-40μm，球形或凸透鏡形。大麥的小澱粉粒難以見到同心輪，直徑約 1-5μm，球形或紡錘形，大澱粉粒直徑約 10-30μm，凸鏡形、腎形或略成角形。

　　水稻與燕麥皆為複合澱粉粒。水稻的澱粉粒小而呈角型，直徑僅 2-12μm，粒臍不可見，但是這些小的澱粉粒都聚結成一大的複合粒，每個複合粒約含 150 個以內的小澱粉粒。燕麥澱粉粒直徑約 2-10μm，呈球形，但也可能由約 60 個小澱粉粒聚結成一個凸透鏡形的大複合粒。

三、其他碳水化合物

　　有些種子的儲藏性多醣是半纖維素，半纖維素主要的成分如甘露糖（mannose），甘露糖和其他醣類組合而形成長鏈的甘露聚醣，其存在的主要地方是在細胞壁。甘露糖所組成的甘露聚醣長鏈，若在許多的甘露糖分子第六個碳素上連接半乳糖（galactose），就形成半乳糖甘露聚醣。豆科、棕櫚科、茜草科、旋花科種子的胚乳，皆含有這種多醣。實際上，成熟種子仍具有胚乳者，大多會含有多量的甘露糖，來作為儲藏性物質。象牙棕、蜜棗、咖啡豆的胚乳或外胚乳，以及羽扇豆子葉的肥厚細胞壁皆有半乳糖甘露聚醣，萵苣種子的胚乳細胞壁亦含有這種碳水化合物。

　　另一種半纖維素是阿拉伯木聚醣（arabinoxylans），是禾穀種子細胞壁的重要成分，由兩類五碳糖合成，即木糖（xylose）聚合鏈上隨機插入阿拉伯膠糖（arabinose）。阿拉伯木聚醣可以連接若干酚類化合物，有助於抵抗真菌的入侵，抗氧化能力又強，加上阿拉伯木聚醣本身也是膳食纖維，因此有益人體健康。

第三節　蛋白質

　　蛋白質基本上是由胺基酸脫水而成的多胜肽（polypeptide，圖 2-5）。主要的胺基酸有

22 種，其中的 9 種人體無法自行製造，須由食物攝取，因此稱為必需胺基酸。食物中若缺乏某種必需胺基酸，會限制整體蛋白質的利用效率。必需胺基酸包括組胺酸、異白胺酸、白胺酸、離胺酸、甲硫胺酸、苯丙胺酸、羥丁胺酸、色胺酸、纈胺酸，此外嬰兒還需加上精胺酸（表 2-5）。

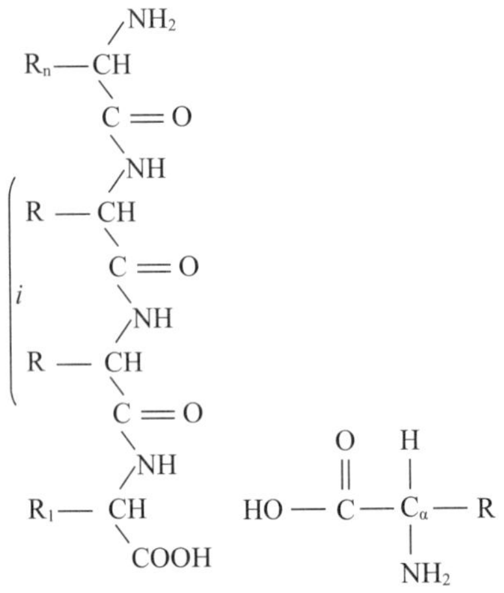

圖2-5　多胜肽化學結構圖

多胜鏈由胺基酸脫水而成。胺基酸（右）的中心是碳元素Cα，Cα接上一個胺基（-NH₂）、一個羧基（-COOH）以及一個基團（R）。各類胺基酸有獨特的基團。當第一個胺基酸的胺基與下一個胺基酸的羧基接觸後脫水而相連（左），第一個胺基酸（R₁）稱為羧基端，最後一個胺基酸（Rn）稱為胺基端。

一、種子的蛋白質

Osborne（1924）依照種子蛋白質的溶解特性將之分成四大類。這種分類法雖不夠周延，但仍沿用至今：

（1）水溶蛋白質（albumin）：可溶於水或稀的中性緩衝液，遇熱凝結，這類蛋白質通常為酵素。大豆的水溶性蛋白質稱為豆球蛋白（legumin）。

（2）鹽溶蛋白質（globulin）：不溶於水，但可溶於鹽溶液（例如 0.4M 之 NaCl），遇熱較不易凝固。鹽溶性蛋白質以存在雙子葉植物之種子為主，豆科尤富之，在花生者為花生球蛋白（arachin），在豇豆者為豇豆球蛋白（vignin），在大豆者為大豆球蛋白（glycinin）。燕麥的主要儲藏性蛋白質也是鹽溶性蛋白質。

（3）鹼溶蛋白質（glutelin）：不溶於水，但可溶於稀的鹼或酸溶液。鹼溶性蛋白質在不同禾穀種子有不同的名稱，例如水稻的稻米穀蛋白（oryzenin），其他如玉米穀蛋白（zeanin）、小麥穀蛋白（glutenin）、大麥穀蛋白（hordenin）等。

（4）醇溶蛋白質（prolamin）：可以溶於 70-90% 的乙醇，但不溶於純水。醇溶性蛋白質僅存在禾穀與禾草種子當中，在稻則稱為稻米醇蛋白（oryzin），其他如玉米醇蛋白（zein）、小麥醇蛋白（gliadin）、大麥醇蛋白（hordein）、燕麥醇蛋白（avenin）等。

表2-4　種子蛋白質的組成成分

	各類蛋白質占總蛋白質的百分比（%）			
	水溶	鹽溶	鹼溶	醇溶
玉米	4	2	39	55
高粱	6	10	38	46
小麥	9	5	46	40
玉米（o2）*	25	0	39	24
燕麥	11	56	23	9
水稻	5	10	80	5
南瓜		92		
大豆	10	90		
蠶豆	20	60		
豌豆	20-26	55-60		

* 含opaque 2基因的玉米品種，離胺酸含量高。

這四類蛋白質出現在種子內之比例因植物之不同而有很大的差異，例如鹼溶及醇溶蛋白質通常存在禾穀類種子，在雙子葉種子中較少出現（表 2-4）。醇溶蛋白質中離胺酸含量甚低（表 2-5），直接影響到蛋白質的營養品質。禾穀類種子離胺酸含量依次為燕麥、稻、大麥、小麥、玉米，多少可視為其蛋白質營養品質的排序。

豆球蛋白與蠶豆球蛋白的胺基酸組成分在一些豆類之間頗為類似，離胺酸的含量則頗高，而色胺酸、胱胺酸與甲硫胺酸等的含量較低。

蛋白質由多個胺基酸組成，胺基酸的個數、每個位置又有 20 多個不同胺基酸的選項，排列組合的可能性非常多，因此造成數量極其龐大的各類蛋白質。蛋白質由數團單元所組成，這些單元經分解後，呈酸性或鹼性依其胺基酸的組成而定，如鹼性胺基酸多則呈鹼性。由於蛋白質的分子龐大，其質量以 kilodalton（kDa）作為單位，即 1,000 個道爾頓（dalton）。全蛋白質（holoprotein）經過溫和的萃取方法處理，可以分開成兩團以上的單元，每個單元由一些胜肽所組成。整個蛋白質的多胜肽可利用電泳分析法

表2-5　大麥與大豆種子蛋白質的胺基酸組成成分

| | 胺基酸在各種蛋白質的成分 | | | | | |
| | 大麥（g/16gN） | | | | 大豆 | 稻 |
	水溶	鹽溶	鹼溶	醇溶	%/protein	（g/16gN）
丙胺酸（Ala）	7.3	0.7	6.7	2.2	4.5	5.5
精胺酸（Arg）	6.5	11.0	6.0	3.0	7.3	8.3
天門冬醯胺（Asp）	12.2	8.5	7.1	1.8	11.9	8.6
胱胺酸（Cys）	2.1	3.6	1.2	2.1	1.5	2.1
麩醯胺（Glu）	12.9	11.9	19.8	39.6	18.3	17.6
甘胺酸（Gly）	5.7	9.2	4.5	1.5	4.4	4.5
組胺酸（His）*	2.5	1.8	2.5	1.3	2.6	2.3
異白胺酸（Ile）*	6.2	3.3	5.2	5.4	4.6	4.3
白胺酸（Leu）*	8.6	6.8	8.7	6.9	7.7	8.1
離胺酸（Lys）*	6.7	5.3	4.0	0.7	6.3	3.6
甲硫胺酸（Met）*	2.4	1.5	1.9	1.3	1.3	2.1
苯丙胺酸（Phe）*	5.1	2.8	3.6	3.0	4.9	5.2
脯胺酸（Pro）	5.5	3.6	8.7	20.1	5.5	4.6
絲胺酸（Ser）	4.9	4.7	5.0	3.8	5.5	5.3
羥丁胺酸（Thr）*	4.6	3.3	4.2	2.6	4.1	3.5
色胺酸（Trp）*	1.5	0.8	1.3	0.8	1.4	1.2
酪胺酸（Tyr）	—	—	—	—	3.6	5.3
纈胺酸（Val）*	7.8	5.5	6.6	4.7	4.7	6.1

1. *者為必需胺基酸。
2. 大麥見Bewley & Black, 1978，大豆見Wikipedia，稻見Mossé et al., 1988。
3. Ala: alanine; Arg: arginine; Asp: asparagine; Cys: cysteine; Glu: glutamate; Gly: glycine; His: histidine; Ile: isoleucine; Leu: leucine; Lys: lysine; Met: methionine; Phe: phenylalanine; Pro: proline; Ser: serine; Thr: threonine; Trp: tryptophan; Tyr: tyrosine; Val: valine.

（electrophoresis）區分開來，進行品種鑑定。除了胺基酸的數量與排列外，蛋白質的三度空間構造也相當複雜（圖2-6）。

　　玉米醇蛋白可分成分子量為13.5、21與23kDa的三個單元，整個由約30條的多胜肽鏈所組成，小麥醇溶蛋白由四個單元46條以上的多胜肽鏈組成。小麥穀蛋白質更為複雜，由15個單元組成。

　　超高速離心可以將豆類的儲藏性蛋白質分成兩層，其沉澱係數分別為11-12S（稱為11S）以及7-8S（稱為7S）。11S蛋白質多胜肽之間由雙硫鍵來連接。野豌豆的11S蛋白質分子量約為360kDa，可分為6團分子量各約24.3kDa，4團各約37.6kDa者，以及2團各約32kDa的單元，而7S蛋白質的各單元性質差異較多。一般而言7S蛋白質通常完全不含胱胺酸，因此也沒有雙硫鍵的連接，整個分子之重量較11S為低，約為140-200kDa，含有

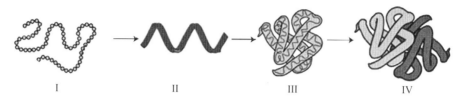

圖2-6　蛋白質結構圖

I：多胜肽，由約10到100個胺基酸組成，每個位置的胺基酸是特定的，由20多種胺基酸依照遺傳密碼選定其中一種。II：胺基酸之間由氫鍵互相吸引成螺旋狀。III：由氫鍵、雙硫鍵與離子間交感將整條多胜肽長鏈捲成三度空間結構。IV：2條以上胜肽鏈形成複雜的蛋白質單元。

3 至 5 團單元，各單元分子量在 23kDa 至 56kDa 之間（Bewley & Black, 1978）。

　　種子不同的部位所含的蛋白質可能不同。以小麥為例，糊粉層所含蛋白質之胺基酸組成分，就有別於胚乳者。小麥糊粉層的蛋白質，其離胺酸與精胺酸的含量皆高出胚乳者 3 倍，而麩胺酸的比例則較胚乳者小。就鹽溶性蛋白質而言，在水稻、燕麥、小麥等，類似菽豆類的 11S 蛋白質主要存在胚乳，而類似 7S 者則多出現於胚及胚乳最外緣的糊粉層，水稻糊粉層則富含水溶性蛋白質。

　　禾穀類種子蛋白質的成分與其品質關係相當大。麵糰水洗去掉澱粉與其他可溶物質後就是麵筋（gluten）。麵筋約含 75-85% 的蛋白質與 5-10% 的脂質，還有少量的碳水化合物。麵筋主要的蛋白質是醇溶蛋白與穀蛋白，小麥醇溶蛋白與黏性及展延性有關，而麵糰的強度與彈性有關，兩者皆關係著麵糰的烘培特性（Wieser, 2007）。

　　蛋白質含量會影響稻米食味品質，含量高的稻米較硬，口感不佳，有機稻米由於不施化學肥料，通常蛋白質含量略低，食味品質較高。

二、蛋白質體

　　T. Hartig 在 1855 年由油籽分離出含有蛋白質的顆粒，命名為糊粉粒（aleurone grain），現代的術語則稱該顆粒為蛋白質體，糊粉粒一詞只宜用於糊粉層的蛋白質體（圖 2-9），不宜指稱其他部位者，以免混淆。

　　蛋白質體也稱為蛋白質儲泡（protein storage vacuole，或 vacuolar protein body），過去蛋白質體與蛋白質儲泡兩個名詞互為通用，不過兩者略有所區別，雖然有時還是互用。

　　蛋白質體指在內質網（endoplasmic reticulum）形成，由胞膜所包圍的蛋白質顆粒。蛋白質體直徑由 0.1 至 20μm 不等，切面的形狀由卵形到圓形皆有，顆粒之外包有單層的胞膜，其成分是脂蛋白質（lipoprotein）。在多油脂少澱粉的種子如大頭菜者，蛋白質體四周

圍繞著體積遠較為小的油粒體，禾穀類種子胚乳細胞內質網部位所蓄積的蛋白質也在蛋白質體之內（圖2-7）。

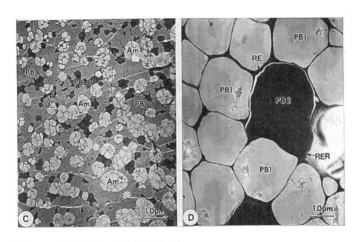

圖2-7　臺灣蘆竹成熟胚乳細胞

C：澱粉體（Am）與蛋白質體（PB）；D：兩種型態的蛋白質體。

　　同一種子之內，亦可能出現不同的蛋白質體，其分布亦可能不均勻，例如玉蘭的胚內蛋白質體就不同於外胚乳（主要的儲藏組織）者。

　　禾穀類種子的胚部，特別是胚盤，以及胚乳等皆含有蛋白質體。玉米和水稻的糊粉層含有大小不等的蛋白質體，但接近糊粉層的胚乳細胞則僅含有較小的蛋白質體。在小麥，發育中的胚乳含有蛋白質體，但種子成熟時許多蛋白質體被成長的澱粉顆粒擠碎，使得蛋白質分散於澱粉粒之間，沒有被膜所包裹，但其糊粉層的蛋白質體則仍然保持完整。

　　水稻胚乳的蛋白質體主要以醇溶蛋白質為主，鹽溶蛋白質的含量較少。玉米胚乳中最小的蛋白質體主要含玉米醇蛋白，而小麥胚乳中最小的蛋白質體則由小麥醇溶蛋白組成。

　　蛋白質儲泡是特殊化的液泡，其蛋白質含有 7S 或 11S 的水溶性蛋白質。蛋白質儲泡是複合的胞器，其內除了基質外，還含有類晶體（crystalloid）或球狀體（globoid）。基質是沒有具體形狀的蛋白質，類晶體則是水溶性的晶體蛋白質（crystalline）所呈現的格狀排列。瓜科子葉細胞的蛋白質儲泡具有類晶體，但十字花科與菊科的蛋白質體則無（Lott, 1981）。

　　球狀體外觀呈球體，其主成分並非蛋白質，而是由植酸鹽（phytin）所組成。在棉花、花生、薺菜的種子，皆可以看到含有球狀體的蛋白質儲泡。球狀體偶而亦含有蛋白質，但並非儲藏性蛋白質，而可能是某些酵素，如棉籽的球狀體含有磷酸酶（phosphatase），大豆的球狀體含有植酸酶（phytase）。

植酸鹽是植酸（phytic acid, *myo*-inositol hexaphosphoric acid）與鉀、鎂、鈣結合的鹽類，可說是種子儲藏碳水化合物、磷以及各種礦物質的化合物。肌醇（inositol, *myo*-inositol）是維生素 B 群之一，但因動物亦可以合成，因此人體不需經由食物攝取植酸鹽。反之，由於植酸會吸夾鎂、鈣、鐵、鋅、鉬等，可能降低這些元素的吸收利用率。穀類飼料目前都會添加植酸酶，將蛋白質體中植酸鹽的磷釋出，來減少飼料添加磷的需求，而動物排泄物中汙染環境的磷也會減少。

除了蛋白質與植酸鹽與各類礦物質以外，蛋白質體還含有少量的碳水化合物、脂質甚或核糖核酸 RNA。

三、擇素、蛋白酶抑制素與LEA蛋白質

（一）擇素

早在 1888 年就有學者提到蓖麻子的萃取物可以凝結紅血球，隨後學者陸續發現各種具有類似作用的凝結素（agglutinin）。凝結素也是一種蛋白質，通常具有選擇性，只和某些細胞發生反應。動物體內的抗體，以及普遍存在植物的擇素（lectin），都是凝結素。

英文 lectin 源自拉丁文 *legere*，即選擇。擇素為具有結合碳水化合物能力的蛋白質或醣蛋白（glycoprotein），由於細胞膜中通常會夾有一些醣蛋白，這些醣蛋白的醣分子暴露於細胞之外，若遇著特殊的擇素，兩者會結合。擇素普遍存在植物界，而以種子尤多（表2-6），豆類種子的蛋白質約 1-10% 為擇素，莧菜者約 3-5%（Murdock & Shade, 2002）。

表2-6　種子中的擇素

作物	擇素名稱	分子量	特定對象醣類
小麥	wheat germ agglutinin (WGA)	36,000	β-D-Glc NAc-(1-→4)-β-D-Glc NAc
大豆	soyin	120,000	α-D-Gal NAc
白鳳豆	concannavalin A	104,000	α-D-Mannose
落花生	peanut agglutinin	110,000	β-D-Gal-(1-→3)-D-Gal NAc
雪花蓮	galanthus nivalis agglutinin (GNA)	110,000	α-D-Mnnose
蠶豆	favin	53,000	α-D-Mannose
蓖麻	ricin	12,000	α-D-Galactose

* Gal NAc: N-acetyl-D-gallactosamine; Glc NAc: N-acetyl-D-glucosamine.

豆類種子的擇素主要存在子葉蛋白質體之內，通常在種子成熟後期，水含量開始降低之前出現於種子。禾本科種子的擇素存在胚，特別是胚根，在胚部其他部位的分布則各種種子有所不同。小麥的擇素出現於蛋白質體四周及顆粒之透明（指在電顯之下）部位，亦

存在細胞膜與細胞壁之間，主要是在胚之外表，特別是胚根和根鞘，此外亦可在上胚葉、根冠或胚盤出現（Mishkind *et al.*, 1982），黑麥和水稻擇素亦出現於鞘葉。

擇素普遍存於植物界，不同植物有不同的擇素。擇素具有分類學上的關係，例如與小麥同族的黑麥和大麥之胚皆會有相同分子特性的擇素，同族其他 90 種植物亦含有相似的擇素。禾本科其他族的水稻，雖其擇素的構造與小麥者不同，但性質相當接近。不同植物間，同植株不同組織間也有成分結構互異的擇素，顯示在演化之過程中，為了這些不同的功能而有不同形態的擇素出現。

擇素在種子中出現，據推測不外是具有儲藏性蛋白質的功能，或者提供種子防禦病蟲害侵襲的能力。由於擇素存在蛋白質體之內，因此其參與儲藏性蛋白質的包裝或分解過程的可能性，比其本身為儲藏性蛋白質的可能性要高些。由於擇素能夠選擇性地認知各種細胞外表的碳水化合物而與之結合，因此可以抑制真菌、細菌的發芽生長。而種子浸水發芽時，亦可以由種子滲漏出擇素，因此可能在種子發芽後保護幼苗生長，不受微生物的感染。

抗蟲基因改造作物（genetically modified crop）所轉殖抗蟲基因的來源雖以蘇力菌為主，但是也有用合成擇素的基因者，例如雪花蓮凝結素（GNA）。試驗過轉殖擇素基因的作物包括水稻、馬鈴薯、木瓜、甘蔗、葡萄柚、棉花等。

（二）蛋白酶抑制素

蛋白酶抑制素（proteinase inhibitor）也是小分子的蛋白質，常見於禾本科與豆科種子，分子量約在 20-50kDa 以下，玉米者更小，不到 10kDa。在大麥、小麥等種子，其含量約為可溶性蛋白質的 5-10%，豆子內的含量較低，每公斤的種子約僅 0.25-3.6g（Bewley & Black, 1994）。此類蛋白質通常可以抑制動物性蛋白酶的活性，但是在種子內的功能則尚未確定，其功能有三種說法：

第一是此抑制素可以調節蛋白酶的功能，特別是種子發芽分解蛋白質時。例如蕎麥的蛋白質體內有某類的蛋白酶與其抑制素結合，若兩者分離，則蛋白酶就可以進行蛋白質的分解。不過在綠豆，蛋白酶是在蛋白質體內，但是蛋白酶抑制素卻在細胞質中。或許抑制素的作用是，萬一蛋白質體提早裂解，所釋出的蛋白酶可能會分解細胞中的結構性蛋白質，此時細胞質中的抑制素就可以預防細胞的受損。

第二種說法是，當外來的昆蟲蠶食種子，種子的蛋白酶抑制素可以抑制腸內的消化酵素，妨礙該昆蟲的生長及繁殖，或者外侵的微生物釋出蛋白酶來侵襲種子時，抑制素也可以具有保護的功能（Murdock & Shade, 2002）。

第三種解釋則是這類蛋白質只是儲藏性蛋白質的一種。

（三）LEA蛋白質

Dure III *et al.*（1981）發現有一類蛋白質在棉花種子胚發育後期大量出現，因此把這些蛋白質稱為 LEA 蛋白質，全名是「胚形成後期豐存蛋白質」（late embryogenesis abundant protein）。其後許多研究者發現此種蛋白質不但存在於許多種種子，在植物胚部以外其他部位，乃至於細菌、無脊椎動物或線蟲也都有，使得 LEA 蛋白質這個名詞顯得不恰當（Tunnacliffe & Wise, 2007）。

此類蛋白質與生物體的耐乾燥、耐高鹽分與耐寒可能有關。LEA 蛋白質可能出現於細胞內各處，但以細胞質與核最多。所在的組織可能因物種、器官、細胞型態而異，在胚部常見於表皮與維管束。

LEA 蛋白質含有較高量的甘胺酸或離胺酸，親水性很高，而厭水性強者如色胺酸與胱胺酸等則不存在。LEA 蛋白質很穩定，即使熱水滾過也不會變性，但不具有酵素功能。根據胺基酸序列，一般將 LEA 蛋白質區分成 6 群，主要者有三，其中研究最多者稱為脫水素（dehydrin）。

一般認為 LEA 蛋白質可能與生物體的耐脫水有關，因此會在種子發育後期，成熟乾燥之前蓄積，在種子發芽幼苗階段遇到缺水時也會出現。發育中種子開始製造 LEA 蛋白質，可能是受到離層素（abscisic acid, ABA）的調控 LEA 基因所致。

第四節　脂質

脂質可分為三大類，即單純脂質、複合脂質與衍生脂質。單純脂質乃由脂肪酸與各種醇類接合而成，包括油（oil）、脂肪（fat）、蠟（wax）等。油與脂肪是脂肪酸（fatty acid）與甘油（glycerol）接合而成的，在常溫下油為液態，脂肪為固態。蠟是在室溫下具有延展性的固體，常由長鏈脂肪酸與長鏈脂肪醇接合而成。

依照物理特性可將種子油脂分為 4 類：（1）固態脂肪，常溫下呈固態，如可可椰子油及油棕油；（2）軟性油，暴露在空氣中很容易氧化，產生聚合作用形成具彈性的軟膜保護層，如桐油、亞麻油，可以加工為油漆之原料；（3）半軟性油，氧化作用的進行較慢，但長久之後便可形成軟膜，如棉籽油、胡麻油、大豆油；（4）非軟性油，在室溫下不會形成薄膜，如蓖麻油、花生油、橄欖油、芥菜油等。

複合脂質乃單純脂質加上其他物質而成，例如磷脂（phospholipid）含有一磷酸根，醣脂（glycolipid）含有碳水化合物，脂蛋白（lipoprotein）則為蛋白質與脂質的接合體。

衍生脂質如萜（terpene）、類固醇（steroid）、類胡蘿蔔素（carotenoid）、脂溶性維生素

包括維生素 A、D、E、K 等。

　　種子是人類食用油的最重要來源，主要的油料作物如大豆、油棕、油菜、向日葵、棉籽、落花生等。不過種子油的含量在植物之間差異甚大，而種子油脂存在的部位也因物種而異，包括子葉、胚乳、下胚軸等不一（表 2-7）。

表2-7　各種種子的含油量

物種	主要組織	含油量（% d.w.）
澳洲核桃	子葉	75-79
巴西核桃	下胚軸、胚根	65-68
罌粟	胚乳	40-55
扁桃	子葉	40-55
油棕	胚乳	50
蓖麻	胚乳	35-57
日本赤松	大配子體	35
向日葵	子葉	32-46
大豆	子葉	17-22
番茄	胚乳	15
蠶豆	子葉	8
玉米	胚	4.7

　　種子油為重要的資源，先進國家莫不重視。日本治臺後也很積極地研究，調查了六十餘種國產植物的種子油分含量（表 2-8）及油的特性。

表2-8　臺灣產植物的種子油含量（%）

植物	油分	灰分	水分	植物	油分	灰分	水分
石栗	64.5	3.8	7.1	大青	46.2	3.2	6.0
海檬果	64.0	2.0	1.4	樟	44.4	2.2	10.0
黃花夾竹桃	62.6	2.2	3.6	錫蘭肉桂	42.0	1.9	9.1
大葉山欖	56.7	2.5	5.0	苦楝	38.5	4.2	8.0
欖仁	53.0	4.8	5.7	錫蘭橄欖	38.3	5.0	4.4
油桐	52.5	3.9	8.6	苦茶	38.3	2.5	5.6
麻瘋樹	52.1	3.5	6.9	茶	33.0	2.5	7.7
瓊崖海棠	49.3	3.8	12.6	茄冬	23.3	3.7	14.9
蓮葉桐	48.0	2.7	1.6				

一、脂肪酸

種子的儲藏性脂質是三酸甘油酯（triacyglyceride, TAG），由三個脂肪酸分子與甘油脫水結合而成。脂肪酸是碳氫化合物，碳的數目為偶數，通常在 8 到 24 之間。飽和脂肪酸〔$CH_3(CH_2)_nCOOH$〕不含有雙鍵，不飽和脂肪酸則含有一到三個雙鍵。

在種子油脂之中，最常見的飽和脂肪酸為棕櫚科種子的棕櫚酸（palmitic acid，符號16:0，16 表碳數，0 表雙鍵的數目），此外尚有十碳的癸酸（capric acid）、十四碳的肉豆蔻酸（myristic acid）等等。美洲榆樹種子油主要的成分即是癸酸，約占 61%（表 2-9）。某些豆科種子則含有十八碳的硬脂酸（stearic acid）或二十碳的花生酸（arachidic acid），不過花生酸在落花生油中的含量甚低，約僅 1.1-1.7%。

脂肪酸碳原子較少者熔點較低，碳氫鏈越長，熔點越高，熔點高者在常溫（25°C）下易呈固態，如椰子油及油棕油。脂肪酸雙鍵的數目越多，熔點越低。以不飽合脂肪酸為主的花生油、芝麻油因熔點較低，在常溫之下呈液體狀。

各類油籽大都有一項或兩項主要的脂肪酸（表 2-9），例如美洲榆的癸酸、油棕的月桂酸。頗多種子油含有較多的不飽和脂肪酸，例如巴西核桃、落花生、玉米、橄欖、芝麻等

表2-9　種子油的脂肪酸組成（%）

植物	8:0	10:0	12:0	14:0	16:0	16:1	18:0	18:1	18:2	18:3	20:0	22:0	22:1	24:0	—
美洲榆	5.3	61.3	5.9	4.6	2.9			11.0	9.0						
油棕	3.0	3.0	52.0	15.0	7.5		2.5	16.0	1.0						
巴西核桃**			0.2	0.2	13.0	0.2	11.0	39.3	36.1						
落花生**		5.9	5.8	0.1	4.4		0.7	42.5	20.6	0.14	1.6				
玉米				1.4	10.2	1.5	3.0	49.6	34.3						
橄欖					14.6			75.4	10.0						
棉籽					23.4			31.6	45.0						
芝麻**					10.0		6	42.0	42.0						
大豆**					10.6		4.1	23.0	54.5	7.2	0.3				
亞麻**					5.0		4.0	19.0	14.0	58.0					
向日葵**							12.0	23.0	65.0						
油菜				0.4	1.5		0.4	14.0	24.0	2.0	0.5	2.0	55	1.8	
蓖麻					0.3		7.0	4.0							88*

1. * 蓖麻酸ricinoleic acid (18:1, 12-OH)；$CH_3(CH_2)_4CH_2CHOHCH_2CH:CH(CH_2)_7COOH$。
2. ** 其他來源。
3. 8:0，辛酸（octanoic acid）；10:0，癸酸（capric acid）；12:0，月桂酸（lauric acid）；14:0，肉豆蔻酸（myristic acid）；16:0，棕櫚酸（palmitic acid）；18:0，硬脂酸（stearic acid）；18:1，油酸（oleic acid）；18:2，亞麻油酸（linoleic acid）；18:3，次亞麻油酸（linolenic acid）；22:1，芥酸（erucic acid）。

的主要脂肪酸是油酸（oleic acid, 18:1）；棉籽、芝麻、大豆、向日葵等以亞麻油酸（linoleic acid, 18:2）為主，而亞麻以次亞麻油酸（linolenic acid, 18:3）為主。

不飽和脂肪酸除了碳原子的數目外，雙鍵的數目以及出現位置也常不同，因此需要註記雙鍵所在的碳原子，以資區分。脂肪酸的碳原子由羧基端（carboxyl terminus, -COOH）開始起算（第一個 C），最後的碳稱為甲基端（methyl terminus, -CH₃）或者 ω（omega）端。不過營養學上對於碳原子的標記剛好相反，第一個 C 指的是 ω 端上的碳，向羧基端依次遞升（圖 2-8）。

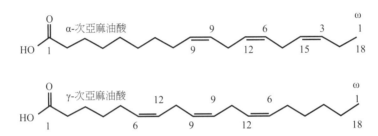

圖2-8　兩種次亞麻油酸的化學結構圖
上圖：α-次亞麻油酸（Alfa Linolenic Acid; ALA, ω-3），$18:3^{\triangle 9, 12, 15}$；
下圖：γ-次亞麻油酸（Gamma Linoleic Acid; GLA, ω-6），$18:3^{\triangle 6, 9, 12}$。

次亞麻油酸有十八個碳原子，三個雙鍵，但依雙鍵有兩種型態，分別稱為 α- 次亞麻油酸與 γ- 次亞麻油酸。α- 次亞麻油酸三個雙鍵分別在由羧基端算起的第九、十二、十五碳，因此簡寫成 $18:3^{\triangle 9, 12, 15}$（圖 2-8）；若由甲基端算起，首次出現雙鍵的是在第三個碳，屬於 omega-3（ω-3）脂肪酸。在一份文獻中記錄有若干種子油的 α- 次亞麻油酸含量，如墨西哥鼠尾草〔奇亞籽（chia seed），64%〕、紫蘇（58%）、亞麻（55%）、亞麻薺（35-45%）、馬齒莧（35%）、油菜（10%）、大豆（8%）。

γ- 次亞麻油酸的三個雙鍵分別在由羧基端算起第六、九、十二碳，因此簡寫成 $18:3^{\triangle 6, 9, 12}$；若由 ω 端算起，首次出現雙鍵的是在第六個碳，因此是屬於 omega-6（ω-6）脂肪酸，月見草、紅花、大麻、燕麥、大麥等種子有之。亞麻油酸有十八個碳原子，兩個雙鍵分別在第九、十二碳，其簡寫為 $18:2^{\triangle 9, 12}$，亦屬於 ω-6 脂肪酸。

雖然 ω-3 與 ω-6 脂肪酸都是人體必需脂肪酸，但對人體的健康以 ω-3 好處較大。

特殊的脂肪酸如油菜的芥酸（erucic acid），油成分中高可達 55%，為具有一個雙鍵的二十二碳脂肪酸。蓖麻種子油中的蓖麻酸（ricinoleic acid）高達 88%，由油酸在第七碳接上 -OH 而成。這些特殊的脂肪酸據調查至少有數百種之多，但只出現於特定的科屬植物，通常不存在於細胞膜上。芥酸提供優質的工業用潤滑油原料，但動物細胞無法加以代謝，

會囤積在心臟，具有健康風險，因此食用油菜目前種的都是低或零芥酸品種，稱為 canola（Canadian oil, low acid）。

二、油粒體

種子儲藏性脂質主要以顆粒狀包裹於細胞之內，一般稱之為油粒體（oil body），英文中偶亦有學者稱之為 spherosome、oleosome，或 lipid-containing vesicle。有人認為這些分歧的術語正反映出學者對於油粒體如何起源於細胞內的看法仍然不一致。

一般油粒體的直徑在 0.2-2.5μm 之間，因植物而異。油粒體四周是否包膜，至今仍有不同的見解，但是一些證據顯示油粒體被單獨的一層膜包著，膜的親水面朝外，厭水面朝內。

油粒體約含 90-95% 的三酸甘油酯，以及約 1-4% 的蛋白質、甘油二酯、磷脂，這個低磷脂含量的情況支持單層膜的說法。油粒體的蛋白質稱為油體蛋白質（oleosin），分子量低而埋在膜層中，普遍存在於各類種子當中。

含油量甚多的種子，其儲藏組織的細胞內部充滿了油粒體，其他細胞顆粒，如蛋白質體，分散在油粒堆之中。在油含量較少的種子裡，例如在禾本科種子糊粉層中，油粒體通常出現在蛋白質體的四周（圖 2-9C），以及細胞膜的邊緣。

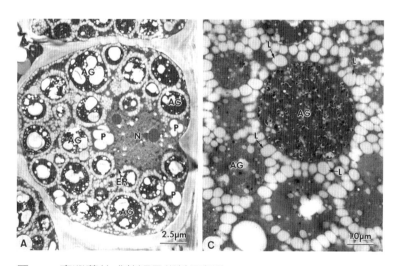

圖2-9　臺灣蘆竹成熟穎果糊粉層細胞
A：糊粉粒（AG，即蛋白質體）與含澱粉的質體（P）；C：糊粉粒外部圍繞著油粒體（L）。

第五節　其他成分

一、礦物質

　　種子蓄積各種無機礦物質，如鈣、鉀、磷、鎂等。無機元素在種子內的含量因作物種類、生育環境而有變異。蛋白質體是重要的礦物質儲存所，因為大多數元素皆與植酸鹽共存於蛋白質體之內。種子所含之磷平均約有一半以上就在植酸鹽上，這包括禾穀類的水稻（81%，植酸鹽中磷含量占種子總植酸鹽量之百分比）、玉米（77-87%）、大麥（66-70%）、燕麥（49-71%）、小麥（38-84%），以及棉花（82-83%）與豆類的大豆（70%）、落花生（57%）、菜豆（54-82%）、豌豆（53%）。種子內礦物質部分也儲存於細胞壁以及各種胞器。

　　礦物質在種子內的分布通常不均勻，這不但是因為球狀體分布之不均勻所致，有時不同細胞的蛋白質體，所含有的礦物質亦很不同，例如胡瓜子葉在維管束原細胞通常含有鈣，而大多數的葉肉細胞則沒有。蓖麻種子子葉蛋白質體內的球狀體通常不含鈣，但下胚軸以及胚根維管束原細胞者則含有鈣。番茄種子不論胚或胚乳皆含有鈣，而且含有鈣的細胞，隨機地分布在各組織。水稻種子若蓄積重金屬，則位置偏重於米糠（胚部與糊粉層），白米（胚乳）中通常較低。

　　種子各種礦物質元素的含量，也受到植物生長環境的影響，所以雖然同一基因型作物，年度不同，所採收種子的礦物質含量亦會不同。年分之外，灌溉條件、肥料用量、土壤環境等也會造成成分上的差異。除了鈣、鉀、鎂、磷等主要的元素之外，鋅、鐵、鋇、銅、鉬、鉻、硒、鈉等也可能出現在種子之內。土壤中若含有重金屬如銅、鎘等，種子亦會累積這些元素，但其分布卻可能不在球狀體之內。

二、二次代謝物

　　澱粉、蛋白質、脂質及其組成小單元之外，種子尚含有各種主要代謝路徑中所沒出現的化合物，如生物鹼（alkaloid）、配糖體（glycoside）、酚（phenol）、單寧（tannin）、精油（essential oil）、固醇等，種類相當繁多。這些物質有些對部分生物體具有生理上的作用，在劑量到達某程度以上，更可能導致生物體中毒或甚至死亡。

　　不過同樣的二次代謝物，對某一生物具有毒性，可能對另一生物不但沒有毒性，而且可能是營養成分或具有療效。許多漢藥，皆以種子為材料，即是因為這些種子含有具有生物活性的物質，因此會有藥效。即使同樣是可能致毒的物質，對某一生物，可能其致毒量很低，而對其他生物則要吸收達到相當高的地步，才可能致毒。

（一）生物鹼

　　生物鹼是許多含氮化合物的通稱，有名的生物鹼如嗎啡、尼古丁、奎寧、咖啡因等。豆科種子含有豐富的生物鹼，羽扇豆屬通常含有喹諾里西啶類生物鹼（quinolizidine），例如羽扇豆鹼（lupanine），羊食羽扇豆常常中毒。黃野百合則含有吡咯啶類生物鹼（pyrrolizidine），即野百合鹼（monocrotaline），家禽食之中毒，對人體則會產生肝毒。

　　茄科植物種子含有莨菪烷（tropane），莨菪及蔓陀羅種子含有莨菪鹼（hyoscyamine），可以製成農藥解毒劑阿托品（atropine）。咖啡種子含有咖啡因，是咪唑啉啶類生物鹼（imidazolidine），對中樞神經、呼吸、心臟有刺激作用。此外，蓖麻、檳榔、大麻、蓮子、馬兜鈴等的種子亦含有各類生物鹼。

（二）配糖體、精油

　　配糖體正式名稱為苷質，經水解後分成醣類與非糖體，一般認為具有保護作用，免受動物危害。醣類以葡萄糖最常見，但也有其他單醣；非糖體包括固醇、皂素（saponin）等各種二次代謝物。

　　苦扁桃、杏、桃的種子含有苦杏仁苷（amygdalin），是一種含有氰化物（cyanide）的配糖體，據云有鎮咳、去痰、定喘等效果，但口服後可能會釋出有毒的氰化物。皇帝豆以及亞麻的種子則含有百脈根苷（lotaustralin），亦可以經水解釋出氰化物。十字花科種子的辛辣味是因為含有配糖體，如青花菜、抱子甘藍、黑芥菜種子的芥子苷（sinigrin），白芥子則含有味道較淡的白芥子苷（sinalbin）。

　　從植物體可以提煉精油，是濃縮的厭水性液體，含有揮發性香氣。植物精油的來源雖然以花、葉為主，但種子亦含有各種精油。種子內主要的精油以萜類者為多，如肉豆蔻種子含有茨烯（樟腦精，camphene）與檜烯（sabinene）、山薑種子含桉油醇（eucalyptol）、縮砂種子含龍腦（borneol）和橙花椒醇（nerolidol）、車前草種子含桃葉珊瑚苷（aucubin）、巴豆種子含巴豆酯（phorbol）、續隨子含環氧千金藤醇（epoxylathyrol）等。棉籽油含棉籽酚（gossypol），必須除去後才可食用。種子所含的植物賀爾蒙如離層素、激勃素（gibberellic acid, GA）等，亦都屬於萜類精油。

（三）固醇、類黃酮

　　固醇是最簡單的類脂醇（steroid），由十七個碳原子接合成四個碳環（圖 2-10）。類脂醇遍存於動植物與真菌，在人體上最有名的就是膽固醇。許多種子含有植固醇（sitosterol），西瓜種子含有菠菜固醇（spinasterol）。毛地黃種子含有毛地黃苷

（digitoxin），是固醇配糖體，為有名的強心劑。

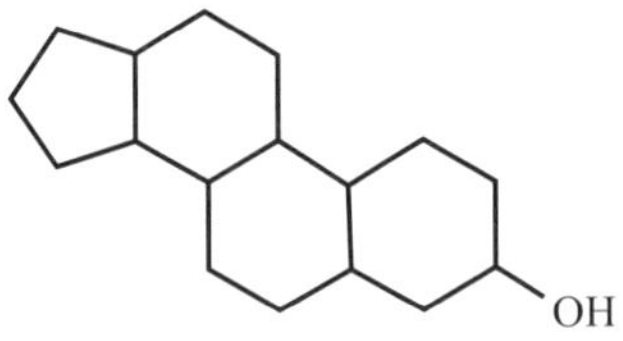

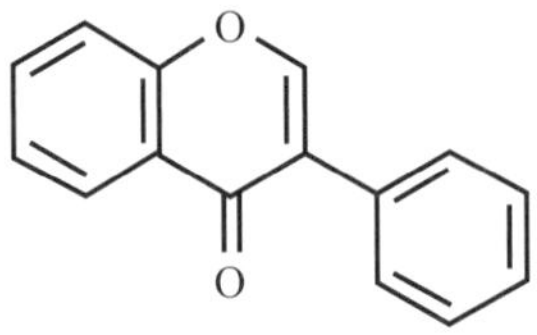

圖2-10　種子二次代謝物的基本結構
上圖：固醇；下圖：異黃酮。

類黃酮（flavonoid）是一種多酚化合物，由十五個碳原子與一個氧原子組成三個環，也可以說兩個苯環由三個短碳鏈連結而成，有四類，其中的異黃酮（isoflavone，圖 2-10）是種子主要的類黃酮，約有三種，以配糖體的形態存在於豆類種子，即葛苷（daidzin）、金雀花苷（genistin）與黃豆苷（glycitin）。

種子異黃酮主要出現於豆科，如綠豆、豇豆、補骨脂與苜蓿芽等，其中尤以大豆種子含量最高。黃豆種子的異黃酮約占總酚量的 70%，以葛苷與金雀花苷為主，濃度約 80-200mg/100g，依品種而異（Teekachunhatean *et al.*, 2013）。異黃酮是植物性的雌激素，因此大豆被視為功能性食物。

（四）其他

皂素普遍存在植物體，其結構兼具厭水（萜）與親水（配糖體）部位，在水溶液中搖動會產生泡沫，因此稱為皂素。皂素對冷血動物特具毒性，對真菌等細胞物亦具有抑制作用。皂素存在一些種子，包括棋盤腳、藜粟、辣椒、瘤果黑種草、茶、七葉樹等種子有之（Sparg *et al.*, 2004）。藜粟種子約含有 0.43% 的皂素。一些豆科植物如大豆、苜蓿、菜豆、豌豆、百脈根等種子皆有之。

多酚（polyphenol）由兩個以上的酚結合而成，單寧是多酚的一種。某些高粱品種含有單寧，因此其果皮呈棕褐色，雨季收成時，種子也比較不易因微生物之生長而導致發芽能力降低。許多豆類種子的種被都含有單寧，葡萄種子所含的單寧含量攸關釀酒的風味。

許多種子含有香豆精（coumarin），如續隨子種子所含的七葉樹素（aesculetin）與續隨

子素（euphorbetin），以及枸橘種子所含的歐前胡素（imperatorin）。牡蒿及補骨脂種子所含的補骨脂素（psoralen），當歸屬的藥用植物種子所含的黃毒素（xanthotoxin）、當歸根素（angelicin）等，也皆屬於香豆精。

三、水分

　　大氣濕度通常以相對濕度（relative humidity）來表示。相對濕度是空氣與水氣混合體中水氣的含量，一般以水氣的分壓除以飽和蒸氣壓的百分比率來計算。當水氣氛壓達到飽和時，其相對濕度為 100%，稱為飽和相對濕度。

　　在大氣中種子會自空氣吸收水分，同時種子本身的水分也會向空氣擴散。種子相當潮濕時，本身水分向外擴散釋放（即脫附作用，desorption）的速率大於自外面環境吸收水分（即吸附作用，absorption）的速率，因此種子含水率逐漸下降，直到水分釋放及吸收的速率達到平衡時，種子含水率即不再變動，此時稱為種子已達到平衡含水率（equilibrium moisture content，圖 2-11）。潮濕種子在相同溫度，不同相對濕度下所測定出的曲線稱為脫附等溫線。

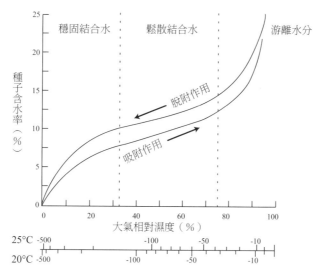

圖2-11　種子平衡含水率（%）的兩等溫線圖
相對濕度座標之下為大氣相對濕度對應的水勢（ϕ, MPa）。

　　與潮濕種子相反，當相當乾燥的種子放在較潮濕的大氣中時，吸附作用的速率大於脫附作用的速率，因此種子含水率逐漸上升，含水率達到平衡後就不再增加，雖然此時水

分的進出仍在進行。乾燥種子在相同溫度，不同相對濕度下所測定出的曲線稱為吸附等溫線。

　　特定大氣相對濕度的環境下，特定的種子卻不只有一特定的平衡含水率。由於至今仍不完全了解的原因，在相同溫度下，同一種子的脫附等溫線卻較吸附等溫線略高，這種歧異稱作遲滯現象（hysteresis）。

　　除了相對濕度，影響種子平衡含水率的因素還有溫度，溫度分別對大氣相對濕度及種子的平衡含水率皆會影響。一個維持在標準氣壓的固定體積及固定溫度的系統中，能夠含有的飽和水蒸汽是一定的。該系統所擁有的實際水蒸汽量對飽和水蒸汽的比值（×100）即是該溫度下的大氣相對濕度。若這個系統的其他條件都不變，則溫度每升高 10°C 時，該系統能夠含有的飽和水蒸汽量約加倍，其大氣相對濕度就約減為半，因此高溫下種子的平衡含水率較低。另一因素則是種子含油率，在固定的大氣相對濕度下，含油率低的種子所達到的平衡含水率較高，反之則較低。表 2-10 列出一些種子在特定狀況下所測出來的平衡含水率。

表2-10　種子在各種相對濕度下的平衡含水率

植物	測定狀況	相對濕度（%）																
		10	15	20	25	30	40	45	50	55	60	65	70	75	80	85	90	95
洋蔥	^25	4.6		6.8		8.0		9.5			11.2			13.4				
蔥	^25	3.4		5.1		0.6		9.4			11.8			14.0				
旱芹	^25	5.8		7.0		7.8		9.0			10.4			12.4				
落花生*	^25		2.6			4.2		5.6						9.8			13.0	
	30										7.2		7.0	8.0	9.3	11.3	14.3	20.0
	#	3.0		3.9		4.2	5.1		5.9		7.0		8.5	11.1			17.2	
燕麥	#	5.5		7.2		8.8	10.2		11.4		12.5		14.0	15.2	17.0		22.6	
芥菜	^25	1.8		3.2		4.6		6.3			7.8			9.4				
油菜	#	3.1		3.9		4.5	5.2		6.0		6.9		8.0	8.6	9.3		12.1	15.3
甘藍	^25	3.2	4.6	5.4				6.4			7.6			9.6				
	A	3.4		4.7		5.5	6.3		7.1		8.1		9.7					
蕪菁	^25	2.6		4.0		5.1		6.3			7.4			9.0				
辣椒*	^25	2.8		4.5		6.0		7.8			9.2		11.0	12.0				
西瓜	^25	3.0		4.0		5.1		6.3			7.4			9.0				
胡瓜	^25	2.6		4.3		5.6		7.1			8.4			10.1				
印度南瓜	^25	3.0		4.3		5.6		7.4			9.0			10.8				
果園草*	^23									9.8		10.5	11.0	12.0	13.4	14.9		
胡蘿蔔	^25	4.5		5.9		6.8		7.9			9.2			11.6				
	A	4.2		5.8		7.0	7.9		8.9		10.0		11.9	16.0				
蕎麥	^25	6.7			9.1		10.8			12.7				15.0			19.1	24.5

植物	測定狀況	10	15	20	25	30	40	45	50	55	60	65	70	75	80	85	90	95
高狐草*	^23									10.5		11.9	12.5	13.2	15.0	17.3		
大豆*	^25		4.3			6.5		7.4			9.3			13.1			18.8	
	#			5.5		6.5	7.1		8.0		9.3		11.5		14.8		18.8	
棉花*	#	3.7		5.2		6.3	6.9		7.8		9.1		10.1		12.9		19.6	
黃秋葵	^25	3.8		7.2		8.3		10.0			11.2			13.1				
大麥	^25		6.0			8.4		10.0			12.1			14.4			19.5	
萵苣	^25	2.8		4.2		5.1		5.9			7.1			9.6				
	A	3.1		4.2		5.0	5.9		6.7		7.6		9.1					
亞麻*	^25		4.4			5.6		6.3			7.9			10.0			15.2	
	#	3.3		4.9		5.6	6.1		6.8		7.9		9.3		11.4		15.2	
百脈根*	^23											8.3	10.4	13.9	17.2			
羽扇豆	#	4.2		6.2		7.8	9.1		10.5		11.7		13.4	14.5	16.7			
番茄	^25	3.2		5.0		6.3		7.8			9.2			11.1				
紫花苜蓿	A30	4.8		6.4		7.8	9.0		10.0		11.7		14.0		15.0			
稻	D25	4.6		6.5		7.9	9.4		10.8		12.2		13.4		14.8		16.7	
	A25	3.9		5.3		6.8	7.9		9.2		10.4		11.8		13.6		16.6	
菜豆	A	4.2		7.1		8.7	10.3		12.2		14.5		17.9					
歐洲雲杉	A	2.5		4.2		5.5	6.7		7.8		9.0		10.4					
豌豆	A	4.0		7.0		8.8	10.2		12.0		13.9		16.2		20.5		28.4	
	#	5.3		7.0		8.6	10.3		11.9		13.5		15.0	15.9	17.1		22.0	26.0
肯達基藍草*	^23									9.7		10.8	11.3	12.7	14.0	14.5		
蘿蔔	^25	2.6		3.8		5.1		6.8			8.3			10.2				
茄子	^25	3.1		4.9		6.3		8.0			9.8			11.9				
高粱	^25		6.4			8.6		10.5			12.0			15.2			18.8	
菠菜	^25	4.6		6.5		7.8		9.5			11.1			13.2				
小麥	A35	4.0		5.6		7.0	8.3		9.8		11.1		12.8		14.5		19.5	
	D35	5.5		7.2		8.5	9.8		11.0		12.2		13.4		15.1		19.5	
	D25	6.0		8.0		9.3	10.6		12.0		13.2		14.7		16.3		21.5	
蠶豆	A					8.5	10.0		11.5		13.2		15.0		19.7			
	#	4.7		6.8		8.5	10.1		11.6		13.1		14.8	15.9	17.2		22.6	27.2
玉米	A30	4.5		6.3		7.6	8.9		10.1		11.5		13.0		14.9		19.5	
	D30	5.6		7.5		8.9	10.2		11.3		12.6		14.0		15.8		20.0	
	#	6.2		7.9		9.3	10.7		11.9		13.1		14.6	15.5	16.5		20.7	25.0
（甜玉米）*	^25	3.8		5.8		7.0		9.0			10.6			12.8	14.0			

1. ^ 約。
2. 首欄數字為溫度（°C）。
3. # 變動溫度下（可能是15-25°C之間）。
4. A 吸附作用（absorption）。
5. D 脫附作用（desorption）。
6. * 參閱Justice & Bass（1978）所列的文獻，頁40-43。

　　就一般耐乾燥的種子而言，其平衡含水率等溫線可區分出三段的種子水結合區（圖 2-11）。第一段約在相對濕度 10% 以下，在此段落中，水與蛋白質、脂質、細胞壁等大分子的帶電價胺基或羧基離子緊密地附著。第二段約在相對濕度 10% 到 90% 之間，在此段落中，水微弱地附著在分子非離子的帶電親水性部位。第三段約在相對濕度 90% 以上，在此階段中，種子內的水則寬鬆地接觸大分子的厭水性部位。不過 Bewley *et al.*（2012）更詳細地區分五個階段，第一階段是相對濕度 10% 的等溫線，第二階段在 10-83% 之間，第三階段在 84-96% 之間，第四階段在 97-99% 之間，高過 99% 則為第五階段。

第六節　種子的物理特性

　　種子的物理特性包括大小、形狀、密度、表面質地、浮力、色澤、彈性、導度等，這些特性與種子散播有相當大的關係。在種子生產上，種子的清理精選常使用各式各樣的器材，這些器材不論是簡單、便宜的，或是複雜、貴的，其設計依據的原理也都是種子的物理特性。

一、種子的大小

　　種子的大小是指一粒種子在空間所占的體積，不過為了測量上的方便，一般用長、寬、厚三個測量單位來表示。種子上有無數的點，任意選兩點連都成一條直線，因此可以連成很多直線，但是只有特定的一組可以畫出最長的直線，該直線長度就是這粒種子的「長」。

　　把種子的長當作軸心，在軸心線上任意畫垂直線，也可以畫出無數條，這些垂直線都會連接到種子的兩個點，這兩個點也就決定該垂直線的長度，最長的垂直線就是種子的「寬」。

　　把種子的長軸與寬軸看作一個平面，在這個平面上任意畫垂直線，也可以畫出無數條，這些垂直線都會連接到種子的兩個點，這兩個點也就決定該垂直線的長度，而最長的垂直線就是種子的「厚」。各式的篩網就是按照種子的長、寬、厚等特性來篩選種子。

　　種子的大小在物種間變化甚大（表 2-11）。世界上最大的種實可能是東非洲印度洋 Seychelles 群島上所產的海椰子，海椰子的果實長可約 30cm，周長約 91cm，重約 18kg。反之蘭科植物與一些寄生性植物的種子都很小，蘭科種子的長度可由樹蘭的 6mm、亮麗壇花蘭的 3mm，到金線蓮的 0.05mm 不等，寬度由華麗石斛蘭的 0.9mm 到赤劍屬的 0.01mm 不等（Arditti & Ghani, 2000），高止捲瓣蘭種子的長寬各約 0.174 與 0.074mm。

表2-11　種實的大小（mm）*

植物	長	寬	厚
菸草	0.81	0.56	0.22
稗子	1.59	1.20	0.81
油菜	1.68	1.67	1.61
水稻	6.60	3.58	2.21
大豆	7.10	6.37	5.69
臺灣百合	8.30	6.60	0.33
豆薯	10.30	9.10	5.83
苦瓜	12.50	8.92	4.15
皇帝豆	26.20	15.50	8.50
芒果	87.40	23.10	18.00
椰子	229.00	178.00	152.00

* 各僅代表一批種子的實測值。

二、體積與重量

　　不同的植物種，其種子重量的差異也很大（表 2-12），以蘭科種子為例，最重的是東亞太平洋地區的山珊瑚屬蘭花種子，約 14±17μg，最輕的則是鬱金香蘭的種子，約 0.3±0.4μg（Arditti & Ghani, 2000），兩者相差超過 40 倍。蘭花種子小，但種子數目可以很大，例如綠天鵝蘭一個果實含有 400 萬粒種子。

表2-12　種子（1,000粒）的體積與重量

植物	體積（cm^3）	重量（gm）
菸草	0.2	0.08
莧菜	0.8	0.7
芹菜	2	0.4-0.7
芝麻	8.5	3
水稻	42-50	15-40
蘿菜	63	40-47
黃秋葵	90	45-60
大豆	175-280	100-670
豆薯	250	150-250
刀豆	1,500-6,000	400-800
蠶豆	280-4,000	181-2,500
落花生	500	1,000-3,000

　　即使在同一個物種類，品種間種子重量的度量也相當大，這些變異提供育種時選擇交配親的參考。由半乾燥熱帶國際作物研究所（ICRISAT）所保存 16,820 份鷹嘴豆種原的廣泛調查顯示，種子百粒重由 9.5-63.4g 不等，相差達 6.7 倍（Upadhyaya, 2003）。

　　即使同一植株，在母體上著生的位置不同，種子的重量也可能有所差異。小麥整穗的部位中，以中部下邊的小穗所著生的種子最重，頂端小穗者最輕，而一個小穗中，以基部算起第二小花所長的種子最重，第一小花者次重，第三、第四小花者依次更輕。豌豆果莢內以中間部位的種子重量最大，向日葵花序上則以外緣的種子較重，中心部位者較輕。

　　一般而言，同一個品種所產生的種子，其重量的差異不大。因此古代的度量衡有以種子當作基準者。例如中國《說苑》記載：「度、量、衡，以粟生之，十粟為一分，十分為一寸，十寸為一尺，十尺為一丈。」即用 10 粒小米相連所得的長度為 1 分。而英國 15 世紀中開始用克拉（carat）來作為鑽石、珍珠的重量單位，carat 來自拉丁文 *kerátion*，指的是長角豆（俗名 carob）的種子。

　　但是 Turnbull *et al.*（2006）對此加以探討，指出長角豆的每粒種子重量不一，其變異係數（23%）與其他 63 個植物種的平均值（25%）接近。小麥種在 816 個不同地區，每穗粒數的差異高低達 1.7 倍、每株穗數 56 倍、每株粒數 833 倍，但每粒重量的差異也有 1.04 倍（Haper *et al.*, 1970）。

　　不過 Turnbull 的報告也提到，目測可以挑掉較為極端的種子，因此可以縮小種子間重量的變異。而根據《漢書・律曆志》：「以子穀秬黍中者，一黍之廣，度之九十分，黃鐘之長」，表示作為度衡量的標準時，人類的確懂得排除極端大小的種子。

三、密度、形狀與浮力

　　種子的密度是指單位體積的種子重量，這裡有兩個意思，或者是指一粒種子重量除以該種子所占的體積，但常是指一個單位容積（如一公升種子）所含有的種子重量。大種子因為種子間的空隙較大，因此容積重可能較低，而一批大種子若含有較多的小種子塞在空隙中，容積重就會增大。

　　一粒種子內不同的部位也可能有不同的密度，例如禾草的種實常是果實加上殼（內外穎），這個殼常比果實還要長，因此整粒種子的重心會略居於種實下方，而不是在正中央。

　　種子的形狀是指該種子在空間分布的狀況，圓形的如芥菜種子，其他如針形的、方形的、橄欖形的、金字塔形的、半月形的、碟形的等不一而足。形狀不但是選種機器所運用的種子特性之一，也是在自動操作當中決定種子容易輸送與否的決定因素之一。

　　種子成熟脫離母體時會因為本身的重量（地心引力）而下降，但是同時空氣也會產生

阻力，地心引力遠大於空氣的阻力，種子就迅速下降。阻力趨近於地心引力，種子下降速度慢，於空中飄浮而逐漸下降，這時若有風，就可將種子送到遠處，例如水柳種子遇風吹而飄浮於空中的景色為是。這種飄浮的能力指的就是種子在空氣或液體（水或有機溶劑）中下降、停留或浮起的程度，各式風選機就是依據種子與雜質在空中浮力的不同加以清理。

　　種子自由落體速度比較難測定，因此實際上進行時是將種子置於直管中，自管子下方送風，風速大於種子地心引力則種子上揚，小於地心引力則種子下降。當風速調整到種子停留於空中而不上升下降，該風速即是該種子的終端速度（terminal velocity），單位是每秒幾公尺（表2-13），種子終端速度越大表示種子越難漂浮。

表2-13　若干作物種子的浮力，以終端速度表示

植物	重量（mg）	密度（kg/m³）	終端速度（m/sec）
芝麻	2.4		4.4
油菜	4.5	1,000	6.7
小米	6.0		7.6
水稻	16.5	1,370	7.2
蕎麥	27.6		8.9
小麥	30.2	1,320	7.8
高粱	30.9	1,250	9.7
大麥	37.6	1,020	7.5
綠豆	75.5		12.0
紅豆	115.6		12.6
大豆	197.0	1,340	14.0
玉米	321.2	1,260	11.6

　　種子的終端速度與其重量略有相關，但並非絕對，與其密度則沒有相關。這是因為決定種子終端速度的因素很多，除了重量與密度外，還包括其大小、形狀、表面質地，乃至於掉落時種子旋轉的狀況等。

四、表面質地、色澤、彈性與導度

　　種子的表面可能是光滑的、有稜的、有角的、有邊的、有芒的、凹凸不平的、皺皮的、粗糙的、沾黏的等不一而足。根據表面質地的不同，可以直接區分種子，例如在輸送帶上種子表面粗糙的不同產生不同的摩擦力，因此造成不同的輸送速率；也可以間接區分種子，例如粗糙的種子易沾上鐵粉，因此可用磁力分辨。

　　色澤的不同是由波長、亮度及彩度來決定，種子的顏色也是五花八門，白、紅、橙、黃、綠、灰、褐、黑、藍，以及各種中間顏色等皆有。旅人蕉有藍色的假種皮，剝除之後呈現出黑褐色種被。雞母珠種臍附近的種被是黑色，其餘種被則為鮮紅色。史隆血藤小圓餅狀種子外觀如小型的銅鑼燒，兩側種被深褐色，厚度圍繞一圈黑色種被。

　　同一粒種子的不同部位，色澤也可能不同。除了受到遺傳的控制以外，成熟度的不同或者微生物的感染都可能改變種子原來的色澤。除了應用在種子精選之外，各種穀豆類食品加工前也常用色澤來挑出不良的種子。

　　彈性原來是指一個物體被壓縮或扭曲後恢復原狀的能力，這裡是指種子撞擊到某物體後反彈的程度。硬殼種子撞到地板就會反彈，反之，表面有纖毛的種子掉落在地板上也反彈不起來。在設計種子採收機械時，需要考慮所採收種子的彈性，以免因反彈到外頭而損失種子。種子彈性太大，與硬板的撞擊力也就越大，撞擊時越容易受傷，因此機械設計上要縮短種子與硬板間的落差。

第3章 種子的發育與充實

種子是高等植物生命循環中重要的環節。植物在適當的環境下，或者在某個生長階段會由營養生長階段進入生殖生長階段，但這並不一定表示營養生長的停止。生殖生長始於頂端分生組織由葉芽分化轉變成花芽，但是花芽分化之後仍然可以看到莖葉的生長。花芽分化之後到種子成熟散落之間經過若干階段，這些階段所經過的時間在不同植物有很大的不同。以松樹、蘇鐵與水稻三種植物為例，花芽分化到開花授粉的期間分別約需 5 個月、5 個月、20 天，由授粉到受精分別約 12 個月、4 個月、不到 1 天，由受精到種子成熟分別約 15 個月、3 個月與 30 天，這足以說明種子形成的高度歧異。

第一節 胚與儲藏組織的發育

一、裸子植物

裸子植物在授粉後，花粉所釋出的精核與雌配子體內的卵核結合，經過一段潛伏期，結合子才開始分裂。結合子分裂初期先進行核分裂，在胚囊內形成一些游離核，而各個核的外圍尚未形成細胞壁，這是所謂的游離核時期（free nuclei stage）。結合子分裂初期的游離核情形只出現於裸子植物，被子植物則無，這是兩類植物主要的不同點之一。游離核的數目因物種而有很大的差異，例如在松柏等針葉木約 4-64 個，銀杏約 256 個，蘇鐵約 500-1,000 個左右。不過裸子植物中的美洲紅杉（世界爺）、買麻藤等則不具有游離核時期，而被子植物的牡丹則可看到游離核時期（Singh & Johri, 1972）。

游離核時期過後才在各個核的外圍形成細胞壁，將核圍起而產生原胚（proembryo），原胚繼續進行細胞分裂而且分化成胚體與支持體（suspensor）。在基部的支持體吸收養分供給胚的發育，因此發育之初支持體較為發達，但是充實後期就萎縮不見。

胚體為一個到數個的多胚，但是其中僅有一個倖存發育成胚。由於裸子植物不具雙重受精，因此單倍體的雌配子體直接在中央形成空腔，來容納越來越大的胚，雌配子體累積養分，來供將來發芽所需，其功能有如被子植物的胚乳。

二、被子植物

被子植物具有雙重受精，受精後分別發育成二倍體的胚與三倍體的胚乳。裸子植物並無雙重受精，但是其中的麻黃屬植物有之，不過精核只與另一個半倍體核融合，並無三倍體的產生（Friedman, 1990）。被子植物中也有例外，即蘭科、川苔草科與菱科不具有胚乳（Vijayaraghavan & Prabhakar, 1984）。

兩個亞門的植物另一個不同點是除了牡丹以外，被子植物的受精卵一開始就行細胞分裂，沒有經歷游離核時期。

一般而言，被子植物的受精卵先分裂成頂端與基部兩個細胞。在雙子葉植物，頂端細胞分化成胚體，基部則分化形成支持體。支持體的上端細胞將來會分化成為胚根之根冠，稱為胚根原（hypophysis）。在單子葉植物，頂端細胞再行細胞分裂分成兩部分，上端者是胚體，另一部分是支持體，下端的基部細胞不再分裂，直接成為吸收體，作為支持體的尾細胞。

（一）雙子葉植物

豌豆（Marinos, 1970）花授粉之後在花冠完全展開時，受精卵已開始進行細胞分裂，此時胚存在於珠孔端。花冠開始萎凋後，可以看到支持體開始伸長，將胚往胚囊推進，同時也可看到胚乳的擴充（圖 3-1）。其後整個胚珠開始增長，胚的外面充滿液狀胚乳，等到花冠掉落，胚珠的長度達最大，胚呈現球形。其後胚開始擴張變寬漸成圓球形，而胚已呈現心臟形，此時支持體不再伸長，胚開始快速生長分化。此後胚部的子葉開始吸收胚乳養分而生長，一直到胚乳幾剩下痕跡為止。

苜蓿授粉後第 4 天支持體已經將胚頂向胚囊另一端，支持體略較胚為大（圖 3-2）。此時胚呈卵形，屬於球形期（globular stage）的前期，1 天後胚已呈圓球形，再 1 天後胚頂端趨平，是為球形胚後期。授粉後第 8 天子葉開始分化出來，進入心形期（heart stage）的初期，兩天後子葉已達約 10μm，屬於心形胚後期。授粉後第 12 天下胚軸、胚根已形成，胚進入魚雷期（torpedo stage），此時期胚芽與胚根的頂端分生組織、下胚軸以及原始形成層都已相當清晰。到了授粉後第 14 天，苜蓿子葉快速伸長，胚部彎曲，而支持體已退化。

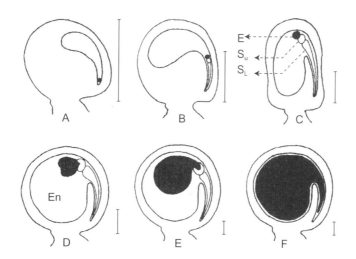

圖3-1　豌豆胚發育示意圖

A：受精核開始分裂；B、C：支持體伸長；D：心形胚階段；E、F：子葉擴張期。圖C、D中的代號分別為，E：胚；En：胚乳；S_u：上支持體；S_L：下支持體。胚部以黑色標示，直線為1mm。

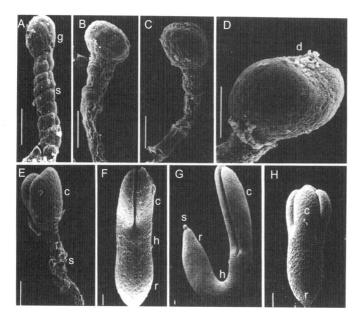

圖3-2　苜蓿接合子胚發育過程的掃描式電子顯微鏡圖

A：球形胚早期；B：球形胚中期；C：球形胚後期；D：心形胚早期；E：心形胚後期；F：魚雷胚早期；G：子葉伸長期；H：具四片子葉之胚（少見）。g：球形胚；s：支持體；d：心形胚的凹入處；c：子葉；h：下胚軸；r：胚根。直線為30μm。

（二）禾本科植物

　　在單子葉植物中，禾草胚的發育有兩點顯得相當特殊，其一是禾草的胚較其他單子葉植物複雜，其二是禾草的成熟胚已經具有數個葉片（Itoh *et al.*, 2005）。

　　水稻授粉後數小時內就已完成受精，其後受精卵進行細胞分裂。授粉後第 1 天胚的細胞數目約 25 個（圖 3-3 B），此為球形胚初期，其後細胞迅速分裂。授粉後第 2 天細胞數目約 150 個，屬於球形胚中期。授粉後第 3 天胚體成為圓球狀，但外觀尚未見到分化，為球形胚後期，實際上胚為橢圓形，細胞數目可達 800 個（圖 3-3 D, J），此時期胚體尖端已趨平，胚外圍為胚乳，屬於細胞胚乳的型態。授粉後第 4 天開始分化形成胚芽頂端分生組織、芽鞘始原（coleoptile primordia）與胚根始原（radicle primordia，圖 3-3 E, K）。授粉後第 5 天可以看到第一個葉始原，胚盤開始膨大（圖 3-3 F, L），其後的 3 至 4 天內再形成第二與第三個葉始原。授粉後第 7 至 8 天可看到上胚葉突出，到了授粉後第 10 天，整個胚部的型態已分化完全（圖 3-3 G, M）。

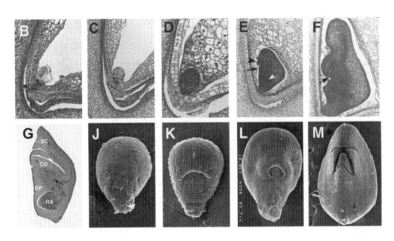

圖3-3　水稻胚發育圖
圖B至G分別為授粉後1、2、3、4、5、10天胚的縱切面；J至M分別為授粉後3、4、5、10天胚的SEM。SC：胚盤；CO：芽鞘；RA：胚根；EP：上胚葉。

　　禾本科植物種子的養分儲藏構造為胚乳，胚乳的發育過程以小麥為例（Bewley & Black, 1978），小花開穎受精後 6 小時就開始進行游離核分裂，不過第 1 天內尚未能見到胚乳細胞。第 2 天時，胚乳細胞壁已開始形成。第 4 天時由於細胞分裂的快速進行，因此胚乳已略見擴大，其外面有一層分生組織已清晰可見，這個分生組織層可進行橫向和縱向的細胞分裂。

　　橫向分裂的結果形成內外二層細胞，往內邊形成者都是胚乳細胞，往外邊者仍保留分

生能力，繼續進行細胞分裂，使得胚乳增厚。縱向分裂的結果則擴張分生組織層的面積，使得胚乳加寬，以便容納越來越多的胚乳細胞。

在胚乳的外圍除了分生組織，尚有若干細胞分裂形成厚壁細胞（圖 3-4），這些細胞的細胞壁已沒有分生能力，然而其附近分生細胞仍繼續分裂擴充，結果在第 16 天以後，漸漸將厚壁細胞包圍，形成麥類種子的特徵，縱溝（crease）。這條縱溝的外面是母體組織，有維管束與珠柄、合點等，為養分近入種子的主要管道。分生組織層在約第 16 天時停止細胞分裂，最外層細胞即成為糊粉層。此後胚乳細胞不再增加，體積之擴充完全是因為細胞擴大所致。

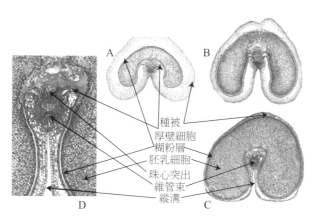

圖3-4　小麥胚乳發育圖
分別為授粉後第8（圖A）、16（圖B）、28（圖C）天，圖
D由圖C局部放大。

胚乳的細胞分化成四類，分別是胚周邊細胞、轉運細胞、糊粉細胞與澱粉細胞（Olsen, 2001）。胚周邊細胞與胚之間有空隙，可說是胚乳面向胚的表面細胞。胚周邊細胞之外的表面細胞若在母體維管束組織附近，就分化成轉運細胞（transfer cell）。轉運細胞之外，其餘就分化成糊粉層細胞，胚乳內部細胞則成為富含澱粉的細胞。糊粉層在玉米、小麥、燕麥與黑麥僅有一細胞層，大麥有三層，而水稻則一至數層不等。玉米的糊粉層約有 25 萬個細胞，大麥者約 10 萬個。

澱粉胚乳細胞數目的估算常將各細胞的細胞核分離出來以後，計算核的數目，也可以將整個胚乳的去氧核糖核酸（deoxyribonucleic acid, DNA）含量除以平均每個核的 DNA 含量來估算。胚乳細胞數目在水稻可達 23-27 萬個（Yang *et al.*, 2002），小麥約 24-28 萬個（Chojecki *et al.*, 1986），大麥約 25-35 萬個（Cochrane, 1983），玉米可到 30-50 萬個（Commuri & Jones, 2001）。

第二節　種子的乾重累積

種子發育初期，胚與儲藏養分組織的發育通常以細胞分裂與分化為主，充實中後期則主要在進行儲藏細胞的擴充以及養分的累積。這方面的細胞學、解剖學、生理學、生化學與分子生物學的研究相當多。

不過在農學試驗上，整個種子發育充實過程可以用乾重的累積來作為研究的工具。開花授粉之後，種子的乾物重逐漸上升。初期重量上升的速率甚緩，經過短暫的滯留期之後，種子乾重直線上升。在接近成熟時充實的速率又再度降低，直到最後種子的重量不再增加為止，呈現典型的 S 曲線生長模式。

種子的水含量在初期隨著乾重的增加而增加，不過在充實中期後略為下降。若干作物種子發育之初，含水率高達約 80%，中期以後開始緩慢下降。當種子乾重剛達最高不再增加時，玉米種子含水率約為 33%，小麥約 44%，大豆約 57%（Egli & TeKrony, 1997），番茄約 63%，美國南瓜約 44%（Demir & Ellis, 1992a, b; 1993）。種子乾重不再增加時，一般稱為生理成熟期（physiological maturity），但此時種子可能具有生理上的障礙，還不會發芽，因此生理成熟期的名詞有些誤導（郭華仁，1985），稱為充實成熟期（filling maturity）較為適宜。

充實成熟期之後，種子水分變化可分為兩大類，若為漿果類（如西瓜、番茄），直到種子及果實成熟脫離母體時，種子內的含水率仍然偏高，例如番茄仍維持約在 50%；直到果實自然乾燥或人為的乾燥，含水率才急速地下降。

若為乾果類（如稻、向日葵），則充實成熟期之後，母體的養分與水分不再能輸送進入種子，種子含水率快速下降，最後與大氣相對濕度平衡而不再降低。此時種子含水率受到環境相對濕度的左右，一般約在 14-18% 之間，適合收成，可稱為採收成熟期（harvest maturity）。

一、種子充實曲線

種子充實曲線的取得需要測定種子的累積乾重，第一步是先標定同一日開花授粉的花，數量需足夠。然後以天為單位，密集取種子樣品並測其鮮、乾重，最後製作授粉後天數的種子乾重累積圖（圖 3-5）。取乾重迅速上升的期間，種子乾重與充實日數兩組數據做直線迴歸分析，求出直線方程式。然後將此直線延伸，向下可以和橫座標相交，向上和種子最高乾重橫軸交會。兩交會間的期間稱為直線充實期，或有效充實期（effective filling period），種子乾重大部分在此期間之內累積。此直線的斜率稱為直線充實速率（linear filling rate），是有效充實期間每天的「平均」充實速率。所以強調平均，是因為在此期內每天的充實速率其實都不太一致。授粉日到有效充實期的開始稱為滯留期（lag period）。滯留期、有效充實期與直線充實速率可稱為種子充實曲線的三大特性。

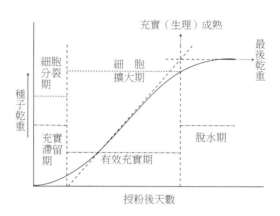

圖3-5　種子的充實曲線

　　滯留期通常是胚與胚乳細胞分裂的旺盛期，這時期儲藏養分的蓄積較不明顯。細胞分裂旺盛期過後，胚乳細胞才迅速充實，種子乾重顯著上升，細胞的大小開始擴張。實際的情況滯留期與充實期會重疊。

　　充實速率與有效充實期限的大小決定一粒種子乾重，在 13 種作物的種子充實特性中（表 3-1），直線充實速率在作物之間變異相當大，相形之下有效充實期變異的幅度稍小，除了豇豆外大都在 20-40 天之間。

　　滯留期的長短也因作物而異，例如水稻、小麥一般為 2-4 天，玉米與高粱則長達 12 天左右。表面上滯留期養分蓄積很緩慢，其長短與種子重量似乎無關，實際上滯留期對種子發育有相當重要的意義，因為此時期關係著胚乳細胞的多寡。

　　光合作用能否提供足夠的光合作用產物與胺基酸（供源，source），當然是影響種子重量最基本的因子，但是就一般農作物的生長條件而言，供源比較不是種子最後乾重的限制因素，限制因素常是積儲（sink）的過小。滯留期是胚乳細胞分裂重要的階段，種子發育初期胚乳細胞分裂期間若有足夠的養分供應，可以產生較多的胚乳細胞而提高積儲的潛能（Brocklehurst, 1977）。若這個時期母體提供的養分不足，所形成的細胞數目降低，可能降低小麥種子作為積儲的潛能，即使有效充實期母體提供的養分相當充足，種子的重量還是會降低（Jenner, 1979）。

表3-1　種子乾重累積特性的種間差異

植物種	最後乾重（mg/seed）	有效充實期（days）	直線充實速率（mg/seed/day）
亞麻（2）	8	31	0.2
水稻（4）	23	18	1.3
高粱（2）	31	24	1.4
大麥（11）	39	23	1.8
小麥（14）	40	28	1.5
豇豆（3）	73	8	8.4
大豆（12）	194	28	6.9
豌豆（5）	195	22	10.5
田豌豆（2）	211	25	9.5
自交系玉米（22）	228	31	7.4
雜交種玉米（6）	332	37	8.8
菜豆（4）	345	18	19.8
落花生（1）	500	43	11.6
蠶豆（2）	1,216	39	27.8

* 數據為所調查品種數（括弧）的平均值。

二、化學成分的累積

　　種子充實過程中，胺基酸及蔗糖等養分隨著水分從母體帶入種子內部，進行合成作用，形成蛋白質、多醣與／或脂質，而以顆粒的型態加以儲存。禾穀類種子乾重的蓄積呈現典型的 S 形曲線，但在豆菽類則在有效充實期的中段，會有短暫一兩天的滯留，咸信是反映出子葉吸收胚乳儲藏性養分（圖 3-1）的開始。胚乳可說是豆類種子儲存養分的中繼站，發育初期所合成的蛋白質與澱粉在此時又被分解成胺基酸與蔗糖，送到子葉去合成新的蛋白質與澱粉。

　　發育階段雖然水分不斷進入種子，但水分也會由種子蒸散出去。玉米種子鮮重在接近充實成熟期前達最高，充實成熟期之後養分與水分不再進入種子，雖然乾重維持不變但水分開始減少，因此鮮重也隨之下降（圖 3-6）。在禾穀類種子，澱粉的累積曲線大致類似乾重而略低，不過蛋白質在充實中期會呈現滯留，接近充實成熟期前又有一波的快速累積。

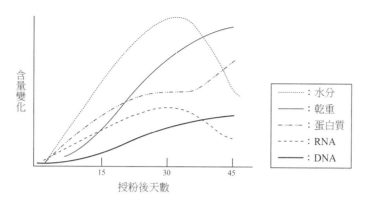

圖3-6　玉米種子充實過程物質累積示意圖（各物質單位未
列，圖形並未代表相對的大小）

　　由於蛋白質的合成需要透過遺傳訊息的轉錄（transcription）與轉譯（translation），因此種子充實過程不論 DNA 與 RNA，其含量都會增加。一般細胞只有在準備分裂時才會合成新的 DNA，然而種子充實期雖然不再進行細胞分裂，但仍可看到 DNA 含量的增加（圖3-6），這是為了應付合成龐大數量儲藏性蛋白質的工作，因此細胞內會進行 DNA 的胞內複製（endoreplication），導致其 DNA 的倍數可達 2N（子葉）或 3N（胚乳）的 100 倍或更高，增加轉錄與轉譯的效能。另外的解釋是這些重複複製的 DNA 也具有儲藏性的功能，用來提供將來發芽時旺盛的細胞分裂所需要的材料。

　　油籽類種子澱粉含量雖然相當低，但大豆或者油菜種子（Ching *et al.*, 1974）充實初期卻仍累積相當多的澱粉，而隨著油質含量的增加，澱粉含量也隨之降低。這表示油質的初期合成，其原料部分來自澱粉的分解（圖 3-7）。

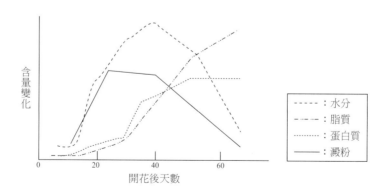

圖3-7　油籽中各成分的累積過程示意圖（各物質單位未列）

三、種子充實中養分的供給

植物在生長過程行光合作用累積了澱粉，並且合成了蛋白質。這些產物在營養生長期間用來產生新的枝條葉片，而在生殖生長期間則由葉片、枝條大量地轉運，供給種子進行充實。

禾穀類種子的氮源高達 90% 是開花前蓄積於莖葉者，開花後莖葉自行分解蛋白質而老化，將氮源送進種子，多數豆類種子的氮源則有 70% 是開花後根部固氮作用而來。在某些木本植物，花及果實本身光合作用供應種子所需的養分高達三分之二。由於植物通常分化形成花的數量過多，而營養器官所累積的或能產生的養分有其限度，因此經常行落花或落果，或者以不稔的方式，來確保所剩下的種子可以得到較充分的發育。

一般光合成產物以蔗糖，含氮化合物以胺基酸的形態，與其他無機鹽一併由韌皮部的篩管輸送。胺基酸以麩醯胺與天門冬醯胺為主，送到種被內之後，可能先行去胺，分別成為麩胺酸（glutamic acid）與天門冬酸（aspartic acid），再轉化成約 18 種各類胺基酸之後，才送入種子內部合成蛋白質。

（一）禾穀種子

在禾穀類作物，莖葉養分的累積在授粉時達最高，這些養分在穀粒充實時轉運到種子內，所轉運的數量占種子最後乾重約 15-20%，其餘的乾物質則是在充實期間的光合作用所形成。此時期種子主要的光合成產物的供源在大麥、小麥是劍葉（與穗最接近的葉）與綠色的穗本身，在水稻、燕麥則是劍葉與其下位的第一個葉片，下位葉將養分向根部與分蘗輸送。在玉米是由穗部以上的各葉片來供給，穗部以下的葉片則將光合成產物送往根部。

養分進入種子的通路因作物而異，在玉米、高粱等 C_4 型種子，篩管通到小花梗（pedicel，在種實基部之下）就終止，因此養分送到此處就由篩管釋出，經由轉運細胞直接送到胚乳基部。轉運細胞的特徵是細胞壁形成許多內向的小突起，使得細胞膜的面積大為增加，因此是特化用來司細胞間物質的轉移，增加養分傳送速度。蔗糖在進入玉米種實基部的小花梗時，花梗的質外體（apoplast，即細胞膜以外的部位）內有轉化酶（invertase），會先將蔗糖分解成葡萄糖與果糖，送到胚乳細胞內後兩者再合成蔗糖，進一步供澱粉合成之用。

在 C_3 型禾本科植物如小麥、大麥，種子具有縱溝，養分沿著縱溝內的維管束陸續輸送，由篩管釋出，經過「珠柄＋合點」部位，再通過珠心突出（nucellar projection）部位，

然後進入胚乳（圖 3-4）。維管束由小花梗到縱溝並非完全連貫，其中有若干部位中斷，但以轉運細胞連接。水稻不具縱溝，養分由小花梗的篩管進入果皮篩管，果皮篩管縱貫種子的背部，養分沿著篩管陸續直接進入種子內。

在水稻、大麥、小麥，直接將蔗糖輸入種子，而在玉米則在穀粒基部的小花梗內先以轉化酶將蔗糖分解成葡萄糖與果糖，然後由胚乳細胞主動地吸收此二單醣，然後再合成蔗糖後才進入澱粉合成的路徑。

（二）菽豆種子

豆類作物在開花前，用葉片的光合成產物來形成更多地上及地下部器官。豆類種子所累積的養分大多是來自開花後的光合作用，光合成產物可能先蓄積在豆莢，然後再送入種子。開花期若遇惡劣環境而降低光合作用，會嚴重影響種子充實。

授粉前所累積養分的來源因作物而異，羽扇豆開花後在養分仍部分送到根部，而果莢及種子發育所需者則由地上莖部轉送，所累積的氮素有 75% 是在授粉後才由根部經固氮作用而來。但在豇豆則授粉後光合成產物不再往地下部輸送，底部葉片也逐漸脫落，而將養分都送往果莢及種子，其所累積的氮素有 69% 皆是授粉前就已自土中吸收，而由葉片轉運而來的。其他豆類的情況約在羽扇豆與豇豆兩者之間。蛋白質含量特高的大豆在充實後期，莖葉蛋白質幾乎全部分解，將氮源送往種子，因此成熟時葉片已開始黃化，葉片容易脫落。

成熟後無胚乳的菽豆種子在發育前期，胚自其外圍的胚乳（或珠心細胞）吸收養分，子葉養分累積的中後期，其養分則直接來自營養組織，養分由果柄傳到果莢是經由篩管傳送，然後傳到株柄、珠被（種被）。除了篩管外，在養分進入子葉之前，也有轉運細胞參與。在豆類，碳水化合物仍以蔗糖（約 85%）的形態運轉，進入種子前並未分解，氮素也是以天門冬醯胺酸與麩醯胺酸為主。

種被上的篩管在豌豆只見兩條主要管道，在大豆則成網狀密布於種被。部分大豆及豌豆品種的果莢在發育前期會暫時將醣類轉成澱粉而加以儲存，待充實盛期後才分解送往種子。據試驗，種子乾重由果莢轉運的量在羽扇豆、豇豆、豌豆分別為 50、69 及 77%。

第三節　澱粉的合成與組裝

一、澱粉

　　雙子葉植物種子司儲藏的子葉或胚乳細胞內，存在於細胞質內的蔗糖首先被蔗糖葡萄糖基轉移酶（圖 3-8 a）水解裂成果糖與二磷酸尿核苷葡萄糖（uridine diphosphate glucose, UDPG）兩部分。果糖經己醣激化酶（圖 3-8 b）與磷酸葡萄糖同質異構體互變酶（圖 3-8 e）轉化成為帶磷酸根的葡萄糖 G-6-P（己醣磷酸的一種）。UDPG 也經 UDPG 焦磷酸酶（圖 3-8 c）與葡萄糖磷酸變位酶（圖 3-8 d）轉化成 G-6-P。G-6-P 透過己醣磷酸在質體膜上面的轉運蛋白質（translocator），被澱粉質體吸收進去後，在該質體內再度轉回 G-1-P。G-1-P 經 ADPG 焦磷酸化酶（圖 3-8 g）的作用，消耗一個 ATP，移去磷酸根，而加入 ADP 成為帶有二磷酸腺苷酸（adenosine 5'-diphosphate, ADP）的 ADPG。ADPG 焦磷酸化酶可說是種子合成澱粉的關鍵酵素。轉運蛋白質在將己醣磷酸送入質體時也同時將質體內多出來的磷酸根送到細胞質。

　　禾穀類種子的合成路徑較為特殊，這類種子的關鍵酵素 ADPG 焦磷酸化酶約 80-95% 都存在於細胞質之中（James *et al.*, 2003），可直接在細胞質中形成 ADPG，ADPG 透過質體膜上面的 ADPG 轉運蛋白質被澱粉質體吸收進去後直接合成澱粉（圖 3-8 虛線部分）。非禾穀類種子則無此路徑，絕大多數的 ADPG 焦磷酸化酶都存在質體中，在質體內製造 ADPG。

　　合成初期在澱粉體內形成很小的顆粒，作為澱粉合成的引子。ADPG 不斷地在該引子顆粒表面，經由澱粉合成酶（圖 3-8 h）的作用將 ADP 釋出，而將六碳的葡萄糖分子一個一個地，由第一個碳接在葡萄糖鏈非還原端的第四個碳上，以合成澱粉。澱粉合成的引子為何尚未確定，可能是短鏈的麥芽寡醣（maltooligosaccharide），或者是小的支鏈性澱粉（Ball *et al.*, 1998）。澱粉合成酶具有五個或更多的同功異構酵素（isozyme），其中有一個連接在澱粉粒上的澱粉合成酶可能與直鏈澱粉分子的伸長有關，其他四個則與支鏈澱粉分子合成的鏈長度有關。

　　支鏈酵素是另一個重要的酵素（圖 3-8 i），可以將一段葡萄糖鏈在 α-1 → 4 接連處裂解，然後由裂解處葡萄糖第一個碳（還原端）接上主鏈上的葡萄糖第六個碳上（α-1 → 6 接連），開始了另一條分支，再由澱粉合成酶來作 1 → 4 連接加長。如此澱粉粒逐漸增大而充滿整個質體，成為澱粉顆粒。支鏈酵素也有兩種異構型態，兩者所切接的鏈長度可能不同。

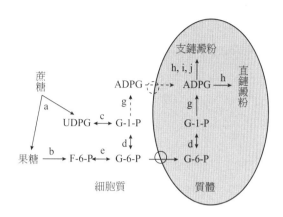

圖3-8　種子內澱粉合成途徑圖

質體膜上的小圓圈代表不同的轉運蛋白質。虛線部分的路徑僅見於禾穀類種子。a: sucrose-UDP glucosyltransferase; b: hexokinase; c: UDPG pyrophosphorylase; d: phosphoglucomutase; e: phosphoglucose isomerase; g: ADPG pyrophosphorylase; h: starch synthetase; i: branching enzyme; j: debranching enzyme。

　　去支酵素（debranching enzyme，圖 3-8 j）也與支鏈澱粉的合成有關，可能的作用在於經由水解作用把支鏈澱粉上面鬆散的分支移去，來維持緊密團聚的構造，另一個可能是移去可溶性的澱粉鏈，提供支鏈澱粉成長的空間（James *et al.*, 2003）。

二、其他多醣

　　水稻胚乳細胞的細胞壁除了纖維素外，還含有阿拉伯木聚醣。阿拉伯木聚醣的合成需要轉移酶將 UDP-Xyl 與 UDP-Ara 陸續轉入聚合物鏈上。

　　葫蘆巴豆、象牙棕、蜜棗、咖啡豆的半乳糖甘露聚醣是其主要的儲藏性多醣。葫蘆巴豆在種子發育初期，在胚附近的胚乳細胞開始，在高氏體內合成半乳糖甘露聚醣，然後分泌穿過細胞膜，累積於細胞壁。隨後周邊的細胞也開始累積，但糊粉層則無之。

第四節　油脂的合成與組裝

　　與澱粉一樣，油脂也是由許多蔗糖經一連串的分解與合成路線所形成，不過油脂合成的方式更為複雜，參與的胞器也較多。

　　以種子油（三酸甘油酯，TAG，圖 3-9）為例，儲藏細胞內的蔗糖在細胞質內經醣解

作用（glycolysis）分為兩個帶磷酸根的六碳糖（H-6-P），然後進入質體內進一步合成碳原子數不等的醯基輔酶 A（acyl-CoA），再把各種醯基輔酶 A 送到內質網。在細胞質內的 H-6-P進一步分解成帶磷酸根的三碳甘油醛（G-3-P），也是送入內質網。在內質網中 G-3-P 與三條醯基輔酶 A 在去輔酶 A 的同時合成三酸甘油酯，然後才運送到油粒體儲存起來。

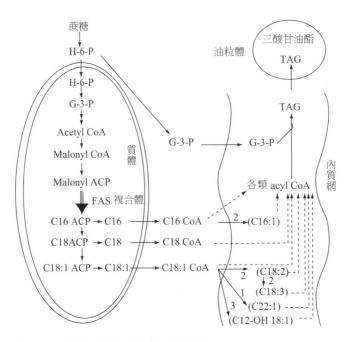

圖3-9　種子三酸甘油酯合成途徑圖
參與酵素：FAS複合體、加長酶（圖中標示為1）、去飽和酶
（圖中標示為2）、羥化酶（圖中標示為3）。

一、脂肪酸合成與油粒體的形成

脂肪酸基本上是偶數的長碳氫鏈，合成脂肪酸的基本素材是醣解作用所產生的帶兩個碳的 acetyl-CoA（乙醯輔酶 A）。質體內的乙醯輔酶 A 先與一個 CO_2 結合成三碳的malonyl-CoA（丙二醯輔酶 A），後者再經歷一連串過程來合成脂肪酸。這一連串的過程需要脂肪酸合成酶（fatty acid synthetase, FAS）的複合體，此複合體包括了六個酵素以及一個醯基載體蛋白質（acyl carrier protein, ACP）。整個合成過程各階段的反應物或者形成物，也可以說脂肪酸的各階段中間產物，就附在此複合體上。

先是 malonyl-CoA 去掉 CoA 而加入 ACP 成為 malonyl-ACP，然後在該複合體的作

用下，新的 acetyl-CoA 與 malonyl-ACP 結合產生四碳的 acetoacetyl-ACP，同時釋出一個 CO_2。四碳的 acetoacetyl-ACP 再與 malonyl-ACP 結合釋出一個 CO_2 及一個 H_2O，而成為六碳的 acyl-ACP。如此循環地進行，每次加入一個 malonyl-ACP，醯鏈就多出兩個碳，直到產生了十六個碳的 acyl-ACP（16:0 的 palmitol-ACP，在其他物種如油棕則是較少的碳素，如 12:0）。這個產物可能將 ACP 釋出，成為十六碳的棕櫚酸，但也可能進一步加工。

棕櫚酸加工的方式有三，或是加長碳鏈（如成為 18:0 的 stearoyl-ACP，需要加長酶 elongase），或是形成不飽合碳鏈（如成為 18:1 的不飽合的油酸 oleoyl-ACP，需要去飽和酶 desaturase），或是在某個碳所接的 -H 換成 -OH（如形成蓖麻酸，18:1, 12-OH，需要羥化酶 hydroxylase）。

在質體內所合成的各類脂肪酸 -ACP 脫掉 ACP 成為游離脂肪酸後就進入內質網，在內質網的游離脂肪酸再接上 CoA，然後也可能再以上述的三種方式加工，形成各類加上 CoA 的脂肪酸，如 16:1 的 palmitoleate CoA、18:2 的 linoleate CoA、18:3 的 linolenate CoA、或其他較特殊者如 22:1 的 erucoyl CoA 等。進入內質網的一個 G-3-P 分子與三條脂肪酸 -CoA，經由各類醯基轉移酶（acyltransferase）的作用，釋出三個 CoA 而形成一分子的三酸甘油酯。三酸甘油酯逐漸在內質網的雙層膜之間累積，當累積量增大，內質網也就在尾端膨脹成圓球狀。此圓球在達到一個程度後，就形成由單層膜包起來的油粒體。

根據電子顯微鏡的觀察，油粒體形成的方式有四種，第一是油粒體完全脫離內質網，如蠶豆與豌豆者；第二是脫離而帶有一小段的內質網，如西瓜者；第三是脫離而帶有一大斷的內質網，如南瓜與亞麻者；第四則是在內質網的空腔內累積種子油而成油粒體，可在西瓜種子看到（Bewley & Black, 1978）。

二、種子脂肪酸成分的控制

脂肪酸碳鏈是每次兩個碳，經由同樣酵素群的作用逐漸地增加，因此必須有控制機制，使得脂肪酸碳鏈數目不再增加，而且控制的方法在不同植物可能不一樣，才會讓某種植物有特定的主要脂肪酸成分。

脂肪酸碳鏈數的增長，需要該脂肪酸連接上 ACP 才能作用，因此控制的關鍵就在於硫酯酶（thioesterase）何時將 ACP 分開。以油棕為例，該種子的硫酯酶特別對於 palmitoyl-ACP 有作用，使得種子油的成分以十六碳的棕櫚油酸為主，而油菜者對於 18:1 的 oleoyl-ACP 特別有作用，因此在質體內形成大量的油酸（oleic acid），油酸進入內質網後才繼續增長成為 22:1 的芥酸。

合成三酸甘油酯的酵素（即醯基轉移酶）的選擇性也有所貢獻，如可可椰子者在替代磷甘油接上第一個脂肪酸時會選 16:0 的 palmitoyl-CoA，而排斥 18:0 的 stearoyl-CoA。

植物油種類繁多，各有食品及工業上多方的利用方式，但是大規模的生產則限於少數幾種作物，而某些種子油則存在有不利的成分，因此育種家長期來就希望能改變種子油的成分。傳統的育種已有相當好的貢獻，例如育成低芥酸的食用油菜籽，或者選拔出不飽和脂肪酸含量較高的大豆品種等。

第五節　儲藏性蛋白質的合成與組裝

種子的累積蛋白質在本質上與澱粉、油脂者有很大的不同，後兩者是分別由葡萄糖及乙醯輔酶 A 所串連起來的高分子，僅在長度及接法可能有所不同而能合成出不同的產品。蛋白質雖也是由胺基酸所組成的高分子，但是胺基酸約有 23 種之多，因此除了分子鏈的長度外，胺基酸的排列更是有無窮的組合。

澱粉、油脂的合成主要是由一連串的酵素來參與作用，然而酵素本身就是蛋白質，因此受到基因的間接控制。儲藏性蛋白質的合成雖然也有若干酵素參與，但比較不同的是蛋白質的合成需要獨特的合成機構，此合成機構在 DNA 遺傳密碼的控制下，依序選擇特定的胺基酸，一個一個地接起來。

一、蛋白質合成與蛋白質粒組裝

蛋白質的合成機構包括核糖體、mRNA、tRNA、GTP，以及三種可溶性的多胜肽，所謂啟動因子、增長因子及終止因子等。此合成機器把 mRNA 的遺傳密碼經轉譯而合成蛋白質，這合成作用是在粗內質網（rough endoplasmic reticulum, RER，由多個核糖體附在 ER 上而成）進行。

在 mRNA 的分子上具有啟動部位，在啟動因子作用下，較小的核糖體（40S）與 t-RNA（轉介 RNA，每個 t-RNA 可以結合特定的胺基酸）接上 mRNA 的啟動部位。其次較大的核糖酸（60S）再接上，就開始進行蛋白質合成。隨之在增長因子作用下，接有特定胺基酸的某 tRNA 就按照（核糖酸－mRNA）複合體上的密碼次序，將特定的胺基酸依次接上去，然後移出核糖體。當按照特定的胺基酸次序連接完畢成為多胜肽之後，密碼的轉譯已告完成，終止因子就開始作用，將合成機構分解。當多胜肽鏈在粗內質網的空腔形成之後，各個小單位就進一步地折疊，並開使組裝成為寡聚合物（oligomer），通常在粗內

質網內蛋白質就達到最終的結構。

　　蛋白質可能停留在粗內質網的終端，最後與粗內質網分離成為單獨的蛋白質體（圖3-10，第1方式），也可能經由內質網的扁囊（cisterna）而進入高氏體內。寡聚合物進入高氏體內後，寡醣鏈會再加入一些木糖、鹿角藻糖（fucose），及在最先端加入乙醯葡萄糖胺（acetylglucosamine）。這些蛋白質再經由管道，由高氏體轉運到液泡內，然後直接融入液泡（第2方式），或者先在外面聚合然後融入液泡（第3方式）形成蛋白質儲泡。蛋白質裝入膜管內進入高氏體，將來釋出蛋白後空的膜管又再度接回粗內質網。第4方式是分離自粗內質網後直接融入液泡，形成蛋白質儲泡（Bewley *et al.*, 2012, ch. 3）。

　　蛋白質進入液泡後，再經過一些「後熟」的作用，才成為最終的儲藏性蛋白質，這包括蛋白質分解酶的局部分解、連接、寡醣鏈的改變乃至於去除，以及某些蛋白質寡聚合物的形成。例如豆球蛋白質在粗內質網中僅三個單元相聚，要等到進入液泡內，才進一步裂成六個單元。

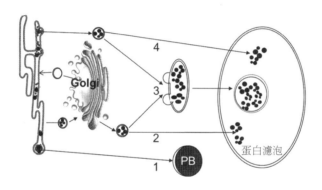

圖3-10　蛋白質體與蛋白質儲泡形成圖

　　禾穀種子醇溶性蛋白質主要在粗內質網內形成，以第一類方式直接形成蛋白質體，聚集在液泡內者較少。在大麥、小麥、玉米等，醇溶性蛋白質合成後穿過粗內質網的膜進入空腔內，由於該蛋白質具有厭水性，因此在空腔內聚成小顆粒，多個小顆粒再匯集成較大的顆粒，乃至於成為蛋白質體。不過小麥粗內質網的膜無法撐著長大的顆粒而會破裂，蛋白質不成顆粒狀而散在細胞質。

　　水稻接近糊粉層的胚乳細胞內，可能有三種形成蛋白質體的方式，大的球形蛋白質體、小的球形蛋白質體，以及在液泡形成，具有晶體蛋白的蛋白質儲泡等。較內層的胚乳細胞內則較單純，僅存在有大而球形的蛋白質體。

　　豆類種子以及其他雙子葉種子的蛋白質累積方式與禾穀類者不太一樣，不論儲藏組織

是子葉或是胚乳，都以在液泡內所形成的蛋白質儲泡為主。以豌豆為例，開花後約 12 天時，子葉細胞內充斥著 1、2 個液泡，此時液泡內已可以看到蛋白質的累積。此後液泡開始扭曲成為個數多而小的液泡，在第 20 天時在內部已形成小而分離的蛋白質儲泡。

在蓖麻發育中的胚乳，也是以同樣的方式來形成蛋白質儲泡，不過液泡的扭曲則在蛋白質累積前就已發生。大豆種子發育後期，小部分的蛋白質體則是在粗內質網內形成的。

二、蛋白質合成的調控

蛋白質的合成是經由遺傳基因的轉錄與轉譯而得，因此其調控與 DNA、RNA 的含量關係相當密切。種子發育期間 DNA 的胞內複製是普遍的現象，除了前述的玉米（圖 3-6）外，以豌豆為例，在子葉發育過程，蛋白質合成的期間主要在細胞擴充期，而在種子成熟乾燥後終止。在蛋白質合成期間，RNA 的含量也是陸續增加，直到子葉蛋白質含量不再增加時才略為下降。子葉 DNA 的含量在細胞停止分裂後，也仍然不斷地增加，直到蛋白質幾乎不再累積後才停止。

種子儲藏性蛋白質基因的表現，受到時間與空間的不同調控。在空間上不同種子部位也會有不同的基因表現，在時間上每種蛋白質開始合成的時刻有所先後，合成期間的長短也不一。豌豆子葉蠶豆球蛋白（vicilin）的基因在開花後 10-13 天開始轉錄，第 16 天達最高峰，到了第 22 天就已完全不見，豆球蛋白者則較慢形成，也較慢消失。玉米的玉米醇蛋白所表現的時間頗長，約在授粉後 10-45 天。

儲藏性蛋白質的合成與 mRNA 的合成有關，不過這並不表示當 mRNA 經由轉錄而產生後，一定就立刻進行轉譯的工作，例如對應大豆各類 7S 蛋白質的 mRNA 在早期就都已轉錄出來，然而 α 型小單位的合成在先，若干天後 β 型小單位才製造出來，表示 β 型小單位的 mRNA 轉錄出來後，受到某些轉錄以後的控制機制所限制，無法馬上進行轉譯。

由於基因工程的進展，因此改變種子蛋白質成分的技術已出現，也就是將某生物的基因經基因轉殖的方法置於某植物的細胞內，然後將該等細胞培養成為轉殖植株。分別將菜豆球蛋白（phaseolin）或小麥穀蛋白的基因轉殖入菸草，菜豆者大部分只在菸草的子葉表現，而小麥穀蛋白的基因則僅表現在胚乳中。這表示基因內不只是含有蛋白質的胺基酸排列的密碼，同時也有調控該基因何時何地表現的訊息。

第六節　種子發育與植物賀爾蒙

　　種子發育初步的組織分化（histodifferentiation）期間，胚部組織具有高度的代謝活性，其分裂快速，呼吸作用大增，各類胞器如粒線體（mitochondrion）、葉綠體（chloroplast）等的內部膜構造分化得相當健全。隨著細胞分裂後，細胞逐漸增大，此時可見液泡開始擴大。隨著種子充實的進行，細胞開始累積一些成分於細胞質及胞器內，液狀空間的體積逐漸縮小。種子進入充實後期，伴隨著種子開始脫水，各類胞器如粒線體、葉綠體、聚核糖體（polysome）等，其內部的膜開始解體，呼吸作用也開始趨緩。一般認為種子充實過程所發生的各項生理活性與植物賀爾蒙的調控有關。

　　在成熟乾燥的種子內，植物賀爾蒙的含量通常都很低，然而在發育過程中，主要的賀爾蒙皆先後大量地出現。發育中種子可說是植物賀爾蒙含量最高的植物組織，這些賀爾蒙（圖 3-11）包括細胞分裂素（cytokinin, CK）、生長素（auxin，即 IAA, indole-3-acetic acid）、激勃素及離層素等。植物賀爾蒙在種子發育時出現，因此常被推測具有調節種子的生長發育、種子成分的累積、種子成熟時的體質轉變、種子發芽能力的控制、乃至於果實的發育等多方面的功能。不過，某類賀爾蒙的存在與某生理現象的出現間縱然具有高度的相關，也可能只是偶然，並不一定具有因果關係。賀爾蒙功能的確定，仍需生化學上堅確的證據。

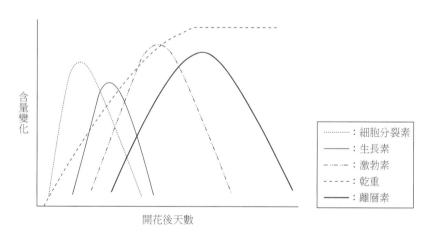

圖3-11　種子發育過程賀爾蒙相對含量變化的次序示意圖
　　　　（各種賀爾蒙濃度單位未定）

一、細胞分裂素

高等植物中第一個被發現的細胞分裂素是由發育中的玉米子實分離出來的，因此就藉玉米的屬名將之稱為 zeatin（玉米素）。然而玉米素並非玉米獨有，其他種子也含有玉米素或者玉米素的衍生物等，包括水稻、小麥、菸草、豌豆、羽扇豆、桃子等（Emery & Atkins, 2006）。羽扇豆發育中種子較為特殊，其液狀胚乳每克鮮重所含的細胞分裂素竟超過 0.6µg。

細胞分裂素在種子發育之初就出現，其含量達高峰後隨之降到最低。種子內細胞分裂素的來源，部分來自根部，經長程轉運到發育中的種子內，但種子本身也合成細胞分裂素。羽扇豆種子自行合成者為主，根部送進來者分量不高。而至少在豇豆，甚至於由種子將自身合成的細胞分裂素外送到植株其他部位（Emery & Atkins, 2006）。

由於細胞分裂素在植物組織中常可以促進細胞的分裂，而分裂素在種子中出現，恰好是發育初期，胚與胚乳正進行細胞分裂之際，因此一般認為分裂素在種子中的作用也在於此。紅花菜豆（Lorenzi et al., 1978）及羽扇豆（Davey & van Staden, 1979）幼胚的支持體就含有高濃度的細胞分裂素，因此可能直接將細胞分裂素輸入早期的胚部，來促進細胞分裂。另一個功能則與養分的輸送有關，在雙子葉植物種子中，胚乳內的細胞分裂素被認為也可能會促進胚乳內的養分往胚部運送。

細胞分裂素另一個功能是預防老化，例如水稻種子形成與充實期間若提高葉片細胞分裂素含量，可以在短期缺水的情況下延遲葉片老化，再度供水後恢復光合作用，以利種子充實（Peleg et al., 2011）。

二、生長素

發育中的種子可以自行由色胺酸合成產生 IAA，而不需從母體供應。在種子發育前期，這些生長素常以游離的形式出現，如蘋果、豌豆、小麥等，也可能連接其他化合物的形態，如生長素與醣蛋白或聚葡萄糖結合，如未熟的禾穀子實的胚乳內就可看到。豌豆種子發育後期，生長素則與醯胺（amide）結合（Kleczkowski et al., 1995）。

豌豆種子的發育過程，生長素僅出現一次高峰，最初出現於胚乳，等到胚乳被子葉吸收而萎縮後，才在胚內測到，不過此時胚內生長素的含量已經低落。許多種子皆是同樣的情況，不過也有些差異存在，如在蘋果種子就有兩次的高峰，第一次時胚乳仍處於游離核時期，第二次高峰時胚乳已在形成新的細胞。

　　種子發育最早期，胚形成時正在進行組織分化，此時出現的生長素具有重要的調節作用（Bewley *et al.*, 2012, ch. 2）。在球形胚初期（2-16 個細胞），生長素由支持體向胚部集中，其後胚部生長素含量達最高。而其分布集中在胚的下半部，主要是胚根原，使分化成胚根，形成胚的頂端／基部結構。心形胚初期，大量生長素出現在胚軸兩側的外緣部位，可能與兩片子葉的分化有關，因為若沒有大量的生長素，容易長出畸形子葉。

　　發育中的草莓果實（假果）需要種子的存在，若在早期就將果實外的種子拔除，果實的生長嚴重受阻，移去種子後施加生長素，則果實的生長得以大大地恢復，暗示種子中的生長素有促進果實生長的作用。

三、激勃素

　　激勃素的種類相當多，多達 80 餘種以上，而其中至少有一半可以在各種種子中發現，包括 GA_1、GA_3、GA_4、GA_7、GA_9、GA_{12}、GA_{13}、GA_{15}、GA_{17}、GA_{19}、GA_{20}、GA_{24}、GA_{25}、GA_{29}、GA_{34}、GA_{38}、GA_{44}、GA_{51}、GA_{53}、GA_{54}、GA_{55}、GA_{57} 等（Bewley & Black, 1994），有時在發育中的種子內，這些構造略有不同的激勃素可以互相轉換，而且各有其達到含量高峰的時間。其中 GA_1、GA_4、GA_9、GA_{17}、GA_{20}、GA_{44} 等更為普遍。不過 GA_{29} 與 GA_{51} 及其衍生物並不具有激勃素的活性，而且出現的時機常在後期。

　　各種激勃素在達到高峰後，部分會與葡萄糖連接，部分則仍不知所終，使得游離激勃素的含量為之降低。各類激勃素在種子內的分布不均勻，例如豌豆的種被、子葉及胚軸激勃素含量各自不同，玉米胚部 GA_1 的含量為胚乳的 40 倍，雖然後者的體積、質量遠較胚部大。

　　激勃素的出現與種子生長的時間頗為契合，例如矮性豌豆種子胚部生長最旺盛時，具活性的 GA_9、GA_{20} 等的濃度也達到高峰，在 GA_{20} 濃度的出現恰好是胚早期發育的時期，而且此時支持體也可能將之送到胚部。若將支持體自胚部截離，單獨培養胚部，則胚無法繼續發育，反之若培養基加入 GA，則截離胚又可生長。用缺乏 GA 的豌豆突變體來進行試驗顯示，種子容易流產，表示 GA 可能是種子發育所必需（Swain *et al.*, 1997）。

　　然而在番茄及阿拉伯芥的缺 GA 突變體，種子仍可以正常地發育，表示 GA 對於種子發育的功能，可能因植物而異。若用 GA_1 餵發育中的豌豆種子，種子會將之以配糖體的連接型態保存起來。玉米種子也有類似的現象，表示發育中的種子會預儲 GA，在發芽時才釋放出來以供所需。

　　在阿拉伯芥，種子發育時外珠被中存在激勃素，種被才會正常發育（Kim *et al.*,

2005）。豌豆種子內的激勃素也有促進果莢生長的作用，在豌豆果莢發育的第 3 天以細針穿入果莢將種子挑毀，果莢無法繼續生長。研究顯示豌豆種子可以將激勃素的前驅物輸送到果莢，果莢自行將之合成激勃素，來促進其本身的生長。

四、離層素

離層素略與激勃素相同的時期出現於發育中的種子，達到高峰後，其含量常在種子成熟乾燥時（即充實成熟期後）迅速地下降。大多數的種子只出現一高峰，但阿拉伯芥、油菜、棉花與大麥等，通常在開花後約 10 天出現高峰，ABA 含量略下降後 16 天左右又出現另一高峰。初期的 ABA 來自果皮、種被等母體以及胚部，後期則全都在胚部形成。

游離的以及連接的 ABA 皆可以在發育中種子的各部位出現，如胚、胚乳、種被等。豆類種子 ABA 的含量高，每公斤種子鮮重常含 0.1-1mg，大豆者更高，高可達 2mg（濃度約 $10\mu M$）。除了 ABA 以外，ABA 代謝物的含量在豆類種子也很高。

離層素對發育中種子的作用，最主要的是防止種子由胚胎發生的狀態直接進入發芽的狀態。除了像海茄苳這類所謂「胎生植物」外，發育中種子若行母體發芽（vivipary），是無法生存的，因為在母體上發芽種子無法得到足夠的水分，胚根也會因暴露於空氣中而乾燥死去。某些如玉米的特定突變體會行穗上發芽，但這是致死突變，若非特別照顧，會因胚根在空中失水而死去。種子不會行母體發芽，在發育前期是因為胚芽未成熟，胚芽成熟後則可能是種子外圍的滲透壓甚低或內部含有 ABA，或是兩者一起作用所致。當種子成熟乾燥後，則是因為水分已喪失，而不至於發芽。

許多研究顯示，對種子的截離胚施用 ABA，可以使得發育中的胚可以忍受乾燥，而延長成熟胚忍受乾燥的期間，反之若施用 ABA 合成的抑制劑，則會導致種子母體上發芽。將未熟種子提前乾燥，會降低 ABA 的含量。熱帶或亞熱帶地區水稻種子成熟後期常因為下雨而行穗上發芽，導致種子品質低落。研究顯示與穗上發芽有關的數量基因座超過 40 個，是相當複雜的遺傳控制（Hori *et al.*, 2012）。

離層素另一項功能可能是調節種子儲藏性蛋白質的合成。ABA 可促使蛋白質基因進行轉錄。發育中的種子不會發芽，若提早摘取，將胚分離出來置於培養基中，常可發現胚會發芽，而且蛋白質不再累積。培養基中若加入 ABA，則可以防止發芽，同時恢復蛋白質的合成。將大豆及菜豆發育中的子葉截取出來培養，若在培養基中加入 ABA，會促進蛋白質的合成。正常種子在脫水前 ABA 含量達最高時，會合成 LEA 蛋白質，大麥截離的未熟胚若施加 ABA，除了可以提高忍受脫水的能力，也會誘導一些 LEA 蛋白質的合成。

　　阿拉伯芥對 ABA 不敏感的突變體，成熟種子所含的某些儲藏性蛋白質及脂肪酸的量較少，小麥胚中脂肪酸的合成也需要 ABA 的存在。然而番茄的缺 ABA 突變體，種子蛋白質及碳水化合物的累積卻沒受到影響，因此 ABA 與蛋白質累積的關係尚未完全清楚。其他與番茄有類似的模糊解釋者，尚有豌豆、棉花及大麥等。

第七節　環境因素與種子充實

　　種子的特性包括每株種子粒數、種子粒重、種子化學成分，以及種子休眠性或活度等，除了受到物種、品種遺傳特性的控制外，栽培或生長地點的環境條件等外在因素的影響也很大，諸如溫度、日照、水分、土壤養分等。這些因素間又具有複雜的交感作用，因此在敘述某一特定因素的影響時，常會發現不一致的現象。

　　在主要的穀實類作物當中，決定種子粒數最大的因素在於營養生長是否累積足夠的養分來形成花的數目。本節將說明各項因素對種子粒重與化學成分的影響。

一、對粒重的影響

（一）植株

　　以小麥 6 個品種為例，單粒種子的充實速率由每天 1.16mg 到 1.32mg 不等，有效充實期限的範圍則由 18 天到 27.5 天不等。在這 6 個品種之間，有效充實期限與直線充實速率皆與種子最後乾重有很大的相關（Sofield *et al.*, 1977），顯示品種間種子的充實特性可以有很大的不同。

　　就若干野生植物而言，同一株植物內早期發育充實者可能產生較重的種子，而後期發育者其重量可能也會較輕（Cavers & Steel, 1984）。

（二）花序上的位置

　　大豆、玉米等種子在花序上著生的位置不但左右著種子開花充實的次序，對於充實特性也有很大的影響。小麥穗軸中部小穗的種子，充實速率最高，先端者次之，基部小穗最小。同一小穗內，第二粒充實率最高，基部第一粒次之，基部算起第三粒又次之。因此每小穗基部第一粒的重量常屈居第二（表 3-2）。

　　水稻穗上端一次支梗的穎果發育較快，通常都會成熟，而穗下端二次支梗的穎果發育速度較遲，澱粉含量較少，較多無法結實者（Ishimaru *et al.*, 2003）。

表3-2　小麥穗內不同位置穎果的乾重、胚乳細胞數目與體積

		穎果乾重（mg/grain）	胚乳細胞數目（no.×10³）	穎果體積（µl/grain）
小穗內	第一粒	51.6	158.9	43.3
	第二粒	55.4	167.6	45.0
	第三粒	46.3	124.2	37.6
	第四粒	27.6	78.5	22.7
	L.s.d.	1.6	15.8	2.5
小穗間	下位小穗	40.6	116.6	36.1
	中間小穗	51.6	158.9	43.3
	上位小穗	41.3	127.1	34.3
	L.s.d.	2.1	9.4	2.0

（三）溫度

　　授粉受精以及種子形成初期若遇到短暫的低溫或高溫，會導致稔實率下降，減少每株所結種子的數目。不過若種子充實期間條件恢復適宜，則每粒種子的重量可能會增加。

　　除了極端溫度範圍不計外，種子充實期間溫度高會提高直線充實率，而縮短有效充實期。而溫度對種子重量的影響，則由此二充實特性分別所受影響的大小而決定，但通常高溫會造成種子較輕，如小麥、大麥、稻、高粱與蠶豆等。小麥（品種 'Timgalen'）種子在日夜溫度由 15/10°C 上升到 21/16°C，充實速率由每天每粒 0.82mg 增加為 1.77mg，而有效充實期則 60 天縮短成 30 天，因此種子最終乾重變化不大。充實溫度由 21/16°C 上升為 30/25°C 時，雖然有效充實期由 30 天縮短為 15 天，但直線充實速率卻不再提高，因此種子成熟時重量反而減輕一半（Sofield et al., 1977）。

　　在臺北一期稻作充實期溫度較高，第二期作時較低，雖然二期作下有效充實期較長，但充實速率卻比一期作時低，導致二期作水稻種子乾重反而略低（朱鈞等，1980），這可能是北部二期作光照不足所致。也有學者發現溫度對充實速率影響很小，但高溫會縮短有效充實期者，如珍珠粟、毛花雀稗、荷荷芭、稻等（Fenner, 1992）。

　　滯留期的長短與充實溫度的高低成反比，例如在臺北水稻一期作稻穀成熟適逢高溫，其滯留期就較二期作者為短。充實期間日照強度也可能影響種子充實速率，但一般而言，有效充實期受到的影響小。夜間溫度高對水稻穎果發育的影響較大（Morita et al., 2005），授粉後約 6 天開始，夜溫提高到 34°C，穎果的乾重、寬度與厚度都會減少，但長度會增加。日溫提高到 34°C，穎果的寬度會減小，但是厚度增加，而乾重不變。

（四）土壤水分

開花期之前若遇乾旱，所結的種子數可能會減少。開花期之後缺水所結的種子重量會下降，如大豆、小麥、玉米、高粱、地果三葉草、錐花山螞蝗、山字草等，以錐花山螞蝗為例，開花後的乾旱導致種子重量由 7.1mg 降到 4.8mg（Fenner, 1992）。

（五）光照

弱光之下種子充實速率下降，下降的幅度則因品種特性及弱光處理時機而異，短期弱光的出現時機若在充實盛期則影響小。在充實初期，胚乳細胞正在迅速分裂時，若光照不足，則會減少胚乳細胞數目，因此降低充實速率。細胞分裂期間若植株缺水，則其所產生的影響較大，種子充實速率將下降，若在充實盛期則影響比較小。

萵苣在短日的情況下，若每天補充 4 小時的微弱鎢絲光（約 $21\mu mol/m^2/s$，紅光較弱）來造成長日的條件，在此長日下種子的最終重量較大，但光波的影響僅限於種子充實前半期（Contreras et al., 2008）。

（六）土壤養分

開花時期植株本身的養分狀態可能決定其所結的種子數與種子大小。礦物質養分供應不充足時，常會減輕成熟種子的重量，包括大豆、番茄、茵麻、敘利亞馬利筋與錐花山螞蝗等，其原因可能是植株生長情況不佳所致，但也有種子重量不受影響者，如歐洲黃菀（Fenner, 1992）。

不過在單一養分（如氮、磷或鉀）的試驗下，常發現不一樣的試驗對種子的重量影響有相反的結果。增加氮肥會提升某類種子的種量，降低某類種子的重量，這可能是因為不同植物有不同的最適氮肥量之故。

二、對化學成分的影響

（一）花序上的位置

花序位置也會影響種子的化學成分，例如大豆高節位所產生種子的含油量較低而蛋白質含量較高，低節位者相反。單就蛋白質而言，低節位種子其蛋白質中含硫胺基酸較多，而高節位的種子者較少（Bennett et al., 2003）。山羊波羅門參是菊科植物，其花序外圍所結的瘦果果皮上含有較多的酚類化合物，而內圍瘦果者含量較低（Maxwell et al., 1994）。

（二）溫度

　　種子發育期間氣溫會影響成熟種子的化學成分。禾穀類種子在較高的溫度下充實，通常成熟種子重量較輕，而蛋白質含量百分比較高，這是因為碳水化合物的累積受到充實期縮短的影響較大，而蛋白質受到的影響較小，導致蛋白質含量百分比提高。

　　氣溫也會影響種子脂質中脂肪酸的組成。一般而言氣溫低延長有效充實期，會導致脂肪酸的碳鏈增長或不飽和鏈增加。例如亞麻、向日葵、可可椰子的種實在低溫下成熟，會提高次亞麻油酸（18:3）／油酸（18:1）的比值（Fenner, 1992）。

（三）土壤水分

　　缺水或土壤鹽分高常會導致種子重量下降，不過蛋白質含量受到的影響較小，因此反而導致蛋白質含量百分比的上升，如大豆、紅豆、小麥、黑麥草等。玉米在種子充實期若遇乾旱，蛋白質濃度可以提升 33%，但油脂濃度則下降 18%（Fenner, 1992）。

（四）土壤養分

　　土壤中礦物質養分會影響到種子的成分，某養分添加得較多，所結種子含該成分的百分比也提高。蛋白質的胺基酸組成受到肥料施用的影響，氮肥會增加小麥、玉米、棉花等種子麩醯胺、苯丙胺酸的含量，但降低蘇胺酸、絲胺酸者，添加硫磺會增加大豆、豌豆、小麥等的含硫胺基酸，如甲硫胺酸、半胱胺酸等。就蛋白質與脂質的成分比而言，多施氮肥會提升蛋白質百分比，降低脂質百分比（Fenner, 1992）。

第**4**章 種子的發芽

　　種子本身的功能在繁延植物體的生命，而其開端則是發芽（germination）。種子發芽又是作物栽培、芽菜生產、啤酒釀造等實際用途的基礎，因此種子發芽可說是種子學最重要的課題，不論是休眠、壽命、儲存、種子檢查、種子生態學等，皆與種子的發芽息息相關。

　　成熟的種子經過複雜的生化生理作用，逐漸長大成為幼苗，這段過程一般稱為發芽。然而此過程的階段頗多，不同的操作、目的，對於到達什麼階段才叫做發芽，就有所歧異，因此在行文、溝通時需要先清楚地定義，避免產生誤解。

第一節　發芽的定義

一、依目的來定義發芽

　　依操作上的定義可分為生化學上的、生理學上的、種子檢查上的，以及播種上的發芽，敘述時宜清楚地註明屬於何種發芽的定義。

（一）生化學的定義

　　就不具休眠的活種子而言，發芽的生化學定義是指種子吸水後，開始進行生化活動，而且與發芽有關的某生化作用已開始進行時（或有關休眠的某生化作用已經停止時），就表示種子已經開始發芽了。這是最嚴格的發芽定義，可惜到目前為止，這樣的生化作用尚屬未知，因此無法作為判斷的依據。即使將來該生化作用已經確定，由於無法目測，因此也不容易用來判斷一粒種子是否已經發芽。

（二）生理學的定義

　　在一般的研究報告上，最常採用的是生理學的定義即是：當胚根（或胚芽）突出包覆組織（種被、果皮、或其他附屬構造如內穎等），而為目測可察覺者，即算該種子已經發芽。然而若干死去的種子，吸水後因為膨脹作用，可能使胚根略為突破包覆組織。為了避

免誤判，因此在操作上常先規定突出的長度（例如 2mm 或更長），已突出但尚未達到該長度者不當作發芽種子。在撰寫研究報告時，應記載長度的判斷依據。

　　種子生理學者強調胚根（芽）的突出為發芽，其後的幼苗發育不視為發芽。這樣的定義在生理學研究上有其必要，然而在農學、生態學上則或許不適用。為避免引起混淆，在研究報告中若採取生理學的定義，可以先在開頭上聲明為狹義的（*sensu stricto*）發芽，其後簡稱為發芽。本書提到發芽時，常不特別強調狹義或廣義的發芽，讀者可以根據段落的意涵自行判斷。

（三）種子檢查的定義

　　在商業貿易上，常需要進行種子檢查來確定其發芽品質。種子檢查以幼苗生長發育到可以判斷為正常或異常苗的階段，作為一粒種子發芽的定義（參閱第十一章）。在國際規範上，種子發芽率檢查的各步驟都需要在指定的條件規範下進行，因此對同一批種材料，發芽率測定結果在不同試驗單位間相似性較高。

（四）田間萌芽的定義

　　農民進行田間播種時，其目的在於得到健全的植株，因此對農民而言，種子有無發芽，應該是指能否萌芽出土，並長出健康的幼苗。針對此目標最直接的試驗是將種子埋播於土中，然後根據幼苗出土與否來判斷種子是否發芽。幼苗出土可稱為種子的萌芽或萌發（emergence），有別於試驗室的發芽。

　　由於田間發芽試驗的變因難以控制，因此對同一批種材料在不同地區進行田間萌芽試驗，所得到的結果差異會相當大。

二、細胞分裂與細胞伸長

　　乾燥種子不論死活或有無休眠性，其胚部細胞皆呈現縐縮的狀態，吸水後則略為擴張。此擴張的程度尚不足以達到發芽，達到發芽需要胚根（芽）進一步的生長。與植物其他部位一樣，胚根（芽）的生長是表象，在細胞的層次包括細胞分裂與（或）細胞伸長。

　　在發芽生理學的課題上，此兩種細胞的活動到底何者為先，或者何者較重要，在過去有若干的研究。就胚根的突出而言，大多以細胞伸長先於細包分裂，較明顯的例子是蠶豆。蠶豆的胚根在播種後 40 小時內細胞的伸長緩慢進行，第 60 小時已長到 1mm，然而細胞分裂在第 56 小時卻尚未顯著地發生。在其他的作物種子，兩者開始進行的時間差距較小，但也多以細胞伸長為先，如玉米、大麥、豌豆等，在糖松則是兩個活動同時進行。

此外，即使用藥劑來抑制胚根細胞的分裂，但是胚根仍然突出種被，並且可以繼續生長（Bewley & Black, 1978）。

細胞分裂可分成四個階段，一個剛分裂後的體細胞含有兩股的染色體（2C），此時是細胞的生長期，常稱為 G1（gap 1）。G1 經過一段時間後 DNA 開始複製，這段期間稱為合成期（S）。合成期期間細胞的 DNA 含量陸續增加，直到全部複製完畢（4C）。此後細胞進入分裂的準備期（G2），當 G2 結束後四股染色體開始分離為二，是為分裂期（M）。合成期與分裂期通常時間較短，G1 以及 G2 一般而言較長。

由於種子形成的過程中，胚根及胚芽的發育常在較早期就進入靜止的狀態，因此胚部細胞的分裂階段停在 2C 或 4C，也曾受到學者的注意。根據過去的研究，大多植物的成熟乾燥胚細胞以停留在 G1 者為主（Vázquez-Ramos & Paz Sánchez, 2003）。僅具有 2C 細胞者如洋蔥、苦苣、果園草、歐洲水青岡、高狐草、萵苣、石松、沼澤鴨跖草等，有些則兩者兼具如絨毛還陽參、大麥、菜豆、豌豆、菠菜、硬粒小麥、蠶豆與玉米，而似乎沒有僅具有 4C 細胞者（Bewley & Black, 1978）。成熟臺中 65 號水稻種子的胚部細胞，除了 13% 處在合成期（DNA 的量介於 2C 與 4C 之間）之外，以 G1 期為主，G2 不多。野生稻 p-10 的胚根則不見 G2 細胞（劉寶瑋、扈伯爾，1980）。

三、胚根與胚芽的突出

根據發芽的生理學定義，胚根或胚莖突出包覆組織時就算已發芽。稻、麥、落花生、甜瓜等是胚根一開始伸長就突破外殼，但是蠶豆及其他若干豆類的胚根生長了相當長後才將種被撐破。在油菜、藜粟等種子，其胚根外面由胚乳細胞包圍著，胚乳外面才是種被，但由於胚乳細胞層彈性較大，因此當胚根生長後先突破外層的種被，後來種被內的胚乳才被撐開。

哪一個部位先突出也是因植物而異，一般是以胚根先出來，胚芽再跟進。但是稻、稗子放在無氧或缺氧的水中，則芽鞘先伸長，直到葉部伸出水面後根部才跟著長出來。稻種子在氧氣充沛下，實際上也是芽鞘率先突出一點，但其後的伸長較慢，而馬上被後來居上的胚根趕過，因此一般以為稻種子的胚根先出來。有些種子則是下胚軸先突出，這可以在鳳梨科、棕櫚科（Chin & Roberts, 1980）、藜科、柳葉菜科、虎耳草科及香蒲科等的部分成員看到。

某些胚部體積相對微小的種子，如芹菜（Jacobsen, 1984）、芫荽、罌粟秋牡丹、歐洲白蠟樹、齒葉冬青、莢迷屬等，在可見到的胚根突出種殼前，胚部會先在內部生長，因此在觀察到「發芽」之前，胚早已開始顯著地生長（圖 4-1）。

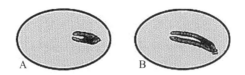

圖4-1　芹菜發芽中種子示意圖

A：乾種子；B：吸水後第5天。

第二節　發芽的測量與計算

一、發芽率的測量

雖然發芽是一粒種子的事件，但是發芽試驗是用一群種子來進行，因此試驗所得數據代表某一族群的平均觀察值。一群種子內個別種子的發芽速率並不一致，都是陸陸續續地完成發芽，因此調查發芽狀況有兩種方式，一是種子吸水後在某規定的時間終止試驗，計數所有的已發芽種子數，並且計算發芽百分率（germination percentage），簡稱發芽率。

另一種方式更為密集，是每隔一段時間，幾個小時、半天、一天或若干天，每次調查已經發芽的種子數，並且將之棄卻或移到一旁，直到某規定的時間為止，然後將每個時段的發芽頻率標出，或者計算出累積發芽數（頻率）。多次詳細地調查發芽種子，可以用來計算更詳細的資訊，包括發芽速率（germination rate）以及發芽整齊度（uniformity of germination）。把 germination rate 當作發芽百分率（發芽率）是錯誤的。

標準的發芽率累積圖常趨近 S 型（圖 4-2），發芽率的趨勢首先緩慢上升，然後上升的速度加快，最後速度又慢下來。用發芽頻率來表示，就是少數種子率先發芽，然後大多數的種子陸續發芽，而更少數的種子最後才發芽。許多無休眠的作物種子是屬於這類發芽情況，而且通常其發芽頻度的分布是偏左（正歪）而非常態的，表示在一群種子中，有更多的種子是較快發芽的，如圖中的第一批種子。在第二批種子中，有更多的種子是較慢發芽，因此發芽頻度呈偏右分布。

圖 4-2 兩批種子雖然最後發芽率相等，發芽的速度卻截然不同。再者是發芽整齊度，最整齊的發芽是所有種子皆在吸潤後的某特定時刻全部發芽，但這是不存在的。由發芽頻度可以知道種子的發芽時間是分散的，而分散的程度因種子族群或發芽環境而異。有時一批種子的發芽頻度出現兩個高峰，可能是該批種子是兩個族群混合而成，但也可能是發芽試驗的中途環境一度短暫改變所致。

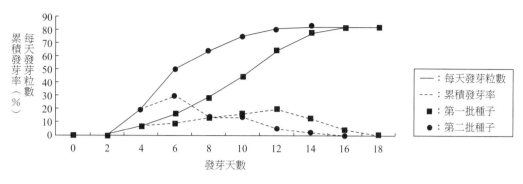

圖4-2　兩批種子的發芽情況

二、發芽率的計算

（一）發芽百分率

通常用最終或最高發芽率來表示一批種子的發芽百分率，發芽率（G, %）的計算為：

$$G=100×N/S \tag{1}$$

其中 S 是供試種子總數，N 是發芽種子總數。由於發芽試驗皆有終了的時刻，此時若還有若干活的種子尚未發芽，這些種子可能在試驗終了後才發芽，因此所謂最高（終）發芽率也只是操作上的定義，同一批種子在相同的發芽條件下，也可能因發芽試驗期間的長短而有不同的發芽率。

（二）發芽速率

發芽速率是發芽所需時間的倒數，發芽需要時間越長，其發芽速率越低。一族群內各粒種子的發芽速率都不一樣，因此一般以族群的平均來表示，即平均發芽速率（mean germination rate, MGR），可用平均發芽時間（mean germination period, MGP）的倒數來表示：

$$MGR=1/MGP=1/[\Sigma(D×n)/\Sigma n] \tag{2}$$

其中 D 是指各次計量發芽種子數目的時間，以種子播種或吸水開始時為基準，而 n 是第 D 次計數時的發芽數目，$\Sigma n=N$。另一個常用的公式是 Maguire 所提議的發芽速率指標（germination rate index, GRI）：

GRI=Σ(n/D)　　　　　　　　　　　　　　　　　　　　　　　　　　　　（3）

　　種子族群中發芽早者越多，所計算的發芽速率指標越大。以圖 4-2 為例，兩批種子的最終發芽率雖都為 82%，但發芽較快的第一批，其 MGP、MGR、GRI 各為 6.95、0.14、13.41，而較慢的第二批各為 10.15、0.10、9.32。

　　但是在 GRI 的計算上容易受到未發芽種子的影響，因此一批發芽百分率低落的種子若可發芽者其發芽得很早，則所得到的 GRI 會偏高。採用校正發芽速率指標可以將發芽率的高低表現在指標上（Hsu *et al.*, 1985）：

CGRI=Σ(n/D)/S　　　　　　　　　　　　　　　　　　　　　　　　　（4）

　　發芽速率也可簡單地用 $1/T_{50}$ 來表示，即一批種子達到 50% 的發芽率所需時間的長短，做法是將發芽率的累積線用方格紙畫出來，然後將達到 50% 的發芽率所需時間（T_{50}）標出即可。

（三）發芽整齊度

　　發芽整齊度可以說是個別種子發芽集中的程度。當種子族群發芽時間呈常態分布時，發芽整齊度係數（coefficient of uniformity of germination, CUG）乃是發芽所需時間的分布變方（variance）的倒數，變方越大 CUG 越小，代表發芽越不整齊：

CUG=Σn/Σ[(D_m–D)^2×n]　　　　　　　　　　　　　　　　　　　（5）

其中 D_m 是各次計數時間的平均。圖 4-2 中第一批種子的 CUG 為 0.093，第二批為 0.069，表示第一批種子的發芽整齊度較高。

　　本計算方式的缺點是發芽時間常略為偏離常態性，因此不符式（5）的前提。其次，設若有一批種子除了一兩粒種子外，發芽的整齊度很高，而這一兩粒種子的發芽時間比其他所有種子慢若干天，則所計算出來的變方會顯得非常大。例如第一批種子若在第 28 天又發芽一粒，則 CUG 就降到 0.069。

　　商業種子播種不一定要求百分之百的發芽率，有時候一批還算可以的樣品，若使用式（5）來估算，可能會得到較差的播種整齊度，而被誤認為不宜播種。在實用上，可以計算發芽率由 15% 上升到 85%（或 25% 到 75%）所需的天數來做相對的整齊度表示值。

（四）發芽率的Richard模式

　　前述幾個發芽特徵的方程式皆屬於一組發芽數據的單項計算，不過一些發芽模式可以

用同一個方程式來涵蓋多個發芽特徵。這些模式以 Richard 模式以及 Weibull 模式最廣為使用。這些模式都較為複雜，但是以電腦計算則不成問題。

根據 Richard 模式：

$$G_D=G\times(1+e^{b-kD})^{1/(1-m)} \tag{6}$$

其中 G_D 是發芽時間達到 D 時的累積發芽率，G 是最後發芽率，b、k 及 m 皆為常數。發芽率計數結束後，將 G、每個 D，以及其相對的 G_D 帶入模式，可計算出三個常數。這三個常數沒有生物學上的意義，而且對同一組發芽數據，用 Richard 模式來計算，每次計算所得的常數組合有所不同。不過即使不相同的常數組，透過以下的計算式，卻可以得到相同的數據：

最大發芽速率：

$$dG/dD=k\times A\times(m^{-m/(m-1)}) \tag{7}$$

發芽達 G_{50}（最高發芽率之半）所需的時間：

$$T_{50}=\{b-\ln|1-2^{(m-1)}|\}/k \tag{8}$$

發芽累積線上反曲點（inflexion point）的發芽率：

$$G_I=A\times(m^{1/(1-m)}) \tag{9}$$

發芽累積線上反曲點所在的發芽時間：

$$T_I=\{b-\ln|m-1|\}/k \tag{10}$$

（五）發芽率的Weibull模式

經由比較，Brown & Mayer（1988）認為 Weibull 模式不但計算簡單，比其他模式更適合於適配以及比較各種累積發芽曲線：

$$G_D=G\{1-e^{-[(D-a)b]c}\} \tag{11}$$

其中 G、G_D 以及 D 的意義與 Richard 模式者相同，不同的是 a、b、c 三個常數具有發芽上的意義，其中圖 4-3 A 中，a 為第一粒種子發芽所需的時間，a 值越高表示開始發芽的時間越延後，b 與發芽速率有關（為 scale parameter，圖 4-3 B）。而 c 是種子發芽率增加的型態

（shape parameter），若 3.25 < c <3.61 則其型態接近常態分布，若 c 較小則呈正偏歪，反之為負偏歪（圖 4-3 C）。圖 4-3 顯示出 Weibull 模式描繪種子發芽曲線的多樣性。

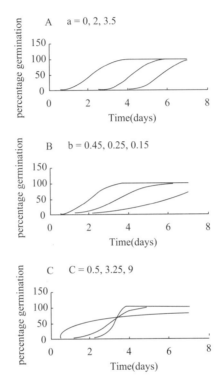

圖4-3　Weibull模式描述的發芽率曲線
A：只變動第一粒發芽種子發芽時間常數
a；B：只變動發芽速率常數b；C：第一
粒發芽種子發芽形態常數c。

第三節　種子苗的型態

　　幼苗的型態雖然因物種而異，但是通常可以依照子葉的位置分成出土型（epigeal）與入土型（hypogeal）幼苗兩大類。若是播種發芽後下胚軸的發育較不顯著，而上胚軸一直伸長，則會直接把胚芽頂出土表，而將子葉留在土中，稱為入土型幼苗；反之，發芽後若下胚軸伸長，就會把子葉以及胚芽頂出土表，因此稱為出土型幼苗（圖 4-4）。

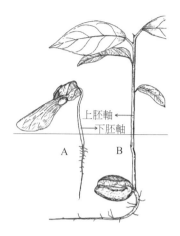

圖4-4　兩種幼苗型態

A：曼森梧桐，出土型發芽；

B：光亮可樂果，入土型發芽。

　　入土型發芽者而且具有胚乳的種子在單子葉植物較多，如禾本科植物、可可椰子與鴨跖草，雙子葉植物較少，如巴西橡膠樹。入土型發芽者而無胚乳的種子如紅豆、多花菜豆、豌豆、蠶豆、芒果、紅毛丹等皆為雙子葉植物。

　　出土型發芽而無胚乳者如大豆、菜豆、綠豆、落花生、白芥、萵苣、美國南瓜等皆為雙子葉植物，而有胚乳者如雙子葉植物的咖啡、蕎麥與蓖麻等，以及單子葉植物的蔥類，但少數的蔥屬物種如熊蔥、茖蔥則為入土型發芽。

　　子葉是否為出土型或是入土型，可能是科的特性。以雙子葉為例，僅出現入土型發芽的物種如肉豆蔻、睡蓮等科。僅出現出土型發芽的物種者較多，如五加科、秋海棠科、黃楊科、石竹科、木麻黃科、藜科、菊科、旋花科、景天科、錦葵科、柳葉菜科、胡椒科、蓼科、楊柳科、玄參科、茄科、繖形科、堇菜科等。

　　兩者皆有的科也不少，如漆樹科、番荔枝科、十字花科、瓜科、大戟科、殼斗科、胡桃科、樟科、豆科、桑科、楊梅科、桃金孃科、木犀科、罌粟科、鼠李科、薔薇科、茜草科、芸香科、無患子科、梧桐科、茶科等。

一、入土型幼苗

　　禾本目（Poale）種子的發芽型態相當多樣（Tillich, 2007），禾本科種子埋於土中發芽，胚根長出後，胚根與胚芽間的中胚軸開始伸長，將胚芽以及其外的芽鞘頂出土表，而種子內的胚盤（子葉）與胚乳就留在土壤中，是為入土型發芽（圖4-5）。禾本科種子的中

胚軸的下端含有若干個根原體，將來可以長出種子根，種子根數目因植物而異。當埋土不深時，中胚軸不生長，直接由胚芽外面的芽鞘頂出土，然後幼葉再突破芽鞘而出。

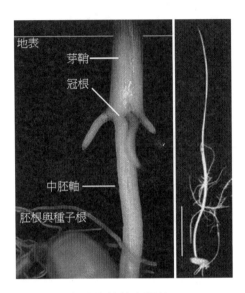

圖4-5　禾本科幼苗的中胚軸
左圖為播種於土中的玉米；右圖為黑暗中發芽的水稻（直線為中胚軸的長度）。

以玉米種子為例，設若種子埋得較深，則發芽後胚根長出時，中胚軸也隨著伸長，而將根原體、胚芽等頂高，當頂到將出土前，因透過土表的弱光的照射，中胚軸達到土表之下約 1cm 處即停止生長，然後種子根、芽鞘及胚芽才從淺土處生長。因此中胚軸的長度與埋土的深度成正比，某些玉米品種的種子埋在 50cm 深時，中胚軸可以生長達 49cm，還可以萌芽出土。同樣地，水稻種子在黑暗下發芽，中胚軸也可以伸長 2 到 6cm 不等，因品種而異。

巴西橡膠樹以下胚軸先突破種被而向地生長，接著才長胚根。埋於土中的鴨跖草種子發芽後胚根向下長，子葉基部與下胚軸尖端連接，而且同時往上長，將芽鞘推出土表，但子葉尖端留在土中的種殼內，因此還是屬於入土型發芽。

可可椰子（圖 4-6）發芽初期被厚殼遮著，無法看到。發芽時單片的子葉尖端開始膨脹發展成球體狀的吸器，向外圍的胚乳吸收養分，直到胚乳養分殆盡為止。椰子這個子葉吸器長得相當大，呈褐色，可以食用而且頗具滋味，可稱為「椰子蘋果仁」（coconut apple）。

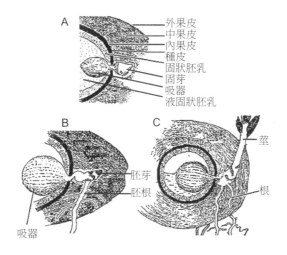

圖4-6　可可椰子的發芽過程

　　棕櫚科種子如油棕、亞歷山大椰等在發芽時部分子葉突出種殼，略為腫大，從其上方長出芽鞘，下方長出胚根，由芽鞘再伸出葉，因此發芽時幼苗靠近種子，稱為貼近發芽（adjacent germination）。

　　有些棕櫚科種子如叢櫚、蒲葵、海椰子、棗椰、壯幹華盛頓棕櫚等，發芽時先由子葉柄（cotyledonary petiole 或 apocole）突出種殼，子葉柄長到一定距離後才由其尖端長出胚根向下生長，而由胚根基部的上方長出幼葉。因此發芽時幼苗與種子間有一段距離，稱為分離發芽（remote germination, Meerow, 1991）。海椰子的子葉柄首先向下生長鑽入土中約30-60cm，然後橫向生長約 4m（有長到 10m 的個例）之後再長根與出芽。藉此，非常重的海椰子種子雖然掉到母體附近，但幼苗則能夠離開母體，獨立生長而避免與母體共爭環境資源（Edwards *et al.*, 2002）。

二、出土型幼苗

　　出土型發芽在幼苗突出地表前通常是由下胚軸形成一個倒勾，由此胚芽勾頂破土而將子葉帶出，見光後倒勾才扶正。胡瓜幼苗的下胚軸與胚根連接處長出一小栓（peg），在子葉出土前恰好將種被卡著，因此子葉得以脫離種被（圖4-7）。在向日葵則是子葉連果皮出土，待子葉生長後將果皮撐開。

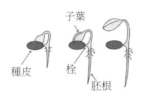

圖4-7　胡瓜幼苗的生長

　　埋於土中的洋蔥種子發芽後胚根向下長，子葉基部與下胚軸尖端連接，而且同時往上長，將芽鞘推出土表，種被連著子葉也伸長突出地表，因此屬於出土型發芽（圖4-8）。子葉尖端一直留在胚乳內吸收養分。過了一段時間後，胚芽才由胚根及子葉連接處的芽鞘冒出，長出新葉。

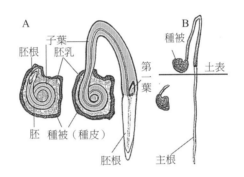

圖4-8　洋蔥種子的發芽

三、其他

　　若干種子兼具出土與入土的子葉，有些種子沒有固定的幼苗形態，例如萊姆的種子可能是出土型，也可能是入土型。榴槤種子則因種植於土中的方位而定，發芽孔朝天則成為入土型發芽，朝下則以出土型來發芽，波羅蜜種子深植時為入土型發芽，淺植時為出土型。

　　菱角種實的可食部位主要是一片子葉，另一片子葉甚小但仍可見。發芽時（Philomena & Shah, 1985）胚根首先突出，行背地性伸長，其後子葉柄伸出將下胚軸往上推，胚芽由下胚軸與子葉柄之間（圖4-9，圓圈）長出，兩旁可見小子葉與子葉鞘，但大子葉仍留在果皮中，發芽後期胚根才開始向地生長。類似的情況也出現在椒草屬種子，種子發芽時一片子葉留在種子內，另一片則往地上伸長（Hill, 1906）。

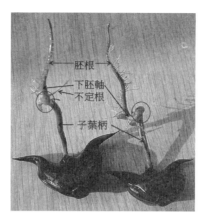

圖4-9　菱角種實的發芽
圓圈部位是子葉柄與下胚軸的交接處。

　　蘭科種子體積相當小，其發芽型態也相當不同。由於少有儲藏養分，因此在天然棲地常需感染菌根菌以取得養分，人為發芽則通常用培養基行無菌培養。胚的分化程度常較低，因此開始發芽時胚部細胞分裂，膨脹成綠色球狀，轉成綠色的原球體（protocorm，圖4-10 D），原球體向下長出了根，接著出現微小的真葉，並逐漸長大。原球體經過一段時間後才長成幼苗。

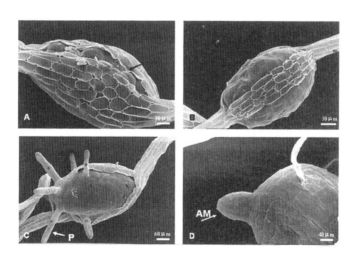

圖4-10　臺灣金線蓮種子的發芽
A：吸潤後種被裂開；B：胚由種被冒出；C：胚部長出
突起（P）；D：原球體分化出頂端分生組織（AM）。

第四節　溫度與種子發芽

　　溫度是種子吸水後能否發芽的決定因素，對於無休眠的種子來講，溫度會影響種子的最高發芽率、發芽速率，以及整齊度。

　　德國學者 Julius von Sachs 在 1860 年提出有名的溫度三要點，即最高溫、最適溫以及最低溫（maximum, optimum and minimum temperatures），不過早期的學者對於溫度影響發芽百分率或是發芽速率，並未刻意地區分。

　　發芽適溫與幼苗生長的適溫常是不相同的，例如白松的發芽適溫是 31°C，但幼苗生長適溫則大為降低。棉花種子發芽後，胚根與胚莖的生長適溫相似，約為 33-36°C，發育後期下胚軸的適溫維持不變，但根系者已降到 27°C。露地播種時，白天高溫夜晚低溫有利於幼苗的生長，但在溫室內進行育苗時，降低日溫提高夜溫反而可以避免幼苗徒長。

一、溫度與發芽百分率

　　種子在某低溫或更低溫之下完全無法發芽，該溫度即為其發芽最低溫。隨著溫度的上升，發芽率逐漸提高。在某更高的溫度範圍內，發芽百分率達到最高，而且在這段溫度範圍內彼此沒有顯著的差異，這個範圍是發芽最適溫。溫度再往上升後，發芽率急速地下降，終於在某高溫以上，種子不再能發芽，即其發芽最高溫。例如鴨舌草種子的發芽最低與最高溫分別為 14 與 40°C，而發芽最適溫約在 21-32°C 之間（圖 4-11）。

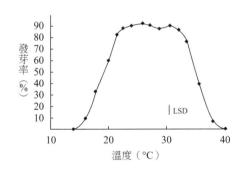

圖4-11　鴨舌草種子在各溫度下的發芽
百分率（發芽期間21天）

　　最低溫、最高溫以及最適溫的範圍因發芽試驗期間的長短可能會有所不同。若發芽試驗的期間不夠長，部分種子尚未發芽，則可能導致最低、最高溫分別上升及下降，而最適溫的範圍會變窄，而且常偏移到略低的範圍內。

在最低溫與最適溫之間，部分的種子可以發芽，部分的種子無法。以圖 4-11 為例，溫度為 20°C 時，發芽率達 60% 的意思是只有 60% 的種子可以在 10 到 20°C 下發芽，但有 40% 者無法。溫度 17°C 時發芽率 30%，表示有 30% 的種子可以在 10 到 17°C 下發芽。這種發芽對溫度的反應程度，顯示各粒種子可以發芽的溫度並不一致，而且呈連續性的分布。

物種間種子發芽對溫度的反應，即是最低溫、最高溫以及最適溫的範圍都有很大的差別（如表 4-1）。一般而言溫帶植物的最低溫及最高溫皆較低，而熱帶性者較高。最適溫的範圍則有些相當寬廣、有些較窄。

表4-1　土溫與蔬菜種子發芽（°C）

	最低溫	最適溫	最高溫		最低溫	最適溫	最高溫
洋蔥	0	26.7	35	甜玉米	10	29.4	40.6
菠菜	0	21	24	番茄	10	26.7	35
萵苣	0	24	24	蘆筍	10	24	35
歐防風	0	21	29.4	皇帝豆	15.6	26.7	29.4
花椰菜	4.4	26.7	35	胡瓜	15.6	35	40.6
芹菜	4.4	21	24	敏豆	15.6	29.4	35
青花菜	4.4	29.4	35	甜椒	15.6	29.4	35
胡蘿蔔	4.4	26.7	35	黃秋葵	15.6	35	40.6
香芹	4.4	29.4	35	西瓜	18.3	35	40.6
高麗菜	4.4	29.4	35	南瓜	18.3	35	40.6
甜菜	4.4	29.4	35	茄子	18.3	29.4	35
豌豆	4.4	24	29.4	甜瓜	18.3	35	40.6
大頭菜	10	26.7	40.6				

二、積熱與發芽速率

比起發芽率，發芽速率對溫度更為敏感。溫度與生物的生長速度皆有一定的量的關係，可以用數學模式來適配、預測。在植物的生長上，有所謂基礎溫（base temperature, T_b）的假設，認為植物僅在溫度高於基礎溫時才能生長（包括發芽）。例如某種子發芽的基礎溫為 4°C，則在 6°C 下經過 1 天，實質上只經歷了 2°C，在 12°C 下實際上就經歷了 8°C，而在 2 或 4°C 下 1 天，對於該種子都一樣，等於沒有得到任何生長。

由基礎溫的概念衍生了發芽的積熱（thermal time, θ_T）的計算方法（Bierhuizen &

Wagenvoort, 1974）。所謂發芽積熱，即是種子開始吸潤後每天溫度（T）扣除基礎溫後所得的溫度，累積直到發芽當天（t）為止。發芽積熱的單位是度日（degree-day），在恆溫下以方程式表示：

$$\theta_T=(T_1-T_b)+(T_2-T_b)+...+(T_t-T_b)=(T-T_b)t \tag{12}$$

由上式：

$$1/t=(T-T_b)/\theta_T=(-T_b/\theta_{T1})+T(1/\theta_{T1}) \tag{13}$$

即直線方程式：

$$1/t=K_1+(1/\theta_{T1})T \tag{14}$$

也就是說發芽速率（發芽時間的倒數，即 1/t）與溫度間呈現直線關係，該直線在縱軸的截距是 K_1，發芽積熱 θ_{T1} 恰好是斜率的倒數，基礎溫（永不能發芽的溫度，即 t 無限大，或是 1/t=0 時）則是 $-K_1/\theta_{T1}$。然而，若發芽溫度一直升高超過某個溫度以後，發芽速率逐漸下降，此時將發芽速率與溫度進行相同的運算，可以發現在高溫區兩者呈相反的趨勢，用直線方程式表示即：

$$1/t=K_2-(1/\theta_{T2})T \tag{15}$$

兩條直線經外插法可以相接，相接處為所有溫度範圍中發芽速率的最高點，也就是發芽速率的最適溫（圖 4-12）。低於最適溫的範圍（sub-optimum）可以計算基礎溫與發芽積熱（θ_{T1}），高於最適溫的範圍（supra-optimum）也有其發芽積熱（θ_{T2}）以及最頂溫（ceiling temperature, T_c），T_c 恰好是 $K_2 \times \theta_{T2}$。

發芽百分率的最低溫與最高溫有其生物學的定義，但發芽速率的基礎溫與最頂溫的意義則僅是數學上的，而非生物學的。一般而言最頂溫常遠超過最高溫。再以鴨舌草為例（圖 4-12），當溫度在 16-29°C 之間，溫度與發芽速率成正比，其積熱 θ_{T1} 為 1/0.052，即 19.2 度日，基礎溫度為 0.66/0.052，即 12.7°C。當溫度在 30-38°C 之間，溫度與發芽速率成反比，其積熱 θ_{T2} 為 1/0.026，即 38.5 度日，最頂溫為 -1.71/-0.026，即 65.8°C，這顯然不具生物學的意義。兩直線經外插法延長交叉於 29.4°C，即其發芽速率的最適溫，與發芽百分率的最適溫有較寬廣的範圍不同。

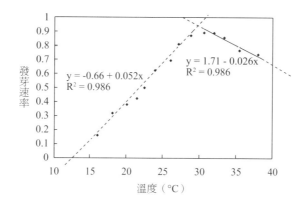

圖4-12　鴨舌草種子在各溫度下的發芽速率

第五節　水與種子發芽

　　成熟乾燥的種子在適當的環境下才會發芽，這些環境包括適當的水分以及溫度，多數的種子也需要氧氣，若干種子則需要適當的光照條件。然而所謂「異儲型」的種子，例如水茄苳，種子成熟脫落時，仍保有約60至70%的水分，因此開始時並不需要外界提供水，不過在發芽的後期，仍然需要供水。

一、水的吸收

　　供給乾燥種子充足的水分，種子會開始吸水，稱為吸潤作用（imbibition）。除了無法吸水的硬粒種子（hard seed）外，種子吸水可分為迅速吸水與延遲吸水兩型（Kuo, 1989）。

　　迅速吸水型者初期吸水快速，是為第一期，其次吸水停滯或者緩慢，是為第二期，到了胚根或胚芽突出而幼苗開始生長則種子又開始快速吸水，是為第三期（圖 4-13 A）。此型種子落在水中，馬上就有最大的吸水速率，此速率卻立即迅速地不斷下降，數小時內就降得很低，然後持續以低速率來吸水（圖 4-13 B 之空心圓）。這是因為此型種子的種被大部分是可透水的，因此決定吸水速率的因素是種子與外面水的水勢差，所以乾種子一接觸水就有很大的吸水速率。種被吸水後，其水分部分雖被內面緊接著的較乾燥的組織吸走，但種被的水勢卻已略為上升許多，因此與外界的水勢差變小，吸水速率就下降。這類型在許多禾穀類、花生、大粒型大豆種子都可以看到。

　　早期學者把這三期分別稱為吸水期、活化期與發芽期，而將吸水期視為純物理性的作

用，因為死的種子也會吸水。所謂活化期即表示種子進行準備發芽的各項生化作用。但這樣的稱謂有所誤導，例如種子吸水不久尚未進入第二期之前，就已展開活化的生理、生化作用。

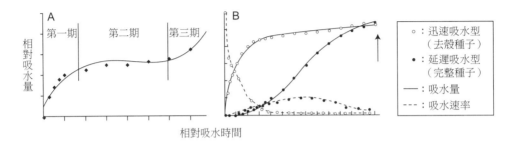

圖4-13　種子吸水發芽示意圖
A：種子吸水過程。B：綠豆種子吸水過程。

　　就迅速吸水的種子而言，第一階段的快速吸水期在較多數的作物種子，大約數小時就已完成，例如油菜籽約 5 小時。第二階段時種子的含水率不再增加，或者持續緩慢地增加（如大麥等禾穀類、芹菜等種子），一直進行到胚根（芽）突出。

　　第二階段所經過的時間在不同種子間可能有很大的差異。當種子達到第二階段的末期時，水分的吸收已經完成，即使不再給水，也可以進入第三階段的初期。休眠的種子（除了硬粒種子以外）吸水的過程與無休眠種子無異，可以一直進行到第二階段，但是進不了第三階段。

　　進入第三階段，也就是發芽以前，種子所含的水要先達到一定的水準。這個水準因植物而異，如稻為 26.5%，玉米 30.5%、甜菜 31%，大豆則高達 50%。在土壤中各種作物種子發芽率的高低會因土壤水分而有不同（表 4-2），甘藍、南瓜最耐少水的狀態，在土壤水分接近永久凋萎點時還可發芽，但萵苣與豌豆則不能。由於種子水分的含量與其化學組成分關係密切，因此發芽的最低含水率在不同植物差異甚大。

　　綠豆、紅豆種子屬於延遲吸水型（圖 4-13 B 之 •）。此兩豆類乾燥種子表皮除了種阜外，一概無法透水，因此種阜又稱為吸水孔，有別於珠孔（又稱為發芽孔）。由於種阜面積相當小，因此一開始綠豆種子吸水速率極慢，吸水後種阜附近的種被逐漸膨脹而能透水，因此能吸水的種被面積越來越大，吸水速率也逐漸提高（Kuo & Tarn, 1988）。到達最高吸水速率之後，吸水速率逐漸降低。

　　表皮首先進水之處可能因植物而異，例如十字花科作物如甘藍、芥菜等的種子（屬於彎生胚珠），水首先由種臍進入，綠豆（倒生胚珠）者水先自種阜進入，而早苗蓼及酸模（直生胚珠）則首先由發芽孔進入（Berggren, 1963）。即使是列當屬這種微小的種子，在

開始吸水的 10 分鐘內，水分也是由發芽孔進入。

表4-2　土壤水分與種子發芽率的關係

作物	土壤含水率（%乾基）								
	7	8	9	10	11	12	14	16	18
甘藍	0	84	99	100	97	98	98	96	91
南瓜	0	81	99	99	100	100	100	99	98
甜玉米	2	37	95	96	98	98	94	98	100
番茄	0	32	81	91	98	96	98	100	96
胡瓜	0	0	85	98	100	99	99	100	99
胡蘿蔔	0	3	66	86	100	87	90	89	90
四季豆	0	0	62	87	93	100	97	96	97
萵苣	0	0	32	71	89	100	100	99	97
豌豆	0	3	21	81	96	97	99	96	100
白芹	0	0	0	0	35	52	76	89	100

二、影響水吸收速率的因素

實際播種時，種子所接觸的環境可能是土壤或者是各種其他的介質，這些介質不一定含有許多水，其顆粒也可能大小、粗細不一，因而造成種子吸水的速率不一致。

影響吸水速率的因素有二，第一是種子對水的吸引力，第二是水進入種子的阻力。所謂阻力包括種被（或其他包覆組織）與介質的接觸面積，以及包覆組織的滲透性等。溫度也會影響種子吸水，低溫下水進入種子的速率較高溫下為慢。

（一）種子對水的吸引力

所謂對水的吸引力，就是指種子與介質間的水勢（water potential, Ψ）差。水勢的單位是 -bar，現在常以 MPa（mega-pascal）表示，$-1MPa$ 等於 $-10bars$。把鹽水放入並密封在半透膜作成的袋子內，袋子放於純水中，袋子就會將外界的水吸入，這是因為純水的水勢最高（通常以 0 表示），而袋子內因為鹽水本身具有負的滲透勢（osmotic potential, Ψ_π）之故，其水勢為負值，因此水就由水勢較高的純水（$\Psi=0$）往較低的袋子內滲透。

當膜內所吸的水越來越多，袋子會產生一股壓力，稱為壓力勢（pressure potential, Ψ_p，為正值）。此時因為水的不斷稀釋，導致袋子內 Ψ_π 漸大（即絕對值漸小），而 Ψ_p 又逐漸增加，因此袋內的 Ψ 越來越高，內外的水勢差越來越小。到最後 Ψ_π 與 Ψ_p 達到平衡相互

抵銷，袋子吸水的淨量就等於零。

以種子來說，細胞內的水勢的組成，除了滲透勢與膨壓外，還加上負的基質勢（matric potential, Ψ_m），即 $\Psi=\Psi_\pi+\Psi_p+\Psi_m$。基質勢就是固形體吸附水的力量，在種子的內部中，細胞壁、澱粉粒、蛋白質體等都有吸附水的能力，這些介質越多，Ψ_m 就越低（負值越大）；而細胞內外的游離鹽類、小分子等就構成 Ψ_π，這些可溶性物質越多，Ψ_π 就越低。乾燥種子的 Ψ_m 非常之大，Ψ_π 顯得不重要，Ψ_p 則可說不存在。

（二）土壤與種子吸水

除了水勢差以外，土壤的一些性質也與種子的吸水有關。土壤顆粒的大小、形狀會影響種子與介質的接觸面積，顆粒越粗大，接觸面積越小，就越不利於種子吸水。播種時土要打碎，也需略為壓土，就是要增加土壤與種子的接觸點。再者種子旁邊土壤的水被吸收後，土的水勢會降低，因此土壤能否不斷地供水，也是種子能否吸收足夠水分的關鍵。土中水分經由毛細管與氣相的移動而上升，因此若土壤過度緊密，會降低種子吸水速度。

（三）包覆組織的滲透性

種子與土壤的接觸點，除了土壤性質有關，種子本身的形狀與大小也是決定因素。一般小型種子、表皮光滑甚至於會產生黏液的，都有較大的接觸比率。不過即使在種子與外界充分接觸下，也不見得能順利吸水，因為包覆組織的滲透性有大有小。硬實種子的表皮完全不具滲透性，因此無法吸收水分，迅速吸水型種子的表面大多具或大或小的滲透性，因此一開始的吸水速度快。

三、水吸收與溶質滲漏

種子浸在水中開始吸水時，同時也會將一些溶質釋出到水中，這些溶質包括各類的鹽離子、游離有機酸、簡單的醣類、甚至於蛋白質（酵素）。滲漏物種類複雜，為了操作上的簡便，常以水中的電導度來代表滲漏物質的相對量，電導度測定為種子活勢檢驗主要的方法之一。

在種子浸水的過程，滲漏物的釋出速率與種子的吸水速率甚為雷同，快速吸水者電解質滲漏速率也是由高而迅速下降，即滲漏速率的最高點在開始浸潤時，延遲吸水者，其滲漏速率出現高峰（先升而後降），而硬粒種子浸水時幾乎沒有明顯的滲漏發生（Kuo, 1989）。根據此類似的特性，可以用電腦控制的電導度測量儀器來迅速檢定單粒種子的吸水型態（Kuo & Wang, 1991）。

種子所釋出的電解質，有一些是存在於包覆組織外表，以及種子細胞膜外的質外體中，但是有一些則是存在於共質體（symplast）內，透出細胞膜而再經由質外體釋出。所謂質外體即細胞壁、細胞間隙的整個結合體，這是相對於細胞之間由於膜的互相連通所形成的共質體而言。在種子放入水中前不論是乾燥或是飽水，質外體中的溶質皆是直接釋出，細胞內的溶質，其釋出則受到細胞膜的限制。

綠豆一般是屬於延遲滲漏（或吸水）型，若將綠豆種被剝除，把乾燥的胚置於水中，立刻有溶質由胚滲漏到水中，呈現的是快速滲漏型。然而若先將胚在相對濕度 100% 的大氣中吸足了水氣，然後再放入水中，則雖還是可以看出快速滲漏的特性，但是初期的滲漏速率比起乾胚而言相當低。

比較能被接受的解釋是認為種子乾燥時，細胞膜的完密性降低，因此浸水初期隨著水的迅速進入種子，溶質得以因膜的半透性沒有作用而大量逸出。隨著吸水時間的進展，膜的完整性迅速恢復，因此電解質的滲漏速率也急速下降。

許多種子在播種前皆先行浸種，以加速種子的吸水過程，使得播種後種子較能整齊地萌芽。不過一些豆類作物不宜浸種，這是因為豆類種子吸潤後體積向四方大為增加，特別是長度可伸長達 2 至 3 倍。假若種子體積大而且屬於立即吸水型，吸水的速度太快，則種子表面的組織快速吸水膨脹而向外拉，但是內部仍然乾燥，因此子葉常龜裂而受傷，影響發芽的表現。

田間播種不久後，若遇豪雨，大豆種子易腐爛，也是浸潤傷害所導致，播種若干日後再遇雨，因種子已慢慢地膨脹，因此水害可能較小。浸潤傷害在大粒型的大豆比較顯著，小粒種子則因子葉較薄，因此較不會龜裂。

預防田間浸潤傷害的方法，用披衣技術將種子裹在薄膜內，來降低種子吸水速率，不過種子成本也會大幅度升高。可行的方法是選用小型種子，或是育成延遲吸水型的品種。

種原庫中極端乾燥的種子在取出進行發芽之前，宜先回潮。乾燥的種子在接觸水分時若吸水速度太快，容易造成表面的細胞受損。

四、水勢與發芽速率

種子在純水中吸潤發芽的特性，已在前幾節中敘述，並且已說明種子吸水速率與種子及介質之間的水勢差的大小有關。在介質的水勢較低時，可以預期其吸水速度，乃至於發芽速率會受到影響，這個影響可以用數學模式來描述。當然在土中實際狀況下水勢差的影響力因其他條件，如溫度、土壤顆粒或種子的大小及形狀等的左右，可說相當複雜，合適

的數學處理方法，還有待發展。

就一粒具有標準的三階段吸水特性的種子而言，每一個階段所經歷的時間都受到外界水勢的影響，水勢越低，所需時間越長，不過第二階段所延遲的時間較第一階段者為可觀。然而不論延遲多久，只要種子吸水能使得本身的水勢達到某個臨界點（臨界水勢，Ψ_b），就可以發芽，否則就不發芽。

（一）蘊水與發芽速率

種子發芽與水分的關係的量化，其方式可借用積熱的概念而稱為蘊水（hydrotime）。漢字「蘊」含有累積的意思，與積熱一樣，其單位包含時間。蘊水（θ_H）的理論也是基於臨界水勢（Ψ_b）的概念，即外界（介質）水勢扣除 Ψ_b 後，每天所經歷的介質淨水勢累蘊達到發芽那一刻（t）所得的值。若假設介質水勢不變，以方程式表示即：

$$\theta_H=(\Psi-\Psi_b)t \tag{16}$$

因此，發芽速率與外界水勢為直線的關係，該直線的斜率恰好是蘊水的倒數，而基礎水勢為 $\Psi_b=-k\theta_H$：

$$1/t=(\Psi-\Psi_b)/\theta_H=k_3+(1/\theta_H)\Psi \tag{17}$$

（二）水溫積蘊值與發芽速率

由於溫度與水勢皆會影響種子發芽速率，因此需要合併考慮，才有助於實際的應用。依照 Gummerson（1986）的提議，在最適溫前的範圍內，水溫積蘊值（hydrothermal time）θ_{HT} 可定義為：

$$\theta_{HT}=(T-T_b)(\Psi-\Psi_b)t \tag{18}$$

這是因為族群中個別種子互相有共同的基礎溫度，卻有不同的基礎水勢，但此公式有個基本前提，就是基礎溫度不因水勢而變，而且基礎水勢不因溫度而變。事實上 T_b 與 Ψ_b 經常是互相影響的，因此水溫積蘊值的合併使用所造成的誤差較大。例如綠豆在水勢較低時 T_b 會升高，番茄的 T_b 變化小，但是在 20°C 時 $\Psi_{b(50)}$ 為 –0.6MPa，而溫度降到 10°C 時，$\Psi_{b(50)}$ 也降到 –1.1MPa。就番茄的個案研究而言（Dahal & Bradford, 1994），合併模式的處理仍很準確地描述種子在各種溫度與水勢組合下的發芽速率中值（即達到 50% 發芽率所需時間的倒數），但在描述達到其他特定發芽率的速率上，準確度就降低。

第六節　氧氣與種子發芽

氧氣是許多無休眠種子發芽所必需的第三個條件，缺氧時許多種子發芽率受阻，發芽速率也降低（Corbineau & Côme, 1995）。一般以含油類高的種子需要的氧濃度高於澱粉含量較高的種子（表4-3）。當水分過多時，種子發芽率常降低，因此土壤中的氧氣濃度也常是種子發芽的限制因素。土壤中的氧常不低於19%，但是若土壤表層形成硬板後就可能低於10%，硬板破裂氧氣又可進入土中。土壤水分高到田間容水量時，氧氣濃度可能降到1%，淹水時更低。

若干種子完全無氧下也可以發芽，如稻、鴨舌草、稗以及火炬刺桐。鴨舌草（Chen & Kuo, 1995）、繖花龍吐珠的種子則需要完全浸水下才發芽，也就是說氧會抑制其發芽。一些水生植物在低氧下的發芽也比在正常氧分壓下更好，如鐵線草、歐澤瀉、類稻李氏禾、水蠟燭、菱角及水菰等。

表4-3　種子發芽對氧的需求

植物	溫度（°C）	O$_{2(0)}$*	O$_{2(50)}$**
單子葉			
高粱	25	0.015	0.5
玉米	25	0.25	0.5-1
小麥、大麥	20	0.5	1-3
燕麥	20	0.5	0.8-1
韭蔥	20	1	4-5
雙子葉			
豌豆	25	0.02	0.9
綠豆	25	0.25	0.5-1
番茄	20	1	3-4
甜瓜	25	1	3-5
大豆	25	2	6
甘藍	20	3	7

1. * 完全不發芽的氧濃度。
2. ** 發芽達50%所需的氧濃度。

其他的發芽條件，如溫度、水勢、光、發芽床等皆會影響種子對氧的需求。雖然低溫下水中的氧溶量會增加，不過以百分比來比較，在15°C下，番茄及仙克來種子分別在5、10% 氧濃度下發芽率皆可達到90% 以上，若溫度升高為25°C，則發芽率分別降到75、10%。介質水勢低落時，向日葵及番茄種子的氧氣需求提高。嫌光性種子尾穗莧若連續照

白光，則在缺氧下發芽率會更低。

在培養皿進行小種子的發芽試驗時特別要注意水的供給，因為給水稍多，可能會因表面張力而在整個種子表面形成水的薄膜，降低進入種子的氧氣量。雖然有些種子發芽時對氧需求不大，但幼苗的正常生長則還是需要氧。稻種子在無氧的水中可以長出胚芽、葉片，但是幼苗發育畸形，無法形成葉綠素而成為白苗，胚根也長不出，直到葉片長出水面吸收到氧氣，才會合成葉綠素行光合作用，將氧送回到種子，此後胚根才能正常地長出。

第七節　蛋白質的分解與轉運

蛋白質的種類繁多，相對地，分解蛋白質的酵素也是各色各樣。分解蛋白質的蛋白酶（proteinase），由其作用的部位分成兩大類，其一是由蛋白質長鏈的內部將蛋白質一切為二，稱為內切肽酶（endopeptidase），此酵素將蛋白質切成分子量較小的多肽（polypeptide），多肽進一步需要用肽酶（peptidase）來分解成胺基酸。

另一是沿著長鏈的末端將胺基酸一個一個水解，可謂外切肽酶（exopeptidase）。若由長鏈的胺基端一個一個切，稱為胺肽酶（aminopeptidase），若由長鏈的羧基端切，稱為羧肽酶（carboxypeptidase）。此兩酵素可獨自將蛋白質完全分解為胺基酸，不過速度太慢，通常都是內切肽酶做初步的分解後，再由多個外切肽酶接手。

儲藏組織中蛋白質分解所產生的胺基酸種類雖多，但是其中許多種類在轉運到生長中的胚部之前，可能需先經過轉換，通常是轉換成麩醯胺或天門冬醯胺這兩種胺基酸。在棉花及豆類種子，胺基酸主要是以天門冬醯胺來轉運，在蓖麻主要是以麩醯胺來轉運。豌豆則以類絲胺酸為主，麩醯胺次之。不過部分的胺基酸如丙胺酸、天門冬胺酸鹽（aspartate）、麩胺酸鹽（glutamate）、甘胺酸及絲胺酸等則可能脫掉胺基轉化成蔗糖後再轉運，所遺留的胺基則用來將其他胺基酸轉化成麩醯胺。送到生長部位的麩醯胺或天門冬醯胺重新轉化成各種胺基酸後，再用來重新合成幼苗生長所需的酵素及各類結構性的蛋白質。

禾穀類種子與雙子葉種子在蛋白質的分解上雖有相當多的差異，不過也有基本上的相同處，通常皆是內切肽酶先出現，再者是專門找半胱胺酸含硫處的內切肽酶，接著是各類的外切肽酶，最後則是分解小型多肽的肽酶。

一、禾穀種子

禾穀種子糊粉層細胞在發育時就已合成蛋白酶。發芽時這些酵素將儲存於糊粉層內的

蛋白質水解成胺基酸，再用這些胺基酸來合成新的水解酵素，如蛋白酶、澱粉酶等。

糊粉層內側的胚乳細胞含大量澱粉，也儲藏有蛋白質。由總量而言，胚乳內的蛋白質是幼苗生長最主要的蛋白質來源。分解這些蛋白質的酵素有兩個來源，一是由糊粉層釋放而來，另一則是胚乳細胞本身所原有。這些蛋白酶除了分解儲藏性蛋白質外，還有其他的功能，特別是可以將醣蛋白水解。胚乳細胞壁中葡聚多醣與蛋白質接合處，就需要蛋白酶來將蛋白質分離，使得葡聚多醣得以進一步水解，來把細胞壁解體。某些胚乳中被蛋白質結合而不活化的酵素，如 β- 澱粉酶，也需蛋白酶來作用，釋出具有活性的酵素。

胚部的胚軸有少量的儲藏性蛋白質，發芽時也有少量的蛋白酶來加以分解。胚盤則含有一些肽酶，可將吸收自胚乳的小型多肽加以水解。

禾穀種子的內切肽酶的種類很多，以玉米為例，種子吸潤後的 6 天內，至少出現過 15 種不同的內切肽酶，依其出現的先後可分為四群。乾燥的種子僅有第一群，本群具有兩個金屬肽酶，在吸潤後就不見，因此不參與玉米醇蛋白的水解。第二群是專門找半胱胺酸處切的內切肽酶，也是專門找半胱胺酸處內切，但主要在分解蛋白質體內圍所含的 γ- 玉米醇蛋白，在吸潤後第 2、3 天出現最多。第三群約在第 2 天後逐漸增多，第 5 天達最盛期，也是專門找半胱胺酸處內切，但只會分解蛋白質體內圍所含的 α- 玉米醇蛋白。第四群的作用與第三群相同，但數量較少，也較慢出現。

相對於玉米胚乳的蛋白質體，小麥的蛋白質未成粒狀。而是分散於細胞內，其蛋白質在分解前還會先接受一種還原酵素，即硫氧化還原蛋白還原酶（thioredoxin reductase）的作用，還原後的蛋白質更容易接受蛋白酶的水解。胚乳內蛋白質水解所產生的胺基酸，以及若干個胺基酸組成的短鏈肽皆是由胚盤吸收，短鏈肽在胚盤內因肽酶的作用再分解成胺基酸，游離的胺基酸則轉運到生長中的胚部。

種子吸潤初期，胚盤吸收胺基酸及短鏈肽的能力弱，隨後胚盤細胞膜中具有攜帶胺基酸能力的蛋白質攜體逐漸增加，吸收能力才逐漸形成。這類攜體有多種，例如在小麥及大麥至少有四類，兩類可吸收各種胺基酸，一類專門吸收脯胺酸，另一類則專門吸收鹼性胺基酸。吸收各種不同的短鏈肽的能力，在不同物種間也有所不同。

二、無胚乳種子

在一些經研究過的有胚乳及無胚乳的雙子葉種子當中，蛋白質的分解利用有相當程度的類似。不過有過較完整的研究者不外乎大豆、綠豆、野豌豆、南瓜等。

乾燥的種子常具有微弱的金屬蛋白酶活性，這些酵素應與儲藏性蛋白質的分解無關，

與分解有關者通常是發芽後才重新合成出來的。首先合成者為蛋白酶 A，常是專切 SH- 基的酸性內切肽酶。此酵素針對不溶性的 11S（豆球蛋白）及 7S（蠶豆球蛋白）來作用，釋出短鏈肽，並使得蛋白質更易受其他蛋白酶的分解。

此後，在蛋白質體裡面司分解的酵素包括蛋白酶 A、蛋白酶 B，以及羧肽酶等。蛋白酶 A 繼續進行分解，特別是將短的鹼性肽切除，剩下的更易溶解的蛋白質再由蛋白酶 B 來分解。蛋白酶 B 也是重新合成的內切肽酶，本身無法直接消化完整的蛋白質。

羧肽酶可能原來就存在於蛋白質體之內，也可能經由重新合成而來，比較偏好酸性（如 pH 5-6）環境，可進一步將蛋白酶 A 的產物分解成胺基酸。在蛋白質體中所產生的游離胺基酸及短鏈肽釋出於細胞質後，由細胞質內的胺基肽酶及肽酶接手，進一步將短鏈肽完全分解。通常是既存於乾種子內，較偏好細胞質內約 pH 6.5-8，略鹼的環境。

綠豆子葉在吸潤 12 小時以內，蛋白質體仍完整無缺，管狀的內質網很少與核糖體連接。在 12-24 小時之間，管狀內質網減少，連接著核糖體的扁囊內質網增多。第 3-5 天，扁囊內質網上的核糖體內開始合成肽水解酶（peptidohydrolase），並將此酵素送入內質網的尖端，尖端擴大後分離出來，而後融入蛋白質體，因而將該內切肽酶送入蛋白質體內作用，此時其他酵素，如分解核酸的核糖核酸酶（ribonuclease, RNAse），也逐漸進入蛋白質體。當蛋白質大半分解以後，原蛋白質體就成為一個相當大的液泡，各類的水解酵素，如酸性磷酸酶（acid phosphatase）、磷酸雙酯酶（phosphodiesterase）、分解醣蛋白的甘露糖苷酶（mannosidase）及氨基葡萄糖苷酶（glucosamindase），以及分解細胞膜中磷脂的磷脂酶 D（phospholipase D）等陸續進入該液泡內（Bewley & Black, 1994）。

此後該液泡將細胞質的物質，如粒線體、內質網等吞噬並加以分解，最後導致子葉的解體。

第八節　碳水化合物的分解與轉運

儲藏組織內所累積的養分，常需要外來的酵素來分解，這些酵素進入細胞時，細胞壁是一大障礙，因此細胞壁上碳水化合物的水解可說是養分分解利用的前期作業。再者，某些種子的細胞壁也含有豐富的儲藏性碳水化合物，即各類半纖維素。這些物質的分解也是提供胚軸生長的重要素材。當然最重要的碳水化合物首推澱粉，這方面在禾穀種子與若干豆類種子有相當廣泛的研究。

一、細胞壁碳水化合物的分解

　　早在 1890 年代，英國的 Brown & Morris 就用染色的方法，發現大麥種子發芽時，胚乳細胞壁解體的次序。首先是最接近胚盤的胚乳細胞，特別是相對於芽鞘的那一面者開始解體，隨之分解的胚乳細胞逐漸擴散到末端。他們也發現，細胞壁必先解體，否則澱粉無法分解。這些發現已得到現代研究方法的證實。

　　豌豆子葉是由子葉外側往內側（兩片子葉相向處）分解，綠豆恰好相反，由內側往外分解，而菜豆則是由中間細胞向四方的方向分解。芹菜的胚小而包於胚乳內，發芽時子葉附近的胚乳開始解體，然後向四方擴散，所遺留的空腔由逐漸長大的胚取代（圖 4-1），最後才見胚根突出種被。

　　禾穀胚乳細胞壁的主要成分為半纖維素，是呈直鏈型態的 (1 → 4)-β- 阿拉伯木聚醣與支鏈型的 (1 → 3, 1 → 4)-β- 葡聚多醣。纖維素與木質素皆很少見，不過水稻的胚乳細胞壁則含有木質素，與醣蛋白相混。發芽時大麥胚乳所釋放出來的總葡萄糖中，可能高達 18% 是由 β- 葡聚多醣分解而來，所用的酵素主要是 endo-(1 → 3, 1 → 4)-β- 葡聚多醣酶（glucanase），此等酵素所釋出的短鏈醣類最後則還需要葡萄糖苷酶（β-glucosidase）分解成葡萄糖。

　　其他種子的胚乳或子葉細胞壁可能含有三類，甘露聚醣、木糖聚醣（xyloglucan）與半乳聚醣（galactan），分別由各類水解酵素來分解，也是幼苗生長所需單醣的來源。含有顯著胚乳的豆類植物，如葫蘆巴豆，在胚乳細胞壁上囤積大量的半乳糖甘露聚醣。胚乳細胞也是死細胞，最外圍的糊粉層則是例外；另一豆類，長角豆，則所有的胚乳細胞都是活的。

　　在葫蘆巴豆，接近糊粉層的胚乳細胞因胞壁碳水化合物的水解而開始解體，解體的細胞隨後向子葉處延伸，同時子葉則得到養分而生長，將胚乳留下的位置填滿。半乳糖甘露聚醣經酵素水解釋出半乳糖與甘露糖，這兩者為子葉吸收後，分別被磷酸化，用來合成蔗糖，然後再轉運到胚軸供作生長的原料。

　　棗椰子及其他棕櫚科種子胚乳中含有大量的甘露糖，甘露糖囤積於細胞壁上。發芽時胚部形成吸盤，附於胚乳上，釋出水解酵素將細胞壁分解，再由吸盤吸收轉運到胚軸，合成蔗糖供使用。

二、分解澱粉的酵素

　　澱粉分解的主要途徑有二，一是經由澱粉酶（amylase）而水解，另一則是由磷酸化酶

（phosphorylase）分解。前者產生葡萄糖，需經轉化成 G-6-P 後再合成為蔗糖，後者將澱粉分解為第一個碳原子帶磷酸根的葡萄糖（G-1-P, glucose-1-phosphate），直接用來合成蔗糖運送到分生組織。

澱粉酶有兩種，一是 α- 澱粉酶，另一是 β- 澱粉酶。α- 澱粉酶可作用在澱粉（葡萄糖鏈）上任何 α-(1 → 4) 的連接鍵，進行水解，而將澱粉鏈分為兩個較短的葡萄糖鏈。較短的葡萄糖鏈由該酵素再一分為二，因而鏈的長度不斷縮短，直到最後將澱粉長鏈分解成許多的葡萄糖及兩個葡萄糖分子所組成的麥芽糖（maltose），麥芽糖由 α- 葡萄糖苷酶進一步加以分解。

β- 澱粉酶則僅能由長鏈的非還原端作用，每次將第二、三個葡萄糖之間的 α-(1 → 4)連接鍵水解，產生一個麥芽糖，然後才又將長鏈的最後兩個葡萄糖釋出，因此速度上遠不及 α- 澱粉酶，而 α- 澱粉酶所切出的許多短葡萄糖鏈，則皆可以被 β- 澱粉酶分解。

蠟質澱粉中除了 α-(1 → 4) 以外，還含有形成支鏈的 α-(1 → 6) 連接鍵，無法為澱粉酶所分解。澱粉酶將蠟質澱粉分解成葡萄糖、麥芽糖後，會殘留含有許多支鏈核心的短糊精（limited dextrin）。短糊精需要去支鏈酵素，如短糊精酶（或所謂的 R 酵素），將 α-(1 → 6)鍵水解，形成葡萄糖短鏈，再進一步交由澱粉酶分解。

澱粉酶是用水來將碳鍵分開，而澱粉磷酸化酶則是使用磷酸根，將葡萄糖鏈非還原端的第一、二個葡萄糖間的碳鍵分開，釋出一個分子的 G-1-P。澱粉磷酸化酶無法分解蠟質澱粉中的 α-(1 → 6) 鍵，也與 β- 澱粉酶一樣，不能直接分解完整的澱粉粒中的澱粉，而需事先經過其他酵素的作用將完整的澱粉粒初步分解後，才開始其工作。

三種分解澱粉的酵素在各類種子中的重要性有所不同，澱粉磷酸化酶一般在禾穀類種子的活性皆很低，不過在多澱粉的豆類種子則有較高的活性。

三、禾穀種子

除了高粱以外，分解胚乳澱粉粒的主要酵素，α- 澱粉酶，通常不存在乾燥的禾穀種子內，而是發芽後重新合成出來的。α- 澱粉酶早期合成的部位因作物種類而異，例如水稻可能是在靠胚乳面的胚盤表皮細胞，在高粱是整個胚盤，而在大麥則可能是接近胚盤的糊粉層。

這些由胚盤附近所釋出的酵素在早期為分解澱粉的主要酵素，其後，至少在大麥、小麥、黑麥、燕麥及玉米，則以糊粉層所釋出的水解酵素為主。至於在水稻，胚盤所釋出者始終皆很重要，雖然糊粉層本身也會釋出酵素。這些種子若先將胚部截離，剩下胚乳在吸

潤後其糊粉層無法形成水解酵素，胚乳的養分也就不會分解。

　　另一個分解澱粉的酵素，β- 澱粉酶原本就存在於胚乳內。水稻在胚根發育早期，胚盤雖然也會重新合成部分的 β- 澱粉酶而且釋出，但是主要的來源仍是連接於澱粉粒但不活性的酵素，這些酵素形成於種子發育期間，在發芽時經由活性化而開始作用。在大麥乾燥種子，該酵素也是連接在澱粉粒上，而在小麥則是連接在胚乳的蛋白質體上，經由蛋白分解酶的作用而釋出恢復其活性。

　　由於 β- 澱粉酶分解澱粉的能力有限，因此若干學者認為在澱粉利用上功能不大。這種說法也有其根據，因為有些不具有 β- 澱粉酶的黑麥及大麥突變體，種子發芽過程澱粉的分解利用並未受到影響。至於水稻分解蠟質澱粉時所需的去支鏈酵素，也和 β- 澱粉酶一樣，種子發育後期合成，乾燥後轉成不具活性，發芽後再經水解釋放出來作用。

　　在大麥則可看到發芽後種子的糊粉層會重新合成短糊精酶，不過此酵素可能來自重新合成與再度活化兩者。

　　澱粉分解產生麥芽糖之後，接著由 α- 葡萄糖苷酶分解麥芽糖。該酵素在乾種子內活性很低，發芽時胚軸與糊粉層內該酵素的活性才增加，然後由糊粉層釋放到胚乳作用。胚乳內澱粉分解後的產物，在小麥、大麥、玉米等是以葡萄糖的型態轉運到胚盤外側，而在玉米與燕麥則也有以麥芽糖轉運至胚盤者。在稻與燕麥，胚盤面向胚乳的表皮細胞會伸長成為上皮細胞（圖 4-14），來增加吸收養分的面積。胚盤吸收了單醣後就地合成蔗糖，然後將蔗糖轉運到發育中的胚軸或幼苗。

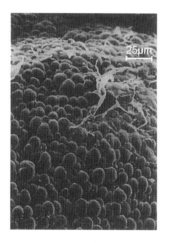

圖4-14　水稻的上皮細胞

四、無胚乳種子

豌豆、蠶豆、綠豆、紅豆等澱粉含量較高的豆類皆沒有胚乳，澱粉都囤積於子葉上。豌豆胚根突出種被開始生長後，子葉的澱粉含量才開始分兩階段下降。前階段的速度較慢，第 5 天後澱粉含量則快速下降。發芽後 2 天種子磷酸化酶活性迅速上升，5 天後才逐漸下降，而澱粉酶活性要等到第 8 天以後才顯著上升，因此豌豆種子中澱粉前階段的分解可能由磷酸化酶擔任，後階段則可能是經由澱粉酶加以水解（Juliano & Varner, 1969）。

澱粉酶水解所產生的麥芽糖可能直接轉運到胚軸，因為在豌豆子葉並無葡萄糖苷酶來分解麥芽糖，而胚軸則有之。磷酸化酶所產生的 G-1-P 則在子葉中合成蔗糖，然後再送到胚軸。不論是豌豆或澱粉含量低的大豆，在胚軸累積的糖類過多時，會暫時性地將之合成為澱粉，以備之後需要量轉大時再分解利用。

第九節　脂質的分解利用

澱粉與蛋白質的分解只用到若干類水解酶，脂肪酸的分解則需要一連串的基本代謝酶組合。種子內儲藏性脂質的利用分成三個階段，首先是將三酸甘油酯中的脂肪酸分離出來，其次是脂肪酸的逐步分解，每次釋出一個兩碳的乙醯輔酶 A，最終用來合成葡萄糖。這一連串的步驟在幾個胞器內分工進行，包括油粒體、乙醛酸體（glyoxysome）、粒線體，以及細胞質等（圖 4-15）。這三個胞器在發芽及幼苗生長過程中，其外型及酶活性上的變化，在蓖麻、落花生等油籽類種子研究得較為透澈。蓖麻胚乳細胞中三個胞器常相鄰近，表示三者在脂質分解上密切的程度。

蓖麻、落花生種子發芽過程中，油粒體的一般形狀並無很大的變化，只是隨著內容物的慢慢減少，顆粒逐漸縮小。油粒體內蘊藏大量的三酸甘油酯（TAG），由其中的脂酶（lipase）加以水解，釋出甘油（GLY）與三個游離脂肪酸（FFA）。甘油進入細胞質內轉化成三碳糖後，或用來合成蔗糖，或作為呼吸作用的材料而消耗。游離脂肪酸則進入乙醛酸體進一步分解。在大豆、落花生的子葉中，脂酶的活性也存在乙醛酸體內。

棉花種子子葉內，先在細胞質中合成脂酶，然後將該酶送入油粒體內作用。在玉米、油菜及蓖麻種子，則可以直接在油粒體內發現到脂酶的活性，不過蓖麻在乾燥種子的油粒體中就具有脂酶，其餘兩種則是種子吸潤後才出現。

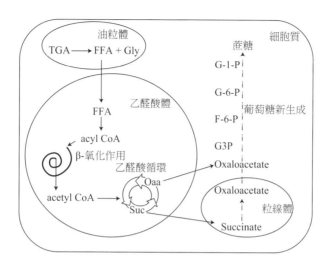

圖4-15　油脂分解與蔗糖形成圖

　　蓖麻乾燥種子內的脂酶，可能與脂質的大量分解無關，脂質的分解仍得靠新合成的酵素。有時三酸甘油酯釋出兩個脂肪酸後，也會直接從油粒體中釋出進入乙醛酸體，此時也需要乙醛酸體中的脂酶來將所剩的脂肪酸─甘油加以水解。

　　游離脂肪酸進入乙醛酸體（圖 4-15），進一步分解成乙醯輔酶 A，乙醯輔酶 A 再轉化成四碳酸（如琥珀酸鹽，succinate）。此過程包括 β- 氧化作用（β-oxidation）與乙醛酸循環（glyoxylate cycle）兩個主要的生化路徑，參與的酵素種類也頗多，可以說是脂質分解利用的核心部分，顯示乙醛酸體的重要性。來自游離脂肪酸的四碳酸會進出粒線體，然後在細胞質中合成醣類，即所謂的葡萄糖新生成（gluconeogenesis）。

一、乙醛酸體

　　在無胚乳的油籽類種子上，子葉在種子發育後期時，就會產生乙醛酸體，而且常在種子成熟乾燥後仍存在於子葉上。這些乾燥的乙醛酸體也含有若干酵素，不過就脂肪酸的分解而言，並不完整。當然也有部分的乙醛酸體是在發芽時新形成的，形成的方法類似蓖麻胚乳中者。

　　棉花種子在吸潤發芽以後，乙醛酸體的體積增大，達七倍之多。此胞器的增大，意味著膜的數量增多，也就是脂質及蛋白質的需求增加。膜的脂質主要是磷質與無極性的脂質。合成這兩者所需的脂肪酸就來自油粒體內含物的分解，然後再送到乙醛酸體來。

　　除了膜脂質，增大的乙醛酸體也需要大量的蛋白質，這些蛋白質包括膜上的蛋白質，

以及胞器內的酵素。在蓖麻乾燥種子含脂質的胚乳當中，並沒有乙醛酸體，因此所需要的質體以及其內的各種酵素，都是發芽後才形成的。發芽時，胚乳細胞的內質網在充分發展以後，尾端部位斷裂分出來的膜片段就直接形成一粒乙醛酸體。該膜片段所含有的脂質及蛋白質就充作乙醛酸體的材料，而且該胞器也不再增大。各類酵素也是發芽後才經轉錄、轉譯而於細胞質合成。有些酵素事先送入內質網的尾端，隨著尾端的斷裂直接包在乙醛酸體內，有些則是在乙醛酸體形成後直接送入該胞器內。

在西瓜、向日葵等出土型發芽的種子，當子葉露出地面見光後，子葉逐漸轉綠，儲存養分已減少很多，此時乙醛酸體會逐漸轉成另一種胞器，過氧化體（peroxisome）。原本的一些分解脂肪的酵素會被分解而消失，不過某些一般代謝的酵素仍然保留。這種選擇性的保留某些酵素，可能是由於具有選擇性的蛋白酶進入乙醛酸體作用的結果。

二、脂肪酸的分解與利用

油粒體所釋出來的游離脂肪酸進入乙醛酸體後，首先消耗一個 ATP，將脂肪酸與輔酶 A（CoA）結合起來成為醯基輔酶 A（圖 4-15 中的 acyl CoA）。這個帶有輔酶 A 的偶數碳飽和脂肪酸透過四個酵素一連串的作用，切掉兩個碳原子，形成兩碳的乙醯輔酶 A，剩下的游離醯基脂肪酸（少了兩個碳）再經過同樣的酵素群，再切出形成另一個乙醯輔酶 A，如此重複進行，直到所有的脂肪酸碳鏈都成為乙醯輔酶 A 為止。這些由相同酵素群循環作用的反應，將脂肪酸水解成多個乙醯輔酶 A，就稱為 β- 氧化作用。每經過一次循環，就釋出一個兩碳的乙醯輔酶 A，因此十八個碳的油酸需要經過 8 次的 β- 氧化作用，用了九個輔酶 A，才完全分解成九個乙醯輔酶 A。

若種子油為不飽和脂肪酸，含有雙鍵，則需要另外一個酵素的作用將該脂肪酸的空間結構加以調整（由 cis 態轉為 trans 態），才能為 β- 氧化作用所分解。

脂肪酸分解所產生的乙醯輔酶 A 還是在乙醛酸體內，與四碳的草醯乙酸鹽（oxaloacetate）結合進入乙醛酸循環（glyoxylate cycle），經過一系列酵素的作用，兩次的循環，由兩個乙醯輔酶 A 生出一個四碳酸，如琥珀酸鹽或蘋果酸鹽（malate），這兩者都是在乙醛酸循環中出現的四碳酸。

琥珀酸鹽先進入粒線體轉成草醯乙酸鹽後，再將草醯乙酸鹽釋出進入細胞質。蘋果酸鹽則直接進入細胞質轉化成草醯乙酸鹽。細胞質中的草醯乙酸鹽進入反向的醣解作用，經過一系列酵素的作用，先形成 G-1-P，然後合成蔗糖，作為幼苗生長的醣類養分，此即葡萄糖新生成。因此如同澱粉，合成的素材是醣類，分解的產物也是醣類。

　　然而並非所有的脂肪酸都轉化成為蔗糖，相反地，部分的脂肪酸會用來合成新的種子油，以及作為細胞膜的材料，特別是具有胚乳油籽類種子的子葉內。

第十節　其他物質的分解利用

　　除了分解蛋白質所產生的胺基酸，以及分解澱粉或脂質所產生的醣類，發芽中的幼苗還需要一些基本的物質，包括核酸、磷酸根以及一些主要的礦物質如鉀、錳、鈣等。其中的礦物質元素在幼苗生長後，是由根部自土壤中吸收，不過發芽期間則是由種子自行供給，其來源主要是蛋白質體內的植酸鹽。

　　植酸鹽的分解是由植酸酶進行，分解出陽離子、肌醇以及六個磷酸根，其中肌醇可轉化作為木質素及其他細胞壁多醣的原料，磷酸根則是細胞結構性磷脂以及核酸的重要成分。磷酸根的來源除了植酸鹽以外，尚有蛋白質、脂質與核酸。磷脂、磷蛋白可能是經由酸性磷酸酶進行水解，將磷酸根釋出而轉運到胚軸。

　　燕麥種子的植酸鹽主要存在糊粉層蛋白質體中的球狀體內，約占種子所有磷酸根的一半，澱粉胚乳中的蛋白質體則甚少有植酸鹽。種子吸潤後第 2-6 天之間，胚乳的磷酸根含量，包括磷蛋白、磷脂及核酸者，皆快速下降，同時幼苗部分者則快速上升。

　　乾燥的燕麥種子中，糊粉層就已含有足量的植酸酶，不過發芽後此酵素的活性仍然持續增加。核酸的磷酸根所占的比率較少，不到 10%，也都是在糊粉層內，核酸本身的含量遠不足幼苗發育所需，需要由胺基酸提供氮源，配合碳源及磷酸根來重新合成核酸。

　　豆類的磷酸根變化與燕麥者很類似。豆子發芽後隨著植酸酶、磷酸酶等活性的增加，子葉內的磷酸根含量隨之下降，發芽後各種核糖核酸酶、去氧核糖核酸酶（deoxyribonuclease, DNAse）等水解核酸的酵素也在子葉中出現，將核酸水解後把核苷酸送到胚軸，胚軸本身則和禾穀種子一樣仍須重新合成所需的核酸。

第十一節　養分分解轉運的控制

　　遠在百年前科學家（Brown & Morris）就指出大麥種子發芽過程，胚乳細胞分解受到胚部的控制，甚至於名學者 Haberlant 也在同年說明糊粉層會釋出酵素，不過要等到 1960 年代，植物賀爾蒙的研究開始突飛猛進以後，種子養分分解的調控才逐漸明朗。近十年來分子生物學的進展，其作用機制益加清晰（Bewley *et al.*, 2012）。這領域的研究在雙子葉植物較少，而在大麥、小麥等禾穀種子的研究則較為深入完整，其中 GA 如何調節 α- 澱粉酶的合成更已成為植物生理學經典課題（圖 4-16）。

一、禾穀種子

　　大麥是啤酒工業的基本原料，大麥澱粉的分解更是製酒過程的重要步驟，因此澱粉分解的調節會由大麥開始研究，是相當自然的。四方治五郎（1976）於 1958 年開始在日本釀酒協會會刊連續發表五篇報告，開創了此領域的現代研究。他將大麥種子切成兩半，無胚的那半吸水後，胚乳消化的速度卻慢得很多，若將截離的胚與無胚的那半放在一起吸水，則後者的胚乳內 α- 澱粉酶的活性增加許多。這胚部中促進澱粉酶活性的物質具有類似 GA 的功能，而外加的 GA 則可以提升無胚那半胚乳的 α- 澱粉酶與蛋白酶的活性。

　　其後學者開始對於胚乳糊粉層進行更深入的研究，終能了解胚部釋出 GA 到糊粉層，在糊粉層引發 α- 澱粉酶基因的轉錄及轉譯，然後 GA 又促進該酵素的排到胚乳細胞的一連串調節事件。

　　除了 α- 澱粉酶以外，GA 還控制糊粉層細胞一些水解酵素的合成，包括分解澱粉酶產物的 α- 葡萄糖苷酶、分解蛋白質的蛋白酶與羧肽酶、分解核酸的 RNAse 與 DNAse、釋放磷酸根的酸性磷酸酶，以及分解細胞壁各項成分的內切木聚糖酶（endoxylanase）、阿拉伯呋喃糖酶（arabinofuranosidase）、(1 → 3)-β- 葡聚多醣酶、(1 → 3, 1 → 4)-β- 葡聚多醣酶、(1 → 6)-α- 葡聚多醣酶等。這些酵素在糊粉層細胞內形成後，皆釋放到內層的胚乳細胞中作用。

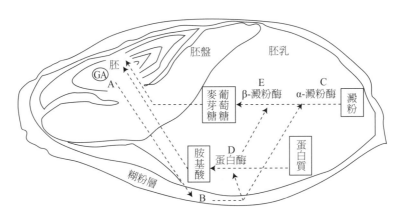

圖4-16　大麥種子中GA調控澱粉分解
胚部（A）合成GA經胚盤送到糊粉層（B），糊粉層經GA作用合成α-澱粉酶（C）與蛋白酶（D），並釋出到胚乳。蛋白酶將胚乳中β-澱粉酶（E）活化，兩種澱粉酶將澱粉分解成葡萄糖、麥芽糖後，透過胚盤送到胚部。蛋白酶也將蛋白質水解成胺基酸送到胚部。

糊粉層所以能成為 GA 誘導酵素合成的最佳研究材料，有其獨到的優點：

（1）GA 是種子自行合成的賀爾蒙；

（2）GA 在糊粉層幾乎只有酵素調節的功能；

（3）麥糊粉層易於分離；

（4）糊粉層細胞不進行分裂；

（5）GA 的作用僅於單一種細胞。

不過其研究結果常是由若干特殊品種的試驗得到，不見得可以推衍到其他物種或品種。例如早期此項研究常用到的種子材料是普通大麥某不常見的品種 'Himalaya'，然而其他品種種子內 α- 澱粉酶的合成較不需要 GA，甚至於同樣是 'Himalaya' 品種，不同收穫期所得到的大麥種子，對於 GA 的反應也不盡相同。而高粱特定品種的胚乳不需要 GA 的調控，成熟乾燥種子本身就具備 α- 澱粉酶。

（一）GA調節糊粉層的合成與釋出澱粉酶

當截離的大麥糊粉層培養在加有 Ca^{2+} 的 1μM 的 GA_3 溶液，第 8 個小時以後，α- 澱粉酶的活性就開始提升，直到第 1 天為止。該活性主要出現在溶液中，反之留在糊粉層中 α- 澱粉酶的活性較為有限。若在培養過程加入 ABA，則約 4 小時以後，酵素活性就不再增加。顯然 GA 促進糊粉層細胞中 α- 澱粉酶的活性並且將之排到細胞外面，而 ABA 會抑制 GA 的作用（Chrispeels & Varner, 1967）。

澱粉酶活性的提升並非是細胞內既有酵素的活化，而是該酵素重新合成出來的。這項假設為 Filner & Varner（1967）所證實。他們在糊粉層培養液中除了 GA_3 外，另加入含有同位素氧的重水（$H_2^{18}O$），結果細胞產生了一批分子量略重的 α- 澱粉酶，可經由離心技術分離出來。這是因為當糊粉層細胞內蛋白質利用到重水來水解成胺基酸時，部分的胺基酸就帶有了 ^{18}O，而這特殊的胺基酸會進入澱粉酶，表示該酵素是在培養過程由胺基酸重新合成出來的。

糊粉層培養第 6 小時，活性尚未提升時，糊粉粒（蛋白質體）的形狀已改變，表示此時蛋白質已經開始水解，其產物可能就是酵素重新合成的來源。乾燥種子糊粉層的蛋白質儲泡內本來就含有蛋白酶，但因為儲泡內酸鹼度的不適，因此蛋白酶不具活性。GA 進入後將 H^+ 離子打入儲泡，降低酸鹼度，因此蛋白酶開始作用釋出胺基酸，供酵素的重新合成。

大麥糊粉層在 GA_3 中培養 10 小時後，所重新合成的蛋白質中，高達 70% 皆是 α- 澱粉酶。實際上，所合成的 α- 澱粉酶是由不同的同功酵素所組成，可以用等電點的技術區分出來。

（二）澱粉酶的轉錄

再下來的問題是：大麥糊粉層培養最初的 6 小時，所謂滯留期，GA 促進 α- 澱粉酶的重新合成，是作用在基因轉錄或轉譯的哪一階段？研究的結果顯示，在滯留期當中，GA 會提升糊粉層內此酵素的 mRNA 的含量，而 GA 的促進 mRNA 的合成則會受到 ABA 的抑制。ABA 的作用除了在轉錄的層次外，也會抑制 α- 澱粉酶的轉譯。

GA 促進各同功酵素相對的 mRNA 的轉錄的時機與幅度並不相同，低等電點的 α- 澱粉酶高的 mRNA 較早出現，形成的量較低，所需要的 GA 濃度也較低，高等電點同功酵素的 mRNA 恰好相反。同功酵素本身的狀況大體上與其 mRNA 者類似，不過若改用種子本身，或者糊粉層細胞的原生質體來做試驗，前述的關係不一定存在。

至於糊粉層細胞如何感應 GA，仍未充分了解。不過有學者將 GA 固定於溶液中，然後培養糊粉層的原生質體，該原生質體仍可以形成 mRNA 以及酵素。由於 GA 不會進入細胞內，因此 GA 可以在細胞膜外表面作用，推測細胞膜上可能含有某種接受 GA 的蛋白質將 GA 的訊息經由某未知的方式傳導到細胞核內，啟動相關的 mRNA 的轉錄。

GA 促進 α- 澱粉酶的合成所以需要 Ca^{2+}，是因為該酵素是一個分子含有一個 Ca^{2+} 的金屬性蛋白質，高濃度的 Ca^{2+} 才可以維持 α- 澱粉酶的活性與穩定性。由於糊粉層不斷地將 α- 澱粉酶釋出，因此細胞內的 Ca^{2+} 會逐漸減少。此時細胞會自培養液吸收鈣。GA 也會促進細胞膜上轉運鈣的蛋白質的吸收作用，而 ABA 會抑制細胞對 Ca^{2+} 的吸收。

（三）澱粉酶的釋出

糊粉層（或胚盤）細胞在合成 α- 澱粉酶後，會將之釋出到胚乳細胞內來作用。該酵素由合成地方（即粗內質網）走到胚乳細胞內，仍有一段相當長的距離。在細胞膜之內，此酵素經由粗內質網、高氏體，以及一些由此兩胞器衍生出來而接到細胞膜的管道送到細胞膜之外。

澱粉酶釋放到細胞膜外之後，仍得通過細胞壁。糊粉層細胞壁有內外之分，外壁含較多的阿拉伯木聚醣，而內壁以 $(1 \rightarrow 3, 1 \rightarrow 4)$-β- 葡聚多醣為主，兩者形成一膠狀的堵牆。當 α- 澱粉酶要通過細胞壁時，內壁的葡聚多醣先被消化不見，剩下蛋白質的架構，酵素得以穿越。接著外壁的木聚糖也因酵素的分解而形成管道，使得酵素能順利通過，然後進入含澱粉的胚乳細胞。

（四）完整種子內澱粉酶的調節

截離的糊粉層中 GA 對 α- 澱粉酶的調節作用，與其在完整大麥種子者有相當大的差

距。其原因仍未充分了解，不過除了兩個系統本身的差異以外，學者所使用的賀爾蒙為 GA_3，而種子本身所作用的則可能是 GA_1，也許是主要原因。

即使是完整的種子，發芽條件不同時，調節作用的時間與幅度仍然不同。例如一般發芽試驗將種子放在濕發芽紙上，與大麥種子進行麥芽（malt）的製作以便釀酒時，種子浸於半缺氧狀態的水中，兩者就有顯著的差異。

製作麥芽成功的要點在於大麥種子發芽的精確控制，為了讓種子內的澱粉得以分解成醣類，以利發酵，因此需要讓大量的種子能整齊地發芽。然而種子正常地發芽生長，又會過度消耗養分，因此也須適當地抑制。

麥芽的製作分成三個階段。浸水、發芽與烘乾。取存活率高於98%、休眠性低於4%的優良種子，先浸泡於13-15°C的水中2-3天，讓種子含水率上升達34-45%，但不能更高。為了防止缺氧，浸水期間會將水放乾約15小時，使得發芽順利進行，但為了防止根過度生長，因此會用溴化鉀、碳酸鈉等物質來加以抑制。

當多數種子皆已略微發芽，分解細胞壁的酵素已產生後，將種子搬到大的「發芽床」上，在15-25°C下放置約4-8天，依麥芽的用途而異。此時仍需小心地用溫度、水分以及化學藥劑來控制種子，使 α-澱粉酶等酵素大量地產生，而又不會因過度生長而消耗太多的醣類。最後將發芽的種子烘乾，初期用45-50°C將種子乾燥到含水率約10%，然後再用100°C將種子殺青乾燥到含水率約2-5%，使得種子不再產生酵素，發芽停止，並且產生特有的風味、色澤。

乾燥的麥芽經磨粉後，再進一步進行發酵等釀酒的步驟。現代的麥芽製作除了上述的過程外，也常先將種子磨皮，並在浸水時加入 GA 或於發芽時噴灑 GA 溶液，使得水解酵素的產生更加迅速均勻，縮短製作時間。

大麥乾燥種子內類似 GA_3 物質的活性相當低落，在14°C下製作麥芽時，GA 的含量上升到2天就達最高，第3天後其含量迅速下降，約第4天以後 GA 的含量維持在低的水準。雖然 GA 的產生比較一般發芽狀態下更快更多，但是早期 α-澱粉酶的合成反而較慢，也較少，因此要等到第2天以後，其活性才慢慢升高。不過因為進行該酵素合成的時期較長，因此 α-澱粉酶總活性一直上升，至少維持到第7天。

相反地，一般的發芽狀態（25°C）下，種子在吸潤滿1天後，GA 含量才開始上升，到第3天達最高後開始下降，到第5天時含量已相當低。種子內 α-澱粉酶的活性也是約吸潤1天後開始上升，不過該酵素的合成速率則在第2天已達最高峰後，合成速率迅速地下降，第3天時該酵素已不再合成，已合成的酵素也逐漸非活性化。α-澱粉酶的活性總量則是在第3天達最高後略微下降，也表示酵素的破壞大於合成。

除了溫度、氧氣以外，還有種子內其他的因素在影響 α- 澱粉酶的產生及其活性，其中最可能的是澱粉分解後的產物，即葡萄糖與麥芽糖。截離的糊粉層在培養時若加入高量的糖，則 α- 澱粉酶的合成受阻，這可能是因為高滲透壓所引起。不過在水稻的胚盤，糖本身就有抑制該酶合成的作用。大麥種子吸潤第 3 天時，胚乳的糖濃度已相當高，因此可能抑制糊粉層合成 α- 澱粉酶。

二、無胚乳種子

在雙子葉種子，也是胚軸在控制儲藏組織內水解酶素活性，不過控制的方式可能相當多，不像禾本科種子那樣地單純與清楚。禾本科種子的儲藏養分細胞與製造水解酶素的細胞分屬於不同部位，雙子葉種子則常發生於同一個組織，如子葉。當然一些具有胚乳的豆類，如葫蘆巴豆，糊粉層會產生特別的水解酶素來消化胚乳細胞中的半乳糖甘露聚醣。

綠豆種子吸潤後的 3 天內，種蛋白質含量逐漸下降，第 3 天以後下降得較快，到了第 6 天，子葉儲藏性蛋白質含量僅剩 25%。同樣地，子葉內蛋白酶的活性也是在第 3 天以後才快速地上升，第 5 天達最高峰。不過子葉內的游離胺基酸含量上升到第 3 天就已達最高峰，顯然蛋白質分解的產物都轉運到胚軸。

若將綠豆胚軸截離，再令子葉自行吸潤，則子葉內蛋白酶的活性還是會持續增加，雖然上升得不多。子葉蛋白質含量也會減少，不過到了第 6 天只減少了約 12%。但是子葉所產生的胺基酸因無法轉運，所以在第 3 天以後還是繼續累積。由此可見綠豆子葉內切肽酶的活性，有相當大的部分受到胚軸的調控。

不少種子的胚軸也有類似的功能（表 4-4），但是也有不受胚軸調控的例子，如胡瓜的蛋白酶、脂酶就是如此。

表4-4　胚軸完整與否對於吸潤後子葉酵素活性的影響

作物	酵素
綠豆	α-澱粉酶（＋）、肽水解酶（＋）、麩醯胺合成酶（－）、天門冬醯胺合成酶（－）
豌豆	α-澱粉酶（＋）、蛋白酶（＋）
落花生	澱粉酶（－）、異檸檬酸解離酶（＋）
美國南瓜	蛋白酶（＋）、異檸檬酸解離酶（＋）
胡瓜	蛋白酶（－）、異檸檬酸解離酶（－）、脂酶（－）
蓖麻	蛋白酶（＋）、異檸檬酸解離酶（－）
棉花	脂酶（＋）
萵苣	β-甘露聚醣酶（＋）、α-半乳糖苷酶（＋）

1.（＋）：胚軸截離者，子葉內該酵素活性低落；對照組者活性較高。
2.（－）：胚軸截離與否不影響子葉內該酵素的活性。

　　豌豆的情況更為特殊，在過去的研究中，有些學者認為胚軸可以調節子葉中酵素的活性，而另些學者則持相反的看法。這可能是各人試驗過程的不同，如吸潤方法的細微差異造成氧氣供應的不一致所造成。

　　當胡瓜種子在乾燥時小心地截去胚軸，但兩片子葉仍留在種被（以及胚如薄膜）內，然後吸潤，則在 7 天內，油脂的含量幾乎不會下降（這並不表示子葉內沒有脂酶等酵素，而是這些酵素的活性無法發揮）。若將胚軸與種殼一併去除，然後讓裸露的子葉吸潤，則油脂含量持續地下降，雖然沒有完整種子者降得那麼多。

　　完整種子吸潤後第 2 天胚根突出之後，油脂含量才開始下降，若先將種殼剝除再吸潤，則油脂含量的下降可以提早 1 天。因此除了胚軸以外，種被可能經由氧氣的供應來調控胡瓜子葉內油質分解酵素的活性。此外，豌豆、綠豆的種被也會影響子葉的利用澱粉。

　　胚軸的調控功能有兩種假說，第一種是認為胚軸釋出賀爾蒙到子葉，引起子葉合成水解酵素，有如禾穀種子者。第二種說法則是認為成長中的胚軸具有積儲的功能，避免引起回饋抑制（feedback inhibition），使得子葉內水解酵素能持續地作用。

（一）胚軸的功能：提供賀爾蒙？

　　一些學者模仿禾穀種子上的研究方法，將胚軸的抽出液或滲出液拿來處理截離的子葉，觀察酵素或者大分子的水解有否受到促進。早期（約 1967-1975）的報告指出至少在蓖麻、美國南瓜及西黃松，胚軸抽出液可以促進儲藏組織大分子的分解。然而這些促進效果都不大，而且在試驗方法或結果的解釋常出現問題，因此並未有明確可靠的結論。

　　另一類的研究則是將子葉切離，然後用賀爾蒙溶液來培養，常發現賀爾蒙可以促進分子的水解，或者水解酵素的活性。例如細胞分裂素可以增進雞兒豆截離子葉蛋白質及澱粉的分解，以及分解產物的轉運，也可以促進西瓜與向日葵截離子葉中異檸檬酸解離酶（isocitrate lyase）的活性。

　　在蓖麻胚乳內，GA 可以促進蛋白質與脂肪酸的分解。GA 與生長素皆可以促進豌豆截離子葉中 α- 澱粉酶的活性，不過這些研究僅止於表象的分析，仍未能提出如禾穀種子內的詳細的調節機制，賀爾蒙的促進效果也不太大。效果較大者如榛屬種子的子葉，異檸檬酸解離酶的活性受到 GA 的促進也才不過 5 倍，相對於禾穀種子 α- 澱粉酶的數百倍促進，可說是相當小的。

　　萵苣種子有比較詳細的研究，能支持賀爾蒙理論的證據（Bewley *et al.*, 1983）。萵苣的胚乳雖然所儲的內含物較少，但細胞壁內的甘露聚醣仍是初步發芽的養分來源。當完整的萵苣種子接受光照的刺激而開始發芽，胚乳內分解甘露聚醣的酵素，β- 甘露聚醣酶的活性

會增加。截離的胚乳本身不會形成 α- 甘露聚醣酶，不過若用光照或外加 GA，則可以取代胚軸的功能。因此學者認為，發芽時胚軸將 GA（或細胞分裂素）釋放到胚乳，將 ABA 的抑制作用解除，因而能促進 β- 甘露聚醣酶的合成，將甘露聚醣分解成較小的分子後，再送到子葉進一步接受 α- 半乳糖苷酶（α-alactosidase）與 β- 甘露聚醣酶（β-mannosidase）的作用，分別產生半乳糖與甘露糖。後兩種子葉內的水解酵素，本來在乾燥的種子就已有，不過發芽時胚軸所釋出的賀爾蒙也會進一步促進其活性。

（二）胚軸的功能：作為積儲？

化學作用持續進行後，其產物回過頭來抑制該反應，此即回饋抑制。有若干的學者認為，胚軸之所以可以調節子葉的水解作用，只是因為胚軸本身不斷地生長，需要大量的醣類與胺基酸，因此子葉中水解所形成的小分子源源不斷地轉運到胚軸，等於是把產物的濃度降低，使得回饋抑制不至於發生（Chapman & Davies, 1983）。這種看法在胡瓜種子研究得較為透澈。

胡瓜種子截去胚軸後，雖然帶殼子葉內的油脂分解酵素仍然可以合成，但子葉脂肪酸分解的速度緩慢，若用糖液來培養截離胚軸的帶殼子葉，則脂肪酸的分解更受抑制，因此符合回饋抑制的說法。不過若將截離子葉的種殼剝去後再行吸潤，則雖無胚軸作為積儲，子葉的油脂卻可以分解，這個現象似乎否定儲備功能的假說。

不過去殼後的截離子葉在吸潤後體積會增大，表示子葉進行細胞壁的合成，除了細胞壁外，細胞內也會合成澱粉，因而會消耗葡萄糖。此時細胞壁與澱粉就具有吸收小分子的功能，因此不違反積儲假說。

第**5**章 種子的休眠

　　野生植物的種子常具休眠特性，即使在一般合適發芽的環境仍然不會全部發芽，可以避免幼苗因故而全軍覆沒，具有延續其族群生命，提高其環境適應度的效果。對近代務農者而言，播種後能整齊發芽為上，休眠性會導致發芽不整齊，因此長年的選種下，許多短期作物種子已不具休眠特性。然而完全沒休眠性有時也會造成務農者的損失，例如成熟水稻在採收前若連續幾天遇雨，稻穀會在穗上直接發芽而影響其商業品質。

第一節　休眠的定義

　　乾燥的活種子其生理活動極為微小，無發芽之可能。早期的文獻有時候稱這類種子是具休眠性（dormancy），但是在種子學領域中，休眠另有其意，因此種子因乾燥而不發芽狀況改稱為靜止（quiescence）較為合適。

　　種子播種吸水後，有些可以發芽，有些不會。不發芽的種子可分為兩大類，一是死種子，另一是活種子。活種子而不能發芽有兩個可能，或是發芽的環境條件（包括溫度、水分、氧氣或光照）不適合該種子因而無法發芽，或是該種子並沒有可以發芽的環境條件，後者常稱為休眠。

　　休眠的定義相當複雜，太過簡化的定義容易有漏洞。例如 Bewley *et al.*（2012）簡稱休眠是「種子在合適的環境下的暫時無法完成發芽」，此定義有循環論證上的錯誤，因為所謂「合適的環境」，其定義就是可以讓種子發芽的環境。

　　休眠可以說是「種子發芽環境需求範圍寬窄的指標」，能發芽的環境範圍越寬廣，表示休眠性越弱，反之，範圍越窄，休眠性越深。任何環境下一粒活的種子仍無法發芽，就稱為該種子是完全的休眠。休眠與發芽並非完全的反義詞，活種子能否發芽則由種子本身的休眠程度，以及環境是否在該種子可以發芽的範圍之內等兩大因素所共同決定。

　　不過在講述時，把任何無法完成發芽的活種子說寫成是具休眠性，是比較容易的做法，本書也難以避免。

第二節　休眠的類型

　　植物種類繁多，因此在各地環境所演化出來的種子休眠也各異其趣。休眠不但受到自身遺傳的左右，種子成熟過程與種子後熟過程的環境也影響其休眠性。種子休眠性實際上是一個動態的過程，並非有或無的兩項選擇，這更加深休眠的複雜程度。縱使如此，各方學者也都嘗試對休眠加以歸類，期能化繁為簡。本書採用「空間」與「時間」的兩主軸來區分。

一、空間上的休眠類型

　　依照空間上種子的解剖部位來認定休眠所在位置，可將種子休眠分為種殼休眠（包含物理性的、化學性的，和機械性的休眠）、胚休眠（包含形態休眠與生理休眠）以及複合性休眠（前述各類休眠的組合）等三大類。

（一）種殼休眠

　　種殼休眠是指種子的包覆組織所導致的休眠性。所謂包覆組織，泛指散播單位中，胚部以外的各種結構，依照不同的物種，可能是指胚乳、種被、果皮、內外穎、甚至於花被等，或這些組織的綜合體。小麥穀粒的包覆組織是糊粉層以及合在一起的果皮、種被，而水稻還要再包括內穎與外穎（即稻殼）。

　　種殼引起種子休眠的原因，因植物而有所不同，可再細分為物理性的、化學性的，以及機械性的等三類。種殼休眠的致因也可能是多重的，就是包覆組織可能具有上述三種方式的兩種以上特性。種殼休眠類別雖然頗多，不過有共同的特性就是若將種殼剝除，種子就可以發芽。

1. 物理性的種殼休眠：不透水的硬實

　　由於包覆構造太緊密，導致種子無法吸水而不能發芽，就是所謂的硬粒種子，也可以稱為硬實。這種類型不存在裸子植物，在被子植物中以豆科、旋花科、錦葵科最為常見，其他如瓜科、田麻科、百合科、茄科、梧桐科、無患子科、鼠李科、漆樹科、睡蓮科、曇華科、藜科等也或有之（Rolston, 1978）。不過種被細胞有多層次，哪一層為不透水層可能因物種而異。在豆科（圖 5-1），或許是表皮柵狀細胞層（即大型厚壁細胞 macrosclereid）的向外細胞壁，或者是柵狀細胞層內的亮線，或許只是種子脫水後種子體積縮小而使得角

質層能防水，各有其說法。亮線並非一獨特構造，而是出現於柵狀細胞層的下半部，可能是該層上半部與下半部的化學成分不同，在白三葉草則可能是纖維素超細纖維在兩部位的排列方向不同，導致光線折射率不等，而顯現出亮線。亮線或者表皮柵狀細胞層所含的各種厭水性化學物質也可能是導致不透水的原因，如胼質（callose）、木質素、蠟質（Baskin & Baskin, 2014）。

Hyde（1954）指出豆科種子硬實的另一成因，主要在於臍縫的控制。臍縫乃是未能連接的表皮柵狀細胞層所構成的隙縫（圖 5-1），其下方有一特殊構造，稱為管胞棒。種子成熟時管胞棒可將內部水分集中由臍縫蒸發外散。當種子外界空氣乾燥時，柵狀細胞脫水收縮，將臍縫撐大，種子內部的水分得以由臍縫外逸。若外界水氣高，柵狀細胞吸水膨脹，臍縫緊縮使得外界的水氣無法進入種子，因此豆科硬粒種子能在大氣中逐漸脫水而且維持乾燥。

硬粒種子與其他休眠形態最大的不同是在充分給水的情況下，種子仍舊保持乾燥，類似於「靜止」的種子。硬粒種子對水環境的需求範圍最為狹窄，也就是在任何外界的水勢條件下皆不能吸水發芽。這類種子經過後熟作用後，才逐漸具有吸水發芽的能力，因此硬實符合休眠的定義。

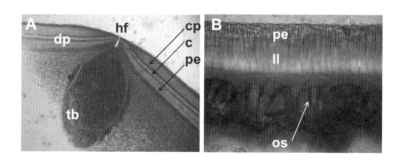

圖5-1　肥豬豆（圖A）與皇帝豆（圖B）的種被構造圖

c：角質層；cp：上柵狀細胞層（counter-palisade）；dp：雙柵狀細胞層（double palisade）；hf：臍縫（hilar fissure）；pe：表皮柵狀細胞層（palisade epidermis）；tb：管胞棒（tracheid bar）；ll：亮線（light line）；os：骨狀厚壁細胞（osteosclereid 或 hourglass cell）。

仙人掌屬植物的種子具硬實特性，然而其不透水層不在種被，而是由珠柄特化成緊密包覆於種子外圍的珠柄苞（funicular envelope）。珠柄苞貼在種子兩側者稱為珠柄片（funicular flank），在珠柄片外圍者稱為珠柄環（funicular girdle）（Orozco-Segovia *et al.*, 2007）。埋於土中的仙人掌種子經過土中微生物的入侵分解，將珠柄片靠近發芽孔附近的

部位分解，成為可讓胚根突出的珠柄閥（funicular valve, Sánchez-Coronado *et al.*, 2011）。珠柄結構也可能因白天高溫而裂開，讓水分可以透過。

2. 化學性的種殼休眠：抑制物質、氧

不少研究發現種殼含有可以抑制發芽的化學物質如香豆精等，這些物質可能存在殼本身，或種子浸潤時滲漏到胚部而阻礙胚發芽，因此咸認為這些抑制物質導致種子的休眠。但是這些化學物質，甚至於賀爾蒙 ABA 的存在種殼，不一定表示這些化學物質就是休眠的肇因。即使紐西蘭許多木本植物種的種殼都含有抑制物質，但這些研究都少有明確的定論，尚不能認為是休眠的致因（Baskin & Baskin, 2004）。

Côme & Tlssaoul（1973）指出種殼存在酚類化合物，在種子浸潤期間，氧氣透過種殼之際，可能會被種殼內酵素吸收，將酚類化合物氧化成為多酚物質，由於種殼的消耗氧氣導致胚部缺氧而無法發芽。稻殼過氧化酶（peroxidase）的活性高，消耗過多的氧氣，導致某些品種的休眠（Kuo & Chu, 1985）。

3. 機械性的種殼休眠：阻力大於發芽力

有些種子包覆構造太硬，但不妨礙吸水以及氧氣的進入，可是吸水之後，胚芽或胚根的生長力仍不足以穿透種殼，因而種殼是以機械的力量限制種子的發芽。具硬種皮的茶與包在硬內果皮內的核果類種子屬於此類。以尚未裂果的成熟茶種子為例，種子的含水率因外界的相對濕度的高低而迅速地增減，顯示種殼不限制水分的進出。這類種子剝去硬殼後 2 週內可以完成發芽，若不剝殼，則播種後需要幾個月以上的時間才可以發芽。不過 Baskin & Baskin（2014）也把胡瓜、歐洲白臘樹、番茄種子列於機械性休眠。

（二）胚休眠

顧名思義，胚休眠就是胚部本身所引起的休眠性。即使剝除種殼，還是不能發芽的種子皆屬之。胚休眠也可以分成形態的、生理的，或是兩種方式共同引起的休眠。

1. 形態的胚休眠

有些種子本身的發育已達到最高的乾重，並且已可能乾燥離開母體，但只是儲藏組織的完成充實，胚部發育卻仍不完整，甚或分化尚未開始，因此播種後在短期內無法長出芽，這可以說是形態的胚休眠。顯軸買麻藤的種子落地後，需要等待數個月到 1 年，俟胚部發育成熟後才能發芽，即是一例。

這類種子在吸水後先經相當長時間的濕潤期，讓胚部在種子內逐漸發育完全，才具有可能發芽的潛力。另有一些種子內部構造，胚部或許已完整地分化發展，但是形體較小，播種後胚部先在種殼內慢慢地發育生長，等到相當大後胚根才突出種殼，完成發芽。這兩類種子播種後在外觀上長期沒有動靜，外觀狀似休眠，然而內部的胚是在進行分化生長，實際上並非處於休眠狀態。

某些種子的胚根可以發芽及正常的生長，但是上胚軸無法正常生長，例如一些百合、牡丹等，被稱為上胚軸休眠。我國北部稀有植物流蘇與生長於中低海拔林緣或灌叢中的呂宋莢迷也具有種子上胚軸休眠特性，其原因是成熟種子雖然胚根與子葉都已充分發育，但上胚軸以上的真葉原都沒有分化出來（圖5-2）。流蘇播種後雖然根部已經長出，然而芽部一直不冒出種殼，須等兩個月後，種子內部真葉原發育完整，在發根後 3 個月，根長達6cm 以上，外觀上才逐漸看出種殼長出幼芽（沈書甄，2002）。

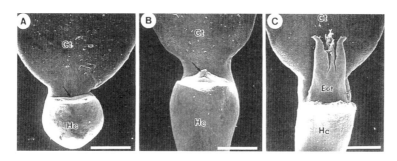

圖5-2　流蘇播種後種子構造的掃描式電子顯微鏡圖
A：開始浸潤時上胚軸未出現；B：發根1cm時第一對真葉原已分化；C：發根3cm時上胚軸已分化。Ct：子葉；Ect：上胚軸；Hc：下胚軸。刻度600μm。

2. 生理的胚休眠

生理的胚休眠是指一批胚部發育完全的種子，即使剝除種殼，種子在任何環境下仍然無法發芽的休眠形態，這種形態可以說是真正休眠，其原因是胚部本身的生理障礙所引起的。蘋果、挪威楓的種子屬於此類。

（三）複合性休眠

有些胚形態不成熟的種子在播種後胚部發育完整後，仍然不能發芽，這是因為部分的種子可能兼具表皮與內部休眠，這類種子具有複合性的休眠，臺灣紅豆杉與歐洲白臘樹種

子屬之。臺灣紅豆杉種子在初期暖溫下浸潤 6 個月後，種子內的胚部生長了約 1.6 倍而外觀並無變化（Chien *et al.*, 1998），這屬於形態胚休眠。然而臺灣紅豆杉種子在胚發育完整後，種子在暖溫下仍不能發芽，屬於生理胚休眠，需要進一步低溫浸潤處理後休眠性方能消失。

　　實際上複合性種子休眠相當普遍，包括前述各類休眠類型的各種組合也都有可能，例如銀杏（Holt & Rothwell, 1997）與某些鳶尾屬的種子都兼具種殼與生理胚休眠特性。這在本節第三項中會進一步說明。

二、時間上的休眠類型

　　種子成熟時、成熟脫離後以及儲藏期間，或是種子處在自然棲地的過程中，種子的休眠狀態會發生改變，而有不同的類型，這是依時間上的休眠歸類，也可說是以種子生命的歷程來區分休眠的形態（圖 5-3）。

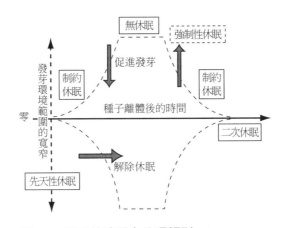

圖5-3　種子的時間上休眠類型
種子處在細虛線之內可以發芽，之外不能發芽。

　　種子剛成熟落地或採收時若具有休眠的特性，就稱為先天性休眠（innate dormancy, primary dormancy）。先天性休眠的程度可大可小；剛成熟的種子，若任何環境下都無法發芽（即可發芽環境寬窄度為零），可稱為完全休眠。此種休眠在種子經過一段乾燥儲存時間，或者在濕冷的環境下若干時日，會進行後熟（after ripening）作用。後熟過程中，適合發芽的溫度範圍逐漸擴大，直到可以發芽的溫度範圍達到最廣，不再繼續擴張時，可以說該（批）種子已進入無休眠的狀態。由完全休眠到無休眠的這段過渡期間，能發芽的環境範圍由窄逐漸放寬，可以說是有條件的休眠或制約休眠（conditional dormancy）。剛成熟

的種子若在某些環境下也能發芽，則可以說一開始就是制約休眠，經後熟再進入無休眠狀態。

即使是無休眠的種子，其可以發芽的環境也是有限度的，溫度高於其發芽最高溫或低於其發芽最低溫，還是無法發芽。種子離體後，其發芽最高、最低溫並非固定，而是隨著後熟的時間而擴張，即圖 5-3 虛線所圍繞的範圍內。若環境落在該範圍之外，種子無法發芽。處於制約休眠中的種子仍然有機會發芽，無休眠的種子也可能因環境超乎範圍而無法發芽。

離體一段時間後，種子能發芽的環境範圍拓寬，原來不會發芽的環境下現在就可能讓該種子發芽，這一段時間可以稱為「休眠解除」（dormancy breaking）。反之，制約休眠種子若處於超乎可發芽範圍之外的環境而無法發芽，此時若將該種子移到可發芽環境範圍內就可以發芽，這可以稱為「發芽促進」（germination promotion），但不宜稱為解除休眠，因為該種子可發芽的環境範圍並未拓寬。休眠解除與發芽促進都可以讓休眠種子發芽，然而前者種子本身發生生理上變化，後者只是發芽環境的改變，兩者不宜混為一談。不過一般的敘述中，讓休眠種子發芽的處理，還都是稱為解除休眠或者打破休眠。

有一批無休眠的種子吸足了水分，卻因為某種環境的不適（如溫度過高或處於黑暗中）而不克發芽，這些種子一旦移到適溫處或光照處即可發芽。因某特定環境的不適所致的無法發芽，Harper（1977）稱為強制性休眠（enforced dormancy）。這個名詞在語意上也有循環論證的謬誤，因為「特定的不適環境」下本來就不是種子發芽的好條件，因而不發芽並不表示一定是具有休眠性。萵苣種子在 20°C 下可以發芽，但溫度超過 25°C 就不易發芽，一般稱為熱休眠（thermodormancy），實際上是因為其最高發芽溫度就約在 25°C，超過該溫度當然不能發芽，稱為休眠也較為不適。

有些無休眠種子吸足水分，一旦處在不適的環境過久後，雖然將之移到原本適宜發芽的環境下，可能已不再能發芽，顯示這批種子又進入休眠狀態，這種因環境而導致的休眠可稱為二次（secondary）或誘導性（induced）休眠。二次休眠的種子需要另一段後熟期後，休眠性才會消失，一般是發生在掩埋於土中的濕種子，乾藏中的種子通常不會發生。土壤中種子常看到由先天性休眠逐漸成為制約休眠、二次休眠，再回到制約休眠、完全休眠的休眠循環。當種子休眠程度減輕時，即種子可以發芽的溫度範圍擴張，或由低溫往高溫，或由高溫往低溫，或由中間溫往高、低溫擴張，依春季型或秋季型植物而異，會在種子生態學中進一步闡述。

三、其他學者的休眠歸類

在生態學上過去使用最廣泛的分類乃是 Harper（1977）所提的三類型休眠：先天性休眠、強制性休眠與誘導性休眠。基本上這三類休眠就是本書所用的時間休眠分類，誘導性休眠即二次休眠，但強制性休眠嚴格而言不宜稱為休眠。所謂種子進入強制性休眠，只是把種子由適宜發芽的環境搬到不適宜的環境，一旦搬回適宜環境，就可以發芽。進入誘導性休眠是指種子適宜發芽的環境變窄，在相同的環境下原來能發芽的，現在已無法發芽。

Baskin & Baskin（2004, 2014）把種子休眠類型分為五類（class），類之下有級（level），級之下有型（type）。其歸類乃源自蘇俄種子專家 M. G. Nikolaeva 在 1999 年提出的生理學休眠類型。

五類休眠分別為生理休眠（physiological dormancy, PD）、形態休眠（morphological dormancy, MD）、形態生理休眠（morphophysiological dormancy, MPD）、物理休眠（physical dormancy, PY）與複合休眠（combinational dormancy, PY+PD）。

在生理休眠類（PD）下再分為三級，即深度休眠、中度休眠、非深度休眠。各級可再細分成若干型。

形態休眠類（MD）之下並沒有分級。

形態生理休眠類（MPD）之下再細分八級，分別是簡單深度、簡單上胚軸深度、簡單雙重深度、簡單中度、簡單非深度、複雜深度、複雜中度，以及複雜非深度休眠。

物理休眠類（PY）其下可進一步分類。

複合休眠類（PY + PD）可再分成兩型的非深度生理休眠級。

前述所謂深度休眠，是指種子需要 3 到 4 個月的冷層積處理才能解除休眠者、GA 無法促進發芽者，或分離胚發芽後會成為不正常苗者；中度休眠指種子需要 2 到 3 個月的冷層積處理才能解除休眠者、GA 多少促進發芽者，或分離胚發芽後會成為正常苗者；非深度休眠指割痕處理（scarification）或者後熟處理可使種子發芽、冷層積或暖層積可以解除休眠者、GA 可促進發芽者，或分離胚發芽後會成為正常苗者。

在級之下的型，其實就是在處理休眠解除過程中，發芽環境範圍變寬的不同方式，所謂第 1 型是指由低溫往高溫範圍逐漸拉寬，第 2 型是指由高溫往低溫拉寬，第 3 型是指由中間溫兼往高與低溫擴張。但也有休眠解除過程，可發芽溫度並未逐漸拉寬，而是過一段時間可在高溫（第 4 型）或低溫發芽（第 5 型）者。因此所謂「型」的歸類，是在處理生態上的休眠類型。

在此休眠歸類系統，並未納入胚部尚未分化的種子，雖然依照前述定義，這是屬於形態休眠。而其所謂「物理性休眠 PY」指的是本書中的物理性種殼休眠（不透水的硬

實），其他兩種種殼休眠並未納入其休眠定義。然而物理性、機械性與化學性三類休眠在
Nikolaeva 的定義中則稱為外在因素的休眠。

第三節　溫度與種子休眠

一、乾燥後熟

　　許多種子剛成熟時具有程度不一的休眠性，但是在乾燥的狀況下，休眠性會逐漸消
失。乾燥後熟的速度因植物種類、溫度與種子含水率而有所不同，溫度越低乾燥種子休眠
維持得越久。溫度與休眠消失速率間具有數學關係，以圖 5-4 為例，水稻品種 'Karriranga'
穀粒發芽率提升到 50% 所需天數 Y=36.94–0.72X，其中 X 為後熟溫度。雖然後熟速度與
溫度成正比，但種子不能太乾燥，若含水率低於 8%，後熟速度會減緩。當然後熟不能過
久，過久種子可能喪失生命。

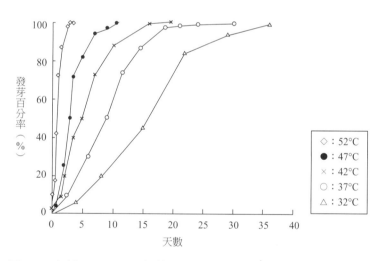

圖5-4　水稻'Karriranga'穀粒不同溫度下後熟過程發芽能力的變化

二、冷層積處理

　　許多植物的休眠種子，不論是松柏等裸子樹木、胚休眠的薔薇科，或者是種殼休眠的
一些草本植物，在經過一段時間濕冷（chilling）的處理後，休眠性逐漸消失乃至於全部解
除。

　　這種濕冷解除休眠的方法常稱為低溫吸潤處理或層積處理（stratification），因為早期在進行濕冷處理時，常以一層一層的濕砂來埋種子，如同處理鬱金香的球莖。

　　濕冷處理有三個要件，即是足夠的種子水含量、低溫，以及氧的存在。溫度一般約1-10°C即可，低溫的效果較佳。給種子的水量不宜太多，若蓋過種子，則氧氣的供應受到影響，濕冷處理就可能失效。處理所需時間則長短不一，依植物種類而異，例如鹿皮斑木薑子需要在4°C下約5個月，半數種子才可解除休眠（楊正釧等，2008b），但阿里山千金榆種子只需要1個月（陳舜英等，2008）。

　　許多種子如薔薇科者經濕冷處理解除休眠後，需要移到較高的溫度才會發芽，這是因為其無休眠種子發芽的適溫範圍略高所致，若其無休眠種子的發芽最低溫在5°C以下，則休眠種子在5°C濕冷處理的後期可能直接發芽。

　　溫帶植物種子在秋季成熟落地埋土中時可能具休眠性，避免在冬天來臨時發芽而被凍死，在土中經過一季的濕冷環境，休眠已經解除，因此春天回溫時即可發芽。然而亞熱帶、熱帶植物的種子也經常可以用冷層積處理解除休眠，如水稻（Kuo & Chu, 1985）、鴨舌草（圖5-5）為是，這些種子在4°C下約2週即可解除休眠。鴨舌草種子在10°C下進行濕冷處理，休眠解除效果略慢，而且很快又進入二次休眠。根據Totterdell & Roberts（1979）的假說，較低的溫度同時具有解除休眠與誘導休眠的作用。吸潤種子所經歷的溫度，在某臨界點以下時，對於休眠的解除速率相同，但對於誘導種子進入二次休眠則是溫度越低，誘導的速度越慢。這可以解釋為何在10°C下鴨舌草很快地進入二次休眠。

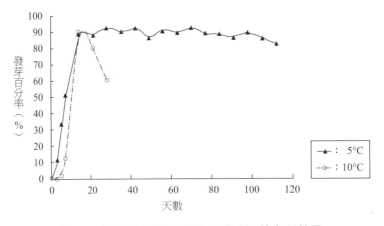

圖5-5　兩溫度下鴨舌草種子的冷層積處理效果

三、溫／冷層積處理

有些種子在濕冷處理前還需要先行一段高溫吸潤的處理，才能解除休眠，例如山楂屬以 20-25°C，椈屬以 20°C，衛矛屬以 15-20°C 先行用高溫濕潤處理 1 至 3 個月，然後再濕冷處理 4 到 6 個月，可以解除休眠。臺灣紅豆杉只用暖層積或者冷層積，即使長達 1 年都無法解除休眠，若先以 23/11°C 變溫下行濕溫處理 6 個月後，再以 5°C 層積 3 個月，即可解除休眠（簡慶德等，1995）。這是因為其種子具有形態與生理的複合性休眠，發育不完全的胚在低溫層積處理時無法進行發育。在適溫下浸潤 4 到 6 個月，胚發育完成時進入生理胚休眠，若再經過 3 個月的冷層積後移到 23/11°C 變溫下發芽，即可得到高發芽率。

對於山楂屬與衛矛屬而言，先行的高溫吸潤處理使得種被發生變化，而對於椈屬而言，高溫的作用則是讓成熟種子內的發育不全的胚得以先行發育，等到種被不再能阻礙或胚長全後再用濕冷處理來解除胚休眠，因此前者是種殼與胚生理的複休眠，而後者則是胚的形態生理的複休眠。

溫帶樹種如黑椈木種子需要先在 20°C 下暖層積，讓胚部伸長後再進行藏冷處理。有些植物成熟種子雖然胚仍未成熟，但直接冷層積也可使胚部伸長，如椎獨活等（Baskin & Baskin, 1985b）。

四、變溫與種子發芽

自然環境下，土中的溫度與氣溫相同，不但日高夜低，也有冬暖夏涼的季節性變化。許多作物、禾草、花卉，特別是野生植物的種子在日夜變溫的環境下發芽得比在恆溫下更好。

由於土中種子不易察覺光環境的變化，因此野生植物以感受日夜變溫來達到種子休眠發芽的調整，是相當自然的。相對地，作物種子在變溫下與在恆溫下的發芽率則常較沒有顯著的差異。

試驗室中通常以調整發芽箱中的日夜溫度設定來模擬土壤日夜溫差，一般的試驗會設定最高溫、最低溫以及每天高（或低）溫時間這三個初級變因，並且設定供試種子在變溫下的日數。更好的發芽箱也可以設定高溫轉低溫以及低溫轉高溫所需時間，不過一般的發芽箱約半小時就已達到所設定的溫度。變溫試驗的初期變因一共有七：每日恆定高溫、每日恆定低溫、高溫轉低溫時間、低溫轉高溫時間、高溫期、低溫期以及週期期數（即發芽試驗日數）。

設計者決定初級變因後，次級變因以及三級變因就固定而無法更動。次級變因包括每

日溫差、每日平均溫，三級變因則是種子總積熱。當然實際土壤的情況遠較為複雜，而且可能每天不一樣，通常溫度的上升與下降是緩慢的，而且每天恆定高溫期維持的時間可能不到 1 小時，晚上約可以維持 3 到 4 小時的恆定低溫。

　　每一臺發芽箱只能設定一組變溫處理，難以進行大規模變溫試驗。在 1986 年 Goedert & Roberts 報告了溫度階梯板（thermogradient plate）的新設計，白天溫度由左而右逐漸上升，晚上則由下而上逐漸上升，創造出 14×14 共計 196 格，每格 $38mm^2$ 的不同變溫組合，等同 196 個發芽箱。將種子放在每格中發芽，就可以直接得知該批種子最高發芽率是在哪種變溫組合（圖 5-6）。

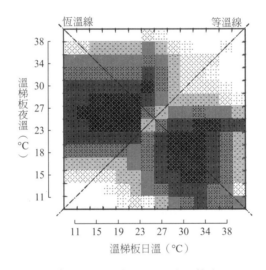

圖5-6　弓果黍種子在日夜變溫下的發芽率

恆溫與等溫兩虛線為本書所加，為方便起見，等溫線假設日夜各12小時；原設計（日夜各4/12小時）的等溫線不會同時通過兩對角線。恆溫虛線所經過之處表示日夜溫差為0°C；與恆溫虛線平行的線條（未畫出，稱為等變溫線）所經過的曲線其日夜溫差相同，越遠離恆溫線的等變溫線，其日夜溫差越大。等溫虛線所經過之處表示其每日平均溫都接近25°C，與等溫虛線平行的線條（未畫出）所經過的曲線其每日平均溫相同；越遠離等溫虛線者，往右上方其每日平均溫越大，往左下方其每日平均溫越小。

　　除了直接找出最適變溫組合，溫度階梯板的另一好處是能夠顯示變溫與發芽率間的秩序。圖 5-6 顯示每日溫差越低（恆溫線為 0 溫差），發芽率越低，日夜溫差越大，發芽率越高。日平均溫 25°C 左右發芽率最高，均溫越高或越低發芽率也就越低。實際上，不同物種種子對於變溫的反應可能有相當大的不同。Thompson（1974）用簡單的設計也可以做出

類似溫階板的結果。結果顯示（圖 5-7）旱芹種子有最適的每日均溫以及每日溫差，低之或高之發芽率會遞減。歐洲地筍也是溫差大時有利發芽，不過可以發芽的均溫範圍廣。然而爪蕊粉粧花種子適宜於小溫差下發芽，溫差越大發芽率越小。

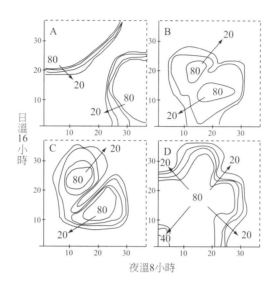

圖5-7　不同物種在變溫下的發芽百分率（％）

A：歐洲地筍；B與C：旱芹兩品種；D：爪蕊粉粧花等種子在不同變溫組合下的發芽率。80→20：等發芽率線中發芽率的遞降。

　　用溫階板進行發芽試驗所得到的數據，可以用直線模式來描述每日溫差、每日均溫與發芽率的關係（Murdoch *et al.*, 1989），這或許能夠處理爪蕊粉粧花等種子的變溫反應。然而類似旱芹等具有同心圓特性者，則以二次方程式為宜，如弓果黍（Kuo, 1994）與薺菜（郭華仁，1994）。

第四節　光與種子休眠

一、種子發芽的需光性

　　遠在 18 世紀後期，Senebier 與 Ingenhouse 就已發現光會抑制種子的發芽，Caspary 則報告東爪草種子在光照下才會達到最高發芽率，到了 1926 年各方學者已測知至少有 930 種種子的發芽與光有關，其中 672 種在光照下可提高發芽率。就如氧的需求，光是某些種子發芽所必需的環境條件，不過需光種子的種類遠比需氧者少。

　　Evenari（1965）把種子發芽與光的關係稱為光敏感性（photoblastism），需光才能發芽種子具有需光性（positively photoblastism），某些種子在白光連續地照射下，發芽會受阻，稱為嫌光性（negatively photoblastism），許多種子的發芽與光無關，可稱為光中性（non-photoblastism，表 5-1）。

表5-1　光與種子發芽的三種關係

需光性種子	嫌光性種子	光中性種子
大車前	尾穗莧**	大豆
菸草	反枝莧	甘藍
萵苣	毛沙拐棗	向日葵
鴨舌草	寶蓋草	胡瓜
藜	粉蝶花	茶
尾穗莧*	黑種草##	牽牛花
長壽花	蒿葉蜈蚣花	甜椒
黑種草#		樟
歐洲赤松		稻

1. * 在40°C下。
2. ** 在25°C或以下。
3. # 照射時間短。
4. ## 照射時間長。

　　實際的情況則遠為複雜：（1）同一植物（如萵苣）不同品種可能有不同的光反應；（2）同一種子在不同環境下可能有不同的光反應；（3）光的作用有三個不同但相互影響的因子：光質、光強及光期；（4）同一種子在不同休眠程度時，或者經歷不同的前處理時，對光的反應程度或方式也可能不同。因此，在個別種子對於光的某些反應，不一定能同樣地出現於其他種子，甚或同品種不同批種子，同批種子在不同的光環境下也可能出現相反的表現。

　　萵苣品種 'Arlington Fancy' 種子在不同光強下照射不同時間，只要種子所接受到的光量相同就會有相同的發芽率（Flint, 1934）。黑種草種子在照射時間短之下可以促進發芽但是照射時間一長，發芽反而受到抑制（表 5-1）。石川（1954）就把種子對光照時間的反應分成若干類型，有些是照射 10 分鐘就達高發芽率，但超過 1 小時效果變差，照光 1 天就無促進發芽的作用；有些是照射 10 分鐘就達最高發芽率，光照期間長，還是有促進效果，照光適期約為 3 小時，太短或太長效果都不好；有些則是照光時間越長，促進發芽的效果越高。

二、光敏素發現簡史

　　科學家在 19 世紀中就了解光合作用的作用光譜（有效的光波波長），不過有關光促進發芽的作用光譜要等到 1935 年才由 Flint & McAlister 測定出來。他們用紅光照射吸潤的萵苣需光性品種 'Grand Rapid' 種子，使發芽率可以達到 50% 的程度（但是還未發芽），然後將這些種子放在各光波下測量發芽率，發現 440-480nm 左右的藍光略為抑制發芽，600-700nm 的紅光使得發芽率達 100%，而 720-770nm 的遠紅光則完全抑制種子發芽（圖 5-8）。這個實驗不但首次發現了發芽的作用光譜，同時也顯示遠紅光可以取消紅光的促進作用！

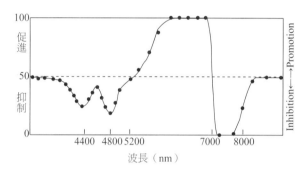

圖5-8　光波波長與種子發芽休眠的試驗

　　二次世界大戰後，在同一個研究室由不同的學者接續此發現，但是用比較敏感的測定方法來進行試驗，測定各波長促進發芽率 50% 所需要的最低光量，以及抑制發芽率達 50% 所需要的最高光量分別加以測定，結果發現 660nm 促進發芽的能力最強，而抑制發芽的能力最強的波長則為 730nm（圖 5-9）。

　　他們進一步用這兩個波長來繼續試驗遠紅光取消紅光作用的現象，發現兩個波長可以互相取消對方的效果，而且這相互抵消的狀況可以一直下去，直到最後一次，若所照射的是 660nm，則促進發芽，若最後一次為 730nm，則抑制發芽（表 5-2）。

　　由於光對發芽的作用可能與光合作用一樣，需要透過某種能吸收某特定光波的色素來吸收，因此紅光與遠紅光的作用也可以推測是有色素在做媒介，問題在於是否有兩種色素。由表 5-2 的紅光—遠紅光反覆試驗結果，Borthwick 等人立即演繹出一個假設，認為兩種光波是由具有可以快速逆轉形態的一種色素所吸收，並且各自決定種子能否發芽。

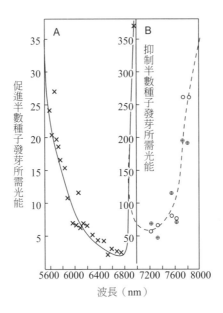

圖5-9　不同波長對萵苣種子發芽的促進或抑制對照圖

萵苣種子置於黑暗下16小時（進入休眠）後促進發芽的波長（圖A）；置於黑暗下16小時並經紅光照射後抑制發芽的波長（圖B）。

表5-2　影響‘Grand Rapid’萵苣種子發芽的光可逆性

照射程序	發芽率（%）
R	98
R-**Fr**	54
R-Fr-**R**	100
R-Fr-R-**Fr**	43
R-Fr-R-Fr-**R**	99
R-Fr-R-Fr-R-**Fr**	54
R-Fr-R-Fr-R-Fr-**R**	98

　　以這個假設為基礎，他們逐步測驗菜豆發芽子葉出土時下胚軸「勾」的拉直、花青素的形成，以及蒼耳花芽的形成等，都分別可以用單一色素來解釋兩種光波的逆轉作用。甚至於在短短幾年內，生物物理學者 Warren Butler 在 1959 年就直接由白化的玉米芽鞘分離出該色素（綠色苗則會產生干擾），後來他將該色素命名為光敏素（phytochrome）。

　　圖 5-10 表示光敏素的兩形態，P_r 是可以抑制發芽的形態，其最能吸收的波長是紅光660nm，吸收紅光後則迅速轉成 P_{fr} 形態。P_{fr} 是可以促進發芽的形態，其最能吸收的波長是遠紅光730nm，吸收遠紅光後，或者種子處於黑暗中，皆會使可以促進發芽的 P_{fr} 轉成抑制發芽的 P_r。分離純化出來的光敏素，其外觀 P_r 偏藍，而 P_{fr} 偏綠（Smith, 1975, plate 1）。

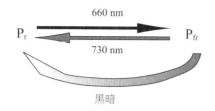

圖5-10 光敏素的兩種形態

三、光敏素與種子發芽

（一）光照逆轉

遠紅光雖然可以逆轉紅光的促進發芽作用，但是有時間性（Toole, 1961）。萵苣種子照射紅光 1 分鐘後，立即照射 4 分鐘的遠紅光，可以完全抑制發芽。紅光後拖延一段時間才照射遠紅光，則遠紅光抑制發芽的能力減弱，拖延時間越長，遠紅光的作用越小。照紅光 24 小時後，遠紅光的逆轉作用已完全消失，遠紅光無法逆轉，表示紅光處理已經啟動種子進行發芽達到無法回轉的地步。在此特定的試驗中，紅光促進種子發芽所需要的時間長短不一，略呈常態分布，但平均約 10 小時。

（二）光敏素的吸收光譜

純化的光敏素的兩個形態，P_{fr} 與 P_r 各具有其特殊的吸收光譜（圖 5-11）。抑制發芽的 P_r 吸收能力略大，最大的吸收波長為 660nm 及其附近的紅光，370nm 的藍光也略可以吸收，但是對 730nm 的遠紅光則無法吸收。當 P_r 吸收了 660nm 紅光以後，迅速地轉成 P_{fr} 的形態，P_{fr} 對光的吸收能力較 P_r 為小，最大的吸收波長為 730nm 及其附近的遠紅光，但是對 660nm 的紅光也有吸收能力。

雖然 P_{fr} 與 P_r 的吸收光譜不同，但大抵上皆有所重疊，特別是在紅光的範圍，因此在特定的光波下兩個形態的色素會不斷地互相逆轉，即分子的族群中部分 P_{fr} 轉成 P_r，同時間另一部分的 P_r 轉成 P_{fr}。雖兩個方向轉變的速率不等，但是最後會達到平衡的狀態，即在一定的光源下，所有的光敏素分子族群中 P_{fr} 或 P_r 會有固定的比率，通常以 φ 來表示平衡下 $[P_{fr}]/[P_{fr}+P_r]$ 的比值。

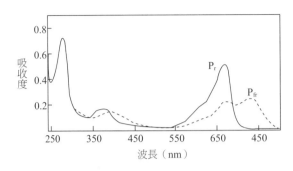

圖5-11　黑麥光敏素的吸收光譜

在730nm下的遠紅光經 P_{fr} 吸收轉變成 P_r，但是 P_r 對730nm的吸收非常有限，因此由 P_r 逆轉到 P_{fr} 的很少，光敏素中幾乎只有 P_r，導致在730nm單波長下 φ 低可到0.02。而在660nm下，雖然 P_r 的吸收較大，但是 P_{fr} 的吸收也相當可觀，兩種形態都會互相轉換，光敏素全為 P_{fr} 形態的狀況無法達到，因此在660nm單波長下 φ 最高僅可達0.8。在混合光源下更為複雜，光敏素的光平衡 φ 值會是各波長作用的交互結果，需要先將光源的各波長強度精確地測量，然後進行推算。

照射藍色光，略可以抑制部分需光性及嫌光性種子的發芽，例如 'Grand Rapid' 萵苣的種子，但是若吸潤種子在黑暗中過久，則藍光可以促進該種子的發芽。經遠紅光處理成為需光性的 'Noran' 及 'May Queen' 萵苣種子，以藍光處理，可以充分發芽，而藍光的效果又可以被後來的遠紅光取消。這些案例中藍光的作用皆可能與光敏素有關，因為 P_{fr} 與 P_r 皆可以吸收藍色光。

然而藍光的作用也有光敏素本身所不能解釋的，特別是藍光照射時間較長時。例如已可以在黑暗下發芽的蒿葉蜈蚣花、大幌菊及尾穗莧等，照射若干小時的藍光後，發芽被抑制或拖延下來。部分的學者認為可能另有吸收藍光的色素與光敏素共同在作用。

（三）不同種子的光敏素平衡值需求

尾穗莧、寶蓋草及蒿葉蜈蚣花等嫌光性種子對紅光與遠紅光的反應一如需光性種子，紅光促進而遠紅光抑制。白光所以抑制嫌光性種子野燕麥的發芽，是因為該種子對紅光不敏感，而對遠紅光敏感，因此白光對野燕麥種子而言，有如遠紅光一樣。

不同的種子對於光照的反應不一，可以用種子對光敏素的敏感度不同來解釋。種殼對於各波長的吸收能力，因不同植物，甚至於同品種種子的不同產地而會有所差異，胚部所接受到的光波組成可能相當不同。

種子能否發芽，似乎與胚中光敏素的光平衡值有關，特定種子發芽可能需要特定的 P_{fr}

最低濃度。即使在黑暗中可以發芽的種子，仍然需要有 P_{fr} 的存在，因為對這類種子，用遠紅光照射較長的時間，就可能不會發芽。發芽所需 φ 值的高低因物種而可能有頗大的差別（表 5-3），通常需光量高，對於光照較為鈍感的種子，所需要的 φ 值也可能較高，如萵苣。然而彎葉畫眉草所需的 φ 值較低，因此即使照遠紅光，所得到的 2-3% 的 P_{fr} 還是足夠致使部分種子（40%）發芽，表示對於光照較為敏感。

表5-3　種子發芽所需的光敏素光平衡值

植物	φ, $[P_{fr}]/[P_{fr}+P_r]$
反枝莧	0.001 (G_{50})*
尾穗莧#	>0.02
水塔花	>0.02
彎葉畫眉草	>0.02
積水鳳梨	>0.02
野田芥	>0.05
胡瓜#	0.1-0.15
番茄#	0.22-0.4
藜	0.3 $(G_{50}: 0.16)$
大幌菊#	>0.45 (50%)
萵苣	>0.6 $(G_{50}: 0.4)$

1. * 達到最高發芽率所需值；G50為達到最高發芽率之半。
2. # 可在黑暗中發芽者。

在自然狀態，葉冠下充滿了遠紅光，因此不利種子發芽。一些可在黑暗下發芽的光中性的種子，如胡瓜與某些番茄、萵苣品種，若短暫地照射遠紅光，會誘發出需光性，再用紅光照射才會發芽。這些光中性種子在種子形成過程已具備了 P_{fr}，或者 P_{fr} 的前身，該前身在有水分之下即可轉成 P_{fr}。當種子照射遠紅光，會驅使原有的 P_{fr} 轉成 P_r 而導致種子不發芽。類似的狀況也可能發生在野生的種子。

（四）光敏素的特性

光敏素的分子由兩個全蛋白質聚合而成，每個全蛋白質各有兩部分，一是約 124kDa 的蛋白質，另一是具有四吡咯（tetrapyrrole）結構的發色團（chromophore），吸光後發色團改變其雙鍵位置，因此會有兩種光敏素的可互換形態。不論是 P_{fr} 轉成 P_r 或者反向，兩形態間的轉換都會很迅速地經過三個連續性的中間生成物，不過其中最後一個中間生成物的雙向轉變都需要在濕潤的環境下才能進行。這也是為什麼光照處理乾燥種子不會有光敏素反應的原因。

光敏素的全蛋白質在植物體約有五種，發色團都相同，不同處是蛋白質部分，分別由五種 PHY 基因轉譯而成。這方面的知識大多是用阿拉伯芥作為材料所研究出來的。根據不同的穩定性，光敏素全蛋白質常分為第 I 型（PHY A）和第 II 型（PHY B, C, D, E）。

光敏素的生理反應，依受光量的需求分為三個型式（Takaki, 2001）：

（1）超低照射反應（very low fluence responses, VLFR）：光量低到 $1\text{-}100\text{nmol/m}^2$，光照接收者為 PHY A。此反應只需要非常微量的 P_{fr} 形態即有作用。PHY A 接受紅光轉成 P_{fr} 後，即使照遠紅光，還是會有微量的 P_{fr} 來啟動反應促進發芽，因此遠紅光無法逆轉，即紅光啟動的生理反應不具有回復性。光中性種子可能也是透過 VLFR 的調節而發芽。

（2）低照射反應（low fluence responses, LFR）：光量在 $1\text{-}1{,}000\mu\text{mol/m}^2$，這是一般紅光—遠紅光照射種子試驗所用的範圍，光照接收者以 PHY B 為主，PHY C、D 與 E 少量。照紅光時，低照射反應要將大量的 P_r 轉成 P_{fr}，因此需要比較高的能量。此反應可逆轉，紅光／遠紅光所啟動的生理反應分別可受遠紅光／紅光回復。

（3）高照射反應（high irradiance responses, HIR）：光量高於 1mmol/m^2，可能由 PHY A 接收光照。所啟動的生理反應不具有回復性，需長時間的曝光。長時間光照下不發芽的嫌光性種子，或者光中性種子在低滲透壓處理下顯現出嫌光性，都是透過 HIR 而反應。PHY E 也可能參與 VLFR 與 HIR（Seo et al., 2009）。

阿拉伯芥種子照紅光在 1nmol/m^2 時沒有作用，提高能量，發芽率開始升高，到了 30nmol/m^2 時發芽率最高只能達到 20%，光照能量再高一些無法更進一步升高發芽率，需要把光照提高到 $10\mu\text{mol/m}^2$ 以上，發芽率才第二度開始升高，提高到 $100\mu\text{mol/m}^2$ 時發芽率已接近 100%。此兩階段的反應，前面（$1\text{-}30\text{nmol/m}^2$）即是 VLFR，$10\mu\text{mol/m}^2$ 以上者才是 LFR（圖 5-12）。

不論是在高照射反應，或低照射反應範圍，在五種禾草與三種菊科植物，吸潤的種子所接受的光量的對數與發芽率的機率值之間呈現直線關係，在低照射下兩者為正相關，而在高照射下常出現負相關，特別是每天 $0.29\text{-}0.48\text{mol/m}^2$ 的照射光量下種子的發芽能略受抑制（Ellis et al., 1989b）。然而此抑制發芽的光照範圍卻是國際種子檢查協會推薦的促進發芽方法。不過鴨舌草種子略有不同，每日接受的光量在 10^{-3} 到 $5\times10^{-4}\text{mol/m}^2$ 的範圍內，需光的鴨舌草種子的發芽率（的機率值）與光量的對數呈現直線關係，而在 5×10^{-2} 到 7mol/m^2 的範圍內，則都可以達最高發芽率，並無光抑制的情況（Chen & Kuo, 1995）。

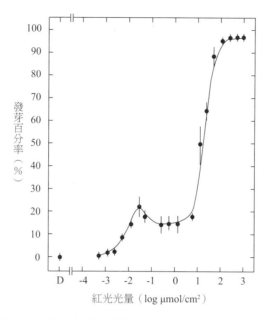

圖5-12　紅光促進阿拉伯芥種子發芽的兩階段圖

種子浸潤在20°C下照24小時各種光量的660nm紅光，
然後移到20°C黑暗下發芽4天。

（五）光敏素的種子生態

農地中常有許多雜草種子。太接近土表或在土上的種子，每日可接受 9 小時以上的長光期。長時間照射導致種子不克發芽，是典型的高照射反應。這些種子若缺乏高照射反應，就會在土表上下發芽，發芽以後有可能因缺水而無法順利成長。反之，埋在土壤深處（5cm 以下）的小型種子若逕自在土中發芽，因為本身儲存養分不足，無法支撐到破土而出，這些種子若具需光性就可避免在深土中發芽。深埋土中的種子經短期的攪動（如耕犁），使種子得以接受短期的照光，就具備發芽能力，這可以解釋為何耕犁後雜草紛紛長出。

森林、田間植被底下種子較不容易發芽，這是因為綠葉吸收較多的紅光，較少的遠紅光（圖 5-13），因此在葉片下遠紅光較盛，不利需光種子的發芽。結合圖 5-11 與圖 5-13，可以估算出 P_{fr} 形態光敏素所占的百分比。實測結果與預估值相當接近（表 5-4），表示野外環境的確可以用光敏素來解釋部分種子的發芽與否。

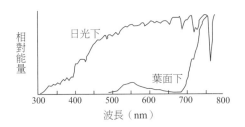

相對能量

日光下

葉面下

300　400　500　600　700　800
波長（nm）

圖5-13　日光下與葉面下各波長的相對能量

表5-4　葉片底下P_{fr}形態光敏素所占百分比的預測值與實測值

葉片數		$100\times[P_{fr}]/[P_{fr}+P_r]$	
		預估值	實測值
中午	0	49.6	53-60
	1	20.4	17-26
	2	5.7	5-14
晨昏	0	34.7	—
	1	8.7	—
	2	2.1	—

　　在濕潤土壤表層 3mm 之下，紅光的透光度剩下 5%，遠紅光還有 7%。1-3cm 之下就可能完全黑暗。種子在黑暗的土中若可以發芽，因為缺乏光照，所以幼苗包括子葉會呈現白化，剛出土時若上方有些植物體遮蔭而光照不足，此時會啟動 PHY A 的超低照射反應，初步進行幼苗的綠化。幼苗進一步生長接受較高的光亮，就會由 PHY B 吸收進行低照射反應而綠化。但在高度遮蔭的情況下則會由 PHY A 執行高照射反應，完成幼苗的綠化（Casal *et al.*, 2013）。

第五節　休眠的形成

　　與休眠的其他層面，如休眠的解除、發芽的促進、制約休眠種子的環境需求等一樣，休眠形成的方式也是頗為多樣，受到的影響相當複雜（郭華仁，1985）。種子休眠形成的時機有二，即是充實過程種子休眠性的出現，另一則是在田野間先天性休眠已消失的種子再進入休眠的狀況。

一、先天性休眠的形成

發育中或剛達到充實（或稱生理）成熟而尚掛在植株上的種子，此時胚部已充分發育，種子含水率相當高，氣溫也可能合適一般種子的發芽，但在母體上仍不會發芽。

玉米的突變體所產生的種子若在植株提早發芽，胚根長出後會因吸收不到足夠的水而死去。這種種子在植株上的發芽，稱為母體發芽或早發性發芽（precocious germination），在禾穀種子叫做穗上發芽。這類突變是致死突變，除非人為刻意保留，否則無法在自然界生存。

雖然大多種子不會提早發芽，不過將充實成熟以前的種子摘下來放在培養皿，卻有可能發芽。利用實驗方法，可以了解發育中種子發芽能力的演進，由已知的文獻，可將演進的方式歸成四大類：

（1）種子在發育期間任何時候摘下來，皆無法發芽，成熟採收時仍具休眠性。

（2）種子在尚未達到充實成熟前，就逐漸可以在培養皿內發芽，而在成熟脫離母體時已經或早已不具休眠。

（3）種子在達到充實成熟時甚或之前，已逐漸可在脫離母體下發芽，但是在進一步的成熟階段，反而再進入休眠期，休眠的程度可能高或低。此類種子成熟脫離母體時或仍具休眠，或已不具休眠。

（4）硬粒種子常在達到充實成熟時已具有離體發芽能力，但是若在植株上繼續成熟乾燥，則種子迅速地脫水成為不再能吸水的硬粒種子。

二、溫度與休眠形成

種子成熟過程中的氣溫會影響成熟種子的休眠性。有些植物在較高溫下所產生的種子，休眠程度較弱，例如不易在 25°C 下發芽的萵苣種子，在成熟前 30 天的平均氣溫越高，所產生的種子越能在 26°C 下發芽。薔薇屬種子在高溫下所產生者，需要的層積天數較少，野燕麥種子在 15°C 下成熟，需要 112 天的室溫後熟期，若在 25°C 下成熟，僅需 10 天。

然而也有不少種子的反應恰好相反。在臺大農場所進行的研究，不論是 1955 年或是 1980 年代，皆顯示臺北的環境下，二期稻作所產生的水稻種子，其休眠性比一期作較高溫度下所產生者更低。由於水稻栽培的範圍頗廣，因此曾有日本學者試驗廣泛來源的稻種，發現部分品種是高溫下成熟休眠性會較強，有些品種相反，但也有些品種其休眠性不受溫度的影響。

三、光照與休眠形成

大多數的研究皆指出，在長日下所產生的種子，休眠性可能較大，萵苣、胡瓜、番茄、馬齒莧等皆是。很少發現到短日下會使得種子的休眠性降低的個例（郭華仁，1985）。

一般認為長日下所形成的種殼較厚，導致休眠性增強。除日長之外，光質對於休眠性也可能有所影響。胡瓜果實摘下後，後熟期間以日光或紅光處理 5 天，可以提高種子的發芽率，若以黑暗或遠紅光來處理，則種子的休眠性大增。反之對番茄果實做每天 13-20 小時的長日照處理，種子在果實內全不發芽，若用 6 小時的光週期來後熟，略可提高果實內發芽率。

種子成熟期間會受到光的作用而影響到種子成熟後的休眠性是可以理解的，因為種子光敏素的轉換需要較高的水分，而成熟前的種子正有此條件，果實後熟中的番茄與胡瓜種子也是如此。

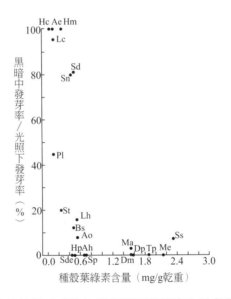

圖5-14　英國野生植物種子成熟乾燥前種殼葉綠素含量與發芽需光性的關係

光敏素形態轉換的過程並非單純的由 P_r 直接變成 P_{fr}，而是經由若干中間化合物，這些轉變過程有些在含水率很低時仍可以發生，有些則需要含水率高才可能進行。Cresswell & Grime（1981）推測，若種子成熟後期在含水率下降到光敏素轉換所需的最低值之前，種殼仍保有綠色者，由於吸收較多的紅光，因此透到胚部的光質 R: FR 比偏低，胚部感受到較多的遠紅光，種子所含的光敏素 P_r 會較多，因此形成的種子就具需光性。反之臨界時刻

若種殼已轉黃，胚部感受到較多的紅光，則光敏素的最後形態以 P_{fr} 較多，因此該種子成熟後就不會是需光種子。他們以英國 21 種植物來檢驗，發現葉綠素含量較高者，需光性越高（圖5-14），顯示成熟種子的發芽率的確與快達成熟前種殼的葉綠素含量有很大的關係。

四、母體位置與休眠形成

母體上不同花序位置所產生的種子，甚至於同花序內不同位置所產生的種子，皆可能有不同的發芽能力，因而導致由同株來的一批種子，其休眠性的強度在個別種子並非一致。

同一母體產生的種子具有不同程度的休眠性，這與形態一樣，都可以認為是多型性（polymorphism）的表現。休眠的多型性保證野生種子在棲地上不同的時間發芽，避免幼苗遇險而全軍覆沒，對族群的存活而言是相當有利的特性。菊科、十字花科、藜科、禾本科等常出現種子休眠多型性，其他科也可見到。

南美蒼耳種子具有休眠的多型性。蒼耳一個果實由兩粒種子組成，上位種子休眠性強，下位種子休眠性弱，兩粒種子分別播種，所產生的一對種子也是上下有別。鬼針所長出的瘦果，外圍者較短，休眠性較高，內邊者較長、較黑、休眠性較低。

五、二次休眠的誘導

無休眠或制約休眠的成熟種子吸了水，若發芽環境不符合，可能再度進入休眠，稱為誘導性的休眠。可以誘導出二次休眠的條件頗多，包括溫度、光、水、氣體及化學物質等，但通常前提是種子吸了足夠水分。

（一）溫度

許多吸潤的種子若放在不適的高溫下太久，會進入二次休眠，即使移回到原可發芽的適溫下也不能發芽，需要再經後熟才得發芽，這是所謂的熱休眠，見於三裂葉豚草、旱芹、歐野藜以及一些萵苣品種。許多溫帶夏季一年生雜草的埋土種子經歷夏天高溫度後會進入休眠狀態。冬季一年生雜草者經歷冷氣候也可能會進入二次休眠，這是低溫誘導二次休眠的案例。

（二）光

有些需光性種子若放在黑暗下吸潤，不但未見發芽，經數天後休眠的程度反而加

深，可能需要更強的光才得以發芽，甚至照光無效。這樣誘導出來的休眠有時稱為暗休眠（skotodormancy）。萵苣 'Grand Rapid' 無休眠種子在較低溫下未照光也可以發芽，但溫度略高（如 23°C）時照光才得發芽，此時若不照光則會進入暗休眠。許多種子長期照遠紅光，或者像大幌菊種子照白光過久，發芽皆會受抑制。當這些種子移到黑暗下可能又可發芽，但有些種子則會進入二次休眠。

（三）水分

萵苣種子若放在高滲透壓的水溶液中，不但發芽受阻，即使回到水中也不能發芽，需要將種殼剝除後才行。吸潤的無休眠鴨舌草種子乾燥後，會降低光照下的發芽率。乾燥也會讓春蓼種子進入二次休眠。

（四）無氧狀態

某些種子如南美蒼耳的胚原本無休眠，若在無氧狀態下令完整的種子吸水，則會導致胚休眠。野燕麥某品系的去穎種子若在無氧下吸潤 3 小時，則其後的發芽率由 90% 降到 17%，此外 CO_2 也會誘導白芥種子進入休眠。許多土中的種子在某些時期會進入二次休眠，有人認為部分的原因是土壤氧氣不足所致，但仍缺乏有力的證據。

（五）化學物質

ABA、香豆精及柚皮黃酮（naringenin）等溶液會抑制本來可以在黑暗下發芽的萵苣種子，這些種子因而進入二次休眠，除了將該等溶液洗去外，另需要光照才得發芽。

第六節　休眠種子的發芽

要讓休眠種子發芽，可以先經過解除休眠的程序，擴張種子能夠發芽的環境範圍，然後給予種子合適的條件即可發芽。此外也可以直接用各種促進發芽的方法，跳過休眠解除的程序，直接「強迫」種子發芽，稱為「促進發芽」。促進發芽是指發芽率的提升，發芽速率的增快則可稱為「加速發芽」。

一、物理與機械性休眠的解除

硬粒種子在田野間經過一段時間後，種殼的透水性會消失，休眠得以解除。硬實的自然「軟化」與溫度的關係密切，不論在澳洲或美國，證據顯示夏季高溫及日夜變溫導致硬

粒種子休眠的解除。在澳洲的地中海型氣候，夏季日夜變溫高達 65/15°C，地果三葉草種子經過如此的自然條件，或者人為的 65/15°C 變溫多天後，種子即可軟化。

　　不少灌、喬木樹種的種子具有硬殼，雖然種子可以吸水，由於硬殼的限制，種子無法發芽。這些樹種落在野地落葉之中，經過潮濕高溫的一段期間，經由微生物的作用軟化其硬殼後就能夠發芽，若加以消毒則種子持續休眠，如聚總毛核木、傘房薔薇（Morpeth & Hall, 2000）等為是。

二、種殼處理

　　將具種殼休眠種子的包覆組織進行侵蝕、割傷、磨傷、部分甚或全部摘除等手術，使得種殼的限制能力減少或消失，即可促進發芽。這類處理可說是人為的加速解除休眠的處理。

（一）硬實種子

　　硬實種子的種殼處理方法很多，包括種殼割痕、化學試劑（如酸、有機溶劑、分解細胞壁的酵素）、極端溫度（如高熱或液態氮）、高壓、超音波等。其中以割痕處理最為普遍。

　　種子數量少時，可以用刀刻法在種殼上割痕，或在砂紙上磨擦。操作時只要避開胚軸、胚根的部位，在其相對的種殼上劃一小處，讓水能進入即可。數量多時以機械磨擦為宜，商業生產時還需使用流動式的磨擦機。強酸侵蝕也是小規模種子所常用的方法。一般採用濃硫酸，種子浸於濃酸中約 15-30 分鐘左右，然後取出種子瀝盡酸液後倒入大量的流動水中清洗即可。為了避免危險，絕對禁止將水倒入泡在酸液的種子上。

　　不論是割痕或侵蝕，最重要的是處理時間。時間不足當然效果不佳，過久則種子容易受傷，雖可以吸水，但會形成異常苗。原來的種子族群若有部分種子不是硬實，種殼有隙縫，則短暫的酸液處理，酸液就可能會入侵傷到胚部。由於不同批的種子，硬實的程度可能不同，所以宜先進行預備試驗，並佐以發芽試驗，以求得達到最高正常苗率的處理時間。

　　進行機械割痕處理，若嫌發芽試驗費時太久，用單粒電導度法可以短時間內找出適合的磨擦時間。硬實磨擦不同時間後，將種子浸水，測量電解質釋放速率。若某處理時間使得大多種子成為快速吸水型，就表示種殼能吸水處太多，即該時間會造成過度磨擦。某處理時間若使得大多種子皆成為延遲吸水型，表示種子受傷情形有限，因此該等時間比較合適採用（郭華仁、陳博惠，1992）。

用熱水泡硬粒種子也是常用的軟化處理。我國在 1930 年代就開始用此法來處理相思樹種子（山田金治，1932）。通常先煮沸一鍋水，熄火，然後將整批種子倒入水中，水自然冷卻後即可將種子撈出播種。

（二）非硬實種子

對於少量的非硬實種殼休眠種子，徒手剝殼是最有效的方法，用刀割痕或剝除部分種殼則較為方便。茶籽等機械性種殼休眠的種子由於殼厚，要在靠近胚根（發芽孔）部位用刀削薄或以砂紙磨薄。更簡單的方法是將種子表殼先略為乾燥後，放在平行顎虎鉗的鉗口中，搖動手柄壓擠種子，聽到剝裂聲時立刻鬆手，可以將厚殼壓裂而不會傷到胚部。

也有報告指稱氧化劑如次氯酸鈉（NaOCl）等可以促進某些種子的發芽。次氯酸鈉在 0.1-0.15% 濃度下可以促進寄生性雜草獨腳金種子的發芽。過氧化氫（H_2O_2）溶液可以有效地提高樟樹（Chien & Lin, 1994）與苦瓜（何麗敏等，2004）種子發芽率。H_2O_2 處理後再放變溫下發芽，則略可以促進深度休眠的臺灣檫樹種子發芽達 40%（Lin, 1992）。

三、化學物質處理

化學試劑也可用來促進休眠種子的發芽，這些試劑種類頗多，不過特定種子可能只對特定的某些化學藥劑有所反應。

（一）植物賀爾蒙

植物賀爾蒙中以激勃素（GA 類）最普遍使用，乙烯、細胞分裂素（CK 類）等也有一些效果，細胞生長素（auxin 類）則很少有正面的報告。

激勃素中以 GA_3 以及 GA_{4+7} 的混合物最常使用，使用的濃度約在 10^{-5} 到 10^{-3}M 之間，GA_{4+7} 的有效濃度較低。

有時 GA 無法促進發芽，此時若對種殼略加割痕，則 GA 的促進效果或許就顯得出來。未成熟的茶種子外加 GA，或者種殼割痕，分別皆無效果，但若割痕後再處理以 GA，則可以發芽，這可能與 GA 的滲透性有關，但也可能是另有原因，如 GA 提高胚根的生長力與減少種殼機械阻力的共同作用。

常用的 CK 包括裂殖素（kinetin）、苄腺嘌呤（benzyladenine）等。ABA 抑制許多種子的發芽，而 CK 加入後，ABA 就無法再抑制種子發芽。乙烯與茉莉酸鹽（jasmonate）也有若干促進效果。

直接使用乙烯或施用可以釋出乙烯的商品乙烯利（ethrel），可以促進許多種子發芽，

如落花生、向日葵、萵苣、蘋果、落地三葉草，以及雜草等。與前兩種賀爾蒙不同的是，土壤中本來就存在有乙烯，因此可能具有生態上的意義，不過 Taylorson（1979）研究 43 種雜草，發現其中僅 11 種會受到乙烯的刺激而發芽。

　　土中寄生性雜草的種子不易除去，但是獨腳金種子可以採用乙烯來誘殺。當土中種子經後熟已可接受刺激後，將壓縮過的乙烯打入土中，據云可把 70cm 寬，30cm 深土中的該等種子除掉高達 90%。若配合防止該等種子在田間產生的措施，3 年就可以將遭獨腳金感染的田地清理乾淨。

（二）植物的代謝物

　　若干雜草寄生於作物根部，其種子具有識別機制，在土中的發芽相當特殊。這類種子即使已經後熟脫離休眠期，仍然無法發芽，需要接觸到寄主植物根部所釋放的化合物才會發芽。發芽初期以種子本身的養分自營生長，胚根長出後陸續伸長，接近寄主根部。一旦接觸到根部，胚根立即停止伸長而長出吸器，開始自寄主吸收養分形成莖部，隨之出土再開花結果。

　　由草棉的根分離出來的物質獨腳金醇（strigol）可以促使黃獨腳金種子發芽。在沒有長出禾本科、豆科或茄科等作物的田間施用獨腳金醇，獨腳金種子受誘發芽後，會因找不到寄主而夭折，因此這是減少土中獨腳金種子的雜草防治良方。除了獨腳金以外，獨腳金醇對許多其他寄生性雜草，包括專找雙子葉植物作為寄主的列當屬植物也都有作用。

　　化學合成的獨腳金醇類似物 GR-3、GR-4、GR-24（Jackson & Parker, 1991）等較便宜，不過在鹼性土壤中不穩定，為其最大缺點。

（三）呼吸抑制劑與含氮化合物

　　呼吸作用抑制劑疊氮化物（N_3^-）、氰化物（CN^-）等化合物提高若干種子發芽率的能力很強。除了 N_3^-、CN^-，其他含氮化合物如亞硝酸根（NO_2^-）、硝酸根（NO_3^-）、羥胺（$NH_2OH \cdot HCl$）、氨（NH_4^+）、硫脲及氨基三唑（$C_2H_4N_4$）等也多少有作用（Roberts, 1973b）。

　　硝酸根離子對許多種子皆可以或高或低地促進發芽，包括多種禾草以及雙子葉雜草種。由於該離子存在土壤內，因此其促進發芽作用也具有生態上的意義。

（四）麻醉劑及其他

　　在醫學上具有麻醉劑作用的甲醇、乙醇、乙醚、丙酮、氯仿等也可以促進一些種子的

發芽（Taylorson & Hendricks, 1979）。

四、其他

（一）溫度

有些種子在乾燥狀況下一段期間即可解除休眠，有些需要冷層積處理，還有些甚至於需要先暖後冷的層積處理，如前所述。家庭園藝技術，對於具休眠的種子可以用濕潤的擦手紙包著放進塑膠袋後，置於冰箱一段時間即可。

直接以溫度促進發芽的案例較少。'Karriranga' 稻休眠種子在 30°C 下吸潤後無法發芽，若置於超高的 40°C 下吸潤，1 週內即可出芽，11 天時發芽率達 33.3%，這可說是強迫發芽。由於溫度不對，所發的芽無法生長，不過移到 30°C 後這些已發芽的種子就可以正常地生長。然而經此處理，部分種子長出白苗，表示這種強迫發芽的方法導致稻種子產生一些基因的突變。

（二）氣體

提高氧濃度可以促進某些種子的發芽，如菠菜、胡蘿蔔、皺葉酸模、一些十字花科植物，以及許多禾本科植物如野燕麥等，然而也有更多的種子沒有反應。

雖然氧為發芽所需，然而高濃度的 CO_2 也可能促進發芽。對一些作物如大麥、小麥、洋蔥、甘藍、蘿蔔、甜椒、向日葵而言，超過 20 % 會抑制發芽，抑制的效果在低溫或低氧的情況下更顯著。反之，新鮮採收的萵苣種子在 20-26°C 下用 5-20% 的 CO_2 可以促進發芽，若在 35°C 下，則 40-80% 的 CO_2 也有效。

在非洲與澳洲的研究，發現燻煙可以促進約 1200 種種子的發芽，這可能與生態演替有關。森林火災後將原來遮蔭的空間釋出，而火災濃煙促進發芽，剛好讓新生幼苗在空處得到所需的日照與水分、養分等。樹木燃燒後產生的化合物 karrikin 具有植物生長調節素的功能，是誘發種子發芽的主要成分（Bewley *et al.*, 2012, ch. 6）。西澳 Noongar 族原住民稱燻煙為 karrik，因此得名。

（三）淋洗處理

以流動的水來淋洗化學性種殼休眠的種子，經常也可以促進種子發芽。淋洗處理對一些胚休眠的種子也有效。

（四）因子間的取代與交感

由於種子發芽的環境是各因素的集合體，因此各種因子對於種子發芽的作用互有影響是很自然的，相互影響的方式不外是取代與交感。

對同一個種子，促進發芽或解除休眠的方法可能有好幾種，例如光與變溫分別皆可以促進菸草種子的發芽。對於萵苣種子而言，光、GA、CK、殼梭孢素（fusicoccin）、CN^-、NO_3^-、二硫蘇糖醇（dithiothreitol）等也都分別有大小不等的作用。

有些促進發芽的因素獨自作用效果差，必須伴隨其他因素才行。例如在北非毛蕊花、北美獨行菜、春蓼、鈍葉酸模、藜等，單獨用變溫或光照處理，促進的作用小，若兩者共同施用，則作用提高很多。

第七節　休眠的機制：賀爾蒙理論

種子為何具休眠性、為何在一般的環境下無法發芽、為何過一段時間休眠性會消失？這些問題都涉及種子的休眠機制。種子休眠機制長期以來一直是種子研究的重要標的。但是到目前為止，即使分子生物學的熱烈研究已有深入的了解，卻仍無法解釋其核心問題，因此學者乃有謎團未解之嘆（Nonogaki *et al.*, 2012）。

種子能否發芽，乃是胚生長衝力以及其外圍組織阻力，兩股力量消長的結果。任何休眠機制的理論，最終都須回歸到如何提高胚生長衝力，或者降低外圍組織阻力，也需要釐清此兩股力量何者是主因。

休眠機制理論可分為兩大類，一是賀爾蒙理論，另一是氧化理論。

一、賀爾蒙平衡理論

早期研究者認為種子含有發芽抑制物質，乃是導致休眠的原因。在 1964 年賀爾蒙 ABA 被分離出後，眾多的研究顯示 ABA 導致休眠，其理由有三：（1）外加 ABA 會抑制種子發芽；（2）外加 ABA 會抑制與種子發芽有關的水解酵素，如澱粉酶、蛋白酶等；（3）休眠種子含有 ABA，經處理提高發芽率後，其含量也下降。在考慮另一賀爾蒙 GA 會促進發芽之後，Amen（1968）提出種子休眠的平衡理論，認為具抑制能力的賀爾蒙將 GA 誘導產生各水解酵素的作用加以抵銷，種子就無法發芽，表現出休眠的狀態。若 GA 的作用強過抑制物質，則可以順利發芽。雖然不少研究報告中也探討其他化學物質，不過咸認 GA 與 ABA 最與發芽或休眠有關。

　　休眠的賀爾蒙平衡理論在 1970 年代逐漸受到其他研究的質疑。陳學潛（Chen & Chang, 1972）指出，野燕麥種子浸種後先發芽（胚根突出），發芽 1 天後才見澱粉酶活性的提升，顯然澱粉酶活性是發芽的結果，GA 所以能促進發芽另有管道，與其誘導澱粉酶活性的能力無關。

　　其次，若干研究指出層積處理會降低 ABA 濃度，又能提高發芽率，但室溫下浸種雖然也會降低 ABA 濃度，卻無法促進休眠種子的發芽（如美國白梣木，Sondheimer et al., 1974），顯然成熟種子 ABA 含量的高低與休眠之有無並沒有相關。相當多的報告指出種子乾燥後 ABA 含量若降到相當低的地步，仍然保有休眠性，因此休眠性的高低與 ABA 含量之間不一定有相關。水稻休眠穀粒在吸潤後即使經過數週，其外殼皆無任何變化。若在 ABA 溶液中吸潤，兩天內胚部略為裂開稻殼而可見到白點，但是隨後幼苗不能繼續生長。這表示 ABA 不會抑制稻種子最初的發芽，受抑制的是幼苗的生長。類似的情況也見諸若干物種，例如白藜、美洲商陸、萵苣、白芥。再者有不少報告指出，外加 GA 不一定可以讓休眠種子發芽。

　　針對前述的質疑，Khan 於 1975 年提出新的平衡論，他認為不同的賀爾蒙各司其職，GA 是首要的（primary），無之則不能發芽。即使有了 GA，若出現有抑制的（preventive）作用的 ABA，亦無法發芽。但細胞分裂素 CK 具有允許的（permissive）能力，會讓 ABA 的作用消失，使得 GA 表現其促進發芽的作用（圖 5-15）。

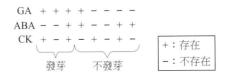

圖5-15　種子休眠的分工平衡論

　　此賀爾蒙的分工平衡論可以解釋許多試驗結果，包括為何外加 GA 無法讓種子發芽（因為種子含 ABA），為何外加 CK 種子也不發芽（因為種子不含 GA，也無法合成 GA），為何外加 ABA 仍無法抑制發芽（因為種子有 GA 以及 CK）等。然而該理論最大的挑戰會是，為何外加 GA 與 CK 下，仍有許多種子無法發芽。

二、賀爾蒙分工理論

　　由於學者在阿拉伯芥等植物造出一些突變體，使得賀爾蒙休眠理論的研究在 1980 年以後得以前進一大步。

阿拉伯芥有關 GA 的突變體有兩大類，一是缺乏 GA 合成能力的突變如 *gal-1* 及 *gal-2*，這些突變體的種子若不外加 GA 則不能發芽。另一類則是對 GA 的敏感度低的突變如 *gai*，此突變體的種子長出簇生狀的植株。阿拉伯芥的缺 ABA 突變體（*aba*），此突變體會產生不具休眠性的種子。對 ABA 不敏感的突變體為 *abi*，雖然該種子發育過程中 ABA 的含量甚至於高過野生型（無突變）者，所產生的種子卻也不具休眠。

番茄的缺 GA 突變體為 *gib-1*，缺 ABA 突變體為 *sitw*，其植體內並非全無 ABA，而是只有野生型含量的 10-15%。

阿拉伯芥野生型（*Gal-1/Gal-1*; *Aba/Aba*）種子發育初期 ABA 含量增加，種子成熟後期雖然 ABA 已幾乎不見，但種子還是處於完全休眠的狀態，光照與 GA 皆無法促進發芽。僅缺 ABA 的突變體（*Gal-1/Gal-1*; *aba/aba*）種子在發育全期，ABA 含量一直都很低落。此突變體的種子在發育中期，即使不加 GA，也可以在有光照的條件下發芽，發育後期，發芽率更高（Karssen *et al.*, 1983）。

阿拉伯芥與番茄種子的突變體無法製造 ABA 者，若同時也缺 GA，仍然表現出種子休眠（Karssen *et al.*, 1989）。雖然缺 GA 並非阿拉伯芥與番茄種子休眠的原因，但是此二物種缺 GA 的突變體不論如何後熟及發芽條件為何，絕對需要外加的 GA 才能發芽。以阿拉伯芥為例，野生型在黑暗下種子不發芽，需要添加 GA 才能發芽，但是若加光照則不需 GA。在光照下 *gal* 的種子仍需要外加的 GA 才能發芽，光照只是使得 GA 濃度的需求下降。突變體照光亦不發芽，因為其種子沒有形成 GA 的能力，因此不能發芽，所以 GA 存在或其合成能力為發芽之所必需，而 ABA 的出現是誘導阿拉伯芥成熟種子具有休眠性的必要條件（Karssen & Laçka, 1986），但 GA 與休眠的形成無關。

賀爾蒙誘導水解酵素的合成，水解外圍組織細胞壁，減輕其阻力，因此可以發芽。例如番茄胚根被胚乳包圍著，當發芽之前，胚根尖端之外的胚乳部位發生軟化，使得胚根的生長力足夠穿透胚乳。切取缺 GA 突變體 *gib-1* 種子的胚乳用 GA 培養，胚乳會產生司內切的甘露聚醣酶（mannanase），此酵素會將胚乳細胞壁中的成分半乳糖甘露聚醣予以分解，是造成胚乳軟化的原因，若將 *gib-1* 的胚乳用水培養，該酵素不會產生。由此可以假設 GA 在番茄種子發芽上功能之一是化解種殼的阻力（Groot *et al.*, 1988）。

根據一系列的研究，Karssen 等學者提出種子休眠的賀爾蒙分工理論（遙控理論，remote control, Karssen *et al.*, 1989），認為 ABA 與 GA 在種子休眠上作用的時段不同，ABA 在種子發育階段可以誘發出先天性休眠，但 GA 無關休眠的形成，而是與種子成熟落地後能不能發芽有關。簡言之，ABA 與休眠形成有關，而 GA 則關係著種子有無發芽能力。不過這個理論還不能解釋休眠性是如何維持的，亦即為何發育後期種子 ABA 含量降到最低

時，種子仍然具休眠性。

　　玉米的母體發芽突變體如 *vp5*，種子內 ABA 的含量只有正常者（野生型）的 20-50%，另一種突變體 *vp1* 雖然種子內 ABA 含量不變，但是胚對 ABA 的敏感性卻降低很多（Robichaud *et al.*, 1979）。可以行母體發芽的美國紅樹種子對於 ABA 的敏感度也是很低，需要超高的 ABA 濃度，才能抑制其發芽。

　　若干阿拉伯芥突變體雖然種子發育期間 ABA 含量高，卻也沒能引發出休眠性，學者的解釋是因為該突變體的種子對於 ABA 不敏感所致（Koornneef *et al.*, 1984）。種子對於 ABA 及 GA 的反應（敏感度）會發生改變，而光、溫等外在環境會影響賀爾蒙與休眠間的關係。但發育時若 ABA 形成的量較低，則發芽時需要的 GA 量也較低。然而有些阿拉伯芥突變體即使可產生 ABA，也對 ABA 具敏感度，卻仍然沒有休眠性（Leo-Kloosterziel *et al.*, 1996）。

三、賀爾蒙理論的近況

　　近年利用突變體進行種子休眠基因調控研究方向，主要的材料還是阿拉伯芥。研究再度認為 ABA 與 GA 的交互作用還是可能與休眠的解除有關，例如在阿拉伯芥與馬鈴薯種子，ABA 與 GA 的相對增減會與種子發芽有關。而在玉米與高粱，種子發育期間 ABA 與 GA 的相對含量與穗上發芽有關（Baskin & Baskin, 2004）。ABA 可以調控 GA 的代謝與其訊息的傳導，如降低 GA 的合成或者降低 GA 活性，反之 GA 也同樣可以調控 ABA 的代謝與訊息傳導（Bewley *et al.*, 2012, p. 274）。

　　其他的賀爾蒙如乙烯、茉莉酸鹽等也可能與種子的發芽或休眠有關（Linkies & Leubner-Metzger, 2012）。雖然不如 GA 的廣泛促進發芽，但乙烯也能促進若干種子的發芽。乙烯作用可能是降低種子對於 ABA 的敏感度而導致發芽，或者是促進相關基因的表現產生水解酵素來軟化胚根外圍組織，乙烯也可能聯合 GA 來達到種子解除休眠、後熟與發芽。煙燻中的化合物 karrikin 也可能與 GA 的調控基因有關。此外，光照、溫度等環境條件可能是經由與 GA、ABA 相關基因的調控來達到調節種子的休眠與發芽（Seo *et al.*, 2009）。

　　分子遺傳學的研究指出，促進發芽的各種外在條件，包括紅光、含氮化合物等，都會透過各類基因的啟動，影響 GA、ABA 的合成、活化或者去活化，進而左右種子的發芽或休眠（Bewley *et al.*, 2012）。然而迄今 GA 導致種子發芽的詳細代謝過程仍然不甚了解。

第八節　休眠的機制：氧化理論

一、磷酸五碳醣路線假說

　　早在 1960 年代 Roberts 一系列關於水稻穀粒發芽的研究指出稻殼是休眠的重要因素（郭華仁、朱鈞，1979）。排除了化學抑制物質、阻礙吸水等因素，剩下的可能就是稻殼妨礙氧氣的吸收。Roberts 推論，充足的氧氣若是提供一般呼吸作用（即醣解作用—TCA 循環）讓種子發芽，用 N_3^-、CN^- 等呼吸抑制劑來處理稻種子，應該可以延遲休眠的解除。他的試驗意外地發現，這些呼吸抑制劑反而大大地促進發芽。顯然種子休眠的原因不在於一般呼吸作用之有無進行，休眠解除所需要的氧化作用並非一般的呼吸作用。他們又發現休眠的水稻、大麥的種子，在浸潤最初的 6 小時，呼吸作用（氧氣的吸收）比無休眠的種子更大。經呼吸抑制劑處理後，氧的消耗速率大降，種子反而能發芽。此後 Roberts 在 1969 年首次提出 PPP（pentose phosphate pathway，磷酸五碳醣路線）假說，後來發表完整理論來解釋氧與促進休眠種子發芽的關係（Roberts, 1973b）。

　　此假說認為種子能否順利發芽，要看種子內 PP 路線進行的狀況而定。休眠種子因為一般的呼吸作用進行得太旺盛，把氧都消耗掉，會使得需氧的 PP 路線無法進行，導致種子無法發芽。至於為何 PPP 無法與醣解作用競爭氧氣，Roberts 認為這是因為一般的呼吸作用用來消耗氧的酵素（即細胞色素氧化酶，cytochrome oxidase）對於氧的親和力很大，但是 PP 路線所使用的氧化酶（即葡萄糖六磷酸去氫酶，G-6-P dehydrogenase）對於氧的親和力比較小，因此無法爭取到足夠的氧來進行（圖 5-16）。

　　此假說的優點是 PP 路線的確與種子發芽初期細胞的需求有關。該路線會產生 NADPH 與五碳醣，NADPH 是一些合成作用所必需的輔素，五碳醣將來進一步代謝可作為核酸、木質素等的前驅物，這些大分子是細胞分裂時重要的基質。一般而言，在分化中的細胞，例如發芽的豌豆根尖細胞，PP 路線是很重要的。

　　這個假說的另一優點是，可以經由試驗來加以否證。理論上，PP 路徑進行時，只會將 G-6-P 第一個碳釋出，但一般呼吸作用所經過的醣解作用—三羧酸循環（Glycolysis-TCA cycle）則會將六個碳皆轉化成 CO_2 釋出。因此對同一批生物材料分成兩部分，一批用第一個碳含有放射性（C^{14}）的 G-6-P，另一批用第六個碳含有放射性（C^{14}）的 G-6-P 來處理。當所有葡萄糖皆經由醣解—三羧酸循環來分解時，不論是第一個或第六個碳為 C^{14} 的葡萄糖，所放出的放射活性在兩批材料皆相同，因此則所測得到的 C_6/C_1 比接近 1。可是若所有葡萄糖皆經由 PP 路線來分解時，吸收第六個碳為 C^{14} 的葡萄糖的種子並不會釋出 C^{14}，

吸收第一個碳為 C^{14} 的葡萄糖的種子才會釋出 C^{14}，因此所測得的 C_6/C_1 比會接近 0。一般生物系統中，兩種路線常皆在進行，因此 C_6/C_1 比都在 0-1 之間。有不少的論文指出休眠解除或促進發芽的許多種處理的確可以降低 C_6/C_1 比，顯示 PP 路線有所提高，但也有若干研究不支持此說法，不過有人懷疑這個測驗的結果能否代表兩種路線的相對強度。

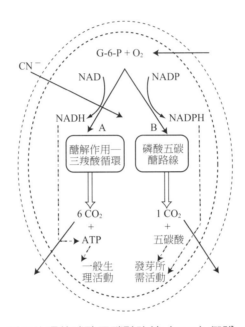

圖5-16　種子休眠的磷酸五碳醣路線（PPP）假說

A：醣解作用—三羧酸循環；B：磷酸五碳醣路線。對氧的親和力 A>B。休眠種子A較強，G-6-P被分解成六個CO_2，提供能量，因此 PP路線受阻。外加N_3^-、CN^-抑制A，讓G-6-P經由PP路線代謝，產生CO_2與五碳酸以及$NADPH_2$，提供發芽所需，因而促進發芽。

二、氧化作用與種子的休眠發芽

在過去 PPP 假說引起相當廣泛的注意與研究，但是支持與反對的數據都有，迄今仍無法定論。即使暫時接受 PP 路線是種子發芽的先決條件的假設，那麼何以休眠種子無法進行 PP 路線？或者說，休眠種子如何才可以進行 PP 路線而發芽，至今仍無確定的解釋。

無論如何，廣泛的氧化作用如何促進發芽，仍有待提出解釋，其中特別是硝酸根（NO_3^-）可以促進發芽深具生態意義，因為土壤中硝酸根濃度會有季節性變化。

Roberts 認為 N_3^-、CN^- 等呼吸抑制劑，或者硝酸根之所以可以促進發芽，是因為這些抑制劑會對細胞色素氧化酶產生不可逆的抑制作用，使得一般的呼吸作用無法繼續進行，

因此才有足夠的氧來將 NADPH 氧化，釋出能量以及 NADP，讓輔素 NADP 的濃度足夠支持 PP 路線的進行而導致發芽。他的理論所根據的事實是大麥或水稻休眠種子的呼吸作用比無休眠種子者強，因此推論休眠種子的一般呼吸作用太強，以致於種子內的 PP 路線無法與之競爭氧。

然而就水稻而言，休眠穀粒的高呼吸速率是稻殼內過氧化酶所引起，穎果本身的呼吸速率在休眠與非休眠者之間是不相上下的，而 N_3^-、CN^- 等的促進發芽作用是因為這類藥劑破壞了稻殼過氧化酶的活性，因此氧得以進入種子內部（郭華仁、朱鈞，1983）。在低溫下（冷層積處理，或者我國二期稻作後期氣溫略低時），稻穀消耗氧氣的能力降低，胚部得到足夠氧進行休眠解除作用。這些稻穀再度放在較高溫度下，雖然稻殼仍然將氧氣消耗掉，但還是可以發芽，因為已無休眠的稻穀是可以在無氧狀態下發芽的（Kuo & Chu, 1985）。

氧化理論近來有一些新的研究出現。活性氧化物（reactive oxygen species, ROS）包括過氧化氫（H_2O_2）、次氯酸（HClO）、羥基自由基（HO）、單線態氧（$^1O_2$）等，是氧氣新陳代謝後形成的天然副產品，在細胞訊息傳遞及體內平衡上也相當重要。這些 ROS 也參與休眠的調節，特別是種子後熟時休眠的維持或消失，例如後熟時向日葵種子會累積 ROS、休眠小麥種子會有較高的清除 ROS 活性、可促進發芽的 CN^- 其作用可能與 ROS 有關、NADPH 氧化酶產生 ROS 而促進阿拉伯芥種子的後熟等（Graeber *et al.*, 2012）。此外 ROS 也能夠破壞鬆弛胚根或者其外圍組織的細胞壁，使得胚根細胞容易擴張伸長（Linkies & Leubner-Metzger, 2012）。

氧化作用也可能透過賀爾蒙而影響到種子休眠，例如氧的作用可能與乙烯的合成有關。也有證據顯示（Nambara *et al.*, 2010）種子吸收硝酸根後會降低種子 ABA 含量，而一氧化氮（NO）則可能是降低種子對 ABA 的敏感度而促進發芽。

雖然磷酸五碳醣路線假說仍無法得到證實，不過迄今也無試驗可以完全加以否證。此假說的功能，即在於賀爾蒙理論仍然無法完全解釋種子休眠與發芽的控制機制下，提供遺傳控制外，種子代謝作用上的一個說法，作為將來進一步探討的基石。

第九節　休眠的遺傳與演化

種子休眠性可能是胚（父母基因各半）、胚乳（父一母二）及種殼（母體基因）的共同表現。休眠性的形成除了受到遺傳的控制外，種子形成期間以及種子成熟之後這段期間環境的影響也相當多樣，而種子休眠程度更與時改變，因此顯得相當複雜是理所當然的。

　　穀類作物若穀粒休眠性太強，種子發芽會參差不齊，而影響育苗作業結果。然而若完全不具休眠，種子採收期間遇雨容易穗上發芽而導致損失。禾穀類中，水稻的休眠遺傳控制研究頗多。水稻穀粒休眠受到數量性狀微效基因的相乘控制，休眠性為顯性或部分顯性。細胞質的因素似乎沒有影響，這與其他種子不同。主要的休眠位置分別在內外穎以及種被／果皮，兩者間似乎是互相獨立，種殼的控制較大，胚及胚乳較小，而是否存在胚休眠目前仍未明。栽培水稻休眠的遺傳率約在 12 到 42% 之間，顯示環境的影響頗大（Foley, 2006）。

　　利用低休眠與高休眠品系雜交後代分離性狀，可以偵測休眠性的數量性狀基因座（quantitative trait locus, QTL）。栽培稻、野生稻與雜草型稻的穀粒休眠性或穗上發芽特性，已偵測的已超過 100 個 QTL，其中比較重要的如 Sdr4 也已經選殖出來（Cheng et al., 2014）。不過休眠的 QTL 研究仍以阿拉伯芥最多，DOG1 是最早選殖出來的，可能與休眠的誘導有關。水稻的 Sdr4 可能與類似 DOG1 基因的表現有關。一般認為解決水稻穗上發芽的問題可以透過休眠 QTL 的導入提高稻穀休眠性。但在我國由於第一期稻作收割後需要立刻播種，休眠性高可能影響育苗。由於休眠的遺傳率不高，每年的環境變異又大，因此要育成休眠性程度恰好可防止穗上發芽又兼顧發芽的順利，有實際上的困難。幸好稻穀採收後皆需經過乾燥，乾燥時只要控制高溫，便有利於休眠的解除。

　　與休眠有關的基因近年來研究成果豐碩，可分為成熟調節、賀爾蒙調節、休眠解除、表觀遺傳（epigenetics）等（Graeber et al., 2012）。與成熟調節有關的基因如 ABI3/VP1 與 VP8/PLA3/GO/AMP1 都在水稻與阿拉伯芥上發現，在賀爾蒙調節上有與 ABA 接受體有關的 PYR/PYL/RCAR 基因，ABI1 與 ABI2 則是與 ABA 敏感度有關的基因。許多植物的 ABA 生合成所需的一種去氧酶基因 NCED 發生突變，無法再合成 ABA 後，其成熟種子的休眠性常會降低，NCED 基因的表現會讓萵苣種子發生熱休眠。反之，與 ABA 降解有關羥化酶的基因 CYP707A 也普遍存在各類植物，無法形成該酵素的小麥突變體，其穗上發芽的情況會降低（Nogogaki, 2014）。

　　休眠的類型很多，其類型多少與植物演化有關。依照 Baskin & Baskin（2004）休眠的歸類，形態休眠與形態生理休眠算是較為原始者，而生理休眠、物理性休眠，或者兩者兼具者算是較為後來的。Linkies et al.（2012）進一步指出，形態休眠者通常其胚已分化，但體積占整粒種子很小的部分，即胚／種子比率較小，如蘇鐵類或者基群被子植物（basal angiosperms）如睡蓮科者，因此可認為是較原始的休眠形態。胚／種子比率較大的裸子植物或核心真雙子葉植物（core eudicots）如薔薇分支（rosids）、菊類分支（asterids）等則演化出生理休眠類型。生理休眠以非深度生理休眠較為普遍。然而生理休眠類型與無休眠類

型普遍分布於裸子植物、基群被子植物與真雙子葉植物，暗示整個演化過程中生理休眠經歷過幾次的出現又消失。生理休眠類型演化的結果產生胚較小的形態生理休眠類型。具有物理性休眠者在演化上算是最進步者，並未出現於裸子植物。

第**6**章 種子的壽命

　　一粒種子除非發芽，否則無法判別其死活。在適當的條件下若可以發芽，則已成幼苗，因此低估該種子的壽命。種子若不克發芽，又非休眠，則該種子已死，而且死於何時無從查知，因此也無法準確測量其壽命。

　　探究種子的壽命，有兩個截然不同的方式，一是測試某批古老種子是否具有生命，而這種子的年代可以知曉，但是測試所得發芽率僅能供參考，無法正確地認定該等種子的壽命。另一個方法則是由經控制的實驗，將一批種子分次於不同的日期測量發芽率，以記錄該批種子壽命衰退的歷程，更進一步由所得的數據推算該種子在某環境下的可能壽命。

　　種子的壽命受到環境因素的影響很大，因此說明某類種子的壽命時，宜提及該等種子的儲存條件。

第一節　種子的壽命

一、種子的實測壽命與歸類

（一）考古學的種子

　　由考古研究所出土的種子可以透過發芽試驗調查該等種子是否具生命力，亦即其活度（viability）。大賀一郎於 1920 年代在中國遼寧（前滿州國時期）普蘭店河床挖出的蓮子，根據考古學以及史學的證據研判為 120 到 400 年前所沉積的種子。這些種子為硬實，經去種被後百分之百發芽。發明碳 -14 鑑定古物年代的 Libby 曾測量該種子的碳同位素含量，推算種子的壽命為 1,000 年。然而後來的學者以同樣的放射線方法，卻得到不一樣的結果，甚至有人認為該種子僅 100 年。Wester（1973）綜合前人的研究及新的證據，推測該批種子的壽命在 467 到 1,580 年之間。近年由該地區重新獲得的種子仍然完全具有發芽能力，碳 -14 鑑定該種子已有 200-500 年的歷史（Shen-Miller, 2002），因此大賀一郎的 400 年說是可信的。

　　其他的研究包括阿根廷出土的美人蕉屬種子，年代約 600 年，毛蕊花屬類種子約 600-

800 年（Milberg, 1990）。中東死海地區出土的 2,000 年前蜜棗椰子仍可發芽成長（Sallon *et al.*, 2008）。

（二）館藏種子

在巴黎博物館保存的小葉黃槐種子經 158 年的儲藏後仍百分之百發芽，大英博物館所藏 237 年之久的一粒蓮子也會發芽（Justice & Bass, 1978）。這些古老的活種子常有硬實的特性，一般作物種子在同樣的條件下不出數年已不復能發芽。

（三）埋土試驗

美國 William J. Beal 於 1879 年在密西根農學院校園埋下 23 種雜草種子，種子拌砂裝於玻璃瓶，瓶口朝下埋於土中，令種子處於土中乾濕交替狀態但不積水。每隔 5 年（前期）、10 年（後期）取樣一次進行發芽試驗。這個試驗進行到 1980 年時恰好是第 100 年。按照其設計推算，到 2030 年該試驗才全部完成。

供試的 20 餘種種子當中，約 5 種在第 5 年首次挖出時即已完全不具生命。第 40 年仍活著約 9 種，包括反枝莧、黑芥與月見草等。壽命為 80-100 年者約 4 種。經過 120 年埋於土中之後，僅剩下毛瓣毛蕊花尚有 46 % 的發芽率；圓葉錦葵在第 25-90 年時皆無發芽能力，但最近兩次的試驗則尚有 1 % 的發芽率。經 120 年的埋土，毛瓣毛蕊花與圓葉錦葵的出土種子仍有幾粒可順利生長結子（Telewski & Zeevaart, 2002）。

二、種子儲藏壽命的三類型

早在 20 世紀初，Alfred J. Ewart 就把種子壽命分為三大類，保存不超過 3 年者稱為短壽命種子，可保存超過 15 年者成為長壽命種子，而 3-15 年者稱為中壽命種子。不過這樣的歸類太仰賴經驗，無法作為進一步研究之用。Robert（1973）根據種子儲藏行為，認為耐乾燥與否可以當種子儲藏特性類別的依據。耐乾燥，含水率可以降到 5 % 仍不會喪失生命，而且儲藏時溫度越低、含水率越低則其儲藏壽命越長的種子稱為正儲型（orthodox）種子。反之不耐乾燥、不耐冷凍的種子稱之為異儲型（recalcitrant）種子，這類種子在脫離母體時含水率約在 30-80 % 之間，加以乾燥脫水即死去。其後 Ellis *et al.*（1990）又發現咖啡種子的儲藏行為介於兩者之間，因此稱之為中間型（intermediate）種子。

實則早在千年前，中國的賈思勰在其農業百科全書大著《齊民要術》中就提到正儲型與異儲型種子的特徵。《齊民要術》卷一〈收種〉篇：「凡五穀種子浥鬱則不生，生者亦尋死。」指的是正儲型種子的特徵。浥者濕也，鬱乃熱氣，說明種子在高溫濕潤的環境

下容易敗壞。所謂「生者亦尋死」，是指那些倖存的不正常幼苗，雖然發芽，但因其活勢（vigour）太弱，即使可發芽，也是不正常的幼苗，發芽後不多久就死去之意。《齊民要術》卷四〈種栗〉篇，有關種子的注釋：「栗初熟時出殼，即於屋裡埋著濕土中，埋必深勿令凍徹。若路遠者以韋囊盛之，見風日則不復生矣。」這段文字對栗子不耐乾燥、低溫的異儲型特性，描述地十分生動。

三、種子儲藏特性的生態學

種子是否具有忍受乾燥的能力，可能有其生態學上的意義（Tweddle *et al.*, 2003）。在供試的 886 種喬灌木樹種中，種子不具休眠性者有 345 種，具休眠性者 541 種。休眠種子中僅 9.1% 為異儲型，不具休眠性者則高達 31% 是異儲型（表 6-1 A）。種子休眠性之有無與儲藏特性並沒有絕對關係，不過種子脫離母體時若不具休眠，其種子為異儲型的百分率比有休眠者略高。若為休眠者，也較可能是可耐乾燥者。具物理性休眠的硬粒種子，則絕大多數皆可忍受脫水。

表6-1　喬灌木種子的休眠性與儲藏特性（除物種數外單位皆為%）

A	物種數	正儲型	中間型	異儲型
喬灌木	886	80.1	2.3	17.6
無休眠	345	64.9	4.1	31.0
休眠	541	89.8	1.1	9.1
機械性休眠	147	98.6	0	1.4
生理／形態休眠	365	85.5	1.7	12.9
複合性休眠	29	100	0	0

B	物種數	正儲型	中間型	異儲型	非休眠
先驅物種	21	100	0	0	42.9
非先驅物種	157	45.2	2.5	52.2	75.2

棲地越乾燥，種子不能忍受乾燥的物種數目越少。雨林常綠樹種的異儲型種子種類的比例最高，其次為溫帶濕熱地區（表 6-2）。常綠雨林喬灌木種子的先驅物種有 21 個，都是正儲型，而 157 個非先驅物種中具有異儲特性者高達 52.2%（表 6-1 B）。常綠雨林的 178 個物種有 46.6% 為異儲型，而熱帶乾旱與半乾旱地區者僅有 2.2%。

表6-2　不同植被種子的儲藏特性與休眠特性（除物種數外單位皆為%）

	物種數	正儲型	中間型	異儲型	非休眠種子	異儲型為非休眠者	非休眠為異儲型者	非休眠為正儲型者
喬灌木	886	80.1	2.3	17.6	38.9	31.0	68.6	31.5
常綠雨林	178	50.6	2.8	46.6	71.3	56.7	86.7	57.8
熱帶（半）乾旱地區	45	97.8	0.0	2.2	11.1	0.0	0.0	11.4
溫帶濕熱區	90	70.0	6.7	23.3	48.9	22.7	47.6	46.0
極北與北方次高山林	80	97.5	2.5	0.0	35.9	0.0		34.6

　　根據這些數據，Tweddle et al. 認為在潮濕與季節不明顯地區的植物、非先驅性植物以及種子脫落之際不具休眠性者，較容易長出異儲種子。作者推測種子能忍受乾燥，對喬灌木先鋒樹種而言是較佳的適應特性，並推論異儲特性乃是由正儲特性突變而來。一般或以為常綠雨林下種子較無處於乾燥狀態之虞，因此比較不需要忍受脫水的能力，所以多異儲型。不過根據 Hay et al.（2000）的調查，65 個濕地、水生植物物種中大多為正儲型，明確具異儲特性者僅 3.4%。

第二節　正儲型種子的儲藏壽命

　　利用每日溫度的變化，可以預測作物生長速度，種子發芽速度與溫度有數學上的關係，已詳列於第四章第四節。種子儲藏壽命的預測經由 Roberts（1973a）與 Ellis & Roberts（1980）的研究，提出種子的活度方程式（viability equation）的數學模式。目前針對正儲型種子，在控制的條件下儲存，其壽命與各類儲藏的操作都可以用該模式來估算（郭華仁，1984）。

一、種子壽命的分布

　　正儲型種子成熟採收之初，發芽百分率接近 100%。在固定不變的儲存條件之下經過一段時間之後，其活度仍然維持相當高的狀態，發芽率的降低相當緩慢。然後由某階段開始，發芽率的下降突然趨快，降到整批種子的發芽率相當低時，才又轉緩，直到全部喪失生命為止（圖 6-1）。一批種子的活度由高而低的下降過程，稱作種子的存活曲線（survival curve）。儲藏條件越惡劣（即儲存溫度越高或種子含水率越高），種子具高活度的期間越短，存活曲線下降的速度也越快。

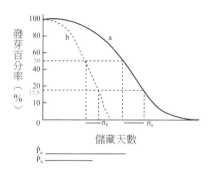

圖6-1　種子存活曲線圖

種子儲藏過程的發芽率的下降。儲藏
條件好（a）與不好（b）的種子存活
曲線。Ṗ為平均壽命；σ為死亡頻率
分布的標準偏差。

　　種子存活曲線（圖6-1 a, b）很接近常態分布的反向累積頻率曲線，亦即表示種子族群在儲藏時間內的死亡頻率的分布接近常態，也就是說一批種子中只有少數的種子壽命很短，也只有少數的種子壽命很長，而以壽命接近於平均值的種子最多。

　　圖6-1中的Ṗ為平均壽命，在常態分布的狀況下，Ṗ也代表發芽率由100%降到50%的儲藏時間。σ為死亡頻率分布的標準偏差，亦即發芽率由50%降到15.8%（或84.1%降到50%）所需的儲藏時間，根據常態分布的特性，這段時間所涵蓋的死亡頻率恰為34.1%。

二、種子的活度方程式

　　存活曲線為常態分布反向累積頻率，其公式的運算相當複雜，因此可將數據轉換成機率值（probit，圖6-2），即可將存活曲線（圖6-1）的模式轉為直線模式（圖6-3）。

　　種子在儲存過程中壽命的變化可用直線方程式來表示（圖6-3）：

$$v=Ki-(1/\sigma)P \tag{1}$$

其中橫軸P為儲存時間，縱軸v為儲存P時間後種子活度（即發芽百分率）的機率轉換值，$(1/\sigma)$為直線斜率，σ恰好是該批種子儲存壽命的標準機差。種子儲存壽命的標準機差可以代表種子的平均壽命，種子平均壽命越長，壽命的標準機差越大。

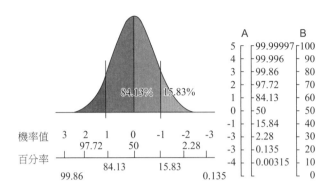

圖6-2　百分率轉為機率值之數據圖

百分率（B）與相對機率值（A）的尺度。左圖想像由常
態分布二度空間壓縮成一直線，可以看出百分率之轉換
成機率值，百分率由50上升到84.13，或者由97.72上升到
99.86，在機率值都是增加1個單位。

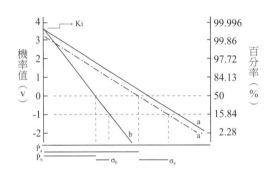

圖6-3　轉為直線模式的存活曲線圖

種子存活曲線（圖6-1）經機率值轉換後呈直線。

　　在開始儲存之際，即 P=0 時，v=Ki，故 Ki 為該批種子起始發芽率的機率值。儲存期間
影響種子發芽率的三個要點是儲存時間（P）、起始活度（Ki）以及儲存壽命的標準機差（σ）。
這個標準機差又與影響種子壽命的兩大環境因素，即溫度與種子含水率有密切的關係。

　　活度方程式若要能實際應用來預測種子的儲存期限，或者能計算出合適的儲存條件，
必須先將溫度、種子含水率與 σ 的關係給予量化。

　　雖然種子含水率越低，種子的平均壽命就越長，但兩者的關係雖非直線，不過種子含
水率的對數與種子壽命的標準機差（σ）的對數則是直線關係。

　　儲藏溫度越低，種子的平均壽命就越長，但兩者的關係也並非直線，試驗顯示儲藏溫
度與壽命標準機差（σ）的對數是二次關係的。

　　將前述兩則關係以方程式表示即為：

$$\log\sigma=K_E-C_W\log M-C_H T-C_Q T^2 \tag{2}$$

或：

$$\sigma=10^{(K_E-C_W\log M-C_H T-C_Q T^2)} \tag{3}$$

其中 M 為含水率，T 為溫度，而 K_E、C_W、C_H、C_Q 為活度常數，C_H 與 C_Q 為儲存溫度對種子壽命的相對影響力，C_W 則為種子含水率對種子壽命的相對影響力，而 K_E 則可說是某物種種子的相對壽命。

公式（3）與（1）合併，可以得到種子活度方程式：

$$v=Ki-[1/10^{(K_E-C_W\log M-C_H T-C_Q T^2)}]P \tag{4}$$

活度方程式顯示出在儲藏進行之際（P），一批種子發芽率之機率值 v 的下降與種子含水率以及儲溫的數學關係。溫度越低或種子含水率越小，則 σ 越大而直線斜率越小，即種子活度下降越慢。反之溫度越高或含水率越高，則 σ 越小，種子活度下降越快。

除了環境的影響，種子壽命也有其遺傳上的因素，該因素表現在 K_E。設若兩種不同植物的種子對溫度及含水率的反應相同（例如若兩種作物的 C_W、C_H、C_Q 等三個常數是等值的），則 K_E 越高者其平均壽命就越長。

三、種子的活度常數

活度方程式的運算還需要帶入種子的活度常數 K_E、C_W、C_H 以及 C_Q。活度常數因作物種類而異，其測定方法是將一批新採收、壽命為常態分布的種子分別調成不等的含水率，然後密封，再置於各種恆溫箱內進行儲存試驗。溫度範圍可在 4-50°C 之間，含水率的範圍可在 5-15%（油含量高者）或 20%（油含量低者）之間。溫度與含水率的儲藏組合宜多（50 個左右，至少要超過 10 種組合），每組合約 12-15 包樣品，然後在不同的時間取樣，每次由各組合取出一包進行發芽試驗。取樣的時機每種組合有所不同，以 12-15 次取樣所得的種子發芽率平均分配在 99-5% 之間為宜。

各組試驗結束後將儲存時間（P）與相對的發芽率（經機率值轉換，即 v）依方程式（1）行迴歸分析，以得到該儲存組合下種子壽命的標準機差（σ）。所有組合的標準機差、溫度及種子含水率依方程式（3）經複迴歸分析，即可以求出該種子的四個活度常數 K_E、C_W、C_H、C_Q。表 6-3 列出多種植物種子的活度常數。

表6-3　一些植物的種子活度常數

植物	K_E	C_W	C_H	C_Q
肯氏南洋杉	7.490	3.730	0.0330	0.000478
蓬萊稻	8.416	4.904	0.0329	0.000478
大豆	7.292	3.996	0.0295	0.000491
胡麻	7.190	4.020	0.0400	0.000428
洋蔥	6.975	3.470	0.0400	0.000428
萵苣	8.218	4.797	0.0490	0.000365
油菜	7.718	4.540	0.0329	0.000478
甜瓜	7.299	3.707	0.0367	0.000473
高粱	10.588	6.305	0.0412	0.000349

四、活度方程式的運用

　　若 K_E、C_W、C_H、C_Q 等四個活度常數已知，則由式（4）可以進行種子儲存行為的估算，也就是說 v、Ki、P、M、T 等 5 個變數若已知其中任何 4 個，第 5 個即可算出。例如有一批已知其起始活度 Ki 的種子，預計若干年後（P）種子的發芽率仍需要維持在某水準 v，則可以設計出各種溫度（T）及種子含水率（M）的儲存條件組合。又如一批種子已知其起始活度及含水率，即可預測在某溫度下儲存若干時日後，發芽率還剩下若干。計算上比較複雜的是發芽率都需經機率值轉換，但利用電腦來計算即可，也可以下載本書作者的網路計算程式來直接進行計算（http://seed.agron.ntu.edu.tw/tool/samp.xls）。另一個可用的網路計算資源是 http://data.kew.org/sid/viability/。

　　不過活度方程式屬於外插法，外插法在預測上可能發生錯誤，因此預測結果僅能供參考用。活度方程式本身的運算也有若干限制：

（一）常態分布的需求

　　活度方程式的理論基礎在於一批種子的壽命呈常態分布。一批種子若成熟期間氣候很好，種子採收調製的過程相當小心，使得每粒種子都能接受相同的溫度，含水率也都一樣，包裝時未混合其他批種子（不論是否同一品種），而且在儲存期間整包種子，不論是在與包裝接觸的外緣或是中心部位的種子，皆經歷同樣的溫度，以上的條件皆符合的話，該批種子的壽命分布仍應是常態的。若有一樣不符合，則整批種子壽命的分布可能不符合常態性，應用時準確度會降低。

　　商業用種子經常由不同地區的農戶進行採種，混合然後分裝，因此種子樣品可能是由

多個族群混合，也常不具常態性，在解釋活度方程式的計算結果時宜多做保留。此外，儲存過程中溫度及含水率應是固定的，才可以在該段儲藏時間內計算運用活度方程式。

（二）儲藏溫度

活度常數的估算來自溫度範圍在 –13 到 +50°C 之間的試驗數據，顯示在此範圍內溫度與種子壽命的關係是二次式的。更低的溫度目前僅有間接的證據顯示到 –20°C 前，活度方程式仍然有效。不過若按該方程式的演算，壽命最長的儲溫約為 –45°C；溫度低於 –45°C 後，壽命反而更低。若在液態氮下（–196°C），依公式推演種子的壽命會很短，而這是與事實不符合的。現行的活度方程式以預測 –20°C 以上、50°C 以下的種子儲存壽命為宜。

（三）種子含水率

種子含水率的對數與種子平均壽命（σ）的對數兩者間的直線關係有一定的範圍，在該範圍外不宜使用活度方程式。在可用範圍內，種子含水率越低，壽命越長，但是含水率低於某「下」臨界點後，更乾燥不再能延長壽命。「下」臨界含水率因種子而異，一般而言含油量高的種子，其臨界點也較低（Ellis *et al.*, 1989a）。若換成相對濕度，則不論含油量的多寡，其臨界點皆是約在 10% 相對濕度下的種子平衡含水率，種子的水勢約為 –350 至 –300MPa（Roberts & Ellis, 1989）。活度方程式不適用的含水率臨界點因儲溫而異，溫度越高，臨界點含水率越低，以紅三葉草為例，在 65、50、30°C 下各約為 4、5、6%（Ellis & Hong, 2006）。種子乾燥到該等臨界點以下，並不會傷害到種子，不過乾燥的種子在發芽前宜先吸收大氣水分，以提高含水率，否則會發生吸潤傷害。

在可用範圍內，種子含水率越高，壽命越短，但是含水率高於某「上」臨界點後，而且種子的外圍有足夠的氧氣，則種子含水率越高壽命反而越長，或者至少不會縮短其壽命。這個臨界點的高低也因種子而異，含油率高的種子如萵苣為 15%，而大麥則為 26%，換算後是在 90-93% 相對濕度下的種子平衡含水率，或是約為 –14 至 –10MPa 的水勢。不過若氧氣不夠，則高含水率就無延長壽命的功能。此外種子含水率太高時，若儲存溫度在冰點以下，種子易遭受凍害，導致活度方程式高估種子壽命。溫度越低種子含水率的凍害發生點就越低，因此儲存室溫度在略低於零度時，特別要注意種子含水率。含水率高時，若儲藏溫度亦不低，則種子容易發芽，或者真菌生長旺盛，都會使活度方程式不易適用。

（四）種子起始活度

根據 Ellis & Roberts（1981），三個農場種植相同玉米品種，其新採種子在相同的溫度與種子含水率下儲藏，三批種子經過 140 天儲藏後，發芽率分別為 94、71、55%，顯示壽

命差異頗大。三批種子的存活曲線透過機率值轉換，顯示有相同的斜率（壽命分布標準機差 σ 的倒數），只是在縱座標上的截距（起始活度 Ki）不等。

　　起始活度的精確與否影響預測的結果相當大，因此活度方程式預測種子的壽命能否準確的關鍵就是 Ki 夠不夠精確。比較合理的 Ki 估算方法是將一批種子分裝成若干包並且密封，在某恆溫下（如 40°C），進行若干次不同時間的儲存，然後取出進行發芽試驗。將各包的發芽率經機率值轉換後，與儲存時間進行迴歸分析求出直線方程式，再用外插法估算該直線與縱座標交點，即是 Ki。若試驗進行得正確，以此方法所求得的 Ki 應是較精確的。不過這種方法所求得的 Ki 值還是有其信賴界限，取樣次數越少，信賴界限可能越大，因此估算會越不準確。

五、影響壽命的其他因素

　　除了溫度和種子含水率等兩大環境因素之外，種子壽命也受到其他環境條件與物種本身基因型的影響。高溫多濕環境會增加微生物如真菌等的生長，傷及種子而導致種子劣變，縮短種子的壽命。但在不適於真菌生長的環境下，種子仍會死去，說明種子生命的終止乃其本身的改變。

（一）物種基因型

　　除了成熟度不足、機械受傷以及受到微生物的侵襲之外，種子本身有其受到遺傳決定的壽命。即使是正儲型的種子，其儲藏壽命仍有長短的區別。例如根據美國農業部國家種子儲藏實驗室的經驗，同樣在溫度 5°C，含水率 5% 的條件下，種子的半致死期（P_{50}）由短而長分別為美洲榆樹、洋蔥、萵苣、大豆、向日葵、菠菜，以及番茄、豌豆（Black *et al.*, 2006, p. 138）。種子本身儲藏能力的高低也可以反映在種子活度常數 K_E 上，K_E 值高表示其本身儲藏能力也可能較高。由種子活度常數來判斷，相對下大麥、豌豆等種子較耐儲藏，而大豆、洋蔥種子則較不耐儲藏。

　　常有學者的實驗數據顯示同一種作物，不同品種間，種子壽命的長短不一。然而根據活度方程式的理論，這可能是由於供試品種種子批之間的起始活度（Ki）不同所致，而在相同的儲藏條件之下，不同品種間對於溫度與含水率的反應（即 σ）應是相同的。

　　過去常有休眠種子可能使種子生命保持較久的說法，但是 Roberts（1961）曾經以六批稻殼外表不一樣的 6 個水稻品種種子，調到相同含水率（13.5%）後混合密封，以確保儲藏期間（27°C）含水率在 6 品種間皆相似，然後在儲藏期間定期取樣分開不同品種，進行發芽率試驗。雖然開始儲藏之初發芽率的高低因休眠性的強弱而在品種間落差相當大，然

而 6 個品種皆在儲藏 5 個月後，活度開始快速下降，8 個月後 6 個品種的種子活度皆已在 10% 以下。表示這 6 個品種的種子，不因休眠性之有無而影響到其活度對儲藏環境的反應。

　　稉、秈兩亞種種子的儲存特性有所不同，稉稻種子的儲藏壽命常較秈稻者略弱，可能是兩個亞種的最大起始活度不一樣所致（Ellis *et al.*, 1993），尚無證據顯示兩亞種種子的 σ 有顯著的差異。即使兩者的差異略有所不同，由此兩亞種分化的程度來看，也可以說是活度方程式的特例。

　　在豆科植物如大豆的不同品種中，一般而言，許多小粒型的種子吸水不易，具硬實特性，其儲藏能力皆較大粒型的種子高。然而這並不一定表示這些種子對儲藏條件的反應，與大粒種子有所不同。因為不易吸水種子，在儲藏的過程中，比較不易吸水提高其含水率，因而導致儲藏年限較久。若置於相同的含水率的密封條件之下，則品種間並沒有太大的差異。

　　不過從學理的觀點，活度常數中既然含有反映種子含水率的一項，而種子含水率與種子含油率之間的關係又很密切，因此或許可以推測：同種作物的兩個品種，若其含油率差異相當大，那麼這兩品種的 C_w 應該有相當大的不同。

（二）採種的條件

　　熱帶、亞熱帶地區經常高溫多濕。種子成熟期間若遇此氣候環境，不但延遲採收時期，由於種子水分經常有巨幅的升降，可能造成植株上的種子常在循環地吸濕與脫水，導致種被甚至於胚部受到傷害。這種風化的結果使得採種收穫之初，種子起始活度在採收時即已下降，因而縮短儲存壽命。風化能否改變種子的儲藏行為（對溫度、含水率的反應，即 σ）則仍待進一步的探討。我國大豆採種期以秋作為主，春作的種子品質較差，可能是夏天高溫多雨造成種子風化的緣故。

　　起始活度 Ki 越高，種子能夠保存的期限就越久。因此在採收種子時，若能在種子起始活度達最高（即 Ki 最大）時進行，對於延長儲存期限無疑是最有利的，在 Ki 未達到最高時提早採收會降低起始活度。不論是乾果類的水稻、珍珠粟、大麥、小麥、大豆，以及漿果類的番茄、辣椒、美國南瓜等（參考 Zanakis *et al.*, 1994 及其引用文獻），種子剛進入充實成熟期時，都尚未具備最高起始活度，通常要在充實成熟期之後的一段時間，如大豆的 10 天、稻的 12-19 天後才達到，而漿果類的種子在果實成熟採收後再經若干天的後熟，種子才會達到最高起始活度。

（三）氣體

　　儲藏器內充二氧化碳，能有效地延長種子壽命，例如萵苣種子儲藏 3 年，若充二氧化

碳發芽率仍高達 78%，而充一般空氣者 57%，若充氧氣，只剩下 8%（Harrisson, 1966）。

　　儲藏全程中若充氮處理略可以延長大麥、蠶豆、豌豆的壽命（Roberts & Abdalla, 1968）。儲藏條件差，則充氮的效果相對較大，充氧氣的降低發芽率效果也較明顯。儲藏條件較好的情況下，充空氣與充氧氣的效果相差不大。

　　因此在正常的儲藏條件下，氧氣略可以縮短種子壽命，然而其效果遠比溫度、種子含水率為小。這兩個主要條件若不加以有效地控制，即使在無氧狀態下，種子的壽命也很難維持。正常的密封儲藏狀態下若容器內種子裝滿，氧氣量本來就不高，因此抽真空對壽命的影響較為有限。

　　高濃度的氧氣環境可能嚴重縮短種子壽命。Ohlrogge & Kernan（1982）在 25°C 與含水率 17%、氧氣 7.7 大氣壓下處理大豆種子，種子在 22 天之內生命完全喪失，若換以 7.7 大氣壓的氮氣，活度仍能維持不降。

　　種子含水率若高達某一程度，例如澱粉類種子約 18% 以上，則氧氣的存在反而有助於維持種子壽命，若氧氣不足，種子活度即迅速下降。這是因為在高含水率下，種子呼吸作用旺盛，若沒有足夠的氧氣供給，會造成無氧呼吸，所產生的毒物有害種子的生命。

第三節　正儲型種子的老化與死亡

　　種子初成熟時具有最強盛的生理特性，儲藏一段時期之後，種子逐漸步入衰敗的過程，稱為劣變（deterioration）。劣變中的種子若給予發芽的條件，會表現出一些徵候，劣變後期種子步入死亡，不再能發芽。

　　種子為何會老死，根據歷來的學說，有所謂養分用罄說、毒物累積說與巨分子破壞說等三種（Roberts, 1972）。養分用罄說是指乾燥種子在儲藏過程微弱的呼吸作用消耗掉胚部頂端分生組織細胞的小分子養分，導致種子吸水準備發芽前期缺乏養分的供應，因而無法發芽。毒物累積說是指乾燥種子在儲藏過程累積一些毒素，包括由微生物所產生者，因此導致種子死去。但這兩種說法欠缺有利的證據。比較有試驗根據的說法是巨分子破壞說。儲藏過程中，磷脂、蛋白質與核酸等大分子在種子儲藏的過程中受到游離基（free radicle）的作用而損壞，導致細胞膜完整性的受損、粒線體功能的退化、酵素活性的降低以及 DNA 分子的片段化等。

　　游離基是含有一個不成對電子的原子或一團原子。原子形成分子時，化學鍵中電子必須成對出現，因此游離基會奪取其他物質的一個電子，俾能穩定下來。種子中或因為自氧化作用（autoxidation），或因為酵素的作用而產生游離基。游離基會對大分子給予（還原作用）或取走（氧化作用）單獨的電子。例如氧分子接近不飽和脂肪酸的雙鍵位置時

會產生自氧化作用而形成氫游離基（H·），H·又可能與羧基（-ROOH）作用產生游離基 -ROO·。新的游離基不斷地出現，這一連串的反應要直到與另一個游離基結合之後才穩定下來。在這過程會造成大分子的破壞與降解，導致細胞受傷。

　　當種子水含量高（例如 15% 以上），酵素如脂氧化酶（lipoxygenase）會促進脂質的過氧化作用，改變細胞膜的組成，而讓細胞衰竭。當種子水含量低時（例如 6%），磷脂較容易進行自氧化作用而導致種子因游離基而劣變。劣變的乾燥種子在電子顯微鏡底下常可看到球型油粒體的併合以及原生質膜（plasmalemma）的與細胞壁分離，這些都是細胞膜受損的徵兆（Garcia de Castro & Martinez-Honduvilla, 1984）。用以檢查種子活勢的滲透電導度法（見第十一章）即是基於種子老化時細胞膜完整性會受損的現象。

　　水稻種子儲藏過程中，隨著發芽率的下降，即使尚能發芽，發芽時根尖細胞的細胞分裂也常發現異常染色體的出現，發芽率越低，細胞異常的比率則越高（圖 6-4）。在核酸的層面，燕麥種子發芽率高者其 DNA 較為完整，發芽率低者其 DNA 在分離的過程容易出現片段化，表示該等大分子已有所破壞、降解（圖 6-5）。

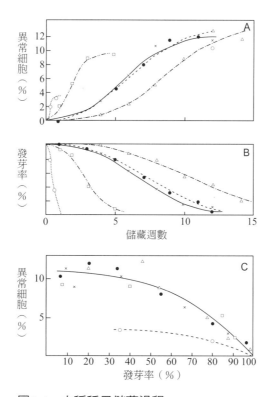

圖6-4　水稻種子儲藏過程
A：發芽根尖細胞分裂時異常細胞百分率；B：
種子發芽率的降低；C：此二者之間的關係。

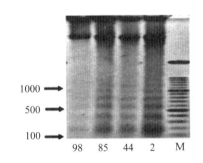

圖6-5 燕麥胚部DNA片段化與種子壽命
的關係（數字為發芽率%）

　　種子的生命表現在發芽能力。種子發芽時最主要的生化合成部位在於將來可能先伸長的根尖細胞。當種子開始劣變，根尖細胞的大分子略為受損。若種子能夠吸水進行發芽的準備工作，經常會發現根尖細胞會進行修補的生化步驟，讓細胞恢復健全。Berjak & Villiers（1972）在玉米種子吸水 48 小時的最後 4 個小時用含重氫（^{3}H）的胸腺密啶（thymidine）處理，然後清洗。電子顯微鏡底下顯示根尖附近具有放射線粒子的細胞以老化的種子為多，高活度種子者為少，證明在劣變的種子，其核酸進行修補，將外加的胸腺密啶併入核酸之中。

　　萵苣種子具有熱休眠的特性，Villiers（1973）取萵苣種子進行儲藏試驗，發現一如水稻，種子含水率越高，壽命越短。含水率 9.7% 時半致死期約 2.5 個月，活種子的根尖細胞於此時有 20% 的染色體異常率。含水率 13.5% 時半致死期僅剩 0.5 個月，根尖細胞異常也約有 20%。但是當萵苣種子浸潤於 30°C 充分吸水的休眠狀態下，可以維持高發芽率至少達 2 年以上，而發芽種子根尖細胞異常率一直不超過 3%。顯然含水率相當高的休眠種子，其生化作用旺盛，因此可以在未能發芽種子的細胞中進行大分子修補，而能維持其生命。

　　種子的修補作用需要在含水率較高的環境，因此常於種子吸水之後開始。高活度種子由於大分子完整而不需修補，細胞膜完整性高，因此吸水釋放出來的電解質較少、發芽速率較快、根尖細胞分裂時染色體也較正常。儲藏過程中種子逐漸劣變，表現出來的初期現象是釋放出來的電解質增加，大分子逐漸降解。若僅少數細胞受損程度嚴重，即使修補作用無法恢復其分裂能力，種子仍能正常發芽，因為旁邊活細胞所分裂出來的細胞可以彌補少數的死細胞，不過修補作用的進行可能讓發芽的速度變慢。當種子儲藏導致胚根間部位死細胞的數目達到某臨界點，修補作用無法來得及發芽的速度，會導致胚根無法正常生長，長出了畸形胚根。當種子儲藏更久，導致胚根、種子根、胚芽等分生組織的細胞死亡數目各超過某臨界點，修補作用難以復原，這粒種子就無法發芽，成為死種子。

因此種子的老化與死亡與多數生物體一樣，乃是漸進的過程，儲藏中的種子逐漸呈現老化，但只有在讓種子吸水發芽時，才能察覺老化的進程，乾燥靜止的種子較難判斷其死活。老化的程序最初是大分子如細胞膜、DNA、蛋白質的逐漸破壞，其表徵是當種子吸水發芽時電解質的滲漏會增加。再者是胚根細胞分裂時染色體會出現異常，由於種子的細胞在此時會進行修補作用，讓大分子恢復原有功能，或者多一次細胞分裂來填補一個死去的細胞，因此使得種子發芽所需時間拉長。當老化的程度再加深，死去的細胞數量多到某臨界點而無法補救時，會造成局部組織的壞死，而發芽後呈現不正常苗。老化的程度更嚴重時，種子宣告喪失生命，連胚根也無法冒出。

第四節　異儲型種子

一般農作物種子在發育達到充實成熟期之後，種子水含量隨之降低，漿果類種子的含水率也會在果實乾燥後下降，這些種子充分乾燥之後可以長期保存。由於植物界大多數種子為此特性，因此稱為正儲型。乾燥即死去的異儲型者較少，根據 Hong et al.（1998）的編錄，在 6,919 種物種中有 514 種植物的種子被檢定為異儲型，占 7.4%；目前英國 Kews 皇家植物園的 Seed Information Database 資料庫所蒐集的 9,000 種植物當中，也約有 7% 是異儲型。異儲型種子通常乾燥之後就會死去，但若維持原來的高含水率，就無法存於冷凍櫃，放在室溫下又會立即進行發芽，因此無法長期儲存。

異儲型植物在分類學上的分布廣泛。Dickie & Pritchard（2002）根據 Hong et al.（1998）所編錄的資料計算，顯示裸子植物中約 6% 為異儲型，不過銀杏與蘇鐵類大多為正儲型。異儲型主要出現在羅漢松科與南洋杉科，羅漢松科的成員大都為異儲型，而南洋杉科則三種類型皆出現，例如南洋杉屬中的肯氏南洋杉為正儲型，庫氏南洋杉為中間型，而智利南洋杉則為異儲型。在單子葉植物方面以棕櫚科內的成員出現異儲型的機會最多（25.8%），在雙子葉植物方面以殼斗科（80.2%）、樟科（77.1%）、山欖科（65.4%）、桑科（48.8%）、藤黃科（42.1%）等較多。菊目、石竹目、茄目、毛茛目等則幾無異儲型植物。屬內的差異也同樣存在，例如楓屬內的岩楓、糖楓種子為異儲型，而挪威楓、大羽團扇楓的種子為正儲型。當然該資料庫所錄的物種約僅全球種子植物的 2.5%，因此真正的比率仍有待將來的確認。

異儲型種子在溫帶植物也有若干，但以潮濕的（亞）熱帶物種較為普遍，Tweddle et al.（2003）所引用的熱帶物種就約有一半是屬於異儲型。常見的異儲型物種如巴西橡膠樹以及山竹、可可椰子、可可樹、芒果、波羅蜜、紅毛丹、荔枝、酪梨、榴槤、蓮霧、龍

眼、麵包樹等熱帶果樹，不過印度棗、腰果、釋迦等熱帶果樹的種子則為正儲型。在林木樹種方面，我國許多殼斗科樹種如赤皮、青剛櫟、森氏櫟、高山櫟等（林讚標，1995），樟科樹種如大葉楠等 6 種楨楠屬（林讚標、簡慶德，1995）、臺灣雅楠等，以及龍眼科樹種如紅葉樹、山龍眼（簡慶德等，2004）的種子都也屬異儲型。

異儲型溫帶樹種如英國櫟、歐洲栗、馬栗、岩楓、糖楓等。這些種子若在濕潤低溫下，因為發芽過程較為緩慢，因此比起在室溫下可以保持略久，但大都不出 1、2 年。我國一些溫帶型異儲型林木種子也可以層積儲藏在 5°C 左右的低溫，但是若干南部恆春半島之熱帶樹種種子，如毛柿、蘭嶼木薑子、蘭嶼肉豆蔻等在 4°C 以下無法存活，當種子含水率分別乾燥至 33.6、32 與 27% 時則完全喪失生命（楊正釧等，2008a）。

異儲型種子通常較大較重，Hong & Ellis（1996）就 60 種種子進行比較，發現種子重量較高，成熟或落粒時種子含水率也較高者，常為異儲型種子（圖 6-6，斜虛線右方者）。Dickie & Pritchard（2002）計算 205 種異儲型種子的平均重量為 3,958mg，而 839 種正儲型種子平均重量為 329mg。Daws *et al.*（2005）拿 104 個巴拿馬的樹木種子進行研究，發現種子較重而種殼／種實重量比較低者，較有可能是異儲型種子。但是重量並非決定是否為異儲型的單一因素，也有些小種子而為異儲型者，例如無患子科的雙遮葉類酸豆木，其種子僅 156mg（Hill *et al.*, 2012）。水稻的野生近緣種，叢集野稻則更僅約 30mg，也是異儲型。

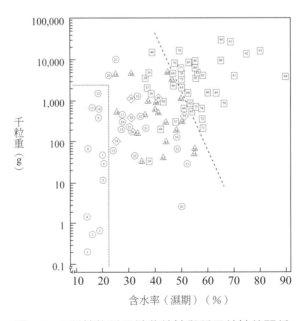

圖6-6　60種植物種子儲藏特性與種子特性的關係

圓圈者為正儲型，方形者為異儲型，三角形者為中間型。含水率為種子成熟或脫落時。

　　正儲型種子在步入成熟的過程會逐漸發展出耐受乾燥的能力，隨著水分的逐漸喪失，種子生理代謝逐漸停止，而成為乾燥種子。但是異儲型種子並未步入此休止的狀態，在較高的含水率下脫離母體後，仍然繼續其生理代謝活動，進入發芽階段。有些水含量高的種子在胚根尚未能鑽入土中吸水前，種子的水分仍可以維持胚根的生長而發芽，如文殊蘭、可可椰子。由於異儲型種子在乾燥後就喪失生命，因此需要儲放在濕潤的狀況下，但是因為水分高，代謝作用旺盛，所以種子會持續進行發芽的步驟，導致發芽成為幼苗而不再是種子。因此異儲型種子都為短命，無法進行長期保存。

　　異儲型種子對乾燥敏感，但是種子能忍受乾燥到何種程度，則因種子類別、種子成熟環境與成熟度，以及種子乾燥速度而有所差別。溫帶樹木如七葉樹、歐洲栗、夏櫟等亦不能忍受乾燥，但是可以保存在 ±3°C 的低溫，因此種子採收後尚可保存 3-5 年。但有些熱帶樹種如南洋杉屬、坡壘屬、娑羅屬等的若干物種則不耐脫水也不耐冷，在 10-12°C 以下會喪失生命，因此種子只能在室溫放數週。

　　不同物種種子成熟自然脫落時胚軸含水率差別很大，可能由 28% 到 82% 不等。海茄苳種子脫落時發芽率超過 80%，其胚軸含水率約 65%，種子放在室內約 2 週後種子發芽率已降到 0，此時胚軸含水率還有 54%。好望角類岑楝種子在脫落時胚軸含水率也高於 60%，不過要乾燥到約 30%，種子才全喪失生命。櫟屬植物、亮葉南洋杉、垂葉羅漢松、可可、巴西橡膠樹等種子也可以忍受略多的失水，但海茄苳與坡壘屬、蒲桃屬種子則只能忍受很少量的失水（Farrant *et al.*, 1988）。

　　種子耐失水能力在同屬植物中可能不同，例如白櫟種子較水櫟種子不耐失水，木奶果屬中不同的種也有不同的耐受力。種子成熟度會影響耐受力，例如紅楠發育中種子摘下後放在 73% 相對濕度下 30 天，含水率由 70% 降到約 58%，發芽率已降到 10%；但是成熟的種子在相同的環境與時間下，含水率由 47% 降到約 38%，發芽率才降到 60%（Lin & Chen, 1995）。異儲型種子掉落後的乾燥速度越慢，則可以忍受乾燥的能力越差。

第五節　中間型種子

　　正儲型種子可以乾燥到含水率達 5%，在此乾燥的情況下，放在冷凍的狀態下，種子可以保存很久。異儲型種子通常無法乾燥到含水率達 30% 以下，因此活種子的水含量高，無法忍受冷凍，冷凍後種子立即死去。中間型種子的儲藏特性居兩者之間，例如木瓜、咖啡等種子含水率在 6-10% 以上 15-18% 以下，儲藏溫度在 0°C 以上時，種子的可儲藏時間與溫度、種子含水率呈反比，越乾燥低溫越能保存得更久，這點與正儲型種子類似。但是

即使種子的含水率低於 10%，這類種子也不能久放於冷凍狀態下，因為經過 3-6 個月的冷凍保存，種子仍會喪失生命。

若干經濟植物的種子被歸類為中間型，如千果欖仁、大王椰子、山葵、木瓜、百香果、油棕、星蘋果、柳丁、胡椒、旅人蕉、茭白筍、楊桃，以及四種咖啡，即小果咖啡、中果咖啡、剛果咖啡、高產咖啡等皆是。柑橘類種子早期被視為異儲型，因為種子乾燥後就無法發芽，後來才發現乾燥後種子發芽時需要相當長的時間才能充分吸水，才導致一般誤認為種子無法發芽（Ellis, 1991）。目前萊姆、酸橙、柚子、檸檬、柳丁等的種子都被歸為中間型。我國頗多樹種都具有中間型種子，如土肉桂、大葉釣樟、香桂、香葉樹、樟樹和小芽新木薑子、大香葉樹等樟科樹種（散見簡慶德等，2004），以及其他樹木如山柚、臺灣海棗、銳葉山黃麻、鵝掌柴、櫸樹（散見 Chien & Chen, 2008）、奧氏虎皮楠（Chien *et al.*, 2010）等。

種子儲藏特性三類型的特性可以分得很清楚，但是即使是同一類型的種子，物種間的差異範圍也很大，而且全球 25 萬種高等植物中目前僅約 1 萬種經過試驗，了解其種子儲藏特性。因此由最極端難以保存的異儲型到可以保存相當久的正儲型，或許是一連續性的分布，也就是說可能有不少種子其儲藏特性是屬於兩兩特性之間，難以區分。

越來越多的證據顯示正儲型、中間型、異儲型等三種子儲藏類型，不論是可以忍受的最低含水率，或者可以忍受的最低溫度，都可能是連續性的。也就是說，可能會有若干物種，其種子的儲藏特性不易歸諸某一範疇。例如印度楝樹種子就可能呈現正儲型、異儲型或中間型不等，或與產區有關係（Mng'omba *et al.*, 2007），而香葉樹和大香葉樹種子則傾向於中間偏異儲型態，因為這些種子乾燥到 10% 後雖然不會喪失生命，但在 15°C 下可以儲存的期限卻較一般中間型者短（簡慶德等，2004），因此其儲藏型可說介於中間型到異儲型之間。

第六節　異儲型種子為何無法耐受乾燥

植物體包括根、莖、葉、花等器官大多不耐脫水，但一般種子則為不同。正儲型種子發育後期，養分已停止進入種子內部，種子逐漸步入休止期，種子水含量也逐漸降低成為具有耐受乾燥能力的種子。蓖麻種子授粉後第 20-25 天即可忍受乾燥，第 50 天開始成熟乾燥，野燕麥種子則分別在第 5-10 及 20-30 天。

正儲型乾燥種子再度吸水，發芽的準備完成後，胚根或胚莖開始擴張或進行細胞分裂，這時候細胞中的液泡也開始增大，一直到胚根（莖）突出開始發芽以後，液泡仍然在

擴張當中。在這種子吸水發芽的過程的初期讓種子回乾，種子仍能保持活度，甚或可以提升種子活勢。當種子發芽達到一個臨界程度時，種子耐受乾燥的特性消失，則回乾會造成傷害，甚至於種子會死去。蒺藜苜蓿種子吸水發芽，若胚根剛突出時回乾，種子仍具生命力，若達 1mm 長加以回乾，活種子剩下 12%，若長達 2mm 時回乾，則所有種子皆已死去（Faria *et al.*, 2005）。

　　異儲型種子發育後期，養分已停止進入內部，但種子並未能步入休止期，因此脫離母體的前後，在水含量高的情況下，代謝生理即由發育進程轉到發芽進程，並未進入具有耐受乾燥能力的狀態，無法忍受脫水。這些種子在脫離母體後，即使未接觸外界水分，發芽過程仍持續進行，胚根或胚莖細胞中的液泡逐漸增大。但是若種子脫水速度快，則發芽過程進行得較為緩慢，因此液泡的增長較緩，相對地，種子可以忍受的乾燥程度越大（Farrant *et al.*, 1986）。反之種子脫水速度慢，有較多的時間進行發芽程序，在相同的含水率下，更快進行到不能忍受乾燥的地步，也就是說，比起脫水速率快者更不能忍受乾燥。可以說異儲型類似於正儲型種子發芽剛到一定程度，回乾後種子即死的狀態。

　　細胞中的微管（microtubule）可以維持細胞骨架，輔助細胞內運輸，乃是由微管蛋白（tubulin）組成。正儲型種子在發育充實的後期逐漸脫水，但仍能維持其細胞架構。蒺藜苜蓿乾燥種子中雖不見微管，但仍可發現微管蛋白顆粒，當種子吸潤發芽胚根生長達 1mm，則已經可以看到微管再度完整排列（Faria *et al.*, 2005）。印加甜豆的異儲型種子在發育後期含水率仍高之際，細胞中的微管仍清晰可見，但是種子乾燥後，不但微管不見，微管蛋白最後也消失，乾種子再度吸潤，則無法重建微管。乾燥的水稻種子胚部芽鞘部位的細胞結構仍相當完整，但海茄苳種子乾燥到 22% 時，其細胞已經嚴重變形（Berjak *et al.*, 1984）。

　　至於為何異儲型種子在乾燥後會導致細胞解體而致死，Berjak & Pammenter（2008）羅列了許多的研究與說法，但未能有一致的學說。以下為主要的論點：

（一）抗氧化能力的不足？

　　細胞中經常出現活性氧化物（ROS），指含有氧離子、氧自由基、有機及無機的過氧化物的離子或很小分子群，可以是細胞正常代謝的產物，也可由外源產生。這些氧化物雖然在組織中有其代謝上功能，但極易與周圍分子反應，釋放出能量而損傷細胞。能拮抗ROS 的抗氧化物，包括酵素與非酵素者，則是維護細胞功能的重要分子。正儲型種子所以能忍受乾燥脫水，可能是因為有抗氧化物的存在，才能維持細胞的正常運作。在廣葉南洋杉、銀杏等異儲型種子乾燥時過氧化作用相當強，而抗氧化能力則相對薄弱，可能因而導

致種子的細胞無法維持正常功能而受傷，使種子無法存活。

近年來 ROS 與種子的關係頗多研究，如種子抗病菌能力、種子細胞的死亡、種子的發芽包括傳遞環境因子、胚乳的軟化、養分的轉運等都可能有關（Gomes and Garcia, 2013）。對抗 ROS 的能力是否也與種子忍受脫水能力有關，仍有待更進一步的證據。

（二）醣類分子的不足？

成熟的正儲型種子中所含的單醣通常都較少，但蔗糖與棉籽糖類寡醣的含量則較高。若干極端耐乾燥的植物組織也經常出現高濃度的蔗糖。為何非還原的蔗糖與寡醣可以提高種子耐乾燥能力，目前有若干說法來解釋。

Crowe *et al.*（1992）及其他學者認為，這些醣類所含有的 -OH 基可以取代水的功能，當失水時，維持種子蛋白質及胞膜穩定性所必需的水就可以被這些醣類所取代。因此其功能可能是防止細胞膜的相互靠近，避免膜產生變形。

另一種說法則是寡醣可以促使細胞液呈現類似「液狀玻璃」的狀態，有助於細胞的穩定，不至於因乾燥而喪失生命。當溶液乾燥的程度比「超飽和」還進一步，達到「超黏質」的狀態時，水與溶質的 -OH 基間就會產生更緊密的關係，使得溶液具有液狀玻璃的特質。由於液狀玻璃的黏度甚強，或可能使分子不易移動，有助於維持細胞的穩定性。在若干乾種子可以檢測出液狀玻璃的特質，然而蔗糖是否有助於種子乾燥時液狀玻璃特性的形成，則尚未有直接的證據。

單純用寡醣的保護作用似乎仍不能完全解釋種子的耐乾能力。例如阿拉伯芥的某種突變體，其種子在成熟階段仍不能忍受乾燥，若先以 ABA 處理發育中的種子，則該種子就可以忍受脫水，不過醣類的成分卻沒有改變。某些正儲型種子的可溶性醣類的含量僅占乾物質的 1%，一些不耐乾燥的異儲型種子，在成熟時其內部所累積的可溶性糖卻也相當可觀。海茄苳的發育中胚部也發現有蔗糖與水蘇糖的累積，夏櫟、白櫟等種子也有類似的情況，因此異儲型種子的不耐脫水與醣類的關係仍無法確立。

不能忍受脫水的種子，乾燥的程度在其含水率還相當高時種子就已受傷，然而此時還沒有達到液狀玻璃的出現時機，因為細胞膜受傷或液狀玻璃狀態的含水率遠更為低落，而且正儲及異儲兩型的種子形成液態玻璃狀態的趨勢並無太大的區別。

針對前述假說的缺失，另有其他的解釋來說明醣類的保護作用，例如細胞內水可能存在不同的位置，異儲型種子的水分大多在液泡內，分布在細胞質內的不多，因此無法像正儲型種子那樣地乾燥。Bruni & Leopold（1992）就認為種子內有些部位的水分才具有保護巨分子的能力，而異儲型種子卻缺乏這部分的水。

此外，也有學者認為寡醣類分子的保護作用不在於其本身，而是因為其形成來自游離

單醣，寡醣的形成可以減少單醣含量，若寡醣的形成不多，則種子內太多的單醣分子會使得種子在乾燥時容易受傷。

（三）LEA蛋白質的不足？

許多間接證據顯示 LEA 蛋白質可能與正儲型種子能耐受脫水的能力有關。（1）正儲型種子發育後期才合成累積 LEA 蛋白質，與種子開始具有乾燥耐受力的時間吻合；（2）某些 LEA 蛋白質（如第 5 群）親水性甚高，可以保護細胞間隙以及大分子；（3）大麥、玉米、豌豆幼苗遇缺水會產生脫水蛋白（dehydrin），這是第 2 群的 LEA 蛋白質，其特殊螺旋狀能維持乾燥細胞於玻璃狀態，維持其活性；（4）棉花的幼胚若提前給予乾燥，會誘導某些 lea 基因的轉錄，顯示 LEA 蛋白質可能與種子忍受乾燥的能力有關。

雖然有些研究顯示若干濕地異儲型種子缺乏 LEA 蛋白質，但是也有若干溫帶、亞熱帶與熱帶的異儲型植物，如岩楓、糖楓、夏櫟的種子，以及較不耐乾燥的中間型沼菰種子也出現這類蛋白質。因此單獨引用 LEA 蛋白質，似乎不能完全解釋種子乾燥能力的獲得。

細胞的玻璃狀態通常只在種子水含量低的情況下出現。當種子含水率約 23% 以上時，細胞內含物呈現液狀，12%-23% 之間時呈現黏稠狀，在低於 12% 時就呈現玻璃狀（Buitink & Leprince, 2004）。乾燥的正儲型種子細胞內可能因為蔗糖與 LEA 蛋白質的作用，形成玻璃狀態，因而可以維持細胞活性。異儲型種子一般遠在種子脫水到 12% 之前就已經死去，因此其死因與無法進入玻璃狀態沒有關係。

LEA 蛋白質所以能致使種子能忍受乾燥，原因至今仍未全明白，一般的推測是 LEA 蛋白質的親水性可以保有較多的水分，或者蛋白質本身具有取代水分的功能。

第7章 種子生態學

種子的生命循環包括種子形成、散播、入土、發芽形成新個體，以及再度開花結果。野生植物形成種子之後，種子會散播而遺留於土壤，因土壤的龜裂、農地的耕犁或動物的攜帶而進入土中。土壤中的種子面臨若干命運，發芽的種子可以長成新的個體，但若埋土太深，發芽後可能來不及見到陽光而夭折。野外的植物族群結構由植株的死亡與幼苗的更替來決定，而幼苗能否發芽成長與種子生態特性有關，特別是種子大小與數量的取捨、種子的散播與種子的休眠發芽等。

土中種子的發芽需要種子休眠特性及土壤環境兩者的配合，不發芽的種子若沒有死去或其他生物的侵襲，就會留在土中形成種子庫。土中種子庫（soil seed bank）的組成雖然不一定能完全地反映在下一季所萌發的雜草，但是仍然足供參考之用。雜草種子生態學的研究，不論在學理或者實際應用，皆有其必要。

第一節　野生植物的種子繁殖策略

種子的生產量因物種、地點及耕作措施而有極大的差異。通常一年生雜草整個植株的乾重分配於繁殖器官的比例，即生殖配置（reproductive allocation），常較多年生者高，草本植物生長於開放地者，其比例也常較生長於密閉棲地者高。就特定棲地而言，先鋒植物常生產數量較多的種子，繁殖分配比例較高，而穩定後的多年生木本植物則營養組織的分配較高。

野生植物所產出種子若較小，通常其數量的比率也較大，在土中也可以維持較久（Harper, 1977）。種子較重者通常所產生的種子數量就較少，其散播的距離也可能較短，但一般而言一個族群內重量較大的種子其出土萌芽的機會較高，這可能是種子大者可以忍受更深的埋土，也可以長出較大的幼苗（Fenner, 1992）。較大的種子雖然較容易被動物取食，不過若有機會發芽，所長出的幼苗通常較能忍受遮蔭、乾旱、幼苗長得較大、較可以忍受冬季落葉等，因此競爭力較強（Hill *et al.*, 2012）。

在農地上，雜草的種子產量攸關土中種子庫的組成以及雜草防除的成效。雜草的種子產量因物種而異（表 7-1），但也受到栽培方法的影響。一般而言，土壤肥沃會增加雜草種

子的產出，而雜草生長初期的除草措施則會減少種子產出。

表7-1　耕地雜草的種子生產數量的個例

地區	雜草	種子量/m^2	栽培法
英國	大穗看麥娘	6,500	冬季穀類
美國	反枝莧	1,038,000	施肥區
		415,800	不施肥區
	馬齒莧	78,600	
	匍伏麥草	634	
加拿大	稷	42,600	豆類
		3,400	玉米
		150	大麥
芬蘭	卷莖蓼	543	
印度	蒼耳	250	

第二節　種子的散播

　　野生植物種子成熟後經由散播而離開母體，然後進入土中，伺機發芽再度成為新的植株。種子散播方式的多樣性反應出漫長演化過程植物特殊化的結果。

　　在生態學上，散播體（diaspore）指的是植物散播的單位，可能是孢子、花粉、種子、種實，甚或整串果實，最極端的例子是指整株植物的地上部，如莧科豬毛菜屬（*Salsola*，見風力散播段落）的植物。種實散播的方式一般分為自主散播（autochory）與藉物散播（allochory）。

一、自主散播

　　自主散播指種子透過本身的構造機能，經由重力（如海茄苳）、彈跳（如酢漿草）或旋鑽（如野燕麥）等方式而離開母體甚或入土。自主散播的方式可進一步再分為主動的快速彈送體與被動的順勢離送體兩種。

（一）快速彈送體

　　某些植物的種子經由各種方式，包括死組織的吸水，或者活組織的張力，如果實或種被的膨壓等，主動地將種子彈出去，稱為快速彈送體（active ballist），黃花酢漿草、鳳仙

花屬（圖 7-1）、天竺葵、噴瓜等屬之（Fahn & Werker, 1972）。

　　噴瓜的成熟果實內含種子與漿汁，強烈地膨脹著果皮，膨壓到達臨界點之後果實猛爆式地將種子及黏液噴射出可達 40-50m 遠。鳳仙花果實表皮細胞數目較少，內層細胞數目較多。果實成熟時沿著各心皮的交接處產生離層，心皮分離的一剎那，因為表裡細胞數目的差異，心皮向內急速捲曲，產生動力，快速地將種子向四方彈送。

　　種子快速彈出的距離因植物而異，最遠的紀錄如紫花羊蹄甲的 15m，沙盒樹的 14m。

圖7-1　隸慕華鳳仙花種子的快速彈送

（二）順勢離送體

　　有些植物因外力，如風力、雨水、大氣濕度等環境因素的刺激而自主性地將種子送出，稱為順勢離送體（passive ballist）。這些外力僅提供觸媒效應，主要的散播力量還是果實本身。例如罌粟屬果柄細長，成熟後風將長柄果實前後吹動，使得果實自主性地將內部的種子彈出去，這類散播方式稱為順風離送體（wind ballist）。沙漠地區中十字花科的薺葳屬及屈曲花屬的某些種，在果實成熟後，若雨水打在果實，會使得果實將種子彈出，類似的散播方式稱為順雨離送體（rain ballist）。

　　許多種實成熟後果柄產生離層，因種實重力超過離層維繫的力量而能離體落下，這樣的方式稱為重力散播（barochory），例如水筆種子在母體上發芽成幼苗，因重力而落到並插入泥中，完成散播。芹葉牻牛兒苗（Evangelista *et al.*, 2011）種子先以快速彈送體彈出，然後落地。由於芒具有吸水性，吸飽水時芒呈直線，乾燥時芒在 5 分鐘之內捲縮如彈簧，由於大氣的濕乾交替而膨脹收縮，使得芒得到動能，旋鑽入土中。以類似方式進行散播的種實稱為匍匐散播體（creeping diaspora）。野燕麥種實落地之後也以類似的方式自動埋於土中。

二、藉物散播

　　許多種實本身沒有動能，因此需要藉助外力，才能達到散播的目的，稱為藉物散播。藉物散播可再分為水力散播（hydrochory）、風力散播（anemochory）及動物散播（zoochory）等三大類。

（一）水力散播

　　許多種實或因種子表面蠟質不沾水（如睡蓮屬）、果皮含有氣室（如銀葉樹與沼澤水芋），或者果皮粗糙多纖維（如椰子、棋盤腳）而浮於水面飄流，都稱為水力散播。棋盤腳果實在海上漂流可長達兩年，有時漁民還拿來當釣魚用的浮標。

（二）風力散播

　　靠風力傳播的種子很多。因種子微小而被風遠吹者稱為粉塵散播體（dust diaspore），如蘭科、列當科、鹿蹄草科等極小的種子。有些種子小而具纖毛，風吹而漂浮空中，如水柳者，稱為羽狀散播體（plumed diaspore）。羽狀散播體受風傳播的距離遠較粉塵散播體者短，其傳送速度不但受風速的影響，大氣濕度也有關係，濕度高則傳得較近。

　　有些成熟扁平小果實內含有種子，受風一吹果實就膨脹如氣球，增加其浮力，因此可被風傳送，稱為氣球散播體（ballon diaspore），沙漠地區不少此例，如氣囊南非董、多刺黃耆。不少微小的蘭科種子在胚與單層細胞的種被間有空隙，風吹時膨脹有如氣囊，有助於風力散播。

　　翅果以及具翅種子常稱為具翅散播體（winged diaspora），這是因種被或果實具有平扁的翅狀突起，而易被風吹離。種實的翅長短不一，最長者如粗刺片豆、翅葫蘆的種子以及坤氏龍腦香（圖 7-2）的種實，都可飛達 15-17cm 外。

圖7-2　坤氏龍腦香的種實

半乾燥的大草原及沙漠地區常見某些植物地上部分老死乾燥後，整顆被風吹走，留根部於土中，斷掉的整個植株呈圓球狀，在沙地上翻滾，沿途將種子到處散播。這類植物就稱為風滾草（tumbleweed）。常見的風滾草是白莧與豬毛菜屬植物，後者植株成熟後由莖基部斷裂，整個植株成球狀被風吹滾於野外。其他如藜科的紅濱藜、豆科的野靛草、茄科的壺萼刺茄、十字花科的高拂娘蒿等都是。我國海邊禾本科的濱刺草雌性花序呈圓球狀，成熟後整個花序脫離母體，隨著東北季風在沙灘上翻滾，沿途散播種子有如小型的風滾草。

風力借助的散播可以以公式（1）估算可能的傳播距離。在同樣風速下，若已知某種種子的藉風吹送距離，就可以用來估算某未知種子的可能傳送距離 V_x：

$$V_x=S_b \times V_b/S_x \tag{1}$$

其中 V_b= 已知種子 b 的最遠散播距離；S_b= 已知種子 b 的浮力；S_x= 未知種子 x 的浮力。依公式，其他條件不變，若風速加倍則距離也加倍。以下是一些種的 V_b：西洋蒲公英 10km，歐洲雲杉 0.3km，歐洲赤松 0.5km，歐洲白臘樹 0.02km。

（三）動物散播

種實因動物的攜帶而傳播到他處稱為動物散播。動物散播可再分成內攜傳播（endozoochory）、外附傳播（epizoochory）、嘴唧傳播（synzoochory）等。內攜傳播指動物將種實吃下後經由腸道排泄而傳播種子，外附傳播是種實黏著於動物外表攜帶到他處而傳播種子，嘴唧傳播則是指動物將種實唧於嘴，帶到他處吃完後吐出而傳播種子。

有助於種子散播的動物包括魚類、兩棲類、爬行類、鳥類和哺乳類動物等，人類則是現今種子傳播能力最強的動物。以下是各類動物的種子傳播方式。

1. 螞蟻類傳播（myrmecochory）

螞蟻是地球上數量最多、最常見的昆蟲，常在土中築穴，將種子搬運回穴中儲存，等於是播種於土中，可稱為螞蟻類傳播。螞蟻所搬運的種子常是附有可食的白色組織，就是油質體，油質體常含有蓖麻酸（脂肪酸），可以吸引螞蟻。

螞蟻類傳播可以讓種子埋於土中，減少被地上動物吞食，並且增加由土中發芽長出的機會。根據 Lengyel et al.（2010）的調查，全球被子植物中至少有 77 科（所有科的 17%）、334 屬（2.5%）、11,000 種（4.5%）的種子可經由螞蟻類傳播。

南非螞蟻類傳播的例子相當多，一般認為被搬運到土中的種子比較不會被森林大火毀滅。美國至少有 13 屬 47 種歸化植物的種子表面具有油質體，這些種子會吸引螞蟻，

因此比較容易被帶入土中，這可能是為何這些外來植物可以成為該國草原雜草的主要原因
（Pemberton & Irving, 1990）。

2. 爬蟲類傳播（saurochory）

一些素食性爬蟲類，如烏龜、玳瑁、蜥蜴等，將種子吞食經排泄而傳到他處。經此方
式傳播的種子，常具有特殊氣味，可能還有顏色，常著生於近地表的枝條，或者成熟時掉
落。最有名的是加拉巴哥群島（Galapagos Islands）上的大烏龜。此烏龜可以傳播該島上的
仙人掌及番茄種子。仙人掌種子經排泄後立即可以發芽，該地固有的野生番茄種子，僅在
通過烏龜腸胃後才可發芽，其他動物無效。

3. 鳥類傳播（ornithochory）

鳥類是相當重要的種子傳播媒介，特別在海島間植物的傳播最借重鳥類，是島嶼植物
生態上重要的課題。鳥在濕地上活動，鳥爪沾黏泥土飛到他島，將乾燥的泥土連同其中的
種子傳播出去。包括燈心草屬、臺草屬、莎草屬、蓼屬等類的種子，皆可依靠鳥類外附傳
播的方式遷移到他島上。

榕樹種子隨著鳥糞而發芽長在建築物上，是國人最為習知的景觀。畫眉、鴿子、犀鳥
等吃下果實，再將堅硬的種子排出。這些果實常具有若干特色，例如肉豆蔻等肉質甜或含
有油分，為鳥所喜好。有些種實沒有強烈的味道，但具有鮮明的顏色，如紅色或橙色，也
會吸引鳥食用。羅漢松屬種毬由二到五個鱗片聚合而成種托，種托上著生種子，當種子成
熟時肉質的種托也由綠轉成紫到紅色，依種而異，吸引鳥類啄食而完成種子傳播。

豆科、無患子科、木蘭科的若干植物，其種子成熟脫離果實時，由長絲狀的假珠柄
（pseudofunicle）連接著胎座，使得種子懸吊於果實之下，隨風搖動，這可能有助於吸引
鳥類取食而達成傳播（van der Pijl, 1982）。

美加州啄木鳥以嘴將杏櫟等核果藏於樹皮中，可達千個，可說是典型鳥類的嘴啣傳
播，不過松鼠等動物又會將之偷出而埋於土中，完成種子的散播與播種。歐洲槲鶇將白果
槲寄生的漿果啣於鳥嘴，飛到其他樹上，吸取汁液後將種子黏在枝條，為槲寄生再添一個
寄主。若干豆科植物的種子有擬態（mimicry）的特色，如孔雀豆屬、雞母珠屬、刺桐屬等
種子雖堅硬，但顏色鮮明，可使鳥誤為肉質果實而去啄食，亦可散播種子。

4. 魚類傳播（ichthychory）

經由魚類傳播的例子可在南美洲亞馬遜流域的研究中看到。在河邊枝條垂入水中，魚

類可以吃果實，而將種子排到其他地區。Chick *et al.*（2003）在美國發現紅桑椹、沼地類女貞等果實被美洲河鯰吞食後，種子更容易發芽。地中海海邊甜茅屬植物的種子也是經由鮪魚來傳播（Ingrouille & Eddie, 2006）。

5. 哺乳類傳播（mammaliochory）

反芻動物如牛、羊等的糞堆中常可找到豆科牧草，以及莧科、藜科、毛茛科、蕁麻科等各類植物種子。在德國山區的調查顯示，一頭羊的身上平均可以找到 85 種維管束植物，種子數目可達 8,500 粒。種子仰賴動物依此方式傳播，都可稱為哺乳類動物的內攜傳播。帶有刺、芒的雜草種實如白花鬼針、蒼耳等，其種實可以沾黏動物表體而傳播到外地，可說是哺乳類動物的外附傳播。中國古書《博物誌》記載：「胡中有人驅羊入蜀，胡苔子多刺，黏綴羊毛，遂至中國，故名羊負來。」胡苔子又稱蒼耳，該文指出羊具備傳播種子的能力。

動物以外附方式散播種子者不限於鳥類與哺乳類。扁葉香莢蘭的果莢具芳香化合物，因此成為重要的香料來源。當果莢成熟裂開，吸引昆蟲（如蜜蜂）或其他脊椎動物覓食，將黑色而外表帶有黏質的種子黏著於動物身體而攜出。

6. 蝙蝠傳播（chiropterochory）

哺乳類的果蝠常將果實嚼去多汁部分而後吐掉種子，是熱帶森林中重要的種子傳播者。亞非洲熱帶森林中果蝠所取食者顏色較多樣，也常會發出氣味。中南美洲熱帶森林植物中由鳥類與由果蝠傳播者有所區分。由鳥類傳播者其果實常無氣味，多為紅色、紫色或藍色，由果蝠傳播者其果實常為暗綠色，有些成熟時會產生強烈氣味。

果蝠在濃密葉層中難以仰賴聲波的回音飛行，因此其食材常為幹生果（caulicarpy），如榕屬、波羅蜜屬以及楝科的蘭撒果屬等。大蝙蝠所好的芒果則為花開於下垂支條末端而外露的鞭生果（flagellicarpy）。此外枝生果（ramicarpy，不長葉的主要枝幹）所長出的果實也會被果蝠取食，這類果實在成熟時常發酵而帶霉味，可能是含有丁酸（butyric acid）。

學者在馬來西亞森林中調查發現，胸高樹圍 ≥ 15cm 的樹木，約 14% 為果蝠傳播者，該等果實常為黃綠或暗紅棕色。果蝠所排遺的種子，其發芽能力不受到影響，而松鼠與靈長類動物的取食較會傷及種子（Hodgkison *et al.*, 2003）。

三、種子散播到棲地

種子藉由各種力量散播到各地區土表屬於前段散播，而蚯蚓、螞蟻、土壤龜裂、人類

耕犁等將種子埋入土中，可稱為後段散播。

一些種子，特別是十字花科、唇形科等的種子可能在種被具有黏液層，接觸到水分就會分泌黏液，沾在蚯蚓等動物身上而進入土中。蚯蚓將種子帶入土中，但也可能再次將種子帶到土表或土表之下，增加其發芽機會。陸地正蚓（*Lumbricus terrestris*）於夜間爬到土表覓食，然後鑽入地下深處，而將種子帶入土中。蚯蚓的吞食種子可能讓種子消失，但若干消化不全種子經排出後可能仍具生命，甚或解除硬實特性而能促進發芽。

在陸地正蚓所做的研究顯示，種子太大（>2mm）則該蚯蚓無法吞食。可以吞食的種子中，小種子可能受傷害較大，因此出苗率會降低，較大的種子則相反。蚯蚓所鑽的地洞與排出的糞堆則有利於幼苗的生長。這可以解釋溫帶草原所長出的幼苗70%與蚯蚓的出沒處有關（Milcu *et al.*, 2006）。

種子散播能力與植物族群的興衰有相當大的關係。以在演化地位屬於「年富力壯」的禾本科為例，上述的各類種子傳播機制，幾乎全可在臺灣本島的各類禾草中找出例子，充分說明了何以禾草常是前鋒植物（許建昌，1975）。

靠風力散播的如白茅、甜根子草、開卡蘆等種實具有長毛，三芒草屬的種實具有毛茸狀芒，濱刺草的整個花絮成球狀，都可被風吹送。

靠水力傳播的馬尼拉芝、海雀稗、鹽地鼠尾粟等其穎果的外殼具不透水的革質，可以浮於海水而散播。芻蕾草的雄性小穗穗軸成熟過程捲曲將雌穗包著，此彎曲穗軸如一葉扁舟似地在海上漂浮而傳播。

禾草外附於動物而傳播的例子相當多，李氏禾種子藏在內外稃之間，其龍骨成節齒狀，附於鳥爪而傳播。狼尾草屬的剛毛總苞、蒺藜草屬刺殼上的剛刺毛、竹節草小穗針狀基盤糾結、竹葉草穎上的棒狀長毛、蜈蚣草屬穎邊緣的櫛狀刺、孟仁草外稃的芒、淡竹葉外稃變形而成束的勾狀刺毛、囊稃竹的囊狀外稃所具覆鉤狀毛等，都可以附著於動物身上而傳播。

臺灣的禾草也不少自主散播的例子。鼠尾粟屬、龍爪茅屬與穇屬的種實為胞果，果皮吸到水立刻腫脹而裂開，將種子擠出。細穗草、假蛇尾草屬的小穗軸成熟時自動逐節掉落，依重力而傳播。匍匐散播體的例子如黃茅與苞子草的種實，其外稃基部有尖銳的基盤附著於動物身上或者土壤，頂端的芒相當發達，遇濕氣會扭轉，將基盤鑽入土中。這些都可稱為順勢離送體。竹節草針狀小穗藉著濕氣的變化甚至於可以鑽入牛皮引起皮膚潰瘍。

第三節　土中雜草種子庫

一個棲地的土壤中，種子庫大小是動態的，受到新入土種子、發芽種子、死亡種子的數目等三個因素的影響。此三個因素雖然常是因年因月而異，然而仍存在一些規則。

在沒有新種子的加入之下，土中特定植物的種子數目會逐年遞減，呈現負指數的關係（Roberts & Feast, 1973），遞減模式為 $S=S_o \times e^{-gt}$，其中 S_o 是種子起始數目，g 是在某環境下該種子的每年減少速率，S 是第 t 年後的種子數目。此模式不但在英國成立，日本、美國、法國等也有學者得到同樣的結論。

這個指數模式表示前面幾年減少的數量較多，年代越久，每年減少的數目越小，然而也有若干例外的案例。至於每年減少速率（g）則因不同物種而有相當大的差異，例如 Mark & Nwachuku（1986）即指出熱帶地區如奈及利亞的雜草，較溫帶的雜草在土壤中更易死去。

在溫帶草原所做的研究顯示，土中種子的壽命與種子的重量呈現負的相關，小種子常因具休眠性而保有較長的壽命（Thompson *et al.*, 1993）。然而在若干熱帶地區的研究卻看不出有此關聯，若干小於 1mg 的種子在土中壽命不超過 1 年（Dalling, 2005）。

土中種子種類及數目的差異，因氣候、土壤狀況等環境因素與植被、動物等先前經歷而有所不同。土中種子數目和種類等數據的正確估計，則是了解種子動態最基本的手段。

一、種子庫的預估方法

由於地上植物種類、數目的差異，土壤質地及表土深度的不一，以及空間分布的不均勻，使得種子數目和種類的估計難有統一的方法，而不同的方法所得到的數據其代表的意義也不盡相同。

估計技術的要點在於取樣方法以及種子計數方式。決定取樣方法主要的考慮是樣品數以及每個樣品大小兩者間如何調節，此外還要考慮總土樣大小與研究人力、物力間的取捨。如何在研究資源與取樣代表性間取得平衡，是在進行取樣前就必須決定的。樣本數的多寡在學者之間看法不一，1,000m^2 的農田中 50 到 500 個不等，當然土壤取樣的深度也有所影響。

取得樣品後即可計算種子種類及數目。目前常用來預估種子庫的方法有兩種：

（一）分離計數法

　　分離計數法是以物理方法把種子自土壤分離出來，直接計數種子。研究者所用的過程大致相同（Tsuyuzaki, 1994），都以篩選或漂浮方法分離種子，僅使用設備不一樣。篩選使用風力或選別機，將種子從風乾後的樣本中分離出來，此法可能無法區分與土壤顆粒同大小或同重的種子，很小的種子也容易飄散。漂浮方法則是用 K_2CO_3、$NaHCO_3$、$MgSO_4$ 等水溶液與土樣相混，將土塊與有機質分開。種子與土壤分離後，再用篩選或過濾的方式來分離出種子，也可將土壤樣本放入細孔尼龍袋，懸吊在水桶內，搖動而沖掉土壤。此法較簡單，但種子小於孔徑者易流失。

　　種子分離出後，通常都在解剖鏡下辨認各類植物的種子，並分別計數。種子的活度測定則是用鉗子挾著種子然後施加壓力，能抵抗壓力者視為活著的種子（Ball & Miller, 1989）。此法可能會誤將死種子但仍堅硬者算入，對於很小很薄的種子也不適用。

　　分離法把土壤與種子分離，因此樣品體積降低很多，在空間不夠時可以採用。

（二）土壤發芽法

　　土壤發芽法是把土壤樣本放在一容器，移置到溫室讓幼苗出土，計算幼苗的種類及數目。空間夠時可以直接在溫室加水，讓土壤中的種子發芽，發芽後定期辨認和計算幼苗（Egley & Williams, 1990）。此法雖操作較易，但是各種雜草的種子所需的發芽條件可能大不相同，部分活種子也可能不發芽（Standifer, 1980）。針對此缺點，可以俟幼苗萌發停止後，將土樣予以各種休眠解除處理，一段時間後重做試驗，或給予不同的發芽條件。

　　就兩種方法的比較而言，Ball & Miller（1989）探討不同耕犁方法和除草劑處理對雜草種子庫的影響，發現兩者都適合使用。而郭華仁與陳博惠（2003）在調查稻田鴨舌草種子庫時，則採用兩者的混合法。

二、土中種子庫的組成與大小

　　種子庫的大小因地點、狀況的不同而差異很大（表 7-2），反映出棲地環境、不同的作物與栽培方法的影響。譬如在某蔬菜輪作園，土壤中早熟禾種子含量為每平方公尺 3,120 粒（Roberts & Stokes, 1965），而大麥、玉米和胡蘿蔔田區，其土壤中種子含量較少，分別為 1,100-1,700、1,500 和 1,600 粒（Roberts & Neilson,1981）。臺北每平方公尺水田中鴨舌草種子的數目，可因季節而由 0 到 23,638 粒不等（郭華仁、陳博惠，2003）。

表7-2　各種土壤內種子庫大小的個例

地區	植被型態	種子數/m^2	土深（cm）
美國	農地	4,255-29,974	3
	草原	287-27,400	—
	濕地	50-255,000	4-3
	阿拉斯加中等苔原	779	13
臺灣	水稻田	0-23,638	17
日本	草原	23,430	
澳洲	常綠森林	588	5
	半落葉森林	1,069	5
新幾內亞	平地森林	398	5
泰國	低地山地森林	161	5
	荒地	59	5
烏干達	燃燒過的熱帶稀樹草原	520	2
貝里斯	牧場	7,786	4

（一）耕犁之影響

減少雜草種子庫種子數目的方法有輪耕、休耕及其他作物管理法等。綜合過去50年的作物管理研究，Schweizer & Zimdahl（1984b）發現無論哪一種栽培作業（休耕、減少耕犁、單作、輪作和除草劑處理的耕作），若無雜草種子的引入，雜草種子庫的種子數目大多數都在1-4年內減少。

休耕田完全不耕犁，任意雜草滋生，土壤會增加許多雜草種子。但是偶而的耕犁，可使土中雜草種子發芽，若能避免雜草種子再度產生，則能有效地減少土中雜草種子。同是休耕地，一年耕犁兩次，減少土中種子數目的效果比施用除草劑更大（Roberts & Dawkins, 1967; Bridge & Walker, 1985）。

經淺耕或淺耕加底土耕犁後，種子的分布多集中於土壤中層，而深耕能將較多的雜草種子埋入土壤深層。旋轉式犁並無翻轉土壤的作用，僅將土壤予以切碎，因此使雜草種子集中於土壤最上層。不同的耕犁方法對雜草相亦有影響。若田間有此情形，可偶而採用深耕，以減少此問題。

（二）除草劑之影響

持續使用除草劑可降低土中雜草種子數目。Schweizer & Zimdahl（1984a）指出，在玉米單作田區連續6年使用草脫淨（atrazine），雜草種子可減少98%。若草脫淨只施用於前3

年，後 2 年不再施用，土中雜草種子的數目會回升至本來密度。而無論是密集（施用量或次數較多）或適度（標準施用量或次數）的雜草管理系統，兩者減少土中雜草種子數目的結果沒有差異（Schweizer & Zimdahl, 1974b; Bridges & Walker, 1985）。Schweizer & Zimdahl（1984b）認為當土壤有一龐大的雜草種子庫時，前幾年可施行密集的雜草管理系統，當雜草種子數目降低至某一程度，則可持續地採用適度的管理系統。

三、土中種子庫的型態

由於種子的散播與發芽經常有季節性，因此對於土中種子種類及數目的調查，若不密集進行，則無法得到土中種子庫動態的完整數據。在英國 10 個地區進行詳盡的週年調查，Thompson & Grime（1979）將溫帶地區草本植物的種子庫分成暫時性與持續性兩大類。暫時性（transient）土中種子庫指某類種子在土中，僅在一年的部分時期出現，若干時期則無。持續性（persistent）土中種子庫指整年皆可存在於土中者。

在乾燥的或是被干擾棲地中的禾草，如硬繩柄草、鼠大麥或黑麥草等，常可形成暫時性種子庫。這類種子夏秋季成熟落土後，短暫的時間內可能無法發芽。隨後休眠性逐漸解除而在土中發芽，以致在冬天土中種子已全部消失，直到下一季新種子落土為止。一年中出現於土壤中的時間較短者，稱為第一類型種子庫。某些常在早春發芽的草本植物，如峨參與有腺鳳仙花等，這類種子的休眠性稍長，土中種子在晚春後始全部消失。這類種子一年中只有短暫的時間不存在土中，稱為第二類型種子庫。

持續性種子庫如細弱剪股穎、鵝不食草與絨毛草等，主要在秋季發芽，但整年中至少保持小部分的無休眠種子於土中，為第三類型。另外如整年皆可在土中維持數量較龐大的種子，常為草本或灌木類植物，如紅葉藜與繁縷等，屬於第四類型種子庫。持續型可再分為短持續型及長持續型兩類，種子在土中持續存在 1 至 5 年者為前者，持續存在至少滿 5 年才稱為長持續型。長持續型者在植被遭受破壞或消滅時，藉著土中種子而再生的機會最高。

就已知的資料而言，種子的形態、大小、表面質地等與種子庫的類型有關。一般而言，小種子常為持續型，而大種子常為暫時型（Thompson et al.,1993），但發芽特性也會影響，例如種子大者若具有硬實特性，則可能為持續型。溫帶地區根據種子的大小及發芽特性，參考土壤種子庫檢索圖，可以依圖預測該種子究竟屬於何種種子庫型態（Grime, 1989）。

第四節　土中種子的休眠與萌芽

　　雜草種子常具休眠性，以確保在惡劣環境下不至於全部發芽而遭全軍覆沒。休眠用來指稱適合種子發芽環境條件的寬窄，休眠的程度取決於種子與發芽環境的關係。活種子若全無可發芽的條件，可說是絕對的休眠，發芽的條件最寬廣時，則為無休眠的狀態。種子成熟後即具有的休眠稱為先天性休眠，先天性休眠的種子經過一段後熟時期，休眠性逐漸消失，最後呈現無休眠狀態。種子從完全的休眠到無休眠的期間，可說是處在制約休眠（詳第五章）。

　　種子進入土壤以後，四周環境對種子具有兩個方向的影響，即決定能否發芽與改變休眠狀態。土壤環境，包括溫度、光照、各種有機或無機化合物，以及氧等各類的氣體等，皆可能影響種子能否發芽，例如好低溫發芽的種子不會在夏天長出幼苗，而需光種子在深土中也不易發芽。無休眠的種子若處在不合適的環境下，如溫度過高時，也不會發芽。一般土中的種子若翻犁於土表上，當溫度與水分合適，見光則發芽。

　　由於種子經常處於土壤中，因此也會受到這些環境因素的影響，而逐漸改變其休眠狀態，這也是土中種子常顯現休眠循環的原因。由於這些環境因素，特別是土溫隨著季節而變，因而導致種子的季節性萌芽。

　　因此有兩因素決定某種子何時自土中發芽，其一是當時的環境因素，其二是種子的休眠狀態，即當時該種子對於環境的需求。環境因素的變動常是可預期且容易測量，種子休眠的季節性變遷雖然也有其規律，但各種植物，甚至不同族群皆有所不同，而且在測定上也較麻煩。

一、種子休眠循環的測量

　　測量種子的休眠循環，常先將種子分批放入網袋後，再將各袋種子埋入盛土的黑色塑膠容器內，然後將整個塑膠容器埋入土壤深度 5-10cm 處。所以深埋，是要讓無休眠的種子因環境不適合而不能發芽，讓這些種子有機會去進行休眠性的變遷。否則一經發芽，就不復是種子了。

　　種子定時取出，取出時要避免塑膠容器中的種子受到光線的刺激，以免試驗結果發生改變。將塑膠容器從田間運送至實驗室的過程中，必須使用黑色塑膠袋覆蓋（Brouwmeester & Karssen, 1992），以徹底隔絕光線。對於要進行黑暗處理發芽試驗的種子，必須使用這種埋土方法，因為對某些種子而言，種子出土短暫的曝光就具有促進發芽

的能力（Scopel *et al.*, 1994；陳博惠，1995）。通常試驗的進行以月為單位，每月定期取出
部分種子，種子分成若干小樣品，在各種溫度與光照環境下進行發芽試驗，以了解各時期
所挖出的種子，在不同環境條件下的發芽能力。

　　發芽試驗的控制變因有兩項，一為光照，一為溫度。光照處理分為兩種，分別為黑暗
處理及每日給予約 8-14 小時光照的處理，以模擬土壤深處及土表種子兩種不同的受光狀
況。溫度的調控則分別採用高低不同的溫度處理，以發芽適溫範圍的寬窄來探知種子的休
眠狀態。黑暗處理者，先在綠色安全光暗室中將種子置入培養皿中，外包以鋁箔以隔絕光
線，然後放入生長箱中。計數種子或幼芽時亦在綠光下進行。為期 2 到 3 年的埋土試驗，
可望看出土中種子休眠狀況的變遷。

　　圖 7-3 顯示土中鴨舌草種子發芽率變遷的一例。鴨舌草顯然是偏好高溫發芽，但是剛
成熟的種子在埋土之初（1993 年 11 月）無法於 4 種溫度下發芽，顯示完全休眠狀態。1 個
月之後，隨著時間各種溫度下的發芽率依序提升，顯示可以發芽的溫度範圍逐漸擴大，到
翌年 4 月這段期間可稱為處於制約休眠的狀態。5、6 月出土的種子在 30/25°C 已達到最高
發芽率，可說是無休眠狀態。隨之又進入制約休眠，9、10 月幾乎所有溫度下都少有發芽
者，可算是進入第二次的完全休眠期。1995 年有類似的休眠循環，雖然在月分上不會完全
相同（Chen & Kuo, 1999）。圖 7-3 也意涵著土中種子即使在不具休眠性的時候，也可能不
會發芽，這是因為無休眠種子也有其發芽環境的需求，當環境不對，這些留於土中的種子
不但不會發芽，還會再度逐漸步入休眠狀態。

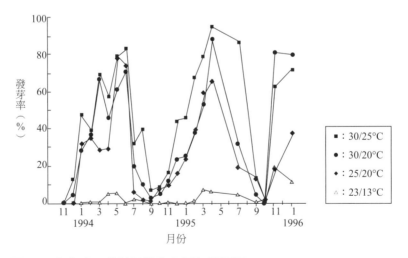

圖7-3　土中鴨舌草種子發芽率週年變遷圖
種子埋於未湛水的土中，每月取出在有光照下進行發芽試驗。

二、土中種子發芽能力的變遷

　　土中種子休眠性的研究，經常發現出土種子的發芽率在一年當中會有上下起伏的情況，有時休眠性強（在各種溫度下仍不發芽），有時則較容易發芽，而休眠性高低起伏的情況在每年多少會略為相同，此即休眠循環。圖 7-4 以示意圖來說明若干休眠循環的樣式，不過個別雜草差異頗大，本圖無法涵蓋所有的休眠循環類型，而且即使同一種雜草在不同年也可能因每年溫度的差異而有所不同。

　　圖 7-4 A 顯示土中種子的完全休眠循環，一年生夏季型雜草的種子埋在土中，春天達到無休眠狀態（圖 7-4 A 中之 S），夏秋時進入休眠。絕對一年生冬季型雜草的種子休眠循環類似，只是季節上剛好反過來（圖 7-4 A 中之 W），而且發芽偏好低溫。這兩者的休眠循環接近圖 7-4 I。鴨舌草種子就屬於此型態。

　　但休眠變遷也不見得只有完全休眠循環。雖然週年試驗顯示不同溫度下發芽率會有上下起伏的週期，然而在大多溫度下不容易發芽的季節，可能有一個最高溫（或者最低溫）是可讓種子發芽的（圖 7-4 B 中的 a）。

　　圖 7-4 III 者（即圖 7-4 B 中最高／最低溫度為 a'-a 者）指出新種子一開始處於完全休眠（D），可是其後的所有季節在最低（高）溫下（a），種子都具有發芽能力，在其他溫度下都已經難以發芽之際，在 a 下仍然可以發芽。這時期依照定義是屬於制約休眠，不過由於除了這最高（或最低）溫可以發芽以外，其餘溫度下又皆難發芽，因此用 D/CD 來與全部溫度下都難發芽的 CD 來區分。這類種子只在剛形成時處於完全休眠，其後就以 CD、ND、CD、D/CD、CD 的方式表現其休眠循環。

　　有些兼性冬季一年生雜草種子一開始就可以在最低溫下發芽（即圖 7-4 B 中最高／最低溫度為 a-a 者），因此其休眠循環為 D/CD、CD、ND、CD、D/CD（圖 7-4 II）。

　　在冬季一年生植物的寶蓋草，其 T_{min} 除開始之外，皆是固定的（如圖 7-4 B a'-a），在夏秋季無休眠的狀態，發芽適溫的範圍最大，隨著制約休眠的來臨，T_{max} 漸漸升高，直到冬季時，T_{max} 最高，發芽適溫範圍最小。田間溫度在春夏季時落在可發芽的範圍內，因而在春夏季發芽。一熟多年生植物（monocarpic perennial）如北非毛蕊花則其 T_{max} 一直是固定的（如圖 7-4 B a-a），夏季時在較低的溫度下不發芽，進入冬春季時則發芽溫度範圍最寬，處於無休眠狀態（以上兩種植物見 Baskin & Baskin, 2014）。

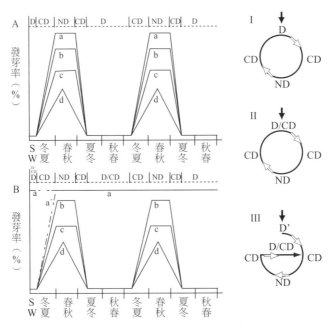

圖7-4　土中種子發芽能力週年變遷示意圖

A中之S表夏季一年生雜草，A中之W表冬季一年生雜草。
溫度處理a、b、c、d依次遞升或遞減。B表兼性雜草。D休
眠、CD制約休眠、ND無休眠、D/CD表除最低或最高溫之
外，其餘溫度下不發芽。I、II、III分別表特定的休眠循環。

種子休眠程度週年循環的研究，以 Baskin & Baskin（1988, 1989a, 2014）等的成果最
為豐碩。休眠循環的類型大致分為下列數類：

（一）絕對冬季一年生植物

以圓齒野芝麻（Baskin & Baskin, 1984）為例，5 月剛埋於土中的種子處於完全休眠
的狀態，在各種溫度下皆不發芽。其後發芽率隨之上升，若在低溫下測發芽率，其上升較
快，在高溫下則較慢，此時為制約休眠。7、8 月夏天時出土的種子在各溫度下皆有高發芽
率，顯示此時種子是無休眠狀態。3 月左右種子則處於休眠狀態，而在春夏（5 或 6 月）
及秋冬交替時（11 月）則呈現制約休眠，接近於圖 7-4 A 中之 W 與 I。這類植物常在秋天
發芽，冬春之際開花結子而後死去。

（二）兼性冬季一年生植物

在美國肯達基州（Baskin & Baskin, 1989b），薺菜種子剛埋土時還是完全休眠，經過一

段時間後，低溫發芽能力先上升，10 月後冬天出土的種子在高溫下也可以發芽，所以這時種子是處於無休眠的狀態。此後的 1、2 個月內，種子皆可在低溫下發芽，但是在高溫下的發芽能力則有週期性。一般而言，在秋季時為無休眠狀態，在每年春、夏季時處於制約休眠的狀態。

　　與春季發芽的一年生夏季植物不同的是，此類兼性冬季一年生植物，種子在春夏季時較低的發芽溫度下仍能發芽，為制約休眠的狀態。絕對冬季一年生的植物則不同，在春夏季種子休眠的期間，無論何種溫度處理，發芽率都接近 0% 的休眠狀態。因此土中薺菜種子的週期循環為 D、CD、ND、CD、D/CD、CD、ND（圖 7-4 III）。兼性冬季一年生植物至少在當地，主要是秋天萌芽，但春天亦有部分種子可以自土中萌發。

（三）夏季一年生植物

　　以萹蓄（Baskin & Baskin, 1990）為例，美國肯達基州 11 月開始埋土試驗時，萹蓄種子在 4 種溫度處理下發芽率都接近 0%，埋土 1 個月後發芽率逐漸上升。此時種子在高溫下發芽率較高，低溫下較低。3 月時出土的種子在各溫度下皆有很高的發芽率，5 月後，低溫下的發芽率開始下降，但高溫下仍維持較高發芽率。到 8、9 月時發芽率都降得很低，顯示出種子發芽能力的週年循環，在春季時（3 月）處於無休眠的狀態，夏季時（8 月）處於休眠的狀態，而春夏交接（6 月）與秋冬（12 月）則處於制約休眠的狀態（近似圖 7-4 A 中之 S）。這類植物常於春季發芽夏天開花。不過同是萹蓄，在英國的試驗雖然也顯示春季時處於無休眠的狀態，夏天較難發芽，但是由於發芽試驗多了 4°C 處理，而萹蓄種子在各個試驗期間，在 4°C 下發芽率都相當高，已較接近圖 7-4 B 中之 S a-a（Courtney, 1968）。而且同樣是萹蓄種子，在英國者較喜歡冷溫（即 a、b、c、d 的處理溫度依次遞升），但在肯達基州者正好相反。

（四）一年四季都可以發芽的多年生植物

　　以皺葉酸模的種子為例（Baskin & Baskin, 1985a），自 1 月埋入土中後，2 月取出的種子在 15/6°C 處理下發芽率為 0%，而在其他溫度處理下，發芽率介於 75-90% 之間，顯示種子於剛入土時是處於制約休眠的狀態。但埋入土中 4 個月後取出的種子，在各種溫度處理下的發芽率皆為 85-100%，顯示制約休眠已解除，直到試驗結束，不論種子何時自土壤中取出，發芽率都在 80% 以上。這種類型的植物種子落入土中，一旦制約休眠解除後，就一直維持在無休眠的狀態，所以一年四季都具有發芽能力。但是這類植物仍在某些季節才自然萌芽，這是因為還有環境的季節性變遷在控制種子萌芽。

三、土中種子的萌芽

（一）土溫與種子的萌芽季節

　　土內種子的休眠狀態有一定的變遷方式。休眠狀態的變化顯現在種子發芽適溫範圍的變寬或變窄。適溫範圍的變化有一些規律，例如冬季一年生植物的種子常需要高溫來解除休眠，而夏季一年生者則需要低溫（層積）。實際上田間自然狀態下，種子能否萌發，除了受到種子休眠狀態的左右外，田間的溫度有無落在發芽適溫內，更是決定的因素。對此，Probert（2001）以在英國的若干研究個例，提出說明如下。

　　以夏季一年生植物萹蓄而言（圖 7-5 a），在冬春兩季出土的種子皆可在最高的溫度下萌發，顯示此期間最高發芽溫度（T_{max}，如 35°C）是固定的。在此之前的秋天出土的種子表現出休眠性，表示其適溫範圍甚窄，意即此時最低發芽溫度（T_{min}）很高，可說與 T_{max} 同高。然而秋天土溫已降到 20°C，落在發芽適溫範圍（35°C）之外，因此不能萌芽。

　　隨著休眠逐漸解除，發芽適溫範圍逐漸擴大，種子越來越能在低溫下發芽，表示 T_{min} 逐漸降低，直到 2、3 月無休眠狀態時 T_{min} 達到最低（如 15°C），形成最大的發芽適溫範圍。不過此時冬天尚未結束，土溫仍在 10°C 左右，落在發芽適溫範圍（15-35°C）之外，因此儘管此時種子的休眠程度最低，還是不能發芽。

　　此後土中種子的休眠性逐漸增加，種子越來越不能在低溫下發芽，表示 T_{min} 逐漸升高，即發芽適溫範圍又逐漸縮小。不過在 3 至 5 月春天時土溫已上升，會落在發芽適溫範圍內，因此萹蓄的種子僅在春天萌發。

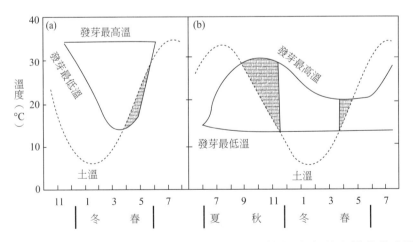

圖7-5　一年生夏季植物（a）與一年生兼性秋季植物（b）的自然萌芽時期

兼性冬季一年生的植物如薺菜，除了剛成熟之外，終年皆可在低溫下發芽，表示其 T_{min} 不變（圖 7-5 b）。夏天出土的種子處在高溫下不能發芽，表示其 T_{max} 很低，幾與 T_{min} 相同（如 12°C，在臺北者為 23/13°C，見郭華仁、蔡新舉，1997）。而夏天土溫又偏高，種子當然不可能自行萌長。

入秋後出土的種子可發芽的溫度越來越高，表示 T_{max} 逐漸上升，發芽適溫範圍漸漸擴大。不過需要等到土溫降到發芽適溫範圍之內時，也就是晚秋，種子才可能由土中自行萌芽。隆冬之際，種子逐漸步入制約性休眠，發芽適溫範圍漸窄，但是土溫已降到近 0°C，低於 T_{min}，因此種子不能萌發，不過春天有短暫的土溫上升，而且落在適溫範圍內，因而在春季也有一小段時期可以發芽。

同理，絕對冬季一年生植物及春夏季發芽的夏季一年生植物，也可經由試驗的結果，推測其適溫範圍。以絕對冬季一年生植物圓齒野芝麻為例，其 T_{min} 在夏秋季是固定的，冬季時處於休眠狀態，發芽適溫範圍最窄。隨著休眠的解除，T_{max} 漸漸上升，直到秋季時，發芽適溫的範圍最大。因此在秋季時，田間溫度會落在發芽適溫範圍。

（二）預測土中種子的萌芽

在沒有發芽的情況下，土壤內許多種子呈現出週年性的休眠循環。休眠循環是種子休眠性的逐漸解除與逐漸形成所造成，而造成土中種子休眠狀態改變的因素，除了種子本身的韻律外，主要是外界環境如溫度的影響（Bouwmeester & Karssen, 1992）。無休眠或制約休眠種子能否萌發，則還是要看溫度、水勢等環境因素是否適合。Totterdell & Roberts（1979）提出假說，認為種子休眠程度是同時受到種子埋土以來所經歷的高、低溫度的控制。Bouwmeester & Karssen（1992）根據此假說提出數學模式，以春蓼種子休眠週年循環的數據，以及各月分的溫度來適配與預測休眠的變遷，得到良好的結果。國內則以無休眠的類地毯草、兩耳草（楊軒昂，2001），與小花曼澤蘭（余宣穎，2003），根據溫度與水勢及種子發芽速率、幼苗成長速率的數學關係，提出模式，利用播種後每天的土溫與土壤水勢數據，可以有效地預測幼苗出土的速率。

第四章提到，種子發芽天數 t 與溫度 T 的直線方程式為 $1/t=K_1+(1/\theta_T)T$；發芽天數與水勢 Ψ 的直線方程式為 $1/t=k_3+(1/\theta_H)\Psi$，其中 θ_T 與 θ_H 分別為種子的積熱值與蘊水值，K_1 與 k_3 分別為常數。兩者合併可得到種子發芽速率與溫度、水勢的關係，$\theta_{HT}=(T-T_b)(\Psi-\Psi_b)t$，其中 θ_{HT} 稱為種子發芽的水熱積蘊值，T_b 與 Ψ_b 分別為種子發芽的基礎溫度與基礎水勢。轉換此方程式得：

$$\Psi_b=\Psi-[\theta_{HT}/(T-T_b)\ t] \tag{2}$$

　　在預測土中種子的萌芽時，需要針對個別種子來加以描述。然而上述的方程式所指稱的是一批種子的平均發芽速率與溫度、水勢的關係，但實際的情況，每粒種子的發芽時間都不同，因此每粒種子的積熱、蘊水、基礎溫度、基礎水勢等介量可能多少不同。根據 Covell *et al.*（1986）的研究，基本上每粒種子的發芽基礎溫相同，但是積熱則各有不同，越快發芽的種子其積熱越小，越慢者積熱越大，而且每粒種子的積熱呈現常態分布。也就是說若把累積發芽率（G）放在縱座標，每粒種子的積熱 θ_T 放在橫座標作圖，則會呈現 S 型的曲線。

　　根據常態分布的特性，經過機率值（probit）轉換後，可以將該曲線轉成直線，因此可用以下直線模式來表示：

$$\text{Probit(G)}=K+(1/\sigma)\times\theta_T \tag{3}$$

即 $\theta_T=[\text{Probit(G)}-K]/\sigma$。其中 σ 是種子族群積熱分布的標準偏差。將此式帶入積熱方程式 $1/t=(T-T_b)/\theta_T$，可得：

$$1/t=(T-T_b)/\{[\text{Probit(G)}-K]/\sigma\} \tag{4}$$

　　種子對水勢的反應與對溫度相反。Gummerson（1986）發現每粒種子的蘊水 θ_H 是固定的，但基礎水勢 Ψ_b 則為常態分布，根據常態分布的特性可得到：

$$\text{Probit(G)}=[\Psi_b-\Psi_{b(50)}]/\sigma_{\Psi b} \tag{5}$$

其中 G= 種子發芽率，$\sigma_{\Psi b}$= 基礎水勢變方，$\Psi_{b(50)}$= 發芽率達 50% 時的基礎水勢。將方程式（2）帶入式（5），可得雜草種子的田間發芽預測模式：

$$\text{Probit(G)}=\{\Psi-[\theta_{HT}/(T-T_b)t_g]-\Psi_{b(50)}\}/\sigma_{\Psi b} \tag{6}$$

其中 t_g 為發芽達到發芽率 G 的天數。實際應用時，先在多個恆溫 T_i 與水勢 Ψ_i 的組合環境下進行發芽試驗，調查每日累積發芽率。以 T_i、Ψ_i、Probit(G)、t_g 的數據帶入式（5），進行複迴歸分析，求出 θ_{HT}、T_b、$\Psi_{b(50)}$ 與 $\sigma_{\Psi b}$。例如類地毯草種子的試驗得到 Probit(G)=[$\Psi-$46/(T-12.5)t_g+0.81]/0.436。實際預測時，將每日（t）的均溫 T 以及土壤水勢 Ψ 帶入，就可以得到類地毯草種子的預測累積發芽率（楊軒昂，2001）。

　　但是種子在土壤中發芽，需要經過一段時間，莖芽才會出土而被發覺。而莖芽的生長長度與土壤溫度與天數有關，此關係在類地毯草為：

$$Y=1.91-0.05T-0.4T^2-0.01tT+0.09t+0.01t^2 \tag{7}$$

其中 Y 為莖芽長度，T 為溫度，t 為日數。將種子植在土壤表面下 1cm 處，並觀察幼苗出土時間，結果類地毯草種子的預測累積萌芽率與實測值很接近（圖7-6）。

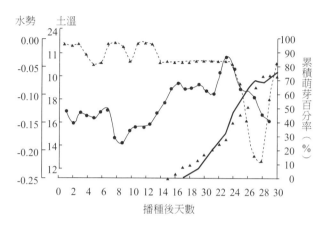

圖7-6　類地毯草種子累積萌芽率預測與實測比較圖
類地毯草種子的預測累積萌芽率（粗黑線）與實測累積萌芽率（黑三角點）。虛線為實測土壤水勢，細線為實測土溫，播種時間為2001年3月。

第五節　種子生態與雜草管理

一、人為干擾地的草相管理

近代農法採用除草劑做雜草的化學防除，有效地降低生產成本。但是除草劑的普遍使用，雖導致雜草種類銳減，雜草的數量問題卻仍然存在，每季種植仍皆須噴灑。Jordan（1992）提出最低密度的雜草管理法，強調雜草密度在低於該門檻以下時，對作物產量影響不大，因此可以不施用除草劑。此種方法的採用，需要考慮當前的成本（本期雜草對作物的減產）以及將來的成本（不防除所產生雜草種子對於下季作物可能的影響）。進行此雜草管理方法前，對於雜草種子生產、入土、採種田間萌芽時機與數量，及種子數與雜草密度的關係等資訊，皆需要有所了解與掌握。

運用種子生態的知識，可以減少化學藥劑的使用，例如 Forcella *et al.*（1993）在美國米里蘇達州經由試驗顯示，雜草密度只要控制在 40 幼苗 /m² 以下，大豆就不至於減產。其次，土中雜草種子中能發芽長成苗的比率約為 40%。由於播種前的耕犁會將剛長出的幼苗除去，越慢耕犁，雜草種子發芽得越多，因而所降低的土中種子數目就越大，例如

延遲到 6 月耕犁，該地土中種子只剩 10%。所以雜草種子密度若在 1,000 粒 /m² 以下者
（40÷0.4÷0.1=1000），調整耕犁期就可以控制雜草的危害，不必使用農藥。

接著他們測量 204 塊田的種子庫，發現土中種子數目約在 200 到 16,000 粒 /m² 之間，
平均是 2,081 粒 /m²，中值為 944 粒 /m²，就是說約有 102 塊田其種子密度在 944 粒 /m² 以下。
作者認為這一半的農地在當季皆不需要使用除草劑，用耕犁除草，就可以將雜草族群控制
在不影響作物產量的程度。

不過在當地的狀況，太晚播種本身也會減產，因此需要在機械除草的前提下，就雜草
危害與晚耕減產間估算出最適的耕犁期。此研究顯示，若能了解田間埋藏的雜草種子的種
類與數目，以及其發芽率季節性變化的模式，有助於土壤中雜草種子的控制，達成作物低
生產成本及省工栽培的目標。

有機農法不得使用除草劑，因此其雜草管理需要使用多管齊下的方法。其核心目標就
是降低雜草的競爭力以及繁殖力，達到可接受的程度。這些方法包括選擇作物抵抗力較高
的品種與防止雜草的出現。

種子生態學原理可以用來防止雜草的出現，包括利用輪作改變農地環境來減少雜草數
量，並且防止特定雜草成為優勢族群，也可以採用耕犁（攪動土壤）的方式令種子先發芽
然後除去。種覆蓋作物或覆上可分解覆地物，都可抑制雜草發芽與生長。

在溫帶地區，步行蟲科（*Carabidae*）與蟋蟀科（*Gryllidae*）昆蟲是最重要的種子掠食
者（Honek, 2003）。在捷克的研究顯示步行蟲科昆蟲每天可吃下 1,000 粒種子 /m²，因此此
類昆蟲可以用來作為耕地雜草管理的方法之一。在日本，外來的義大利黑麥草已成為田間
重要雜草。Ichihara *et al.*（2014）發現，田間的閻魔蟋蟀（*Teleogryllus emma*）可以咬食其
幼苗與種子，造成該雜草族群的降低。

新竹鄉間二期稻作收割後，不需犁田，田間自然長出旱苗蓼，草相單純，在開花期造
成較為美觀的農村景觀。這種自播性的植物，並非每年必可出現，可能與田間管理的方式
有關。旱苗蓼種子冬季大量落土時具有制約休眠特性，在水稻栽培期間土壤湛水缺氧狀態
下更不能發芽，但可以保持生命力。到了二期稻作收穫後，由於土壤不再積水，土溫合適
於發芽，而且當時種子已呈無休眠狀態，更不再有水稻植體的遮蔭，因此土壤表層中大量
的種子就自行發芽，形成壯麗的單一植被景觀，生質量也頗大（蘇育萩，1995）。

旱苗蓼充作綠肥，其效果與傳統物種相當。鑒於非豆科的大菜、油菜等也是傳統的
綠肥，具有自播性的旱苗蓼，不需種子及播種費用，因此此種「自播性綠肥」應是值得研
究推廣的（蘇育萩等，1999）。旱苗蓼易於防除，植株淹水即死，而在旱田下，埋得較深
的種子在夏天以後已無休眠性，而且逐漸在黑暗中也可發芽。進入秋冬以後，種子大多已

在土中發芽死去，不至於累積成持續性的種子庫，因而在推廣上不會有形成頑強雜草的問題。

　　隨著經濟環境的變遷，人為干擾的土地除了是農地外，其他新的土地用途，包括大型工廠的周邊綠地、道路邊緣草皮、都會公園、球場、馬場、野餐場、鄉村公園、休閒農場等的面積，近年來已急速增加。就已開發國家而言，傳統上這些草皮以種植綠色的單純草相為主，是較密集的管理。但是管理的成本頗大，因此近年來興起了野花草地，其特點是粗放管理、草相較雜、而且包含各種野花物種來增加觀賞或教育的價值。

　　野花草地基本上是生產本地野花種子，配合地區的環境特性選擇植物，以一定比例的種子混種，並做適當的管理。在先進國家野花草皮已行之有年，而且造就一定的野花種子市場（Brown, 1989；郭華仁，1995）。有關種子生態習性的了解，可以提供植物種類選擇及播種管理上的參考，也有助於種子公司生產品質較高的種子。

二、自然植被的復建與管理

　　由於耕地、道路、工業區等的不斷擴充，環境植被的復建及管理的工作需求日漸增加。植被的復建，講求的是當地野生植物群落的再現，並非單純植相的栽培工程所能比擬。

　　高歧異度草相的復建，需要種類繁多的植物繁殖體，比較保險的方法是生產、採集野生植物種子做人為播種，或逕做移植，因而必須累積大量採種及種苗生產的技術，才能順利完成。澳大利亞礦區的當地植物復育，就累積了這方面豐富的資料（Langkamp, 1987）。此法雖最可靠，然而有時植材不易取得，而且所費不貲。這些資料對於其他地區也不見得能全盤接受，環境不同的地區，植物不一樣，有關的技術還是應在當地自行發展。

　　由於植物種類甚多，這些技術不一定容易獲得，可能也沒有種苗商供應如此多的植物。因此若要進行本地植物的復建，不論是作為食用、畜牧用、或是水土保持，或是景觀的需要，最簡單的方式是順其自然，讓原生植物的種子經由散播而重新形成群落。不過由於人為的因素，近來許多地區受隔離的情況日益嚴重，因此自然散播愈形緩慢而且不易預期。

　　另一個方法則是善用土壤中的種子，只要土壤中含有所需要的種子，數量也足夠，配合適當的管理措施，來讓這些種子在適當的時期自行長出。

　　利用土中種子庫進行植被復育的案例已逐漸增多（Leck *et al.*, 1989，Mall & Singh, 2014）。例如 Wade 取部分的森林表土（Pascoe, 1994），可以作為原生植物復育工作的材

料。礦區或濕地在被變更使用前，也可以將表土刮移到需要復建之處（Valk & Pederson, 1989）。能否直接利用原地的土中種子庫作為復建之用，則與植被破壞的年限以及種子在土中的壽命有關，土中種子一旦消失，當然就無法利用。

　　土中種子庫不但可用來復建本地植物，也可藉以控制既有植被的組成與結構。火燒、過度放牧、乾旱、淹水等造成地上植物毀滅，因土中種子再生出新植被的例子不少。藉由人為的管理來達到相同效果的例子較少，以美國為例，有草原用火燒的方法，去除現有的外來種植被，然後依靠土中種子庫自行恢復原來族群。

　　淡水濕地也可以定時放水降低水位，以便由土中再生所需要的植物，這方面在美國中西部做的研究相當多（Valk & Pederson, 1989）。研究顯示，在進行各種管理措施之前，宜先調查土中種子庫的狀況。而土中種子庫的調查也可以用來預測將來植被的組成。Leck（2003）研究美國一處河域土壤，發現含有 177 種種子，每平方公尺土中種子數量由 450 到 39,600 粒不等，其中更有若干當地稀有以及瀕危物種。因此不需客土，即可以恢復當地植被。

第**8**章 種子產業與種子法規

　　農業約起源於 1 萬年前，1 萬年以來農夫每年播種、選種、留種與再播種，將野生植物馴化成為栽培植物，長期以來創造出成千上萬的地方品種。農民除了留種自用，還會與他人交換種子，遷徙時也會攜帶種子到新居地，完成種子的擴散。間或以交易的方式取得種子也是有的，例如中國後魏賈思勰所撰的《齊民要術》卷三〈種韭第二十二〉就提到：「若市上買韭子，宜試之。」這可說是從前種子產業的買賣型態。

　　農民留種自用、向鄰農與鄉下小店購買，可稱為非正式種子產業，目前在許多南方國家仍占有 80-90% 不等的規模。非正式種子產業能夠提供多樣化的作物種類與地方品種，有助於農業生物多樣性的維持。

　　反之，除了少數有機農夫或者民間團體進行留種的工作外，經濟發達的國家目前則以正式種子產業為主，由私人種子公司以及政府相關機構等提供種子。以公司行號專賣種子者而有記載者，最早可以推到 16 世紀的歐洲。

第一節　國際種子產業

一、種子企業及種子私有財產化

（一）種子企業

　　遠在孟德爾著名的植物雜交論文出現之前，倫敦在 16 世紀中期就有種子商的記載，如 Child & Field 公司。英國政府從 17 世紀開始進行品種改良試驗，其後專業種子公司陸續出現，例如 1764 年建立的 Harrison & Son 種子公司就經營了 200 年，直到 1971 年才併入 Asmer Seeds。倫敦農業種子貿易協會成立於 1880 年，不過那個時期種子品質的檢查與管制以德國、瑞士等歐陸國家為勝（Montague, 2000）。

　　日本最早的種子商是草創於 1593 年，位於九州竹田市的山本屋種苗店，至今逾 400 年仍能繼續經營。有名的瀧井種苗（Takii Seed）成立於 1835 年、坂田種苗（Sakada Seed）在 1913 年建立。其他國家如法國的 Vilmorin-Andrieu 於 1743 年出現在巴黎，義大利 Franchi Seeds 出現於 1783 年，而美國 D. Landreth Seed Co 則慢一年在 1784 年建立。

　　20 世紀開啟近代育種科技，歐美種子業更形發展。首次的國際種子會議在 1924 年於倫敦舉行，並成立了國際種子貿易聯合會（Fédération Internationale du Commerce des Semences, FIS），每年易地舉行年會，用以加強業界的連結，而在 1929 年開始實施國際種子貿易規則。隨著二次大戰後種子業的再度發展，FIS 規則第八版終於問世，美國與加拿大也宣告加入。在 2002 年，FIS 與致力於品種權保護的國際植物品種保護植物育種家協會（Association Internationale des Sélectionneurs pour la Protection de Obentions Végétales, ASSINSEL）合併成為國際種子聯合會（International Seed Federation, ISF）。

　　亞、歐、美、非各洲都有區域性種子商業組織。美國種子商協會（ASTA）成立於 1883 年，目前成員包括美加兩國約 700 家種子公司。亞太種子協會（Asia Pacific Seed Association, APSA）於 1994 年成立，成員包括各國的國家種子協會、政府機構及公、私營種子公司等，是目前最大的區域種子組織。

（二）種子市場

　　根據 ISF 的數據，在 2012 年各國國內種子市場合計至少有 449.2 億美元，以美國 120 億居首，其次依序為中國、法國、巴西、印度、日本、德國，分別有 90、36、26、21、14、12 億，我國則有 3 億美元。

　　全球種子國際貿易在 1985 年成長遲緩，其後速度加快，而在 2005 年以後則遽增（圖 8-1），在 2012 年已約有 100 億美元。種子外銷市場成長最快的為法國的農藝作物（14.4 億）與荷蘭的蔬菜作物（12.6 億，表 8-1），在 2002 年兩國分別只有 3.7 億與 2 億美元，而當年美國不論農藝作物的 5.5 億與蔬菜的 2.5 億美元都還是全球第一。法國外銷種子現今以玉米、向日葵為最。扣掉種子進口值（表 8-2），種子業的兩大贏家為法國與荷蘭。

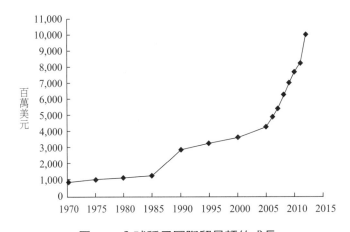

圖8-1　全球種子國際貿易額的成長

表8-1 十大種子外銷國（2012年）

	重量（公噸）				金額（百萬美元）			
	農藝作物	蔬菜作物	花卉種子	總計	農藝作物	蔬菜作物	花卉種子	總計
法國	586,289	8,084	287	594,660	1,437	349	18	1,804
荷蘭	119,862	11,596	1,931	133,389	256	1,255	—	1,583
美國	364,117	17,626	726	382,469	930	529	72	1,531
德國	100,752	1,271	1,271	103,294	638	58	31	727
智利	50,125	1,809	1,809	53,743	218	150	20	388
匈牙利	128,168	1,600	—	129,768	374	11		385
加拿大	193,559	221	—	193,780	317	6	—	323
義大利	94,722	10,153	76	104,951	198	116	1	315
丹麥	121,140	7,855	117	129,112	221	42	2	265
中國	31,977	6,130	625	38,732	79	158	14	251

表8-2 十大種子進口國（2012年）

	重量（公噸）				金額（百萬美元）			
	農藝作物	蔬菜作物	花卉種子	總計	農藝作物	蔬菜作物	花卉種子	總計
美國	232,340	14,616	468	247,424	873	369	70	1,312
德國	178,954	4,148	744	183,846	590	90	20	700
法國	135,980	5,908	406	142,294	540	137	10	687
荷蘭	150,340	15,398	732	166,470	263	373	49	685
義大利	206,124	5,539	130	211,793	242	170	10	422
西班牙	133,898	7,201	304	141,403	176	197	1	374
蘇俄	45,780	2,861	82	48,723	310	58	5	373
墨西哥	31,123	2,098	102	33,323	133	221	1	355
英國	47,780	4,162	400	52,342	202	70	15	287
中國	36,348	7,535	78	43,961	143	111	14	268

（三）種子的私有財產化

自古以來種子被視為公共財，眾人皆可以繁殖、播種、販賣種子。然而在 20 世紀，種子開始逐漸成為公司私有財產，主要是透過技術與法律兩種方式。技術主要是雜交一代（F1 hybrid cultivar，F 表 Filial）種子的生產，而法律則是植物智慧財產權。

雜交一代種子生產始於美國。擔任過美國副總統的 Henry A. Wallace（1888-1965）在學童時期就開始進行植物雜交的研究。他在 1924 年推出第一個商業玉米雜交一代玉米品種

'Copper Cross'，在 1926 年成立玉米種子公司，即後來的 Pioneer Hi-Bred。他在 1933 年擔任美國農業部部長後，將政府研發能量全力投入雜交一代玉米的開發工作，而其最大受益者就是 Pioneer 公司（Kloppenburg, 2004）。

雜交一代品種需要將玉米這種異交作物培養出許多自交系（inbred line），然後由許多自交系中挑出兩個特定自交系進行交配，產生第一代雜交種子販售，因此雜交一代品種又稱為交配品種，有別於固定品種（自然授粉品種，open pollinated cultivar）。繼玉米之後，洋蔥（1944）、甜菜（1945）、番茄（1940）、白菜（1950）、高粱與菠菜（1956）、青花菜（1963）、胡蘿蔔（1969）、水稻（1973）等雜交一代品種也相繼問世。

雜交一代品種的後代會分離，農民若留種自種後其植株生長參差不齊，商業生產價值較低，因此每次種植都需要重新向種子公司購買，可視之為種子公司的私有財。種子公司只要不讓自交系外流，就可以一直專賣雜交種，因此深受種子公司的歡迎，陸續推出交配種，連自交作物也不放過。但是 Kloppenburg（2004）認為若當初用相同的力道來做玉米族群改進，也可以育成農夫可以自行留種而且高產的固定品種。

另一項技術是轉殖終結者基因（terminator gene）的基因改造種子，該技術在 1998 年由美國農業部與 Delta & Pine Land 公司取得專利，後來為孟山都（Monsanto）公司擁有。農夫購買黃豆終結者種子，雖然播種後可以生長採收黃豆，然而這黃豆只能利用，卻無法播種，因為種子在生長時會啟動轉殖進去的毒素基因，讓種子雖可充實成熟，卻喪失生命力。該基改品系另外殖入解毒基因，在種子公司增殖種子期間尚未要販售時，在田間只要噴灑特殊化學藥劑，誘引種子成熟過程中表現出解毒基因，將毒素基因除掉，所生產的種子是活的，因此可以再次播種繁殖。等到繁殖販售用的種子時，並不施藥，解毒基因沒有作用，種子形成過程毒素基因得以表現，因此農民所購得的種子種植後，所收成的種子雖然可以作為食用或飼料，但已不具生命。利用此技術可以讓農民無法留種自用（Ohlgart, 2002）。然而終結者技術曝光後引起國際強烈反彈，《生物多樣性公約》（*Convention on Biological Diversity, CBD*）在 2000 年與 2006 年分別實質禁止終結者種子的田間試驗與販賣，印度與巴西兩國更明訂法律禁止。

智慧財產權主要是透過專利法或品種權法，讓研發新品種者擁有一定期間的專賣權，達成種子的私有化。品種權是在 1961 年簽署通過的植物新品種保護國際聯盟（Union Internationale pour la Protection des Obtentions Végétales, UPOV）公約之後才有，美國在 1930 年用保護強度較弱的植物專利來保護果樹花卉等無性繁殖品種，用實用專利（utility patent）保護植物體發明則始於 1985 年。歐洲專利法與我國一樣不得保護植物體的研發，但歐盟在 1998 年通過生物科技指令後，已實質進行植物體研發的專利保護。

二、國際種子市場的壟斷

19 世紀時種子公司大抵上規模不大，然而 1930 年代開啟交配品種時代，讓種子可以成為私有財，投資新品種研發有利可圖，因而發動了一波種子公司的併購風潮。第二波併購風潮是在 1970 年代左右，各國開始陸續通過植物品種權法案，石油化公司開始覬覦種子業。第三波則始於 1990 年左右，這段期間基因改造技術已趨於成熟，而美國又開始用實用專利保護植物研發。這樣的大規模種子業整併，形成了少數種子公司的壟斷（Howard, 2009）。

以成立於 1901 年的美國孟山都為例，此公司本來專精化工農藥業，但在 1988 年就開始進行基因改造種子的田間試驗，其販售基改種子是始於 1996 年。這年孟山都收購擁有棉花、黃豆、落花生等基改品項的生技公司 Agracetus，同年與 1998 年分兩次併吞玉米種子公司 DEKALB。在 1997 年孟山都將化工部門賣出，而同時購入擁有許多玉米自交系的 Holden's Foundations Seeds，又在 1998 年購併了在海外 51 國擁有銷售運輸管道的 Cargill 公司種子部門。孟山都在 2005 年以 14 億美元買下全球最大的蔬菜種子公司聖尼斯（Seminis），終於成就了全球最大的種子公司。聖尼斯本身則是在 1994 年由 Asgrow、Petoseed、Royal Sluis、Bruinsma Seeds 與 Genecorp 等種子公司合併而成。

跨足農藥與種子業的瑞士先正達（Syngenta）是在 2000 年由諾華（Novartis Agribusiness）與捷利康（Zeneca Agrochemicals）兩家合併而成。諾華是在 1995 年由三家瑞士公司合併而成，即 Ciba（1884）、Gaige（1758）與 Sandoz（1876），前兩家先於 1971 年整併，而 Sandoz 則有較強的種子部門。先正達成立後於 2004 年收購美國 Garst 種子公司與 Golden Harvest 種子公司。Golden Harvest 本身乃是 1973 年合併 7 家種子公司而成立。Garst 創立於 1931 年，專精於玉米交配品種，1985 年被英國化工公司 ICI 的美國分公司買進，1993 年成為捷利康的種子部門。1996 年捷利康種子部門與 VanderHave 合併成立 Advanta 後納入 Garst，然後 2004 年收編進入先正達。

杜邦公司分 1997 與 1999 兩年買進 Pioneer Hi-Bred，成立 Dupont Pioneer。之前 Pioneer Hi-Bred 曾於 1973 年買進專精大豆的 Peterson 種子公司，又在 1975 年買進專精棉花的 Lankhartt 與 Lockett 兩公司。成立於 1982 年的比利時 Plant Genetic Systems 主要在研發基改種子，在 1996 年被 AgrEvo 買走，2000 年納入 Aventis CropScience。Aventis 在 2002 年被拜耳購入成立 Bayer CropScience，同年又買下荷蘭的 Nunhems 種子公司。

種子公司併購潮在 1990 年代末期也吹到南韓。南韓本來有 49 家主要的種子企業，小的種子公司也有好幾百家。由於外匯危機的影響，南韓種苗公司債利率以年均 30% 以上的

速度飆升，陷入了資金困難。因此在 1997 年日本坂田種苗公司購併了南韓的小種子公司中恆種苗，中恆種苗在南韓國內種子市場市占率僅 1.3%。同年瑞士的諾華買下南韓第四大種子公司首爾種苗（市占率 11.8%），目前屬於先正達旗下。美國聖尼斯在 1998 年吃下了南韓第一大與第三大種子公司，分別是成立於 1936 年的興農種苗（市占率 38.9%）與中央種苗（市占率 12%），目前已納入孟山都。因此占南韓種子市場 64% 的四家種子公司在兩年內就被外國大公司吞併（Kim, 2006）。

實際上南韓本身也有跨國種子公司，那就是成立於 1981 年的南韓農友種苗，即現在的農友生物公司。併購潮之前，農友生物已是南韓第二大本土種子公司，占有率為 13.2%。農友生物的營運方式有點像聖尼斯，走向全世界發展，例如在 1994 年就在中國成立子公司，在 1995 年又成立泛太平洋種子公司（Pan-Pacific Seed Co），向義大利、丹麥、美國、印度、紐西蘭與南非進軍。在 1997 年於印尼成立子公司，出口種子到泰國、馬來西亞、印度與巴基斯坦。同年美國農友生物也宣告成立，在美國進行蔬菜育種，將亞洲蔬菜種子賣給北美與南美各國。

全球由於大種子公司的興起，因此逐漸形成種子業的壟斷。在 2002 年，十大種子公司（表 8-3）總收入占全球種子貿易額才達 32%，兩年後就升到 49%，然後是 2007 年的 67% 與 2009 年的 74%，在 2011 年已達 75.3%，五大基改公司〔孟山都、杜邦、先正達、拜耳、陶氏（Dow Agroscience）〕就占了全球 345 億美元的 53.4 %，而孟山都一家就高達 26 %。這些基改公司近年也大肆進軍亞洲與非洲進行併購（ETC Group, 2013）。

表8-3　全球十大種子公司種子營業額（億美元）

公司	1997	2002	2004	2007	2011
Monsanto+Seminis（美國）	(>18)*	(20)	(28)	49.7	89.5
DuPont/Pioneer（美國）	18	16	26	33	62.6
Syngenta（瑞士）	9.3	9.4	12.4	20.2	31.9
Vilmorin（法國Gr. Limagrain）	6.9	4.3	10.4	12.2	16.7
WinField（美國Land O'Lakes）			5.4	9.2	11
KWS AG（德國）	3.3	3.9	6.2	7	12.3
Bayer Crop Science（德國）		2.6	3.2	5.2	11.4
Dow Agroscience（美國）					10.7
Sakata（日本）	3.5	3.8	4.2	4	5.5
Takii（日本）					5.5

* 括弧內數字表示併購之前Monsanto的營業額。

跨國種子公司的壟斷，會讓大公司有更大的力量遊說政府，讓國家政策更有利於大公

司，惡性循環於焉產生，而讓小公司更無競爭力（Howard, 2009）。特別是基因改造特性專利在五家基改公司間的交互授權，使得全球基改作物種子的營業超過 95% 為他們所獨享。

種子業的整併也會讓農民更無選擇，最顯著的個例是孟山都抗除草劑基改甜菜轉殖項（event）。美國法院於 2012 年以環境影響評估不符規定為理由，判決暫時禁種禁賣該轉殖項，直到重新通過審核。但農業部仍然允許繁殖其種子，理由是全美甜菜種子高達 95% 皆已是基改品種，若不讓採種種植，美國立即面臨缺糖的問題。由於傳統甜菜種子公司幾乎已全被孟山都購併，孟山都以其本身利益的考量，不再出售傳統品種。種子壟斷的結果居然可讓行政部門甘冒違法的惡名抗拒法院的裁決，甚至於在 2013 年企圖在法案中偷渡所謂「孟山都保護條款」，即使法院依法裁定某基改種子有健康風險，不得種植，但企業仍然可以要求暫時種植，讓公司有時間完成審核程序。雖然後來未能得逞，但企業壟斷的威力已經相當明顯。

第二節　本國種子產業

我國雖然植物物種豐富，但自有人類移居以來，農作物率由境外引進。現今國內栽培植物超過 90% 皆為外來種（嚴新富，2005）。就這些引進的物種，原住民一直維持留種自用的習慣，創造出相當多的地方品種，一直到近年才逐漸外購非傳統的品種種子。漢人移民早期自行攜帶種子來臺種植，定居後也以留種自用為主，荷蘭人更引進許多經濟植物。近代化的種子商店可能由日治時期開始。例如臺北種苗園在 1916 年就開始販賣蔬菜種子，1922 年賣花卉種子（大矢庄吉，1937）。日治時期即開店而維持至今者如雲林北港新勝裕種子行、臺南功農種子行與後壁豐昌商店、屏東潮州伯奇種子行、臺北新莊萬成種子行等。種子或由農家留種自海外，主要是中國與日本進口，不過由於南部冬季氣溫適合，因此早期日本也在臺灣生產種子，日本坂田公司 1967 年就在嘉義新港委託生產蔬菜花卉種子。

我國種子業約自 1970 年代前後開始進入採種的新紀元，此時歐美日本蔬菜種子交配種的技術已經成熟，然而鑑於採種技術上亟需人力，國內生產成本高，因此轉向開發中國家尋求種子生產（seed production，又稱採種）基地。當時我國農村婦女人力尚屬豐沛，手腳靈活而物價仍然低廉，特別是南部地區冬天乾燥溫度適宜，因此就成為外國種子公司委託採種的重鎮。

委託採種頗有獲利，因此吸引若干公家單位育種專家的興趣，而辭職自組種子公司接受海外訂單，然後將外國種子公司的自交系種子委託本國農家進行採種，再將種子出口。

其中規模較大者為 1968 年成立的農友種苗公司，以及 1975 年成立，後來易名的生生種苗公司。此後我國種子出口的金額年年高漲，一直到 1987 年首次達到新臺幣 8 億元的高峰（圖 8-2）。然而隨著農村婦女年紀增長，工資漲價與臺幣升值等因素，國內生產實質獲利漸趨減少。為了因應此趨勢，國內種子公司逐漸將採種基地轉到亞洲國家如泰國、越南、中國等。採種業就以國內接受訂單，海外採種進口到國內精選加工，然後再外銷國外的三角貿易型態，外銷額度再度於 1991 年創下 9.5 億的新高峰。不過這段期間同時也見到種子進口的大幅度成長，其中部分是海外採種後寄回國內調製，預備要出口者。

泰國等國家在熟稔雜交種子採種技術後，也開始直接接受訂定生產，三角貿易逐漸無法進行。幸好本國種子公司在以 OEM 式代工生產雜交種子之際，即開始用所得利潤進行自家新品種的育種工作。因此 1990 年代以後逐漸演化成為利用海外多國的生產基地，生產自家品種種子，而直接外銷到世界各國。因此雖然我國出口種子的金額持續低落，實際上出口數據已無法正確反映本國種苗商的利潤。

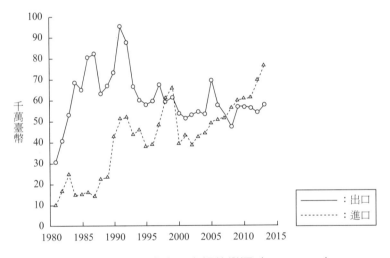

圖8-2　我國種子進出口金額的變遷（1981-2003）

我國外銷種子在 2001 年前後以西瓜價值最高（新臺幣 1.84 億元，以下單位同），但在 2012 年最多者則是以木瓜為主的果樹種子（1.74 億），輸往印度（46%）、巴西（27%）、美國、越南等 44 國。其次是西瓜種子（0.86 億），輸往新加坡（34%）、美國（13%）、荷蘭、印度、菲律賓、印尼、日本等 50 國。番茄種子（0.4 億）出口以輸往中國為最大宗（44%），其餘依次為美國、巴西、南韓、荷蘭、日本等 42 國。其他蔬菜種子（1.25 億）輸往 62 國，依次為日本（28%）、泰國（9%）、中國（9%）、印度（8%）、新加坡、美國等。

進口價值最高的種子在 2012 年是西瓜（1.37 億），來自緬甸（32%）、中國（31%）、泰國（28%）等 7 國。番茄種子（0.49 億）來自泰國（50%）、緬甸（20%）、荷蘭、以色列等 6 國。甜玉米（0.48 億）來自美國（57%）、泰國（37%）等 7 國。草花（0.46 億）來自中國（31%）、美國（24%）、日本（22%）、荷蘭（10%）等 18 國，其中單價以日本者最高，每公斤新臺幣 3,078 元，依次為荷蘭、美國與中國的 460、421、288 元。其他蔬菜種子（2.58 億）來自日本（57%）、美國（12%）、紐西蘭（10%）、中國、荷蘭、義大利、泰國、丹麥、越南等 18 國。與 2003 年相較，進口大幅度成長者（增加的金額）依序為其他蔬菜種子（0.91 億）、西瓜（0.34 億）、番茄（0.31 億）、飼料玉米（0.25 億）與洋蔥（0.16 億）等。

我國蔬菜種子產業以私人公司為主，但公家研究改良機構向來也著重蔬菜品種的研發，目前研發成果透過技術移轉交由私人企業生產營運。私人公司也開發花卉種子，不過主要仍仰賴進口。糧食特用作物以公部門的研究營運為主，目前如水稻、玉米、高粱、落花生、黃豆等。水稻品種由研究改良機構育成，然後依三級繁殖制度交由縣市政府以及鄉鎮公所負責繁種，並委託農家、育苗中心等實際進行種子生產，其品質則由種子檢查室管控。除了玉米與高粱，其他雜糧種子包括各種豆類等固定品種，都是民間農家採種販賣。種苗改良繁殖場在 1960 年代開始進行玉米與高粱種子此兩種雜糧雜交一代種子的生產，曾在 1985 年代因水田轉作政策而達到採種高峰，目前飼料玉米種子部分由民間業者進口交配種種子，在 2012 年進口值約 320 公斤，來自印度（59%）、泰國（39%）與菲律賓（0.13%）。該年甜玉米乾種子進口約 123,132 公斤，主要來自美國（38%）、泰國（37%）。

第三節　植物智慧財產權

若干作物不合適進行雜交一代種子的生產，如大豆等都是以固定品種播種。由於固定品種種子可以自行繁殖，因此透過法律取得專賣權乃是私人種子企業擴張的要素，種子企業的國際化則需要智慧財產權制度的國際間普及化。美國從 1985 年開始，透過與貿易夥伴國家的諮商，要求進行智財權修法。在 WTO 成立於 1995 年的前一年，國際貿易談判制定了《與貿易相關的智慧財產權協定》（*Agreement on Trade Related Aspects of Intellectual Property Rights*，簡稱 *TRIPs*）。由於 WTO 會員國皆須依照此協定制定國內法，因此影響的層面相當廣。

與種子企業有關的智財權以植物品種權以及專利權為主，此外商標（trade mark）與營

業秘密（trade secret）也有所關聯。營業秘密法可以保障品種研發的方法、技術，或其他可用於生產、銷售或經營的資訊。企業用商標來認證其商品，並且用以區別其他廠商之產品。被用來當商標的可能是字、是名稱或是符號圖案，甚至是個綜合以上方法的聯合式。服務標章可用來區別某公司對大眾所提出的服務項目，例如苗圃或園藝商店的銷售植物（黃鈺婷、郭華仁，1998）。商標權並無期限，但每隔 10 年須重新申請一次。

依照 *TRIPs* 第 27-3(b)，各國的專利法可以不針對「植物體」，以及生產植物的生物性技術授予專利保護，然而對於「植物品種」的研發則需要保護，保護的方式有三，即只用專利，或者只用有效的特別法，或者兩者兼具來保護植物品種的研發。所謂特別法，一般認為就是 UPOV 的植物品種權保護。

一、植物品種權

專利權本來只限於工業發明，並不及於生物體。不過育種家花心血、時間與金錢育成的品種應比照工業發明，享有一定期間專賣權的想法在 20 世紀初就已經在美國與歐洲大陸出現。早在 1911 年的法國、1921 年的捷克與 1932 年的德國都有初步的設計。倡議組織 ASSINSEL 成立於 1938 年，一年後就提出植物品種權方案。然而要等到二次大戰後 ASSINSEL 才透過法國政府在 1957 年舉行會議，促成 UPOV 公約在 1961 年簽署（Blakeney, 2009）。公約曾在 1972 年、1978 年與 1991 年修改，在 2014 年有 72 個會員國，其中僅比利時採 1961/72 年公約版本，16 國採 1978 年版本，其餘皆採 1991 年版本。我國雖然並非 UPOV 會員國，不過在 1987 年通過的《植物種苗法》中乃是以 1978 年 UPOV 公約為藍本，2004 年修法改稱《植物品種及種苗法》，基本上就按照 1991 年公約的條文制定我國的品種權保護規範。

植物品種權（Plant Variety Right, PVR）也稱為植物育種家權（Plant Breeders' Right, PBR），是仿效專利法的精神，但依照植物與農業的特性所訂立的法規。我國《植物品種及種苗法》所規範品種權的重點在於權利保護的要件、範圍與例外：

（一）品種權的要件

要申請品種權保護，需要具備五個條件，即新穎性、可區別性、一致性、穩定性與適當品種名稱。其中可區別性、一致性、穩定性即是成為法定的品種 DUS 三要件（郭華仁等，2000）。

可區別性（distinctness）是指一品種可用一個以上之性狀，和申請日之前已於國內外流通，或已取得新品種權之品種加以區別，且該性狀可加以辨認和敘述。例如水稻就有葉

片顏色、抽穗期早晚、莖長度、柱頭顏色、每株穗數、穀粒千粒重等約 70 個特性，每個特性又再分 2 到 9 個等級，因此其組合相當多，只有每個特性皆為相同等級，才視為無法區別。

一致性（uniformity）是指除可預期之自然變異外，個體間每個特性都相同。例如在審查時，若為自交作物，所提供的材料在 36-82 株時，若異形態者不超過 2 株，或者 83-137 株間不超過 3 株，就算具備一致性。若為常異交作物則可允許兩倍的異株。

穩定性（stability）是指一品種在指定之繁殖方法下經重覆繁殖，或一特定繁殖週期後，其主要性狀能維持不變，即下一代與上一代的每個特性都相同。指定之繁殖方法是指種子繁殖或無性繁殖，經特定繁殖週期如雜交一代品種的第一代。

新穎性是指在申請日之前，經新品種申請權人自行或同意或推廣其種苗或收穫材料，在本國境內未超過 1 年，在國外，木本或多年生藤本植物未超過 6 年，其他物種未超過 4 年。所以如此訂定是為了讓育種者有一定期間的上市試賣，測試其市場接受程度後再考慮是否提出申請。

提出申請時需要具備品種名稱，品種名稱是普通名詞，若獲得品種權，任何人在販賣該品種時都需標明該品種名稱，即使品種權消失後也是如此。該名稱與其他商業名稱或商標同時標示時，需能明確辨識該名稱為品種名。品種名稱不得單獨以數字表示，不得與同一或近緣物種下其他已有的品種名稱相同或近似，不得用與該品種之性狀或育種者之身分有混淆誤認之虞者，也不得違反公共秩序或善良風俗。

實際上品種名稱的非法定規範在國際栽培植物命名規則（International Code of Nomenclature for Cultivated Plants, ICNCP）上有相當詳細的規範，以避免學術上與商業上的混淆（郭華仁、蔡元卿，2006）。早期品種名稱前面冠以 variety 的縮寫 var.，後來 var. 被植物分類學者用來指稱某一物種的變種，因此農作物的品種不宜再使用 variety，可以改稱 cultivated variety，縮寫為 cv.。但現行的規則是以單括號納入品種名稱，如 'Snow Peak'（而非雙括號 " "）。然而在品種保護權的領域上，目前還都沿用 variety 來稱品種。

（二）品種權的適用對象與權利範圍

可接受品種權保護的物種在 1978 年公約是由各國政府選擇公告，1991 年公約則擴及到所有植物。但我國政府顧及審查人力的有限，因此仍是由政府公告適用對象。截至 2014 年為止，我國可受理申請保護的物種已經達到 156 種。

對於一具有品種權的品種，除非品種權人的同意，否則他人不得對其種子，以及播種種子所得的收穫物，進行以下的行為：（1）生產或繁殖；（2）以繁殖為目的而進行調製；

（3）為銷售之要約，如提供報價單等；（4）銷售或以其他方式行銷；（5）輸出或輸入；（6）為前五款之目的而持有。以上是品種權的範圍。

品種權的範圍除了及於種子及其收穫物，有時候還可及於收穫物的直接加工物。但只限定於政府公告的物種。權力範圍擴及到收穫物及直接加工物，是 1991 年公約的新規定。

在 1991 年公約的擴張保護對象，還包括「從屬品種」（dependent variety），若乙是甲的從屬品種，而甲具有品種權，則甲的品種權及於乙，亦即對於品種乙要進行前述 6 款行為，需要先得到擁有甲品種權者的同意。從屬品種有 3 類：

第一，須重複使用具品種權之品種始可生產之品種。例如雜交玉米品種甲的自交系 A 與 B 都具有品種權，若第三者拿 A 與自己的自交系 C 去生產乙品種，因為每次生產品種乙的種子時都需要重複用到 A，因此乙是 A 的從屬品種。

第二，與具品種權之品種相較，不具明顯可區別性之品種。例如甲品種具品種權，乙品種在申請品種權時，被判定與甲品種不具明顯可區別性，因此無法獲得品種權。然而品種權審查時對於特性的調查有具體的規範，萬一在規範之外，有一個不是很重要的特性在甲與乙之間是不同的，依非法律的定義，乙也可以算是一個品種，但是依品種權的定義，因為與甲不具明顯可區別性，因此算是甲的從屬品種，任何人在販賣乙之前，需得到甲品種權人的同意，亦即甲可以要求得到部分的權利金。

第三，實質衍生自具品種權之品種，且該品種應非屬其他品種之實質衍生品種（essentially derived variety, EDV）。乙品種是否為甲的 EDV 有三個要件，即：（1）乙品種乃是由甲品種經過育種程序得到；（2）兩者有明顯的區別性；（3）兩者遺傳相似度高。例如透過回交育種將丙品種的耐冷基因導入到甲，育成不怕冷的乙品種，或者採誘變育種由甲品種育出相類似但只有一特性不同的乙品種，或者用基因轉殖技術將抗除草劑的基因轉殖到甲品種，推出基改品種乙。這三種育種程序所育出的品種乙都可認為是甲的 EDV，因此是甲的從屬品種。不過若甲又是實質衍生自丁品種，則乙不算是甲的 EDV，若丁並非任何品種的 EDV，而丁與乙的遺傳相似度高，則甲與乙都算是丁的 EDV。

品種權有其期限，草本植物 20 年，多年生或藤本植物 25 年，期限一到品種權即告「消滅」。若品種權人向主管機關表示放棄權利，或者不再繳交年費，權利也會消滅。品種權行使當中若被控品種權審查時 DUS 與新穎性任何一要件不成立而為誤判，若該指控成立，則該品種權視為自始即不存在而會遭「撤銷」。品種權行使當中，其一致性或穩定性若確定已不復存在，則該品種權可能會遭「廢止」。

（三）品種權的例外

有四種情況可以使用具品種權的品種而不會被視為侵權：（1）以個人非營利目的之行為；（2）以實驗、研究目的之行為（稱為研究免責）；（3）以育成其他品種為目的之行為（稱為育種家免責）；（4）農民留種自用之行為（稱為農民免責）。

育種家免責與農民免責乃是品種權考量農業特殊性而設計，為專利權之所無。育種工作需要拿既有的品種作為材料，若因品種權的關係限制育種的工作，將不利農業的進步。種子業整併後，數家大公司會擁有大部分的品種權，若缺乏育種家免責的設計，將使得小種子公司難以繼續育種工作，將導致全球農業喪失品種多樣性。不過為了鼓勵基礎育種工作，因此傳統雜交育種工作所得的品種會有實質衍生品種的保障，即育種家免責本身也有從屬品種的限制。

考慮到留種自用乃是農業開始萬年以來農夫的習慣，因此若不涉及種子的買賣，農民可以在作物收穫時選留種子，供下一季在自家農地上播種用，而無侵權之虞，此即農民免責。然而若所有的物種都適用農民免責，特別是對於無性繁殖作物而言，品種權幾乎形同虛設，因此 1991 年公約授權讓各國自行決定何種作物適用農民免責條款。

植物品種權農民免責適用對象的規定在各國都有所不同。日本、韓國、美國與墨西哥等國所有種子繁殖植物都適用農民免責，但無性繁殖種苗則否。澳洲採負面表列，哪些植物不適用農民免責，由政府公告。由於目前該國政府仍未予以公告，因此形同全部種子繁殖物種皆適用。歐盟的適用範圍略小，規定大農（可生產達 92 公噸以上的農民）不能享受農民免責，而小農也只限於九種飼料作物、九種禾穀類作物、三種油料纖維作物以及馬鈴薯等適用農民免責。

截至 2014 年為止，我國政府公告適用農民免責的作物包括水稻、玉米、落花生、綠豆、紅豆、大豆（不含毛豆用品種）等，但鑒於目前稻農主要是向育種中心購買秧苗，為照顧基本產業，因此農民免責擴及到受農民委託，以提供農民繁殖材料為目的，對該具品種權之水稻品種或其從屬品種之繁殖材料取得之收穫物，從事調製育苗之行為。這是與他國不同之處。

二、植物的專利權

美國早在 1930 年在專利法就增修植物專利（plant patent）條款，對球根莖類農作物以外的無性繁殖植物給予有限的專利保護，後來美國的植物品種保護法（1970）就只限於種子繁殖植物。從 1985 年之後，實用專利授予植物體的案件逐漸增加，此後在美國植物新

品種得以享受完整的專利權保護。

植物品種權乃是實用專利權的特別法，兩者有相同與相異之處。以申請的要件來說，專利講求新穎性、可利用性、重複性與進步性。其中重複性或許與品種權的一致性與穩定性接近，進步性則比起可區別性在技術上有較高的門檻，一般是指在該發明在申請前，既有技術不易完成者。其他的不同，除了專利權沒有農民與育種家免責的例外，較主要者有：（1）品種權的權利範圍已經寫定於條文，但實用專利權則並不一定，由申請者自行撰寫，經審核通過者為準；這在植物體常包括整個植物體、花、花粉、種子、細胞等，也涵蓋各種衍生的植物（如品種權的從屬品種，見郭華仁等，2002）；（2）專利法的申請需要有相當詳盡的發明說明書，還需要將種子材料寄存主辦單位，品種權不需寄存材料，說明書的內容也較簡單；（3）專利法只進行書面審查，但品種權通常需要提供繁殖材料進行種植，行實質審查；（4）專利權保護的規費較為高昂。

以 2001 年當年為例，種子繁殖植物在美國獲得品種權保護的有 421 件，獲得實用專利保護的有 216 件，其中基因改造植物 37 件、傳統育種者 179 件（計算自郭華仁等，2002）。基改改造作物推出後，由於在實用專利下農民不得留種自用，因此基改公司透過專利保護進行侵權訴訟，截至 2012 年 12 月，共提出 142 件，獲得的賠償金高達 2,368 萬美元（Barker *et al.*, 2013）。

歐洲聯盟專利法排除動植物的專利授予，但為了因應生物科技的興起，在 1998 年通過《生物技術發明保護指令》，給予基因改造植物有機會得到專利保護。從 2001 年中開始在兩年半時間共核發 34 件基改作物的專利，另有一件傳統育種研發的植物也得到專利（郭華仁，2004b）。此後，傳統育種的成果陸續依此方式得到專利保護，引起非議。

日本由 1975 年開始正式開放專利保護植物體的研發，第一個案例是可作為蛔蟲驅除藥原料的五倍體之艾草，由四倍體與六倍體艾草交配而成。不過迄今為止申請的案件不多，在日本還是以品種權保護為主。

我國智慧財產局於 2009 年開始展開修法，擬仿效美國全面開放動植物專利申請。鑒於專利法並無育種家免責的規定，唯恐修法後我國的作物育種受到跨國公司的限制，引起農業部門的紛紛反對，修法工作因此於 2011 年作罷。

三、植物種源權

農業長期的歷史中，種子引種流通自由，農作物從起源區域遍布世界各地。先進國家科技發達，但是種源（germplasm resources）較為貧乏，相對地，遺傳資源豐富地

區經常是科技較為落伍的第三世界國家。近年來先進國家在開發中國家進行生物探勘（bioprospecting），取得種原（germplasm）後，進一步研發新品種，經常就因智慧財產權的申請，成為先進國家的私有財產，有時候甚至於直接拿種原申請專利或品種權。這類行為被視為盜用，稱為生物剽竊（biopiracy）。為匡正此不公平的作為，因此 1992 年國際間制定《生物多樣性公約》時，就在第三世界國家的堅持下，確立了遺傳資源乃國家主權的原則，限縮各國在其他國家取得種原的條件。但為了方便農業品種改良，又在 2001 年通過了《國際糧農植物遺傳資源條約》（*International Treaty on Plant Genetic Resources for Food and Agriculture, ITPGRFA*），處理農作物種原材料的國際種子流通（郭華仁，2005，2011）。

（一）《生物多樣性公約》

《生物多樣性公約》的首條條文確立種原取得與利益分享的原則，因此種原的取得須事先告知提供資源的締約國，並得到其同意。開發種原所獲得的利益，應與提供種原的締約國公平分享，而在經過事前請准、利益公平分享的前提下，資源擁有國也不得禁止其他國家來取得境內遺傳資源。

根據公約而建立於 2010 年的《名古屋議定書》（*The Nagoya Protocol*）進一步規範事先告知同意（prior informed consent, PIC）、相互共識條款（mutually agreed terms, MAT）、取得與利益分享（access and benefit-sharing, ABS）的細節。不少國家已經根據生物多樣性公約制定國內法。規範外國人入境取得種子或相關植物材料的程序，不遵守者可能涉及違法。

（二）《國際糧農植物遺傳資源條約》

《生物多樣性公約》的種原取得規範較以前嚴苛，可能使得將來育種工作上不易得到新的雜交親本，影響糧食生產。這樣的考慮使得農業學者認為，應該對於重要農作物的遺傳資源訂立國際條約，以方便取得種原進行農作物改良工作。

由於糧食與纖維作物為民生所必需，遠久以來普遍栽培於世界各地，各國皆有其特殊的種源，相互依賴度高，宜用多邊協定來加速種原的流通。反之藥用、觀賞等植物較富地域特殊性，資源所有國與資源求取國雙邊協定就足以解決，因此 2001 年通過了《國際糧農植物遺傳資源條約》。

本條約將植物遺傳資源依照取得的規範，區分為多邊系統與雙邊系統。多邊系統採正面表列，除甘蔗、大豆、花生、番茄以外的禾穀類、蔬菜類、菽豆類、塊根莖類、特用作物類與飼用作物類等的 64 種農作物。這些經濟作物種原的取得較為便捷。多邊系統以外

其他植物資源的取得，則需要進行雙邊會商，根據《名古屋議定書》的詳細規範來進行。

條約締約方應提供多邊系統內種原的方便取得機會，但所提供的種原只限用於作為糧食、研究、育種，而不得作為化學、藥用或其他非食用與飼用業用途。育種家或農民正在研發中的種原，則可以由育種者決定是否提供。然而若是種原受到智財權和其他產權的保護，則其取得不能違反相關的智財權國際協定和國家法律。種原的提供要能迅速，無需追蹤各批材料，並應無償提供，如收取費用，則不得超過所需的最低成本。多邊系統下種原的取得，應該根據標準的「材料轉讓協定」來進行。取得者若要將所得到的種原轉讓給第三者時，甚至於第三者後續的每次轉讓，都應要求比照「材料轉讓協定」的條件。

使用多邊系統內作物種原所得到的成果，應透過（1）資訊交流、（2）技術取得和轉讓、（3）能力建設，以及（4）分享商業化產生的利益等方式，來達到與所有締約方公平合理地分享。

第四節　種子管理法規

為了保護種子業者以及購買者，避免紛爭以及買到劣質種子或者品種表現欠佳的種子，以提高農業生產，因此各國政府都會制訂種子管理法規。這些法規包括種子營業的管理，如種子的品質規格、種子包裝的標示、品種的規定，以及種子檢疫等。我國的植物品種及種苗法兼具品種權以及種子業管理，檢疫則另有法律規範。日本的植物種苗法包含品種權以及品種登錄（即指定種苗），業者的管理與檢疫另有法律規範。歐洲與美國則都單獨立法。紐西蘭未立種子管理法，但業者立有自我要求的準則。

這些國家規範大抵上都根據國際規範來制定，主要是依據經濟合作暨發展組織（Organisation for Economic Co-operation and Development, OECD）的「種子方案」（Seed Scheme）、《國際植物保護公約》（*International Plant Protection Convention, IPPC*）、「國際種子檢查規則」（ISTA Rules，詳第十一章）以及國際檢疫規定等。基因改造種苗的進出口規定則根據 CBD 的《生物安全議定書》（*The Cartagena Protocol on Biosafety*）而設計。

一、品種管理

品種的要件是可區別性、一致性、穩定性（DUS），但是一個特定的品種若其田間表現不佳，就不值得大量種植生產。為了確保農業生產，許多國家多少會限制品種的使用，因此有品種登錄的規定。除了 DUS 之外，品種登錄制度還要求品種具有價值性，即具有

「種植利用價值」（value for cultivation and use, VCU）者。所謂價值，包括產量高、對有害生物的抗性大、環境適應力強以及品質佳等。

OECD 的種子方案提供 200 種作物共 49,000 個品種名錄，作物包括玉米、高粱、草類、三葉草、豆類、甜菜與各類蔬菜等。歐盟針對農藝與蔬菜作物，立法實行「共同目錄」（common catalogue），在某會員國國家經審核列為登錄品種之後，其種子才可以在歐盟境內流通種植。我國對於民間研發的品種並沒有要求登錄的規定，但由政府研發的作物則訂有品種命名程序，品種表現通過審核者才能夠由政府單位命名推廣。品種命名程序的規定可以用來限制農夫的選擇，例如水稻種植經政府命名推廣的品種，方得享受公糧收購的待遇。

雖然品種的管制可以避免農民買到表現不佳的品種，但是若過度強調也有其缺點。特別是農業生產的觀念已經改變，過去認為產量表現不佳的地方品種，現今反而開始強調其好處，認為種植地方品種有助提升農業生物多樣性。種類繁多的地方品種常有其特殊優點，例如風味、環境適應性等，提供消費者在賣場不常見到的選擇。可是地方品種常是固定種，其一致性與穩定性通常無法達到由育種專家所控制的 DUS 審查，因此無法進入登錄名單。假設政府嚴格管控，未列入登錄名單者不准販賣，這些地方品種將無法流通市場。

對此歐盟設置「保育品種」（conservation variety）來加以補救，讓特定的地方品種也能列入國家名單上市。各會員國得用較為寬鬆的標準來規定保育品種的可區別性、一致性、穩定性，而且在符合若干條件下各國對這些品種得免於檢定其 DUS。不過除非特例，這些保育品種只能夠在其來源地採種，且僅於其起源地上市，而其種子仍需接受驗證。

二、品質管理

各國都需要設立商業種子品質的規定，以及檢查種子品質的機構與制度，來維持種子買賣的順暢，減少因播種後生長不佳所引起的紛擾。品質標準包括品種純度、發芽能力、頑劣雜草種子混雜、種子病害等室內檢查的項目。檢驗單位可以是政府部門，也可能是民間公司。檢驗單位本身可以設置種子檢查室，但也可能是其他單位的種子檢查室，檢驗的結果需要標示於種子袋。

品質管理的設立方式主要有兩類，一是規定最低品質標準，另一是誠實標示品質水準，兩種方式各有其優缺點。

採最低品質標準者如歐盟，此方式的優點是較易實施以及查驗，買者也較容易理解。

但缺點是只要符合最低標準即可上市，種子商沒有誘因生產高品質的種子讓買者選購。此外當種子缺貨時，也無法買到品質較差者來應急。美國採用誠實標示的方式，要求賣者在種子袋、檢驗單或發票上詳細記錄各項品質的檢驗結果，至於要不要買則由買者自行決定。此方式可以讓買者有較多樣品質的選擇，可能讓農夫將劣質種子排除於市場外，種子的供應也較靈活，降低缺貨的情況。不過買者需要對各項種子品質有較深刻的認識，才能夠正確地判斷。

在我國，種子品質標準也列入中華民國國家標準（Chinese National Standards, CNS）。其中農藝作物種子與蔬菜種子都規定有以下各項標準（%）：最低淨度（純潔種子）、最高無生命雜質、最低發芽率、最高水含量等，有些作物則還列入最高其他種子（%）。林木種子的要求較低，只有最低淨度與最低發芽率兩項。不過 CNS 的最低品質標準是自願性的，主管機關若引用此標準，才具強制性。我國《植物品種及種苗法》在種子品質方面只規定需要標示重量或數量，以及發芽率與其測定日期，是採用誠實標示的方式。

三、檢疫管理

由於進出口種苗可能同時傳播病菌、害蟲或頑強雜草種子，造成農業或生態上的嚴重損失，因此各國都會針對種苗的進出口進行檢疫的管控，期以防患於未然。出口國需要先對出口種子進行檢驗，確定沒有病害或攜帶有害生物，然後核發檢疫證明。進口種子的國家通常會設立進口檢疫規定，要求每批進口種子需要提出進口許可證與檢疫證明，即使進口後將來還會出口到第三國家者，也須按照規定。但為了避免各國檢疫規定的不同而造成貿易上的障礙，因此根據《國際植物保護公約》設置有國際植物防疫檢疫措施標準（International Standards for Phytosanitary Measures, ISPMs）等若干細則，用以調和各國的規範。

我國以《植物防疫檢疫法》及其相關辦法來管理輸出入種子的檢疫，除少數種子（大麻及罌粟；另外還包括有害生物管制清單內的雜草類種子）以外，大部分種子皆准許輸入，但輸入時須檢附輸出國政府的植物檢疫證明書，並且符合我國相關植物檢疫規定。例如蠶豆、豌豆、洋蔥、紅蔥頭、苜蓿、起絨草、紅三葉草、白三葉草等種子若來自莖線蟲疫區，還另須加註證明經檢疫未染莖線蟲或在輸出前經殺線蟲處理。甘蔗屬、玉米、檳榔、網實椰子、大王椰子、箭竹茅、瓜地馬拉草、泰山竹、椰子、薏苡、大黍、稷、象草、高粱、強生草、蘇丹草、巴拉草等種子若來自甘蔗流膠病疫區輸入時，也須加註證明經檢疫未染莖線蟲，或在輸出前經殺線蟲處理。西瓜及甜瓜類種子自美國輸入時，應檢附

美國植物檢疫證明書，證明未染細菌果斑病，否則銷燬或退運。首次輸入植物種子需要填具植物名稱與各項特性、輸入型式與用途、生產與輸出地區等資料，重點在於是否會傳播病蟲害或者形成入侵種。

　　經郵遞或海關攜帶的進出口種子，重量不超過 1 公斤者另有簡易規定，若超過 1 公斤則按照一般檢疫辦法處理。出境者所帶種子若輸入國要求應辦理檢疫者，應填具申請書向動植物檢疫機關申報檢疫。入境者若攜帶種子，應填具申請書，並檢附護照、海關申報單及輸出國政府簽發之動植物檢疫證明書正本及相關證件，向動植物檢疫機關申報檢疫。郵寄種子到國外，須向防檢局的單位申請郵包輸出檢疫，檢具檢疫卡或檢疫證明書，以利各輸入國執行郵包檢疫通關所需。進口之郵寄種子由郵局通知防檢局派員檢疫合格後，加蓋檢疫合格章即可。若檢查結果後另須辦理檢疫處理等，則另行通知包裹收件人向防檢局單位申報檢疫。檢疫合格才能領取郵包。

四、基因改造種子管理

　　基因改造技術安全議題之國際規範，主要以《生物多樣性公約》的《生物安全議定書》以及聯合國糧農組織（FAO）與世界衛生組織（WHO）聯合成立的國際食品標準委員會（Codex Alimentarius Commission）所訂之「DNA 重組植物衍生食品之食品安全評估指引準則」為主。《生物安全議定書》是具有法律拘束力的國際規範，而後者並不具有法律拘束力，因此各國也無執行義務，不過其風險分析的運作模式，已逐漸被國際間採納為處理基因改造技術風險議題之標準作業程序，因此也顯出其重要性。

　　《生物安全議定書》的要點在於規範具活性基改生物的國際間運輸、裝卸與使用，包括不能繁殖的生物體、病毒和類病毒等，不過作為醫療與科技研發等使用目的與在封閉場所使用的基改活體生物（living modified organism, LMO），以及僅為過境但不入境的 LMO 則排除在規範之外。具活性的基改大豆、玉米等 LMO 當然也可以作為食物、飼料，可說本議定書牽涉到基改產品的商業利益，因此在協商中基改作物生產國與進口國的對立關係就反映在協商過程的折衝不斷。至今幾個基改大國，即美國、阿根廷、加拿大等都沒有簽署安全議定書，可見一斑。

　　為了避免締約國間由於立場觀點的不同，造成因決策機制的混亂而衍生出無謂之紛爭，因此本議定書就生產國與進口國的需求，設定主要的規範為事先通告程序、風險評估、風險管理、資訊與教育、以及損害之賠償與補救等，而各項措施都需要科學證據，作為判斷或評估該 LMO 是否將對於進口國之環境或人類健康構成風險或危害之基準，亦即

進口決策之風險判定需要根據科學證據。然本議定書在科學證據之上更援用了預警原則（precautionary principle）的基本精神。

依照植物品種及種苗法，基改改造種子在我國需要先經中央主管機關（農委會）許可方得進出口。由國外引進或於國內培育之基改植物，若要在國內推廣或銷售，需要先通過中央主管機關的田間試驗，以及其用途中央目的事業主管機關（例如食用作物為衛生福利部）的核准。

五、有機種子規範

慣行農業使用化學肥料與農藥，導致土壤環境的劣化，將來農業難以永續經營，因此有機農業的全球推廣已逐漸展開。為了建立消費者的信心，各國政府都立法規範有機農法的操作準則，並以第三方驗證的方式確保操作的符合規範。有機規範的底線就是不用化學農藥、肥料，不生產基因改造生物。播種用的種子是否需是使用在有機田中採種而得的有機種子，各國的法規不一。

歐盟、美國與加拿大的有機規範，都規定播種時需使用有機生產的種子。歐盟與美國皆有若干種苗公司提供有機種子，但僅歐盟規定國家應設有機種苗供應資料庫，以提供相關者搜尋。

日本、玻利維亞、智利、薩爾瓦多、墨西哥等國也都有播種時需使用有機生產種子的條款，但同時也有豁免的補充規定，在市場上買不到有機種子的情況下，得使用未經化學藥劑處理的非有機種子。若連未經化學藥劑處理的非有機種子都買不到，則也可以使用經化學藥劑處理的種子。

在日本則以有機農場自家採種為主，外購為輔，但外購者主要為慣行農法所生產之種苗，各國也常有民間組織提倡有機農民自行留種的做法。

我國有機作物生產規範目前並未要求使用種苗，僅有不得使用化學藥劑處理的種苗，但若買不到未經化學藥劑處理的種子，則也可以使用處理過的種子。為健全我國有機種苗供應體系，宜修訂驗證基準，納入有機種苗使用與其豁免規定，限期取消不得使用化學藥劑處理規定的豁免條款，並且成立種苗資料庫，在輔導方面宜協助農民自行留種的技術。

第 9 章 種子的生產

　　植物繁殖系統包括無性繁殖與有性繁殖兩大類。無性繁殖以營養繁殖、微體繁殖（組織培養）為主，直接由體細胞分化形成幼苗。無融合生殖則是在花器內的體細胞分化形成胚部，發育成為種子。無性繁殖由於不經減數分裂與精、卵細胞的融合，因此遺傳組成與母體者相同，容易符合穩定性的品種定義。由於無融合生殖產生種子的系統目前尚未達實用化，因此本章所述種子繁殖，皆是有性繁殖的種子。

　　現代生活在食物的生產型態上偏重加工、量產，講求農作物的特定品種，因此商業種子生產最重視維持品種的純度，俾能販賣高純度種子給農民播種，種子品種純度的維持就成為種子生產的重要目標。生產種子時有若干因素會降低品種純度，例如異品種花粉的汙染、土壤中異品種種子的成長、播種用種子發生突變、採收、調製用機械存在異品種種子等。採種時需要將這些因素降到最低。

第一節　種子的繁殖系統

一、有性繁殖植物

　　有性繁殖植物一般分為自交物種、常異交物種與異交物種等三大類。農作物如水稻、小麥、大豆、落花生、菸草、番茄、萵苣等都屬於自交作物，自交物種指的是 95% 以上的後裔皆由自己的花粉經受精作用（即自花授粉，autogamy）而形成，即異交率低於 5%。這些物種一定是雌雄同花的（hermaphroditic），在開花前即已完成授粉，稱為閉花受精（cleistogamy），不過開花前不見得會授粉成功，因此仍可接收其他植株花粉，還是有異交的機會。品種內例外的情況也有，例如有些番茄品種由於花柱較長而且突出，因此較容易進行異交。

　　異交物種剛好相反，種子由其他基因型的花粉經授粉（即異花授粉 allogamy）而形成，這些物種經常在開花後才完成授粉，稱為開花傳粉（chasmogamy）。雜交率超過 50%，通常就認為是異交作物。顯著的例子包括雌雄同株異花的（monoecious）物種如玉米、薏苡，雌雄異株的（dioecious）如蘆筍、銀杏。雌雄同花的作物如甘藍、花椰菜、酪

梨、楊梅等，因為具有自交不親合（self-incompatibility）的特性，必須接受其他植株的花粉才能受精結籽。甘藷、向日葵等因為花器構造較為開放的關係，經常會接受到外來花粉，也都屬於異交作物。木瓜主要具有雄花株（不結果）、雌花株（可結果）以及兩性花株（可結果）等三種株性。瓜科植物常為雌雄異花同株，但也有全雌株型、兩性株型等。

若異交率在 5-50% 之間，則稱為常異交物種，如高粱、黑小麥、棉、蠶豆、菸草、番椒等。

二、作物品種類別

作物品種以其來源區別，可分為地方品種與商業品種。

農民經年累代自己留種自播所形成的品種稱為「地方品種」，地方品種雖然每株變異性較大，下一代與上一代也可能略有差別，不過基本上還是可以辨識該品種的特徵。地方品種適合當地的自然、人文環境與栽培方式，產量可能不是很高，但較為穩定，抵抗當地的病蟲害能力也可能較大。我國早年農作物絕大多數是引進的品種，不過經農民在本地長年的留種自用，形成許多在地品種。很可惜因為近代商業品種的流行而失傳，目前僅有少數地方品種保存於國家作物種原中心。

商業品種則是具專業的種子公司在其農場選育出，然後透過專業種子生產販賣給農民的品種。公家研究機構在其農場選育出品種，然後透過繁種制度出售給農民，或者移轉給種子公司經營，也都算是商業品種。由於農業生物多樣性、有機農業的提倡，也有種子公司開始以有機農法生產地方品種出售，在此地方品種與商業品種的界線較為模糊。

作物品種以其生產方式區別，可分為固定品種與交配品種兩大類。

不論是自交作物或異交作物，在適當的種植管理下，一個品種以自然授粉的方式形成種子，沒有人為的干擾，就稱為「固定品種」，或稱為開放授粉（open pollinated）品種。種植固定品種在正確的耕種方式下所長出來的植株，各種特性會與上一代相同，其特性是固定的。

由於自交作物大體上不會異交，因此特性較容易固定下來。自交作物由某個體經過多代的自交與選種，選出來的群體絕大多數的基因皆為同型接合的（homozygous），稱為純系品種（pure-line cultivar），若干個純系品種種子以一定的比例混合而成者稱為多系品種（multiline cultivar），田間混合種植多個純系品種，經由逢機授粉產生種子者，稱為混合品種（composite cultivar）。異交作物品種在自然狀況下行開放授粉，不過異交作物若接受到其他品種的花粉，下一代很容易產生變化，其特性較不易固定，因此生產固定品種種子時要特別小心。

異交作物也可以經過人為控制而進行自交。異交作物經過若干代的自交可形成自交系，由不同自交系進行交配可產生雜交一代品種（F1 品種），或稱為交配品種。雖然異交作物經自交後會產生自交弱勢，但選擇恰當的兩組自交系經交配後，其雜交優勢相當明顯，生長相當整齊而為農民所喜。但是交配品種種子播種後其第二代種子遺傳特性分離，因此不適於再度播種，農民需要每年購買交配品種。少數 F1 品種的第二代種子性狀分離尚不嚴重，因此種子公司可能以 F2 品種的型態出售。經組合力檢定，選多個自交系混合，經由逢機授粉組成 F1 或 F2 種子者，稱為合成品種（synthetic cultivar）。

第二節　種子的繁種制度

早期農民都在自家田間選種、留種供自播使用，特殊情況才透過交換或購買，取得播種用種子。近代的商業化農業則由育種家育成品種，透過商業生產種子而販售給農民，除了若干低度開發國家以外，農民留種的工作已大幅降低。種子商業化之後，種子的供應系統就成為農業生產的關鍵，設若種子供應系統出現問題，不論是數量不足或品質不佳，都會嚴重打擊農業生產。

播種用種子的需求量甚大，但是一個品種剛育成時，育種者所擁有的種子數量相當有限，需要繁殖若干代，才可能供應給農民，所需要的代數則有賴於種子的繁殖倍率。

種子繁殖倍率如水稻、雜交玉米、甘藍、胡蘿蔔等的繁殖倍率約為 1:100 左右，而番茄、甜椒等的繁殖倍率可以高達 1:200 到 1:700，但是豆類者則常偏低，豌豆、花豆、菜豆等都只有 1:10 到 1:20。其他蔬菜類如菠菜約 1:70，胡瓜約 1:100，高麗菜可達 1:400，洋蔥可達 1:250，芹菜高可達 1:1500。

繁殖倍率的估算通常以 1 公頃的種子採收量除以 1 公頃播種量而得。例如臺南區農改場育成的綠肥大豆臺南 4 號種子較小，百粒重約 6-10 公克，每公頃播種量約 25 公斤，採種時種子產量每公頃約 2,000 公斤，因此其繁殖倍率約 1:80。雜交玉米的繁殖倍率約1:100，因此若要供應 10,000 公頃的玉米田播種，需要種植 100 公頃的採種田。

影響繁殖倍率的因素很多，包括品種、採種地區與技術等，因此前述倍率僅供參考。以大豆為例，首先同一類型（例如食用）的不同品種間其產量本來就有所差異，其次不同型（如食用與綠肥）其千粒重差別更大。再者不同地區環境、生產技術的優劣也會影響種子收量。此外採種用的生產，其種子收量也會與一般生產者不同。即使在同地、同時生產同一品種，採種用者的品質要求較高，因此種子淘汰率高，其單位面積收穫會比當作一般商業生產者低。例如綠肥大豆臺南 4 號的繁殖倍率是 1:80。同樣是食用大豆的品種，在我

國可達 1:30，但在印度則可能僅 1:16。

　　對於大規模種植的一年生農作物而言，每種植期所要提供播種用的種子數量相當龐大，需要經過數次的繁殖，以放大種子量。為了方便管理種子的品質，因此要依循種子生產的制度。繁種制度有三級制與四級制兩大類。我國與經濟合作暨發展組織（OECD）都採用三級制，美國則是四級制。

　　我國良種三級制包括原原種種子、原種種子與採種種子，分別相當於 OECD 的 pre-basic seed（原原種種子）、basic seed（原種種子）與 certified seed（驗證種子）。我國的水稻繁種制度規定原原種種子是由育成單位繁殖，所生產之純正種子供縣市政府、農會經營，委託優良農家進行原種田的種子生產。原種種子再由鄉鎮公所、農會委託優良農家進行採種田的繁殖。目前原原種以及原種種子的生產，仍由農委會種子檢查室進行品質檢驗與控管，包括田間檢查與室內檢查。

　　我國水稻生產每三年六期更新稻種一次。在 1990 年代左右，水稻生產面積還有 50 萬公頃時，每年更新面積約 5-8 萬公頃；以 1990 年為例，當年原原種田 1.53 公頃，原種田 37.05 公頃，採種田 1,197 公頃，供應換種的稻田 69,123 公頃。

　　依 OECD 的繁種制度的規定，原原種種子可以涵蓋若干代的繁殖，繁殖代數可能需要加以限制，在這繁殖過程中可以接受官方的檢查。在提供最為原種種子繁殖時，需註明該原原種種子的繁殖代數。對於原種種子的生產，OECD 規定需要經過官方的檢查，也應該保留品種的特性，由原種種子生產驗證種子也需由官方檢查。驗證種子可以繁殖數代以擴充種子數量，數量的多寡也由官方認定，各級種子在通過官方檢查後就可以貼掛標示。

　　美國聯邦種子法中規範四級制，即育種者種子、原種種子、註冊種子與驗證種子。育種者種子的生產直接由育種家，或其所屬機構或公司加以管控。原種種子由育種者種子繁殖而來，並用來生產註冊種子，註冊種子則用來生產驗證種子。這三級種子的生產皆需要官方檢查並維持品種特性，驗證種子經檢查合格後貼掛標示（圖 9-1）。

圖9-1　美國威斯康辛州發行的甲級驗證種子標籤圖樣

第三節　採種田的選擇

種子生產的主要考慮有二，一是如何得到品質優良的種子，一是如何具備經濟上的優勢，此等考慮在種子公司或政府層級各有不同。種子公司的目標在於獲利，因此成本上的考慮較為重要，但政府基於糧食安全，必要的時候會以保障重要種子的自主供應為優先考慮。

有兩個方向決定採種田區的選擇，一是採種田的自然環境，另一個是該地區的人文條件。

一、採種田的自然環境

種子生產基地的重要自然環境是緯度、高度、溫度、光照、土壤、水分與氣流。緯度會決定溫度週年季節變化、全年無霜期，以及特定日期的日長。高度會影響到溫度，高地在無雲期間會有較強的光照。水分供應的適宜，以及土壤的質地與肥力會影響作物的生長。一般以肥沃土壤較適宜採種，肥力太低可能讓植物的生長不正常，太高會造成營養生長過盛，都不利於採種。

某地區的自然環境可能不適於作物的生長，因此產量低落。風速太小可能影響風媒作物的授粉，風速太大可能加速土壤的乾燥，或者將花粉吹出田區、將遠方的異品種花粉吹進採種田當中，防風措施可以有效地避免風速太大的問題。氣候條件的不適，可以用人為的方式如溫室等加以改變、克服，只是會增加生產成本。

環境即使適於生產種子，若農地有其他干擾因素，所生產的種子品質卻不見得高，例如田區過去雜草管理不善，可能含有過量的雜草種子。前作種植異品種，種子遺留在土中，也會提高品種混雜度。

雖然適宜的溫度很重要，不過就種子生產的目的而言，某些具春化（vernalization）需求的蔬菜，在冬天若未能有足夠的低溫（如 5 到 10°C），就無法順利進入生殖生長，因此不會抽苔、開花結籽。播種幼苗期間可出現低溫的地區，能夠讓植株感受到春化作用，讓原本需要越冬的二年生作物在同一年內採種，但需要注意幼苗期通常容易遭受寒害。有些二年生作物需要長到一定階段才能感受低溫，如冬小麥或秋播型油菜等，這些還是需要在秋天播種。我國平地溫高，原不適於甘藍採種，但使用幼苗低溫春化處理技術，可讓甘藍能夠在最適合採種的早春提早開花（王仕賢等，2003）。

有些具光週性（photoperiodism）的作物，也需要在特定的每日夜間暗期才能開花。平

常生長期間需要有適量的水分，但開花結籽期間則宜乾燥氣爽的天氣，避免過多水氣影響種子品質。

二、採種田的社會環境

整體而言種子的需求量相當大，因此不論是政府單位或者民間種子公司，都以契約生產的方式，交由可靠、技術較好的農家來採種，一般可能由不同農家甚或不同地區的農家來生產同一品種的種子。商業種子生產必須講求成本與效益，除了自然條件之外，採種田所在地區的政治、經濟狀況等社會條件也是重要的考慮因素。

交配品種的採種包含繁瑣的去雄、授粉、套袋、掛籤等細緻工作，不但需要有耐心、體力與技術的工作人員，其工資也相對較高。因此交配品種的種子生產區並非一成不變，而是隨著某地區工資、土地等生產成本的上揚，或工作人力的老化而會轉移到其他國家。即使如此，種子公司也常將重要的自交系，甚至於品質相當高的採種工作保留在自己國家。例如北歐仍可見到用隧道式塑膠棚室進行採種工作。

種子生產田間作業之外，採收後還需要進行種子清理、調製、包裝、儲藏的工作，這些工作可能全在種子生產地區，但也可能初步的工作在同地區，而若干加工步驟則移到其他地區進行，特別是大型種子。因此加工工廠、運輸系統的有無與成本也是重要的考慮因素。

第四節　採種田的管理

採種田的整地、犁田、施肥、播種作業與一般作物生產類似，但仍有採種上的不同重點，包括土壤肥力的測試、溝畦的整理等都需要更加精細。水分管理上最好能有恰當的灌溉水，特別是較乾燥的地區，以求得種子的質量俱佳。但水分不宜過多，過多的供水或雨水可能延後作物的成熟期，降低種子品質，尤其是二年生作物為然。

有些小種子蔬菜作物如甘藍類、菠菜等具有無限型花序（indeterminate inflorescence），若氮肥供給太過，營養生長會過盛，延長開花期間或減少開花數，也可能妨礙田間檢查與花粉的傳授，不利於採種。需要的時候，可以施用適當的硼、鋅，以增進所生產種子的發芽活勢。

商業種子生產特別要注意雜草管理，避免所採種子混雜過多雜草種子，法規不允許出現的頑劣雜草種子更需要留意。有些雜草其種子物理特性與採種對象者接近，將來種子清

理調製時會添加麻煩，這類雜草宜盡量於開花前清除乾淨。為減少雜草管理的負擔，可使用輪作、覆蓋作物，以及慎選前作的作物等管理方式，來減少該等雜草種子的掉入土壤。

採種過程所用的所有機械器具務須清理乾淨，前次操作絕不遺留種子在其內，以避免異作物或異品種種子的混雜。

為避免所採種子有過多的病原附著，種子生產也需要注意病害管理。播種用種子以及採種用農地應確保不出現種傳病原（seed borne pathogen），種子若帶有病原需要用化學（如拌藥、燻蒸、披衣等）或物理性方法（如溫水浸種）加以清除。正確的輪作有助於減少農地的某些病原。

一、播種管理

種子生產通常以種子播種，開花結實後再行採種，少數情況下則由種球生產種子。以種球或其他無性繁殖器官生產種子雖然較花人工，成本較高，但也有其優點與必要。

（一）以種子生產種子

一般作物生產，播種量的大小要考慮種子發芽率以及所要的植株密度（每單位面積的植株數量），通常發芽率低者需要提高播種量，以期達到設定的植株密度。播種前進行發芽試驗，了解種子的發芽率、種子活勢，有助於決定播種量。不過發芽率略低表示剩下的活種子可能已發生較多的基因突變，實際上不宜作為採種的播種用，採種用的種子應維持高發芽率的狀態。

植株密度與產量有關。植株密度低，單株的種子產量高，而單位面積的產量低，提高密度會降低單株的產量，但有助於提升總產量。密度太高，反而會導致植株互相競爭養分、水分與光照，而降低總產量，也較容易發生病蟲害。一般作物栽培以總產量為目標，依不同的作物與土壤的肥力，各會有最適的植株密度。相同的作物下，土壤肥力高，最適植株密度也會提高。

以生產播種用種子為目的者，其植株密度因作物種類與品種特性而異。採種田的種植密度可以比一般作物生產者的推薦密度更低，來增加行株距，讓單株作物可以充分生長，展現品種特性，以利去偽去雜（roughing）的田間作業。

種子生產在播種的管理上會因生產的層級而略有所不同。在原原種的繁種時期，種子數量不多，播種可以採較低的植株密度，提高每株種子的產量，採種田則可以適當提高植株密度，來達到最大種子收量。交配品種種子生產上，父母本的播種密度有不同的考量，但也可以先提高播重量，再用間苗的方式來達到恰當的密度。一般而言，父本自交系的播

種密度可以提高，以增加花粉數量。父本行／母本行通常為 1/1 或者 1/2，但蟲媒者母本行數或許可以提高。單交種玉米的父本行／母本行是 2/4 行，雙交種為 2/6 或 2/8 行。雜交種向日葵的父本行／母本行可以是 1/2-1/7 行。

少數情況下提高播種密度有利採種。以歐防風為例，其繖形花序有頂生的主要繖花與側邊的次要繖花，主要繖花所結種子的胚較大，品質較好。提高歐防風的栽培密度，可以增加主要繖花所結種子的比率（Gray *et al.*, 1985）。

播種時期因地區與作物類別而定，以達到種子質量皆高為原則，播種季節的前後則因其他的考慮加以調整，例如當父本與母本開花期不一致時，需要調整各自的播種期，俾能同步開花，順利完成授粉。若前作有遺留種子之虞時，也可以延遲播種期，讓該等種子發芽以後再行整地播種，降低將來混雜的機率。附近播種同一作物不同品種時，可以延遲播種期錯開將來的開花期，以確保不會受花粉汙染。

（二）以種球生產種子

二年生作物採種常先以種子播種，然後採收其地下根、地下莖，甚至於整株植物，選擇優良者移種。由於選擇時已經形同淘汰，採種田的去偽工作得以減輕，因為不經種子發芽與幼苗成長階段，所以其生長會更為整齊。不過考慮到病蟲害，因此兩階段的種植宜選擇不同田區。

蘿蔔在第 1 年秋冬季將地下根挖出選種，然後隔年春天將所選植株再種於田間進行採種，在溫帶需要有特殊的保護才能越冬，而能於第 2 年重新栽種後開花結籽。洋蔥採種兩種方式都可以，由於我國地處亞熱帶，冬季低溫不足，不適合以種子生產種子的方式，因此可以用種球生產種子，選取中、大球洋蔥種球，種球栽植前經低溫（5 到 10°C）處理 2 個月即可。

二、授粉管理

（一）防止品種混雜的花粉管理

為了維持品種的純度，採種田特別講究花粉的隔離，以避免異品種花粉的汙染。花粉的隔離方式有三，空間的隔離、時間的隔離，以及物理性的隔離。隔離的強度因作物繁殖方式以及採種等級而異，異交作物比自交作物、原種田比採種田需要較強的隔離。

同一「種」作物但不同品種若種在相同的季節，需要有適當的隔離距離，讓其他品種的花粉不會藉著風、蟲的媒介而傳入採種田，這就是空間的隔離。每種作物所需要的隔離

距離長短差別很大，一般而言，自交作物需要的隔距較短（例如萵苣 3-6m 即可），異交作物需要的隔距較長（例如菠菜需要 1-3km）。個別作物的適當隔距各國的推薦值可能有相當大的差距，以下僅供參考。一般豆類 4m、番茄 50m、萵苣與甜椒 200m、苦瓜與胡瓜 500m、南瓜與絲瓜 1,000m、西瓜 1,500m、花椰菜與白菜 2,000m。農藝作物中水稻隔離 4m，雜交稻 40m、玉米 2,000m。向日葵固定種隔離 400m，雜交種或自交系隔離 600m，相對於此，一般作物生產只需 200m。然而花粉傳播的實際距離可能較一般規範要遠，例如 Hofmann *et al.*（2014）指出，在歐洲玉米花粉的傳播距離高可達 4km。

　　時間的隔離是指自己的田或鄰居的田在種同一「種」作物但不同品種時，需要確保開花時期的錯開，以避免異交授粉的問題。時間的隔離也要考慮採種田的栽培歷史，包括所用過的農藥、前期作物等。若進行種子生產之前曾經種過同一作物的他品種，則視作物種類需要有 1 到 3 年的輪作其他作物，避免前期相同作物異品種的種子落在採種田間自行發芽生長，增加品種混雜的機率。像甘藍屬或三葉草屬等種子在土中的壽命長可達 10 年，需要特別注意，若不同物種但種子外觀接近者，也不能忽視，如小麥與大麥。

　　一般而言，向日葵隔 1 年採種，若有寄生性雜草則隔 4 年。萵苣採種田隔 3 年種一次。瓜科、十字花科作物不宜連作，但花椰菜若行移植種植，則田間不必隔年。豆科可以隔 1 年種，但豌豆以 3 年採種一次為宜。玉米可連作，但水稻因前作掉落的種子有可能次年發芽，因此也要間隔 1 年，不過若能翻土灌水 2-3 週讓土中稻種發芽再行翻土，亦可連作。

　　若時間與空間的隔離無法做到，則可以採用物理性的隔離，例如用紗網罩住剛要開花的品種，就可以避免其他品種花粉的混雜（圖 9-2）。紗網隔離若能防止帶病毒昆蟲如蚜蟲，也可有效阻止毒素病的傳播。育種家生產父母本材料或者原原種時，因數量小可以使用較小的網蓋。對於異交作物，在紗網內採種需要加強授粉管理，如置放蜂箱。

圖9-2　可進入操作的隔離網室，外邊放置蜂箱

除了網室，也可以在採種田四周田區設置防風措施來協助隔離，栽培灌木綠籬則可作為永久的防風牆。臨時種植有高大的農作物如甘蔗、玉米、向日葵等，甚或臨時搭架塑膠網，也都可以減少鄰田花粉的進來，有效地縮短隔離距離。一般而言，可縮短的距離約是設施高度的 10 倍。防風措施以能透風者為宜，避免造成亂流。

（二）授粉

許多作物生產上都利用昆蟲來增加授粉機會，以提高種子數。自然界中可提供授粉的昆蟲除蜂類外還包括蠅類、蝶類、甲蟲類、螞蟻等。在採種工作上則以蜂類為主，包括蜜蜂類、胡蜂類、熊蜂與切葉蜂（壁蜂）等。目前除西洋蜂為人類大量飼養並提供授粉之外，其餘大部分均為野生，較難控制利用。

採種上常使用蜜蜂授粉者為十字花科蔬菜，這類蔬菜的花對蜜蜂吸引力大，採種時利用蜜蜂授粉，可增加採種量。此外瓜科、洋蔥、胡蘿蔔等蔬菜，與各種花卉、牧草、綠肥、油料（向日葵、芥花籽）、保健、藥用植物等之採種，也都可利用蜜蜂授粉。不過野生蜂類數量經常不足，因此開花季節可以租用蜂箱，所需授粉蜂群數依開花數量及租用成本而定，一般為每公頃 2-10 群。

三、交配品種採種的花粉控制

雜交一代種子的生產需要將母本的雄花去掉，然後引用父本雄花來授粉。去雄的方法有多種，手工去雄可用於雌雄異花作物如玉米與刺瓜。由於玉米雄穗長在頂端，機械去雄相對容易。自交作物的交配品種也常用手工去雄，特別是繁殖倍率高，種子價格貴的作物如番茄、甜椒等。去雄、採集父本花粉、授粉、套袋等工作都需要技巧與恰當時機。

不過手工去雄相當辛勞，因此已發展出一些技術來取代勞力。首先是化學去雄，這是根據雌雄蕊抗藥性的不同，選用化學藥劑阻止花粉的形成或抑制花粉的正常發育，使花粉失去受精能力，達到去雄的目的。化學藥劑的選擇著重於去雄率高而不傷及雌蕊，也不引起植株的變異。本法的優點在於可簡單地大面積葉面噴施，但缺點則是其效果易受環境條件影響、去雄不徹底、易有副作用等。目前在雜交小麥、棉花等都有使用去雄劑，如小麥用 GENESIS、BAU-9403 都可得到近 100% 的去雄效果（辛金霞、戎鬱萍，2010）。

十字花科蔬菜如花椰菜、青花菜、結球白菜、甘藍菜等交配品種的採種，應用的雜交手段是採用具有自交不親合特性的自交系來預防自交。具此特性的植株，自己的花粉掉在自己的柱頭上時，無法長出花粉管，但其他植株的花粉即可。採種時將二自交系隔行混植，藉助蜜蜂雜交授粉，生產高純度種子，其效果良好，也可大幅降低生產成本。不過採

用自交不親合的方法有其缺點，如雜交率不穩定、親本自交系繁殖不易、自交弱勢導致採種量低，以及優良親本未必具自交不親和性等瓶頸。

具自交不親合的自交系親本，其本身的採種可用蕾期授粉、高溫、藥劑、鹽水或二氧化碳處理，來克服自交不親合的特性。高濃度二氧化碳的技術已應用於甘藍、結球白菜、蘿蔔及青花菜自交不親合自交系的種子生產（王仕賢等，2003）。

雄不稔性狀之應用是降低採種成本的好方法，採用具雄不稔性狀者作為雜交母本，可避免自交而提高採種純度。超過 140 種物種具有細胞質雄不稔（cytoplasmic male sterility, CMS）特性，但以玉米最普遍使用。由於花粉不具細胞質，因此雄不稔親本的維持較為單純，只需要一個具有相同細胞核但花粉正常的維持品系即可。雄不稔母本品系若無維持品系就無法自交留種，也可避免採種親本遭竊。核雄不稔（nuclear male sterility, NMS）較為少見，其維持也較難。

雄不稔性狀的應用稱為三系配套採種模式，此模式除了需要雄不稔母系外，另還需要雄不稔維持系與雄不稔恢復系。雄不稔母系需要與維持系交配，才能代代保留。維持系與恢復系都可以用自交來保留，而交配品種種子的生產則需要雄不稔母系與恢復系之間的雜交。

授粉昆蟲也應用在一代雜交種子採種生產上，例如利用蜜蜂生產西瓜雜交種子，可提高種子產量。

若干作物的花粉可以行冷凍保存，例如番茄、甜椒等。番茄花粉在 –80°C 下 50 天，仍可以維持生命，與新鮮花粉有同樣的生產種子作用（Sacks & St. Clair, 1996）。交配品種採種時若加以利用，可以免除父母本同步開花的調控，減少父本種植數量。

四、去偽去雜

本季當採的品種在播種時，若種子本身不純，含有異品種種子，將來採種時就會有混雜其他品種種子之虞。種子雖純，但若播種前儲存不當，導致種子發生突變，將來所採種子就可能偏離原有品種的特性。若田區存在前作所遺留異品種種子，播種後可能發芽而與本季當採的品種相混因而造成混雜。因此除了加強隔離以防止異品種花粉的汙染外，進行去偽去雜的工作，將外表不同的走型（off-type）植株加以清除也很重要。

走型的植株在外表上有可能產生的差異如：（1）株高：較高或較低；（2）種實特性：如水稻穀粒芒尖顏色或芒之有無；（3）葉片特性：葉色、葉片角度等；（4）花色或花期不一致；（5）成熟期不一致；（6）其他。在去偽去雜的同時，也宜將得病植株與靠近的雜草

加以清除。病株應加以燒毀，以防擴散。

隨時在田間觀察，遇到不純與病株立即拔除，在採種前宜有多次拔除的作業。水稻可在授粉期與稻穀成熟前各去偽去雜一次。萵苣、花椰菜、白菜等可於葉菜商業生產期去偽去雜一次，抽苔開花期再行一次。西瓜、胡瓜等於開花前、開花後、果實發育中期、採果期各可去偽去雜一次。大豆、落花生等於開花期與成熟前各去偽一次。番茄與甜椒等在開花前營養生長期間先去偽去雜一次，其後在幼果期與果實成熟期分別再進行一次。萵苣在簇葉期去偽一次，開花期再一次。

第五節　種子的採收

種子採收的作業可分為乾果類採種與漿果類採種兩大類。漿果類如木瓜、番茄、甜椒、胡瓜等，種子成熟時果肉仍然多水。乾果類作物如豆類作物與甘藍類蔬菜等，採收時乾燥果莢內種子的含水率已下降。禾本科作物乾燥種實留在花穗上而直接外露，但玉米的種實由苞葉包著。

一、採收時機

對乾果類採種而言，採收時間關係種子的品質與採收量。太早採收，種子大多未成熟，隨著充實期的進展，成熟種子越來越多，但是也會開始掉落。因此就採收高質種子數量而言，有一段時間是最適採收期，當會掉落的種子數量超過即將由未成熟轉為成熟的種子量時，就要開始採收。若時間允許，可以在田間多次採收成熟的種子或果莢。若只允許一次採收，則以 60-80% 的種子（果實）成熟為宜。

成熟種子的含水率也是考慮的因素。成熟期越晚，種子含水率越低。種子較乾燥時適合機械作業，含水率高時較不易脫粒。但是種子太乾燥，也容易受到機械傷害。一般的作業是在採收前先在田間取樣少數種子，用拇指甲試壓種子，憑經驗決定採收與否。採收方式不同，最適的種子含水率也不同，例如豌豆以手工脫粒者，可在 30-44% 時進行，若用聯合收穫機採收脫粒，則需要等降到 26% 方可進行（Biddle, 1981）。

達到適合採收的時間每年不同，會受到當年氣候的影響。氣溫較高、相對濕度較低、土壤較乾都會加速成熟，反之則需要較慢採收。空氣較乾時，成熟種子更容易脫落。此時可以利用清晨露水尚未消失前，或下過雨之後進行採收作業，亦可嘗試灌溉增加濕氣。成熟期間若下雨宜調整採收時機。

在漿果類作物，種子的成熟環境較為單純，對採收時機而言，溫度的影響較大，水分的影響較少。通常果實停留在植株過熟，讓種子在果實內充分成熟之後才宜收割果實剖取種子，也可以在果實收割後放置後熟一段期間，然後取出種子。

種子採收方式在漿果類與乾果類作物也有所不同。

二、乾果類採收方式

手工採收的方式雖然古老，但若干時候還在使用，如高價種子、原原種採種面積小，或人工相當便宜的地區等。有些作物具無限型花序特性，果實陸續成熟者，也比較適合手採。手採通常用剪刀直接將種實部位（如玉米穗、蔥類花序等）割下，有時也可以連同植株部分莖葉割下（如蘿蔔、萵苣），或者整株拔起（如豌豆）。採收後材料可以放在防水布、犛模、乾燥地板上，或若干植體綑綁成束，掛在架上進一步乾燥，然後脫粒。手工脫粒主要的方式包括徒手用有皺褶的橡膠片搓磨，或者以連枷等工具敲擊尚未裂開的乾果。手採時須注意不要產生不必要的植體碎片，避免加重將來清理的工作，也需盡可能不傷及種子。

手工採收雖然可以採得最大種子量，但較為費工。若遇到天氣不佳，可進行採收的天數有限，則仍以機械採收為宜，採種機械可分為三類（Kelly & George, 1998）。

第一類機械使用一般收割機由植株基部切割，種子仍連著莖部，以待後續脫粒。在收割之後，整個植體可以成堆或者捆成束置於田間，數量少時也可以移到乾燥空間，等待進一步乾燥後再以電動脫粒機進行脫粒。第二類以脫粒機直接脫粒，其餘植體仍留於田間。若干型號的脫粒機使用摩擦或搖動的模式，只脫粒已成熟的種子，未成熟者留待下一回採收。第三類使用聯合收穫機，在駕駛機械於作物行間之際收割植體，同時將種子脫粒。

聯合收穫機適用於大面積，以及成熟期一致時的採種，但售價偏貴，其操作也較需要技巧，不過也有小型聯合收穫機供小規模採種使用。若使用本款機械的脫粒功能，要先確保種子足夠乾燥。

三、漿果類的採種方式

果實採收可以手採或機採，果實成熟期較不一致者以手採為宜。採種用的果實在可食用時暫時保留不摘，留在植株上約一到數週以待種子的後熟。若有罹病之虞者，可將果實摘下靜置後熟。大量採收者可用機器採收，然後壓碎果實。

果實壓碎後將種子由殘渣分離出。將帶有果漿的種子浸泡於水中約 8-12 小時，之後倒

水除卻果漿，種子量大者可使用離心機分離種子與果漿。乾淨的種子用清水沖洗後乾燥。若種子外面覆有膠質，例如番茄與胡瓜的種子，則需先加以去除，去除的方式可用發酵法或化學藥劑處理。

發酵法是將種子放入容器內，若太黏稠難以攪動，略加適當水以利攪動即可。然後放在室溫（25-30℃）靜置 2 到 3 天發酵，每天攪動 3 次。當種子的膠質容易去除時，或種子開始要發芽前，即倒入體積 10 倍大的容器內加以攪拌搓揉，再加入 4 倍的水搖動，讓果膠與種子分離。靜置去除浮在上面的果膠、雜質與輕種子。重的種子偶而也會浮上面，可用手撥使沉於水中。將乾淨的好種子倒在濾網上過濾水分。乾淨的濕種子薄層平鋪於硬板上（不要用紙張或布料），加以吹風並經常攪動，以除掉水分。

第六節　其他

一、木本樹木的種子園

造林產業上為了追求木材的量產，需要播種遺傳品質以及播種品質兼優的種子。這類種子的生產通常不由野外採集，而是經營種子園（seed orchard），種植優良品系，並作密集管理，來進行大量採種。種子園常使用於林木育種計畫，或者育林植樹計畫。

荷蘭於 19 世紀末期就在爪哇設置金雞納樹的無性系種子園，其後馬來西亞也以種子園進行橡膠樹的採種。在 1940 年代以後，各國就相繼建立針葉樹種子園，其他如殼斗科、樟科、豆科等也都有之。

種子園分為無性繁殖種子園與實生苗種子園兩大類。無性繁殖種子園通常選擇優良母樹，用嫁接或扦插的方式進行栽培。無性繁殖的好處在於容易維持原有樹木的遺傳品質，也能提早開花採種，但有些樹種較難進行無性繁殖，導致成本高昂。實生苗種子園則成本較低，選種優良個體混植，以開放授粉或控制授粉的方式獲得種子，通常適用於播種到開花時期較短的樹種，如黑雲杉或桉樹屬。若樹種帶有若干自交不親合特性，而且花期重疊，則可以生產雜交種子，如相思樹屬（Griffin *et al.*, 1992）。

與農作物一樣，種子園地點的選擇很重要，其生態環境需適宜該樹種的生長發育，以及大量的開花結實。其次園地宜選平坦、開闊的陽坡或半陽坡林地，坡度不宜大於 20 度。種子園也應注意樹木花粉傳播距離大的問題，以避免園區外花粉的混雜。樹木有效花粉一般在 500-600m 內，但因環境與物種而異。以松樹種子園為例，至少需要有 2km 的隔距，而對落葉松則 100m 以上隔距即可。

除非種子成熟時容易掉落，否則樹木宜修剪成矮、寬的叢生狀，以利採種。採種時機也很重要，以松柏類毬果而言，太早採收不但種子收量低，活度也不佳。毬果成熟時因為水分的喪失而提高其比重，是較準確的判斷準則（Hartmann *et al.*, 1997）。

二、人工種子

以組織培養的方式進行大量無性增殖，得到體胚（somatic embryo），用披衣材料將之包覆成顆粒狀，稱為人工種子（synthetic seeds，或 artificial seeds）。人工種子可以有三類：（1）單純的新鮮體胚、（2）體胚以膠衣裹覆的新鮮顆粒，以及（3）體胚造粒後經乾燥的顆粒。人工種子的標準製程有五，包括體胚的誘導、增殖、組織分化、成熟，以及體胚的造粒。人工種子除了體胚外，通常還需要附加糖類等養分來供體胚的發芽。有些人工種子可以乾燥到 10% 含水率，但是長期儲藏仍有困難。

體胚的誘導需要慎選營養體。合適誘發體胚的營養體因植物種類而異，如大豆、山茶花以幼胚為宜，美國白梣木、鄧恩桉可選用成熟種子，遼東楤木可用嫩芽，紅櫟樹則可用其葉片，落花生則可選用腋芽或頂芽（Ozudogru *et al.*, 2013）。花椰菜的花球發育時，密集重複的分枝在表面形成數以百萬計的分生組織，可作為繁殖的材料（Kieffer & Fuller, 2013）。

品種的不同也會影響誘導能力，因此需要選擇恰當的品種進行微體繁殖。微體繁殖的方法以大豆為例，切取小於 5mm 幼胚的嫩子葉，子葉內側朝上置於培養基，並以弱光照（5-10μE m^2/s）進行培養，以利體胚的分化，光照太強反而不利於分化。培養基採用 Murashige & Skoog 固態培養基配方，其中含有維生素 B5、3% 蔗糖、0.2% 結蘭膠（gellan gum），以及 40mg/L 的人工合成生長素 2,4-D；酸鹼度調到 pH7.0。

大豆體胚開始分化後，可以降低生長素濃度，繼續分生出體胚，進行增殖，大量生產體胚。前述固態培養基 2,4-D 濃度可降至 20mg/L，若是液態培養基則可以低達 5mg/L，兩者的酸鹼度都調到 pH5.8。增殖達到目標時，可以更換培養基，完全去除生長素，把 3% 蔗糖更換為 6% 的麥芽糖，並加入 0.5% 的活性碳，促進體胚的組織再分化，以長成完整的胚。接近成熟前又更換培養基，去除活性碳即可。成熟體胚若未經乾燥即播種，其發芽的速度稍慢，可放在培養皿內，或用飽和 KCl 溶液創造 85% 相對濕度的空氣，緩慢乾燥 3-7 天後，以促進發芽速度。

成熟體胚可給予造粒處理以便利運送，常用於人工種子的造粒材料是褐藻酸鈉（sodium alginate）。將成熟的體胚置入褐藻酸鈉溶液（0.5-5.0% w/v）中，然後用滴管吸

取一個體胚連同褐藻酸鈉溶液，滴入濃度 30-100mM 的氯化鈣溶液中，褐藻酸鹽遇氯化鈣會產生離子置換，在體胚外形成固態膠囊，將體胚裹著形成人工種子（圖9-3）。滴管內壁管徑的大小會決定人工種子的大小，兩種溶液的濃度會決定人工種子的硬度。或使用雙層滴管，讓體胚由內管釋出，外管則流出褐藻酸鈉溶液，可以讓體胚存在於褐藻酸鈣的正中央，增加膠囊的保護能力（Ara *et al.*, 2000）。

圖9-3　人工種子

人工種子結合大量無性繁殖技術以及種子儲藏技術的優點，在技術上已經可以做出的體胚人工種子包括甘蔗（Nieves *et al.*, 2003）、落花生、胡蘿蔔、苜蓿、茄子、奇異果、芒果、桑椹、香蕉、葡萄，以及多種樹木如茶花、歐洲雲杉等約 40 個物種（Ara *et al.*, 2000）。然而由於大量生產可用的、健康、可耐乾燥儲存的體胚，在技術上仍難以克服，而且人工種子造價昂貴，因此雖然樹木體胚已經大量生產，人工種子仍未能普遍商業化（Cyr, 2000）。

三、農民保種

農民留種自用，是萬年前農業發明以來的習慣，也是在各地方逐漸創造出千千萬萬適合各地方作物品種的基礎。隨著科技以及種苗企業的發展，作物的商業生產已大多採用育種家在慣行農法之下所選育出的新品種。

近代新品種基於商業的理由，選種時偏重於具商業價值的少數特性，長久以來許多各地農民所保存下來的特性因而從市場消失。而每年由公家單位或者種苗公司購買種子來播種，不但導致作物品種多樣性的降低，也喪失了農民發現而且選留新遺傳特性的機會。這對於環境劇變的今後，尤其顯得嚴重。農民的留種（seed saving）自用，無意間替人類進行保育（conservation）種子的工作。農民保種可以說是「藏種於農」，與國家種原庫（詳

第十二章）的重要性不相上下。

　　農民留種技術的難度因作物種類而異，一般而言自交作物較容易、異交作物較難，在有機農法上，生產對象為果實的一年生作物較易，葉菜類作物較難。留種技術特別要注意品種特性的維持，避免鄰田同樣作物不同品系花粉或種子的混雜，這包括隔離種植、生長期間若干重要生育階段的去偽去雜、授粉期間的套袋罩網或人工授粉、種子採收清理乾燥儲存，以及全部過程的標示等。由於各種作物的留種操作在細節上有所不同，因此宜編印各作物的留種手冊（郭華仁、鄭興陸，2013），提供農民參考。

四、有機種子

　　本章所提種子生產，大多指的是以慣行農法栽培採種所得的種子，若以有機農法生產，所得種子可簡稱為有機種子。由於有機農業的發展主要在近 20 年，有機種子的技術研發更為後面，因此全球首次的有機種子研討會，遲至 2004 年才得以舉行（Lammerts van Bueren *et al.*, 2004）。

　　多數國家都規定有機農法要求儘量採用有機種子來播種，然而在生產供應有機種子上，有機農民面臨的問題較諸慣行種子生產者更多。由於有機農法禁止使用化學藥劑，使得有些作物罹病的風險增加，作物也需要有更強的雜草競爭力，因此採種田上要生產健康的有機種子相當不易。二年生的蔬菜，例如高麗菜、胡蘿蔔、洋蔥更是困難，因為採種生產比葉菜商業生產需要更長的生長期，提高了感病及汙染的風險。

　　為應付春天有機肥礦物化速度緩慢及雜草種子的競爭，有機種子有需要活度高和發育快速的根系，因此種子本身的健康情形也是影響有機種子生產的一大因素。

　　由於有機農法不得使用化學農藥，因此種子較可能附有更多的病菌，所以有機種子的檢疫門檻必須較傳統種子更嚴格。然而一般有機農法的驗證著重有機生產方式和化學藥劑的禁用，而有機種子的健康情形並非檢驗的要點，嚴重感病的種子也可能輕易通過認證。因此有必要定義出有機種子健康的品質標準，重新調整品質檢定的門檻。在丹麥，因為種子本身的病害使得許多的有機種子必須丟棄，造成很大的損失，例如豆類種子在 2000 年有 90% 因為病害被丟棄。有時更因為病害幾乎所有的種子都被丟棄，使得有機種子的生產幾乎不可行。因此需改善耕作技術，以減少田中種子病害的發生，並且發展適於有機條件下種子的處理方式。

　　有機種子生產過程中的病害管理相當重要。以胡蘿蔔的黑斑病菌（*Alternaria radicina*）為例，在有機管理下，較不嚴重的種子感染不易發現，只能在胡蘿蔔根部找到腫

塊。當成熟期的胡蘿蔔遇到 20°C 以上的溫度，或者收穫後低溫儲存時，會出現明顯的黑色根部。當胡蘿蔔幼苗或成熟的根進行低溫春化催花時，感病株通常不易發現，爾後卻長出感病的花及種子。有機胡蘿蔔種子生產需要高度的防菌控管，例如使用未感病的種子，隔離劣質的種子，並且嚴格地與其他繖型花科植物隔離（Groot *et al.*, 2005）。

商業種子生產通常施用合成的作物保護劑來排除病原，而有機農業則常用物理性的方法處理，例如使用熱水浸種，但若處理不當有傷及種子的風險。為了避免這個問題而發展出天然的、複合的、更溫和與符合有機規範的處理方法，例如百里香油等抑制細菌性及真菌性種子疾病（Schmitt *et al.*, 2004）。不過尚未登記為作物保護藥劑的產品必須經過昂貴的毒物學的檢驗，此外還必須遵守有機品質的管理法則，這對市場小的有機種子而言相當嚴苛。

除了外加的處理，種子本身的成熟度也需要注意。成熟種子會達到最佳的生理品質，而未完全成熟的種子發芽後，生長發育的情形較差，且產生的種子較少，也較容易罹病。多數作物的種子在發育初期是綠色的，而在種子成熟時葉綠素崩解，因此可由種子上葉綠素螢光（chlorophyll fluorescence, CF）來判定成熟度。菠菜為無限型開花，種子成熟期不一致，用 CF 與種子篩選大小的機器來分級，可以得到品質高的種子（Deleuran *et al.*, 2013）。完全成熟的萵苣種子的 CF 值最低，發芽率高、生長速度快而一致，且不易患病。不夠成熟的種子發芽率低，比低 CF 值的種子易感病，且對熱水處理敏感。藉由 CF 值可以去除較不成熟的種子，有效增進有機種子的品質。

第**10**章 種子的清理調製與儲藏

採收自田間的種子經常夾雜殘枝、碎葉以及小的石頭土塊等，若不加以仔細清理，不但會有涉嫌虛報實重、增加病菌附著等缺點，由於外觀不佳，買者也會認定品質不良，降低購買意願。種子清理、調製以及後續的儲藏，都是要確保所採種子在將來利用時仍保有高的品質。

種子清理調製的目標是要將原始採集種子中不必要的雜質或其他種子加以去除，以得到最大量的純淨種子。商業化種子生產需要借助各類機器來進行清理工作。這些機器的設計都需要考慮到第二章所提的種子物理特性。

第一節　種子的品質

維持種子品質是為了確保種子有良好的種植成果。不過從採種到成苗之間，種子經歷過清理、調製、分裝、儲藏、運送以及播種等過程，因此種子品質具有多樣的屬性，包括潔淨度、品種純度、含水率、發芽率、田間萌芽率、發（萌）芽整齊度、耐儲力及播種易度等。

種子淨度（purity）就是種子所含其他雜質或者是破碎的，或其他種類種子的百分比，該百分比越低，表示淨度越高。種子純度（true to cultivar）則是某品種種子混有相同植物但不同品種種子的百分比，該百分比越低，表示純度越高。種子發芽百分率是指在實驗室所進行的發芽試驗所得的發芽率，但是發芽百分率不等於播種於田間後其萌芽的百分率。種苗商很重視種子發芽百分率，但是對農民而言，田間萌芽率比較實際。

除了發芽率高以外，發芽整齊度也是種子品質重要的項目之一。發芽整齊度高對野生族群可能不利，因為幼苗有遇到逆境全部死亡的風險。對近代農民而言，發芽整齊度高則可以讓植株生長一致，有利於中耕、施肥以及機械操作。對於穴盤育苗而言，發芽高度整齊更是提高生產效率的必要條件。

種子耐儲能力低，則在儲藏一段時間後，其發芽率、萌芽率與發芽整齊度下降得較快，降低其播種品質。在播種時採用機械播種機者，要求種子能夠準確接受機器的吸力，有些種子或者太小或者容易結塊，不易機械播種，因此較不利於播種。

　　種子清理調製（Thomson, 1979）的目的就在於提升種子的各項品質，所用到的方法包括乾燥、清理（cleaning）、精選（up-grading）、拌藥（seed treatment）、披衣（coating）、包裝、萌調（priming 或 conditioning），此外還包括浸潤回乾（hydration-dehydration）、休眠解除處理等。乾燥種子可以降低種子含水率、提高儲藏期、有助於維持發（萌）芽率與發芽整齊度。清理種子可以提升種子的淨度，有時也有助於純度的提高。精選除了淨度、純度的提高，有時也可以淘汰較差的種子，因而提高發（萌）芽率。種子拌藥或者溫水浸種處理可避免菌害，提高田間萌芽率。種子披衣可方便微小、多毛型種子的播種。良好的包裝可以避免種子劣化，因而延長儲藏期，有助於維持發（萌）芽率與發芽整齊度。休眠解除處理與浸潤回乾處理有助於提高發（萌）芽率，而萌調處理則可以促進發芽整齊度。

第二節　種子的乾燥

　　種子乾燥方法的考慮在學術研究與種子生產業者間頗為不同，不過乾燥的原理是一致的。種子的水分會與外界空氣中的水分交換，到最後達到平衡含水率，空氣相對濕度越低，種子平衡含水率越低、越乾燥（圖 2-11）。

　　在田間相對濕度 60% 之下，大豆種子的平衡含水率約可達 9%，水稻者約 12%，但是在相對濕度 80% 之下，大豆種子含水率約可達 12%，水稻者約 16%。不過一般而言，採種種子宜乾燥到相對濕度 40% 下的平衡含水率，在水稻約 9%，在碳水化合物含量低的種子約 6% 含水率。

　　乾燥種子的原理就是把種子放在相對濕度較低的環境下，使種子達到較低的平衡含水率。有兩種方法可以降低相對濕度：直接除去空氣中的水分子，或者升高溫度來降低相對濕度。

　　大量採種時一般使用提升溫度的方式，例如使用烘乾機，來降低相對濕度。在 0°C 的密閉空間，若相對濕度為 100%，表示已達到飽和濕度。此時若溫度調升到 10°C，則飽和蒸氣量加倍，因此相對濕度降到 50%。溫度升高到 20°C，則相對濕度降到 25%；溫度若再升高到 30°C，則相對濕度降到 12.5%。日曬或者烘乾機所以能夠乾燥種子，就是透過降低大氣相對濕度而達到。送風本身會加速種子的乾燥速度，但不會影響種子可以達到的乾燥程度。

　　種子乾燥機種類繁多，包括箱式乾燥機、浮動式乾燥機、循環式乾燥機等。不同作物種子可能有較為合適的乾燥設備，每種乾燥設備皆有其優點、缺點以及限制，採用前宜先

加以了解。乾燥的熱能來源包括太陽能、燃料等。藉由加熱降低空氣濕度，然後將乾空氣吹向種子帶走水氣，達到乾燥的效果。需要注意送風口常因高溫而極端乾燥，附近的種子容易受傷。

　　瓜類、番茄等種子常用日曬法來乾燥。利用日曬乾燥種子可以省電，但是陽光太強導致溫度上升，有可能傷及種子，因此需要經常攪拌種子，避免同一面溫度太高而導致種子劣變。若在水泥、磚面上，須注意避免種子燙傷，比較好的方法是先在曬場上設置木架，木架上放竹簾，再將種子置竹簾上曬乾。也可以用簡易溫室吸收太陽能，提高室內溫度，再藉由抽風機將種子水分往外抽送。

　　若要維持種子的高品質，需要避免乾燥溫度過高，此時可以採移除水分子的方式。可用多孔性固態吸附劑（adsorbent）如矽膠、沸石珠、活性碳、氧化鋁、漂白土、分子篩狀物等，將空氣中的水分吸附於孔隙表面，降低空氣相對濕度。吸附劑可再乾燥重複使用，但能處理的種子量較少，也可以採用液體吸收劑如氯化鋰、氯化鈣等。一分子的氯化鋰可吸收三分子的水，而其再生也可以採用太陽能，達到省電的效果。利用冷氣機是藉著蒸發器的低溫冷凝，來聚集空氣中的水，然後直接排水到屋外。但是冷氣機降低濕度的能力有限，天冷時也不適用。

第三節　種子的預備清理

　　採種之後整批種子若雜質太多，在做正式的調製前，可以先用風選或篩選簡單地處理。有些種子表面附屬物質會妨礙調製工作，需要進行預備清理，使得以後各項清理精選的過程中，種子可以在清理機器中順利地流動，加速種子清理工作。

　　預備清理可使用機器將種子的附屬物質除去，附屬物質如芒、纖毛、留在種子的果莢，或者是各類突出的果皮等，這些工作可用各式各樣的磨皮機（scarifier）來進行。磨皮機有三個作用：（1）將芒、纖毛、果莢等附屬物磨去，以減小種子體積，加速種子流動；（2）有些硬實種子不能吸水，播種後也不會發芽，這類種子磨皮後可以解除硬實；（3）雙粒種子經磨擦後可以分開。

　　磨皮機可分為兩大類，第一種是轉筒式磨皮機，第二是皮帶式磨皮機。不論哪種機型，種子潮濕時磨皮的效果都較差，因此若種子材料較濕，在處理前宜先進行乾燥。

一、轉筒式磨皮機

轉筒式磨皮機主要由刷子與網筒構成（圖 10-1），具有網筒篩孔，孔徑固定，依種子的大小裝上合適孔徑的網筒。轉軸置於網筒的中央，與筒長平行。種子由入口進入網筒後，因轉軸的轉動帶動毛刷或攪打器，把種子推到網筒與毛刷等的中間，產生磨擦，將表面物質磨掉。

轉軸的毛刷換成鋼刷，或在網筒的內側包上一圈的鋼砂布，可以將硬實種子的種被磨傷。影響磨皮機效果的因素如轉軸的轉速、刷子的硬度、網筒的篩孔、刷子與網筒間的距離，以及種子停留在機器時間的長短等。

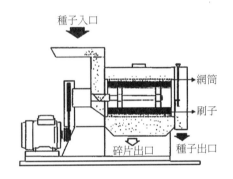

圖10-1　轉筒式磨皮機結構圖

二、皮帶式磨皮機

皮帶式磨皮機由上下兩組皮帶所組成，一組順時鐘，一組逆時鐘轉動，因此相臨的兩組皮帶向同一個方向前進轉動。兩組皮帶的距離依種子的大小可以調整，使得種子外殼因磨擦而脫落，適用於較為脆弱的種子或將數粒種子合在一起的種子球加以分開。

第四節　種子的基本調製

一、風篩清理機

種子的基本清理一般採用風選以及篩選。篩選是依據顆粒的寬度及厚度來選種，風選則是依種子的浮力（重量）來處理，通常是兩種清理法皆需要進行，因此常將兩種清理的

機器合在一起製造，這種清理機器就是風篩清理機（air-screener）。

篩選機主要部分通常是由二到四層的篩網組成，最上層可稱為初篩，最下層可稱為底篩，中間的一、二層則是分級篩，篩孔的大小由上而下越來越小。

圖 10-2 的設計有兩組篩網，較粗的雜質無法通過 A、C，而比 B、D 篩孔小的雜草種子與碎屑則會掉落，輕的種子則用風選的方式抽走。篩孔與風速的選擇是成功的要件。

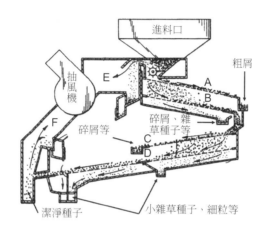

圖10-2　風篩清理機結構圖

A/B與C/D各為一組篩網，E/F為風力抽去輕種子。

篩孔的形狀有長篩、圓篩、方篩、三角篩及六角篩等，其中以長篩及圓篩最為常用（圖 10-3）。特殊篩網可用來除去某特定雜草子，如三角篩可以去除雜草卷莖蓼的三角型種子。篩孔大小等級甚多，全部約 200 種以上。

在決定用長篩或者圓篩，以及篩孔大小前，先取部分樣品進行淨度分析，將主要作物、雜質及異種子分開，然後測量各族群約 50 粒每粒種子的寬度及厚度，根據主要種子及其他種子寬厚分布的重疊程度來決定用哪種篩網，例如若厚度的重疊較小，則採用長篩，反之若寬度的重疊較小，則採用圓篩來清理。假若一批種子含有兩種雜質或異種子，而此兩種異物一個需用長篩，另一個需用圓篩，則宜使用兩層篩網來清理。

1. 長篩

假設有兩粒種子寬度都是 8mm，但是厚度有一粒是 4mm，另一粒是 2mm，那麼這兩粒種子都可以通過直徑 8.2mm 的圓篩，但都無法通過直徑 7.8mm 者，所以無法用圓篩來分開，但可以用 1cm×3.2mm 的長篩來區分兩粒種子，不用理會種子寬度。因此若種子間平均寬度的重疊較大不易區分，厚度重疊較小，需要用厚度來區分時，可採用長篩。

2. 圓篩

假設有兩粒不同的種子皆有相同的厚度，例如都是 3mm，但是寬度不一樣，例如有一粒的寬度是 9mm，另一粒是 5mm，那麼這兩粒種子都可以通過 1cm×3.2mm 的長篩，用長篩無法區分這兩粒種子，但是若用直徑 7mm 的圓篩就可以把兩粒種子分開。因此若目標種子與另類種子間平均厚度的重疊較大而不易區分，寬度重疊較小，需要用寬度來區分時，則採用圓篩。

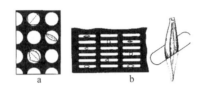

圖10-3　圓篩（a）與長篩（b）

二、斜度清理機

作物種子若略成球形或橢球形，表面又光滑，而且雜質表面粗糙或扁平，則可以利用斜度清理機來處理。馬達開動時帆布帶由下往上輸動，種子由進料口掉落在輸動中的帆布帶，圓滑的作物種子因重力大於磨擦力而往下滾動，而粗糙的雜質或其他種子則被帆布帶送到上方，由另一出口接收。

三、彈力清理機

種子在硬板上反彈的力量，有時也可以用來區分作物種子與異物體。假如作物種子與異種子的彈力頗有差距，例如豆類種子與禾本科雜草種子，可以讓樣品逐一掉落在略有斜度的板面上，彈力小的種子會貼著板面自行滑下，而具有彈力的作物種子則可以彈到旁邊的滑槽，而將兩者分開。

第五節　種子的精選

一、長度選種機

　　篩選機只能區分種子的寬度或厚度，但是無法區分寬度、厚度接近，但長度差異較大的兩類種子。種子長度的區分，常用長度選種機（indented cylinder，圖 10-4）來進行。長度選種機主要部分是特製的圓筒，圓筒內側鑄造了密密麻麻的凹洞，凹洞有固定的深度及廣度，不同的種子材料需要選擇不同凹洞的圓筒。

圖10-4　長度選種機示意圖

　　種子及異物在旋轉到圓筒底部時，因重量的緣故會掉入凹洞內，隨著凹洞的旋轉到上方，種子又因為重量而掉落。長度越大的，越早掉出來，越短的就被提得越高，因此越慢掉下來。這些後來才從上方掉下來的種子（或異物）被凹槽接著，由凹槽末端的上方出料口收集。提前掉出來的短種子（或異物）則掉回到圓筒，由下方的出料口收集。藉此原理，長度不等的種子就可以分開。

　　圓筒轉速常在每分鐘 20 到 40 轉之間，轉速太快較長的種子會掉到上方（凹槽）出料口，轉速越慢，則較短的種子可能提早掉落，由下方（圓筒）出料口出來，都會造成分離效果不佳。

　　凹槽的斜度越低（往順時鐘方向調低），較長的種子比較容易掉到凹槽出料口；反之，把凹槽往逆時鐘方向調高，則越多較短的種子由圓筒出料口出來。

二、重力選種機

同樣大小或形狀的種子，充實完整者比重較大，充實不良則比重較輕，這樣的種子就可以使用重力選種機（gravity separator，圖 10-5）來區分。

重力選種機最主要的部分是一個可以左右擺動，而且可由左低右高和由前低後高來調整斜度的面板，面板是由有孔隙的帆布或者鐵網構成。面板下方可以送風，透過面板吹向均勻分布於面板上的種子。種子由側邊進料，面板後方調高，前面調低，因此種子可以由進料口往出料口的方向移動。當種子薄薄的三到六層分布在整個面板時，面板底下給予送風，透過孔隙吹動種子。

入料
面板
分裝盒

圖10-5　重力選種機

調整風速，使得較重的種子僅在面板上滾動，但是不吹離面板，而讓較輕的種子略為浮出面板，造成重種子在下層，輕種子在上層。同時面板以每分鐘約 300-400 次的速度向左右來回擺動。

與面板接觸的較重種子會因面板的擺動而逆著高度向右邊滑動，浮在上層的輕種子會與底下的重種子摩擦而反方向向左邊滑動。出料口處就可以由右而左區分出重的、中等的以及輕的種子，使得密度高低不等的種子可以由不同的出料口流入各分裝盒。

（一）影響精選效率的因素

1. 風速

風速太大，種子表層有如冒泡，輕、重種子會相混，無法分層，其後果是重的種子會往左移動，造成過度淘汰。反之風速太小則種子不動，也無法完整地將種子分層，而且會使得輕種子向右滑行，以致選種效果不佳。

2. 面板擺動速度

擺動太慢會使得右側的種子冒泡，種子偏向左側移動。擺動太快則重種子易反彈，種子偏向右側。

3. 面板左右傾斜度

斜度太高，重種子不易逆向滑行，因此會過度淘汰好的種子。面板斜度不足，則輕種子容易往右邊移動，選種不能徹底。

4. 面板的前後傾斜度

斜度小則種子往出料口移動的速度慢，精選較費時，斜度高精選速度快，但過高則沒有足夠的時間來將種子分級，因而精選效果差。

5. 面板的質地以及網隙大小

面板應維持粗糙，若長時間使用而致面板光滑，也會降低選種效果，應立即更換。

6. 種子進料方式

進料太快，種子不易分層，太慢則在面板上會形成空白。進料速度宜均勻，時快時慢則可能常要調整隔板，相當不方便。

（二）實際操作

先將面板左右斜度調到最高，前後斜度及送風速度調到中間，然後開始將種子輸入面板。觀察種子在面板分布的情況，若重種子（或同大小的石粒）不能移動到最右方，則要調低左右的斜度（或加快面板的擺動，或調高風速），若種子分層效果差，則可以調整風速。等到種子全面分布於面板，種子分層適中而且輕重種子各往左右移動，就可以調整到最適當的進料速度，讓選種的效率與效果達到最佳的狀況。

三、磁力選種機

三葉草屬與菟絲子屬的種子外觀很類似，但可用磁力選種機來區分。菟絲子種子的表皮有許多凹洞，但是三葉草種子表皮很光滑。將細鐵粉略沾濕，與種子相混，鐵粉會沾在菟絲子種子表皮的凹洞，但不會附在三葉草種子上。將種子樣品經由磁性轉盤，三葉草種

子不受影響而掉落，但是菟絲子種子則會吸附於轉盤上，送到另端去除。

四、光電選種機

　　光電選種機的核心是光波接受器，其主機可以預設作物種子的顏色標準，挑掉敗壞變色的種子或顏色不同的異品種種子。種子由進料口底部一粒一粒地掉下，經由滑槽輸送到感光區。此區常用三組感光眼，分設於不同角度。任何顆粒的顏色皆送到光波接受器。接受器在察覺有異於預設的顏色的顆粒時，會「通知」氣彈器，當這個異類順著滑槽落到氣彈器之前時，氣彈器會吹出短促有力的一絲空氣將種子彈掉，因而將劣變或者異種子區分開來。

第六節　種子的處理

　　種子處理（seed treatment）過去指的是種子的健康處理，亦即附著於種子的病蟲害防治，例如溫水浸種或者將殺菌劑等農藥處理於種子外表（拌藥），避免種子播種時受到微生物的感染而不克成苗。廣義的種子處理，還包括對於清理精選的種子再經特別的程序，以增進發芽、播種品質。甚至於活度已下降的種子，也可以經由處理來提升其發芽能力。

一、種子健康處理

　　影響種子品質的因素除了種子本身的情況之外，種子上的微生物、線蟲與昆蟲等也會影響到種子的表現。這些生物有些對種子無害，有些會直接傷害種子，或在種子發芽成苗時傷害幼苗。

　　種子表面上常附著各種微生物，即真菌、細菌、濾過性病毒等，微生物、害蟲也可能出現於種子的胚或者胚乳內部。這些微生物的來源可能是採種田，或者是採收、清理調製、儲藏過程，但也可能出現於播種田間。根據紀錄，有 383 屬的植物種子檢測出各式各樣的微生物，微生物種類高達 2,400 種（Richardson, 1990）。

（一）真菌

　　真菌藉著孢子繁殖，數量極為龐大，因此種子帶有真菌也就不足為奇。種子上面的真菌可分為田間真菌與儲藏真菌兩大類。田野型真菌（field fungi）通常在種子發育過程中入侵種子，常見的包括交鏈孢屬（*Alternaria*）、枝孢黴屬（*Cladosporium*）、鐮刀菌屬

（*Fusarium*）、長蠕孢黴菌屬（*Helminthosporium*）等。這些菌種通常在種子含水率達到相對濕度 90% 以上的平衡含水率時才會生長，長出菌絲，釋出分解酵素分解受侵入的組織，危害到種子。

常見的儲藏型真菌（storage fungi）通常在儲藏條件有利其生長時入侵種子，常見的如麴菌屬（*Aspergillus*）、青黴菌屬（*Penicillium*）等，在相對濕度 65-90% 的種子平衡含水率環境下即可生長並危害種子。儲藏型真菌一般是屬於腐生菌，通常不會產生菌絲入侵種子，而是在種子無生命組織如種被上生長，產生毒素釋出到活組織，將之殺死後再入侵。黃麴菌（*A. flavus*）寄生於落花生、玉米等種子所產生的黃麴毒素（aflatoxin），不但對種子有毒性，動物吃了後也會中毒。

（二）細菌

細菌是所有生物中數量最多者，但危害植物的細菌約僅 200 種，其中較主要的為農桿菌屬（*Agrobacterium*）、芽胞桿菌屬（*Bacillus*）、棒桿菌屬（*Corynebacterium*）、歐文氏菌屬（*Erwinia*）、假單胞菌屬（*Pseudomonas*）、黃單胞菌屬（*Xanthomonas*）等。由於這些細菌需要相當高的水分以及適當的溫度才會生長，因此在種子乾燥的情況下並不會發生問題。一般而言，種子發育過程中，細菌可能經由母體感染而進入種子，或者經由昆蟲咬傷而進入種子。當種子成熟乾燥，細菌進入靜止狀態，等到種子吸水發芽，再度活躍而侵襲幼苗並造成傷害。

（三）病毒

在 49 科 73 屬的植物濾過性病毒中，約有 20% 是經由種子傳播，其中以禾本科、十字花科、瓜科、豆科、茄科與薔薇科等為最普遍。植物被蟲咬傷，病毒會入侵而傳入發育中的種子。病毒通常存在胚部，但有時也會在種被上。病毒與細菌一樣，在乾燥的種子通常不會造成傷害，但種子發芽以後會感染植株。

（四）害蟲

幾乎所有的種子都可能受到昆蟲危害，有些昆蟲侵襲雜草種子，但是更多昆蟲會以繁殖器官為食物，因而降低種子產量、降低種子品質，乃至於增加種子清理的成本（Bohart & Koerber, 1972）。常見危害種子的昆蟲如草盲蝽屬（*Lygus*）、薊馬屬（*Thrips*）、吸漿蟲屬（*Contarinia*）等，這三類害蟲除了危害種子，也會取食植物其他部位。豆象屬（*Bruchus*）則危害豆科植物的種子。受害的種子若為變形，仍可用精選的方法去除，但是

有些種子僅胚部受到傷害，胚乳仍然發育完全，則難以清除，會降低種子發芽率。有些種子受到昆蟲侵襲而帶有病菌，將來也會提高幼苗罹病率。

倉儲中的種子害蟲在適當的條件下會全年繁殖為害，造成種子的大量損失。我國在 1968 年的調查，積穀害蟲高達 65 種（姚美吉，2004）。倉庫中常見的種子害蟲包括穀蠹（*Rhyzopertha dominica*）、米象（*Sitophilus oryzae*）、玉米象（*Sitophilus zeamais*）、麥蛾（*Sitotroga cerealella*）、腐食酪蟎（*Tyrophagus putrescentiae*）、米露尾蟲（*Carpophilus dimidiatus*）、鋸胸粉扁蟲（*Oryzaephilus surinamensis*）等（姚美吉，2005）。

（五）病害的物理性防治

最常用的物理性除菌法是用溫水浸種，以高溫來破壞細菌的核酸、蛋白質與細胞膜，達到除菌的效果。一般的程序是將種子浸於熱水中若干時間，期間攪動種子俾使種子均勻接觸到相同溫度。時間到之後放到冷水約 5 分鐘，再將種子乾燥備用。但是由於浸水溫度太高或者時間太長會降低種子活度，浸水溫度過低或者時間不足則除菌效果不彰，因此水溫與浸種時間皆需謹慎選用。根據推薦手冊甘藍、茄子、番茄、菠菜等適用 50°C／25 分鐘，花椰菜、白菜、胡瓜、胡蘿蔔等適用 50°C／20 分鐘，芥菜、蘿蔔適用 50°C／15 分鐘，辣椒適用 51.5°C／30 分鐘，萵苣、芹菜適用 47.5°C／30 分鐘。豆類、甜玉米等類種子較難使用本法，活度較差的種子則不宜使用。

稻種的溫水處理，可將稻穀量約 5kg 裝於網袋，浸泡於 60°C 的溫水並上下晃動，使熱能均勻傳遞到全部稻種，處理 10 分鐘後，立刻取出用冷水冷卻。本法可消滅附於稻穀表面的稻徒長病、稻熱病、稻細菌性穀枯病與秧苗立枯病病菌（米倉賢一，2008）。確定的溫度可能因品種而異，宜先測定。大量的種子處理則需要使用可控溫的機器。

除了溫水浸種，也可以採用乾熱處理，所需要的溫度與時間可能略高，但一般而言其效果不如溫水處理者。

（六）病害的生物性防治

在有機農法的規範中，除了熱水浸種的物理性處理來防止種子傳播病害之外，也可採用生物性的處理。生物性的種子處理是利用以菌剋菌的原理，以含菌的配方來處理種子，讓益菌菌絲包圍植苗根系，即可防止病害。用來進行生物性種子處理的菌種包括枯草桿菌（*Bacillus subtilis*）、盾殼黴（*Coniothyrium minitans*）、白殭菌（*Beauveria bassiana*），以及假單孢菌屬的螢光假單孢菌（*Pseudomonas chlororaphis*）等（Gerhardson, 2002）。

（七）病害的化學性防治

　　在有機規範中，也可以採用若干化合物來處理種子，例如乙酸、次氯酸鹽，以及若干植物抽出物包括精油等。大蒜油可有效抑制交鏈孢屬真菌、芥子油可有效抑制甘藍黑腳病菌（*Phoma lingam*）（陳哲民，1996），但是否適用於種子仍有待進一步試驗。歐洲國家最常用於有機種子處理的是百里香精油，但濃度不要超過 0.25 %（Groot *et al.*, 2004）。

　　慣行農法常用化學殺菌劑與殺蟲劑來進行種子處理。處理的方法可以用浸種的方式，將種子浸在稀釋藥液中以滅絕各種病原物，也可以用拌種的方式，將藥劑和種子一起混合攪拌，均勻地黏附到種子的表面，然後使用。在倉庫內則可以用燻蒸劑燻殺有害生物。

　　藥劑處理時應防止操作人員受到藥劑危害，處理過的種子需用顏色來加以區分，並在包裝上註明，以防止遭到誤食。若要減少藥劑的用量以及減少處理者、播種者的吸取，則可以將藥劑加入披衣材料中，在披衣處理當中順便將藥劑附著種子上。

二、種子披衣

　　由於穴盤苗（plug）的逐漸廣泛使用，越來越多種子透過自動播種機器播種。使用這類機器的前提是種子要足夠的重量或大小，才能進行真空單粒吸取。不具這些特性的種子，則要經過披衣處理來增加其重量、大小，或者減少種子互相糾成一團的性質（例如番茄），這類處理可稱為種子披衣技術。由於在披衣過程也可以加入各種農藥、肥料等物質，可以減少這類農業化學物質的過度使用，間接減輕環境的汙染。

　　種子披衣因方式的不同可以分成造粒、鑲衣、膜衣、種子團、種子帶、種子片等。

（一）造粒種子（pelleted seeds）

　　用粉劑（加上黏著劑）包裹在一粒種子外面，以增加種子的體積、重量，並成為近似球體，表面較為光滑的形狀，以適合真空播種機的操作者，稱為種子的造粒（圖 10-6）。部分較長的種子則可能作成長錐型，也可以加入農藥、微量要素等以提高播種後的存活率或增進幼苗生長。經造粒處理的種子，已無法依外表的形狀來辨識，不過可以用不同的披衣顏色來區分不同的種子材料。

　　常用的粉劑有黏土、矽藻土及活性碳等，其他的有石灰、石膏、白雲石等可用於接種根瘤菌，加入骨粉、泥炭土等可作為根瘤菌的保護劑及提供幼苗營養。黏著劑如甲基纖維素（methyl cellulose）、乙基纖維素（ethyl cellulose）、聚乙烯醋酸鹽（polyvinyl acetate）、聚乙烯醇（polyvinyl alcohol）等，有機種子披衣可用的生物性材料則有阿拉伯膠（gum arabic）、白膠（gelatin）、酪蛋白（casein）、澱粉等。

圖10-6　甜椒的披衣種子

（二）鑲衣種子（encrusted seeds）

　　用粉劑、黏著劑，也可以加入農藥、微量要素等，包裹在一粒種子外面，適當地增加種子的體積、重量，但仍保留種子的外型，表面較為光滑的形狀，以適合真空播種機的操作者，稱為鑲衣種子。與造粒種子不同，鑲衣種子仍可看出種子原來的形狀。

（三）膜衣種子（film coated seeds）

　　使用黏度較高的高分子聚合物噴施於種子上，形成相當薄的外膜，稱為膜衣種子。由於用量甚低，不但可以用不同的材料來分層噴施，而且種子外型幾乎不變。若膜衣材料加入顏色，則可以區分不同品種的種子。

　　由於溫帶地區春作時常因下雨而延遲播種，種子用這種較不透水的膜衣來處理，種子得以提前在秋季播種。膜衣種子在土中經過冬季後，膜衣逐漸解體，而在早春溫度回升後立即吸水萌發。另一個應用的方式是用在雜交種子的生產。若某自交系的開花期較另一自交系早，則可以將該生長期較短的自交系種子進行膜衣處理，同時播種但可延遲發芽，因此使得兩自交系同時開花，以利雜交。

（四）種子團（seed granules）

　　某些種子播種時需要同一穴多粒種子，如翠蝶花（六倍利），則可以將多粒種子用黏著劑及其他材料裹成一團，稱為種子團（圖 10-7）。

圖10-7　翠蝶花的種子團成品，撕下一條可播一盆

（五）種子帶（seed tapes）

種子也可以用長條的紙張，或其他可以分解的材料，將種子均勻地黏鋪於上，形成一長條的種子帶。我國種植牛蒡，可採用種子帶種植，以節省種子用量，並且有利於機械播種。其做法是真空吸著式種子帶製造機，將精選過種子固定於可分解的不織布帶上，每間隔 12cm 一粒。種子帶每捲長 1,000m，用曳引機直接將種子帶置入溝間，掩土後就播種完畢。

（六）種子片（seed mats）

若將種子均勻地或成條狀地黏鋪於兩片紙張或其他質材之間，則稱為種子片。一般家庭園藝操作上，播種小粒種子可採用種子片。取紙巾平鋪，在適當地方點下膠水，單粒種子置膠水上，乾燥後即可儲藏備用。種植時土面平整後附上種子片，然後覆土即可。

三、吸潤回乾處理

當種子儲藏經過一段時間以後，發芽率已下降時，可以將種子浸在水中約 6 至 12 小時，然後在種子尚未開始發芽前，取出種子陰乾到原來的含水率即可（郭華仁、朱鈞，1986）。經過這種吸潤後再回乾處理的種子若立即播種，略可以提高種子的發芽率以及活勢。豆類種子若不適於浸種者，種子包於濕的吸水紙中緩慢吸濕並且緩慢回乾，也有類似的效果。經由此處理的種子，至少在短期內可以提高儲藏期限，卻可能不利於種子的長期保存。

吸潤回乾處理所以能夠部分恢復種子的發芽能力，可能是由於種子吸潤回乾的過程中，種子得到足夠的水分，在還沒有進入發芽階段之前，可以進行大分子的修補工作，因此少部分衰弱的種子有機會恢復生命（Varier *et al.*, 2010）。吸潤回乾處理成功的要點是氧的供應要充足，溫度要適宜，這兩個條件都是修補作用之所必需。

四、萌調處理

採種田所採到的種子，個體間的變異頗大。有些種子成熟得比較早，有些種子還未完全成熟即被採收，因此播種後發芽不甚整齊。若土溫低，種子間發芽時機的差異會更大。種子發芽不整齊會導致作物生長不一致，妨礙作物的機械化採收。在穴盤育苗上，發芽不整齊更會導致部分發育較慢的穴苗在移植的時候失敗，降低產能。

萌調處理可用來促進種子迅速而且整齊地發芽。其要點是使用各種方式處理種子，讓種子緩慢而且有限地吸水，在有氧氣的前提下，得以進行發芽的生理生化準備工作，卻又得不到足夠的水分來讓胚根發芽。當所有種子都已完成發芽準備工作時，再來播種，所有種子即可在短時間內整齊地發芽（郭華仁、朱鈞，1981）。其效果在播種期遭遇低溫時較為明顯，在高溫期間播種，萌調處理的效果略低。

除了迅速、整齊以外，萌調處理尚有提高發芽率，以及使得種子可在較惡劣條件下，如缺水、低溫、高溫或鹽分等而仍能發芽的好處。萌調的時間是整批種子最後一粒發芽所需要的時間為準，通常為 1 到 3 週，因種類而異，不過文獻上萌調處理也有短到 2 天者。短時間的處理通常其效果可能如同浸潤回乾處理一般，或許可以提高發芽率或發芽速率，但可能無法在低溫發芽時提高發芽整齊度。

萌調處理依水分的控制方法，可分為滲調法（osmotic priming）、介調法（matric priming）、氣調法（drum priming），以及膜調法（membrane priming）等四種。

（一）滲調法

滲調法是調整溶液的滲透勢來控制種子水分的吸收速度與吸收量，以提升種子發芽特性的萌調技術。滲調處理時加入殺菌劑有助於預防種子病害。

最常用來調整水滲透勢的調節劑為高分子的聚乙二醇（polyethylene glycol，常用 PEG 6000 或 8000）。PEG 所調成的滲透勢因溫度而略有變化，若用的是 PEG 6000，則可以經計算得知（郭華仁、朱鈞，1981）。在滲透勢約 –0.8 到 –1.6MPa（–8 到 –16bars），溫度約 15 到 25°C 之下浸種，以控制種子的吸水量。

其他的試劑如甘油、甘露醇（mannitol）等有機物或 KNO_3、K_3PO_4、$MgSO_4$ 等無機鹽，甚至於合成海水，皆有效果（Pill, 1994）。使用無機鹽溶液時，由於種子會吸收離子，因此可能導致溶液滲透勢的變化，某些離子有時也可能對酵素或細胞膜有不良的作用，即使如此仍有若干的試驗結果顯示鹽溶液有更好的處理效果。

氧在 PEG 溶液中溶解度低，種子缺氧會導致處理無效，因此需要打入高氧氣體來增加

溶液的氧濃度。打入的氣體通常為 75% 氧／ 25% 氮。利用 PEG 進行滲調法，實際應用在大量種子上最大的障礙是需要大量的材料、通氣，以及 PEG 使用後的棄置。不過打氣時由於種子四周有界面層（boundary layer）的阻隔，因此氧氣不容易進入種子，仍有缺氧的可能。

（二）介調法

介調法顧名思義就是用吸水性固體介質加入一定水量，來調整介質的基質勢，以進行萌調處理（Pill, 1994）。種子吸水所能達到的平衡點決定於種子水勢與固體介質水勢兩者的差異，而固體介質本身的水勢則大都決定於其基質勢。因此有異於 PEG 溶液的利用滲透勢來處理，介調法可說是利用固體介質的基質勢來處理種子。

蛭石、矽藻土、石膏或腐植土等皆可以作成特定大小的團粒，作為介調的材料。也有具專利的商用材料問世，如 Micro-Cel E™。適合作為介調處理的固體介質需要的特性：（1）該固體所能提供的基質勢要比滲透勢大得多；（2）在水中的溶解度很小；（3）無毒且化學活性低；（4）能多吸水；（5）固體顆粒的大小、結構與孔隙宜有變化；（6）表面積大；（7）體積大而重量輕；（8）易與種子接附且易與種子脫離。

處理時需調節介質的水量，以及計算出合適的種子與介質的比率，這些要進行預備試驗來決定。介調處理中也可以添加一些藥劑，其他的處理條件與滲調法者都很接近。不過所用的固體材料，處理後如何與種子分離，以及廢料的棄置，仍須加以考慮。在野花或草皮種子的噴施上，若種子先經介調處理後，將種子與介質直接噴施於草皮，可以省掉分離種子的麻煩。

（三）氣調法

氣調法在 1991-1992 年得到英國與美國的專利。這套系統的精神是緩慢地控制給水量，使種子達到一般萌調處理所需要的種子含水率，純粹用水來處理，而不必借用 PEG 或其他介質（Ashraf & Foolad, 2005）。

氣調法的基本設備包括一個裝種子的可轉圓筒、蒸水器與水氣釋口。其操作步驟如下：

1. 計算給水量

設定萌調法所擬達到的滲透勢，然後計算種子在該滲透勢下吸水後所得到的調整後含水率。最後測定一批待處理種子的調整前含水率、調整前鮮重，配合前述的調整後含水率，就可以計算出所需加入的精確水量。

2. 給水

這也是該專利的重心所在。種子放於鋁製滾筒內。水煮沸後透過水氣釋口以氣態送入滾動的鋁筒中，在滾筒內壁或種子表面凝結，平均地與種子接觸。水量的煮沸運送與種子重量皆用電腦控制，吸水時間長達 1 天。吸水後種子的外表不得有潮濕感。

3. 培養

吸水後將種子移入玻璃槽中，在適溫下培養約 14 天。玻璃槽需加以滾動，以防止局部的溫度上升。

4. 回乾

培養期結束後，再將種子放在低溫低濕（15°C/40% RH）下回乾。

（四）膜調法

本方法是採用雙層圓筒（圖 10-8）來進行處理，具密孔狀內層圓筒的內側包著半透膜，兩個夾層間內裝 PEG 所調配成的滲透壓溶液。PEG 溶液的 PEG 會被透吸膜阻擋，而水分經由透吸膜進入含種子的內層，讓種子附收。雙層圓筒滾動，且內含刮板分散種子。整個系統在密閉的環境下進行，種子的水勢會逐漸升高，直到與膜內相等，因此可以進行萌調處理，而沒有氧氣不足的困擾（Rowse *et al.*, 2001）。此設計下 PEG 溶液經調整其水勢後可以重複使用。

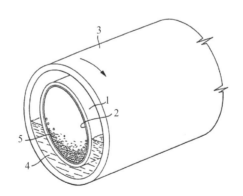

圖10-8　膜調法裝置示意圖
1：PVC內層筒；2：半透膜；3：PVC外層筒；4：PEG溶液；5：種子。

第七節　種子的儲藏

　　種子經乾燥與調製後，可能會儲藏一段時間才加以利用。儲藏條件的不當，常會導致種子品質的劣變而降低其品質與價值，這包括種子發芽率的下降、蟲害的發生以及病菌的滋長等。影響種子發芽率的主要因素是種子原來的活度、種子含水率與儲藏溫度等，蟲害與病害的發生也與儲藏環境的溫度與濕度有關，因此種子儲藏的管理重點就在於溫度與濕度的控制。

　　種子可以散裝或包裝儲藏，因種子量的多寡、預備儲藏時間的長短、儲後品質的要求以及成本、技術的高低，而有不同的選擇。

一、環境與種子病蟲害

　　溫度與種子含水率對於種子發芽率的影響，在第六章已經有詳細的說明，本段敘述溫濕度與病蟲害發生的關係（圖10-9）。

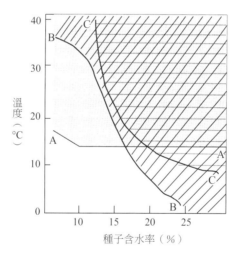

圖10-9　環境與種子儲藏關係圖
A線以上昆蟲會生長，B線以上黴菌滋長發熱，
C線以上發芽率容易降低。AB交線以下為安全
的種子儲藏條件，越往左下角儲藏時間越久。

　　在儲藏空間內各種昆蟲的危害受到溫度的影響最大，一般而言，儲藏溫度不高於 12-15°C，即可以有效避免蟲害。害蟲在 25-33°C 時會快速繁殖，40-45°C 間的溫度會抑制其生長發育和繁殖，在 45°C 以上則害蟲難以度過 1 天。高溫持續時間過長，昆蟲會昏迷死亡，

短時間內降溫，昆蟲仍可恢復正常狀態，但生殖機能可能受損。低溫落在 8 到 –10°C 時昆蟲亦會昏迷，如持續時間較短，昆蟲仍可恢復正常狀態，持續時間過長，昆蟲也會死亡。低於 –10°C 時昆蟲快速死亡。

黴菌的生長受到溫度與濕度的影響。在相對濕度 60% 下，澱粉類種子的含水率約在 13%，含油率較高的種子約 8%。相對濕度大於 60% 時黴菌即可生長，大於 65% 時生長加快。在溫度 8°C 以上，溫度越高，黴菌能生長的濕度越低。當溫度在 22-33°C，濕度在 75-95% 時黴菌生長最為迅速。溫度方面，在 8°C 以上黴菌菌絲體即可生長，12°C 以上生長加快，在 15-25°C 之間容易形成黴菌毒素。

二、儲倉內濕氣的對流

種子在大量散裝的倉庫中除了容易發生鼠害之外，主要是害蟲與微生物滋長，使得種子受損、發霉、變色、帶有黴菌毒素，以及發芽率下降，減損其品質以及經濟價值。

種子不易導熱，散裝儲藏倉庫中央與邊緣的種子容易產生溫差，氣體的移動會影響其品質。秋冬之際外界空氣溫度下降，因此靠近倉庫的種子與空氣也會降溫。此時內壁旁冷空氣下沉，透到倉庫底部再由倉庫中央經過溫度較高的種子而上升，形成對流，同時將種子水氣帶到種子層的頂部。由於頂部種子溫度較低，因此水汽凝結，種子易吸收水分而導致敗壞。春夏外界氣溫高，倉庫內種子溫度的分布與空氣對流途徑剛好相反，水汽會凝結於倉庫底部的種子而造成該處種子敗壞（圖 10-10）。

水汽凝結種子含水率可高達 18%（如禾穀類種子），易長黴菌甚或細菌，水分多時還可能提供種子發芽。高水分下種子與霉菌呼吸作用加速，容易造成局部種子的溫度提升到 60°C 以上，成為「熱點」，加速種子的敗壞。

在倉庫中通氣可以降低種子間溫度的差異，抵消氣體對流讓熱點無以發生。通氣一般採取由下而上的風向，在倉庫底板裝若干送風機，在種子開始進倉時就可以啟動風扇。此方式的好處是可以很容易地檢查頂層，判斷通風是否可以停止。不過要注意若所通的風溫度較高，容易在頂層凝結水汽。此時橫向通氣帶走上層種子間的熱空氣，或者延遲通氣待空氣溫度合適時再進行，都可能避免水汽的凝結。

散裝倉儲適合大量穀物短期儲藏，環境的控制較不容易，除了病蟲鼠害外，通常也需要使用化學燻蒸等方式防蟲害與病菌，對於供食用的種子較不合適。

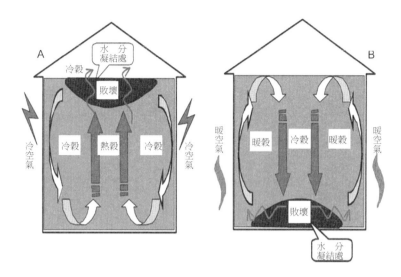

圖10-10　穀層中空氣對流途徑圖（外界溫度為A低、B高）

三、密封儲藏

針對食用種子的保存，可以採取低溫低濕的倉儲，以減少病蟲害以及黴菌毒素的產生。若考慮到成本，則可以採用密封包裝儲藏的方式（Navarro, 2012），取代溫度控制的倉儲。由於在室溫下，只要環境維持乾燥與低氧氣分壓，害蟲會逐漸死亡，因此將種子充分乾燥後，以適當防水包裝容器劑型密封儲藏，即使在高溫多濕的熱帶環境，也能夠在短時間內安全地儲藏種子。

有三種方式提供包裝內低氧的環境：（1）灌充氮或二氧化碳等氣體而將氧氣排出；（2）抽真空降低氧氣分壓；或者（3）容器內填滿種子，將孔隙降到最低以減少氧氣，然後令種子、昆蟲或微生物的呼吸作用把少量的氧氣用罄。

播種用種子需要考慮到種子發芽能力，對於溫度與濕度的要求更加嚴格，因此其保存方式更須講究。大宗種子宜採用密封儲藏，然後放在冷藏設施中保存。可以採用種子活度方程式安排種子含水率、溫度、儲藏時間及所需種子發芽率的最適組合。

少量種子有較多的選擇，包裝材料包括防水塑膠袋、鋁箔袋、鐵罐、玻璃罐等，重點在於封口是否可以防止水氣進入。玻璃罐的好處在於可將藍色矽膠置於種子上面，若其顏色轉變成淡藍色或粉紅色，表示水氣已進入罐內，或者原來種子不夠乾燥。

第**11**章 種子的檢查

要求產品達到某一水準不是新鮮的事。3,700 年前《漢摩拉比法典》就記載有：工匠造房倒塌致人於死者，死刑。近代的品質管制（quality control）則始於工業革命零組件的量產，例如棉花產業上有名的軋棉機發明人 Eli Whitney 在 1800 年依契約需要交給國防部 15,000 隻毛瑟槍，大量生產的生產線上就需要檢查零組件。品管指的是檢查人員查驗產品找出瑕疵者，呈報管理單位決定產品的放行與否。

種子是農作物生產的最初與最重要資材，當播種用種子的販賣成為產業之後，大量生產所得的產品，當然也需要進行品管，這就是種子檢查（seed testing）的由來。

第一節 種子檢查概觀

一、種子檢查的發展

在 19 世紀中，歐美地區的種子產業已達規模，但是所販賣的種子經常有品質不良的困擾，例如發芽率低落，雜質又多等。為了提升種子的品質，因此任教於德國薩克森邦（Saxony）Tharandt 農林專科學院（Akademie für Forst- und Landwirte）的 Friedrich Nobbe 教授，就在 1869 年建立了全世界第一所種子檢查室，開始進行種子檢查的科學研究工作，提倡種子發芽與淨度的檢查方法，用以檢定種子品質，供不同種子材料品質的判別。

此後各國開始成立類似機構，例如在 1875 年將近 20 個單位參加奧地利 Graz 所舉辦的種子檢查室主管會議，其中德國 12 家最多，奧匈帝國、比利時各 2 家，丹麥、蘇俄與美國各 1 家。一年後 Nobbe 就會中所討論出來的建議標準，在 1876 年出版了第一本《種子採購者手冊》（*Handbuch der Samenkunde*）。同年於德國漢堡的後續會議，用「種子檢查一致性」（Uniformity in Seed Testing）作為口號，強調個別檢查室所執行的檢查方法應該講求一致。此後種子檢查更受到重視，到了 1887 年，已有 19 個國家設立檢查室，共計 119 家。

種子檢查在科學上有所進展，因此成為 1905 年維也納第二屆國際植物學會議的研討題目之一。由於植物學會議無法詳盡討論種子技術，因此隔年在漢堡藉應用植物學協會開會之便舉辦為期 6 天的第一屆國際種子檢查會議。會中不斷有組成國際性組織、統一各國

種子檢查標準，以及種子基礎與應用科學的必要性等意見出現（Steiner & Kruse, 2006）。因此在 1910 年、1921 年分別舉行第二與第三屆國際種子檢查會議之後，終於在英國劍橋的第四屆國際會議上成立了國際種子檢查協會（ISTA），用以研發、出版種子檢查的國際標準程序。而 ISTA 的徽徵納入 1876 年漢堡會議所提的 "Uniformity in Seed Testing"（圖 11-1），直指 ISTA 的核心任務。

圖11-1　國際種子檢查協會的徽徵：種子檢查的一致性

美國康乃狄克農業試驗場於 1876 年正式設立全美第一所種子檢查室，而加拿大則到了 1902 年才有。1908 年美國農業部與加拿大農業部召開種子檢查會議，邀集兩國種子檢查單位參加，並且成立了公部門種子檢查師協會（Association of Official Seed Analysts, AOSA），用以提升兩國種子檢查的科技水準。此外 1922 年在美國也成立了商業種子技師協會（Society of Commercial Seed Technologists, SCST），作為 AOSA 與美國種子商協會（American Seed Trade Association, ASTA）之間的橋梁（Elias *et al.*, 2012）。在 1944 年加拿大方面也成立了加拿大商業種子技師協會（Commercial Seed Analysts Association of Canada, CSSAAC）。不過這些組織成員常互相重疊，也共同出版技術刊物以及美、加兩國通用的種子檢查手冊。

二、國際種子檢查協會

國際種子檢查協會總部設於瑞士蘇黎世，目前的會員主要包括認證與未經認證的檢查室會員、個人會員，以及個人或團體贊助會員，涵蓋全球大學、研究機構、政府單位與私人種子公司的種子學者、種子檢查師等人員。協會之下設置各類技術委員會，全部約 400 位專家，進行各種檢查方法的研發改進，以及這些方法的推廣訓練。

在 2013 年委員會已增加達 17 個，一般檢查方法的有摻合與取樣、水分、淨度、品種、發芽、種子健康、四唑（tetrazolium）、活勢等委員會，特定類別的有花卉種子檢查委員會、灌喬林木種子委員會，還加上命名、規則、統計、種子儲存、基因改造生物（genetically modified organism, GMO）、先進技術、能力測驗（proficiency testing）委員會。

除了透過技術的改進，將種子檢查程序標準化，以達到全球檢查的一致性外，ISTA 另一項重要的功能是發行 ISTA 種子批與種子樣品的驗證證書（certificate）。附有此證書的種子批代表經過 ISTA 認證的會員檢查室採用 ISTA 的檢查方法驗證過，比較容易得到買主對其品質的信賴，有利於種子的國際貿易。

認證（accreditation）指的是權責單位正式承認某實體或個人具備執行特定工作的能力。這些獲得認證的實體將來得以執行驗證（certification）的工作，驗證某些產品乃經過規定的程序製造而成，或符合某些標準。就種子檢查而言，ISTA 依照 ISO/IEC Guide 2:2004 的原則設計 ISTA 認證標準，針對檢查室會員進行各方面的考核，考核檢查室是否具備執行 ISTA 檢查規則的能力。通過的檢查室得到認證後，就可以按照 ISTA 的檢查規則執行種子檢查的業務，檢查合格的種子批，就可以由該檢查室代表 ISTA 授予 ISTA 的驗證證書。此外 ISTA 也會辦理各檢查室的能力測驗，以確保檢查室的水準，俾能有全球一致化的種子檢查結果。

三、我國種子檢查事務

我國在日治時期就已講求種子檢查。1927 年，時任職於前臺灣總督府植物檢查所的三宅勉赴西歐參觀諸國的種子檢查室，有感於各國對於作物種子中雜草種子鑑定工作的落實，回臺後就與臺北高等農林學校的學生是石蓁，兩人開始蒐集臺北附近的雜草種實計 35 科 145 種，分別繪圖、記錄表面型態，並訂出依據種子型態的檢索，而在 1937、1938 年間將「臺灣雜草種子型態調查」陸續發表於《臺灣農事報》（郭華仁等，1997）。

戰後前臺灣省農林廳負責水稻、雜糧等主要糧食作物的良種繁殖推廣工作，但初期經常有種子品質管理不佳的情況，因此邀請臺大農藝學系故林正義教授到美國學習種子檢查技術兩年，林教授 1956 年回國後在臺大成立種子研究室，建立種子檢查的技術與制度，然後將整套技術與制度轉移到農林廳。農林廳在 1957 年訂定「臺灣省農作物、蔬菜種子檢查規則」，作為辦理種子品質檢查的根據，並試辦糧食作物種子檢查工作，1958 年起除田間檢查外，也進行種子室內檢查。翌年，在當時位於臺中市的臺中區農業改良場設立臺灣省政府農林廳種子檢查室，全面推動主要糧食作物的良種繁殖檢查制度。

臺灣種子檢查室於 1962 年加入 ISTA，成為此國際組織的正式會員。種子檢查室目前

（2014 年）為 ISTA 認證的 207 個官方檢查室之一。檢查室後來因臺中區農改場搬場而暫時棲身於農業試驗所，於 1985 年遷入現址，1998 年廢省後改隸農糧署，2012 年種子檢查業務主管機關由農糧署種苗科移轉到種苗改良繁殖場。

種子檢查室除了一般性種子檢查業務外，也編譯過《國際種子檢查規則》、《臺灣省農作物種子檢查輯要》等技術手冊。在 1970 年代的全盛時期，主要的檢查對象為糧食作物，有水稻、玉米、高粱、花生、大豆、甘薯等，每年經檢查合格供栽培的面積約 62 萬公頃。

根據農委會「臺灣地區農作物種苗檢查須知」，我國種子檢查程序分田間檢查與室內檢查兩項。田間檢查由務農者申請後由檢查室派員進行田間檢查作業，檢查報告經審核後寄發申請者。各級繁殖田經過田間檢查合格後才得申請室內檢查。室內檢查也是經申請後派員取樣，經樣品登記、分樣、含水率測定、容重量測定（水稻）或剝實率測定（落花生）、淨度分析、發芽試驗等程序，報告經審核後寄發申請者。水稻與落花生種子須經室內檢查合格者方能分配農家使用。

四、國際種子檢查規則

國際種子檢查協會（ISTA）為了標準化種子檢查方法，因此訂定國際種子檢查規則，這些規則經常透過各委員會修正、增補。ISTA 規則的修訂有檢查方法與適用物種兩大項，各包括新規則的提出，以及舊規則的廢止或修改。

任何單位或個人也都可以提出規則的修訂建議，並不限定於會員。修訂建議需送達 ISTA 秘書處，秘書處會轉交相關技術委員會，或者直接送給規則委員會加以討論，並確定是否接受。

針對檢查方法的修訂而言，若要納入 ISTA 種子檢查規則，需要通過 ISTA 所設定的四階段「方法確認程序」：（1）方法選用與發展；（2）進行比較試驗以確認；（3）檢討比較試驗結果並撰寫確認報告；（4）經相關技術委員會批准並撰寫 ISTA 檢查規則的建議條文。相關委員會的意見經過一番程序，最後在年會上由具投票權的代表票決接受、不接受或再議該意見。

針對適用物種的修訂而言，需要提出 9 項資料以提供年會的票決：（1）物種的學名、異學名與俗名；（2）種子批與樣品的最大量；（3）純淨種子定義；（4）經確認發芽試驗方法；（5）經確認四唑試驗程序；（6）經確認水含量測定方法；（7）千粒重；（8）品種鑑別方式；（9）種子健康檢查。

從 1933 年開始，ISTA 就發行紙本的種子檢查規則，2014 年改以電子檔案的方式提

供。在 2014 年版本，種子檢查規則除了序言外，各種檢查方法共列了 19 章，分別是（1）ISTA 驗證證書；（2）取樣；（3）淨度分析；（4）其他種子數目的檢定；（5）發芽檢定；（6）種子活度的四唑法檢定；（7）種子健康檢定；（8）種與品種的檢定；（9）含水率的測定；（10）重量測定；（11）披衣種子檢定；（12）測試活度的取胚檢定；（13）種子論重檢定法；（14）X- 光檢定；（15）種子活勢檢定；（16）種子大小分級規定；（17）集裝箱；（18）混合種子檢定；以及（19）GMO 種子檢定等。

種子檢查攸關種子品質的驗證，因此各階段檢查的程序都要嚴格地恪守規章所訂定者。ISTA 規則歷經多年的執行，雖然因時代的變遷而經常修正，大體上已相當完備。針對各項檢定技術，ISTA 也發行約 14 種技術手冊，刊載詳細的技術內容。本章並無意對該等規則做詳細的介紹，僅對於規則中主要的技術加以綜合說明，在許多地方卻也針對一般實驗室有關種子的試驗加以討論，並不限於種子檢查的範圍。正式的種子檢查需要依照最新的種子檢查規則進行，以符合檢查結果一致性的國際要求。

第二節　取樣

種子實驗常都是針對某批種子的部分樣品來進行，而其結果也常被視為整批種子的表現，因此進行試驗時必須講求該樣品的代表性，這需要在試驗之前進行妥善的取樣。由於商業用種子數量龐大，因此種子品質的檢查需要取其中小部分的樣品作為檢查的對象，以檢查的結果代表整批種子的品質。具代表性的樣本是指使用簡單隨機取樣的方法，從大量的種子批中取出的樣品。簡單隨機抽樣意指種子批中的每一粒種子被選入樣品的機會皆是獨立且均等的。然而即使再妥善的取樣，再嚴格的控制試驗方法及環境，由於逢機變異以及試驗的機差，因此結果的數據不會是絕對值，而有其信賴界限。所以在試驗結束後研判結果前，需要確定該結果是否實質地反映該樣品的特性，或者是否足以認定該次試驗的真確性（Bould, 1986）。

一般而言，一批種子都是不均質的。商品種子常是由不同田區所採收種子摻合後再分裝，各田區所採收的種子品質常不一致，在分裝時也不見得很均勻。即使很小心地分裝，一包種子內的雜草種子就可能因重力的關係而略集中於較低處。就算是小型實驗用的材料，實驗者親自在田間一粒一粒地收集種子，也可能因種子的成熟度不一致，或成熟期間種子不均等地處於某些無法控制的環境因素下，而導致每粒種子在各項品質上參差不齊。一包保證很均勻的種子，經過一段儲藏期間後，外圍部分與中心部位的種子就可能經歷不同的活度旅程而老化程度已有高低之分。前述眾多的因素使得一包種子難以均質。取樣技

術就是要在此情況下，力保所取出的小樣品具有足夠的代表性，因此其重要性不言而喻。

一、樣品大小

在 ISTA 的規則中，種子材料主要可分成種子批（seed lot）、報驗樣品（submitted sample）及供試樣品（working sample）。

一批種子在這裡指某種種子一定量的集合體，自該集合體經抽樣檢查合格者可以對該集合體發證。抽樣要取自一批種子（不一定是一包，也能是已分裝成許多罐種子的集合體），檢查的結果也只能代表該批種子，因此需要規定各類植物一批種子的最高重量。例如一批玉米種子最高只能 40 公噸，所以 45 公噸的玉米種子必須分成兩批，個別進行檢查。種子批的重量因物種而不同，從玉米的 40 公噸到臺灣二葉松的 1,000kg 不等（表11-1）。在農業種子，通常單粒種子越重者，種子批的重量也越大。

就種子檢查而言，一批種子的數量還是相當龐大，因此需要針對種子批進行兩段取樣，先取者為報驗樣品，再由報驗樣品取樣成為供試樣品。對種子批進行報驗樣品取樣時，需要分次逢機於不同部位取多個原始樣品，然後這些原始樣品集合而成複合樣品，複合樣品可以直接當作報驗樣品，複合樣品太大則再從中取樣作為報驗樣品。因此報驗樣品可說是送往檢查室的一批種子的代表樣品。供試樣品則是檢查室由報驗樣品再抽樣出來進行實際檢查的最小單位。這兩種樣品都規定有最低的重量，一般而言，供試樣品常約為 2,500 到 3,000 粒種子。

表11-1　國際種子檢查規則所規定的種子材料重量

植物	每批最高重量（kg）	報驗樣品最低重量（g）	淨度檢查的樣品最低重量（g）
非洲菫	5,000	5	0.1
矮牽牛	5,000	5	0.2
狗牙根	10,000	25	1
一串紅	5,000	30	8
白菜	10,000	40	4
相思樹屬	1,000	70	35
臺灣二葉松	1,000	100	50
甜椒	10,000	150	15
稻	25,000	400	40
西瓜	20,000	1,000	250
落花生	25,000	1,000	1,000
玉米	40,000	1,000	900

二、取樣技術

自一批種子取樣時，可以使用棒狀、套筒狀等取樣器，分次逢機於不同部位得到種子材料。若是含有稃的禾草類種子，由於流動性差，有時不易掉入取樣器內，在包裝不大時則可以用手取樣。取樣器可以由包裝帶外側插入取種子，徒手需在袋中取樣。在倉庫中包裝時，也可以在流動中的種子取樣。

取樣的密度因種子批的大小而異：

每批在 500kg 以下者，至少抽取 5 個原始樣品；
每批在 501-3,000kg 之間者，每 300kg 取 1 個原始樣品，至少取 5 個；
每批在 3,001-20,000kg 之間者，每 500kg 取 1 個原始樣品，至少取 10 個；
每批超過 20,001kg 的種子，每 700kg 取 1 個原始樣品，至少取 40 個。

以玉米為例，設有一批 35 公噸的種子待驗，報驗樣品依規定是 1kg，則需要逢機取出 50 個原始樣品。假如每個原始樣品取 120g，則可得到 6kg 的複合樣品，由 6kg 的種子再逢機取 1kg 當作報驗樣品。若一批玉米只有 20 公噸，則每 500kg 取 1 個原始樣品，共需取 40 個。

某些種子業的慣常措施是在報驗前整批種子已分裝成小包裝，此時的取樣準則是：

分裝在 5 包以下，則每包皆取樣；（以下以取樣數較多者為原則）
分裝在 6-30 包之間，則選 5 包取樣，或者每 3 包取樣 1 包；
分裝在 31-400 包，則選 10 包取樣，或者每 5 包取樣 1 包；
分裝超過 401 包，選 80 包取樣，或者每 7 包取樣 1 包。

報驗樣品需要妥善包裝並且標籤。供測含水率的樣品應以防濕容器密封，發芽試驗用者則因恐含水率高時種子易劣變，不宜密封，布袋或紙袋即可。不論如何，運送時間越短越好。

檢查室中由報驗樣品取樣成為供試樣品，其方式以二分法為主。用分樣機將 1 包種子分成兩部分，取其中一部分再用分樣機分成兩份，如此一直進行到所需的供試樣品重為止。在每次二分前，種子皆需先攪動均勻。

三、種子計數

由供試樣品取固定種子數進行發芽試驗，也有若干方法。不過前提都一樣，種子樣品需要先行淨度檢查，將不是該種子的其餘雜物剔除，以免誤算。數量不多而且種子並非圓

滑時可用手計數，通常將種子用鑷子撥成線狀排列，每 5 粒撥一次。樣品已經清理的潔淨種子在用手計數時，切忌挑選種子。

種子計數板是由兩層開洞平板組成，洞口錯開，每一洞置入種子 1 粒，檢查無誤後拉開使洞重疊，令種子掉落。有各種孔徑的計數板可供大小不等的種子使用。

真空計數器則用吸力將種子吸附於平板的洞口上，通常用於禾草等略小而平滑的種子，操作時要注意種子材料中大小或重量的個別差異，差異太大時可能產生選擇性而無法合乎逢機的要求。

電子式種子計數器操作時種子置入盤面而加以震動，種子會由盤緣上升，於最高點掉落，以光電感應來計數。然而比重較小的種子在盤子振動時或上升的時機可能延後，因此或許造成選擇性取樣。若有此顧忌時宜不時在盤中攪動種子。

根據 ISTA 規則，還有所謂「論重檢定法」（testing seeds by weighed replicates）。許多檢定項目的結果都是以百分比記錄，即每 100 粒種子所代表的數值。然而不少林木種子由於種子間差異太大，或者外表為完整種子，但實際上空心者不少，若用 100 粒種子作為檢定單位，其結果可能會有很大的變異，難以通過容許度的規定。就這樣的種子，若以供試樣品的重量作為基準，可以縮小結果的變異，稱為論重檢定法。

第三節　容許度與異質度

一、檢定結果的容許度

種子檢查只有通過與不通過這兩種結果，通過代表一批種子符合一定的規格而可以出售。但是檢查結果可能出錯，例如若原本發芽率高或不含某病原，但檢查的結果卻是發芽率低或含某種病原，就會導致該批種子被拒絕，此類錯誤稱為偽正（false-positive）。偽正率高，則會提高生產者一批好種子卻被拒絕的風險。若一批種子含有不該出現的雜草種子，卻沒有檢查出來而被接納，此類錯誤會讓買者吃虧，稱為偽負（false-negative），低偽負率可以降低買者買到不良種子的風險。

任何的抽樣檢查都可能出現誤差。重複取樣每個樣品的測值平均為所有樣品的最佳代表，而平均值的標準偏差為該測量的準確度。誤差的來源來自兩類的變異性，首先是逢機取樣誤差，如雜草種子的平均分布於樣品中，但就是沒被取樣到。這是單純的機率問題，無可避免，但也容易用統計方式來降低或消除，例如增加重複次數或樣品大小。其次是系統性誤差，測定方法、儀器瑕疵、試劑不純、操作不確實、環境不一致等都會導致所測定的結果偏離實際的數據。這些人為的誤差應該極力避免。

　　由於變異難以避免，因此需要設定差異的容許度（tolerance），用來免除逢機取樣誤差所造成的錯誤判斷，即是當兩個種子檢查結果的數據不一致時，如何確定是兩批種子的數據確不同，或者數據的差異只是逢機誤差所致。這時候可以把兩者數據的差值去比對容許度表，若差異小於容許度值（顯著水準），表示兩者實際上可視為等同，而差異若大於容許度值，則表示兩者不同。理論上此容許度應只涵蓋逢機誤差，但因為系統性誤差難以完全消除，因此種子檢查上所設定的容許度表也應加以考慮。

　　容許度表的設計有雙尾測驗與單尾測驗兩種。當比較某批種子的某測值與所設定值（例如國家標準的 98% 淨度，或者種子包裝上所印出的 85% 發芽率）的差異是否可忽略，則可以選擇單尾測驗。當比較針對同一批種子兩不同檢查單位的測值，則可以選用雙尾測驗，因為某單位的測值或等同，但也可能大於，或小於另一單位者。

　　國際種子檢查協會的檢查規則附有各類檢定項目的容許度表，包括淨度、其他種子數目、發芽率、四唑染色、種子含水率、加速老化檢定、電導度檢定、論重檢定法等。

二、樣品間的異質度

　　在取樣過程，原來的一批種子可能已經分裝成數百包或罐子，由於抽樣僅會取若干個小包裝，若在每罐之間品質的差異太大，則所取的樣品可能不適宜代表整批大樣品，因此所做的各類檢查就沒有意義。異質性甚大時，取樣者可以當場拒絕採樣，但若是不易目測，則需以較客觀的方式來判斷，異質度（heterogeneity）檢定主要目的就是在測驗一批種子是否足夠均勻。

　　要檢定一批種子是否均勻，通常以種子檢查的三個項目來衡量，即發芽率、淨度或其他種子數目。由於逢機誤差的關係，一批種子分裝所得到一些小包裝，每包所測得的值當然會略有出入。若測值差異大於逢機誤差所造成者，表示取樣不夠均勻，無法代表該批種子，這批種子應重新混合再分裝。

　　異質性有兩種狀況，第一是每包間的測值差異太大，而且這種差異依大小排列呈連續狀態，舉例來說，六包種子的發芽率依大小分別為 99、92、84、76、68、54% 為是。第二是每包測值的差異大都在逢機誤差之內，僅有少數幾包顯著地不同，例如六包種子淨度分析的結果分別為 99.8、99.7、99.7、99.5、99.4、79.1% 為是。

　　異質性測驗可分為 H 值測驗與 R 值測驗兩種，H 值測驗是指各包裝檢查結果間的連續性質變異不得超過某規定值，而 R 值測驗則是指各包裝檢查結果的最大值與最小值之間的差異不得超過某規定值。所取樣品皆通過 R 及 H 值測驗時，才得稱為該樣品不具有顯著的異質性。

（一）H值測驗

設：

N_o 為一批種子分裝後的包（罐）數。

N 為小包裝的抽取數。

n 為每樣品的種子數（淨度分析為 1,000 粒，發芽試驗為 100 粒，其他種子數目為 10,000 粒）。

X 為各小包裝的某測值。

M 為各小包裝某測值的平均（$M=\Sigma X/n$）。

W 為各小包裝某測值的理論變方。

若是淨度分析或發芽試驗，則 W=M(100–M)/n；若是其他種子數目檢查，則 W=M。
各小包裝某測值的實際變方：

$$V=\{N\Sigma X^2–(\Sigma X)^2\}/\{N(N–1)\} \tag{1}$$
$$H=(V/W)–1 \tag{2}$$

實際變方若大於理論變方，則 H 值為正，反之為負（當作零）。由於 H 值本身也有變異，其大小也與取樣數有關，因此正的 H 值需要大於某臨界值（可查 ISTA 的表），才算該批種子具有異質性。

（二）R值測驗

R 值測驗則是指前述小包裝的抽樣檢查結果，最大值與最小值的差異（$R=X_{max}–X_{min}$）有否超過某最大容許度 T，若 R＜T 則表示差異在容許範圍之內。以發芽試驗為例：

表11-2　R值測驗值容許度簡表

平均發芽率（M）	最大容許度T		
	N=5-9	N=10-19	N=20
95	11	12	13
90	14	16	17
85	17	19	21
80	19	21	23
75	20	23	25

　　發芽率、淨度與其他種子數目這三種測值不能互相取代。設若某批種子由五個來源混合而成，而在混合以前種子清理的工作做得很好，幾乎皆沒有雜質，但是其中有一個來源種子的發芽率不佳。此時若不徹底地混合，則將來小包裝在發芽率可能具有異質性，但淨度則無。異質性測驗相當費時，不見得會在例行種子檢查時進行。在種子技術上，發展新的混合種子的機器或方法時，若要評估或調整其效果，就可以用異質性測驗來輔助。

第四節　種子含水率測定

　　種子含水率是種子品質的重要關鍵，含水率高導致種子的發芽率與活勢的低落，也容易讓種子滋長病菌害蟲、縮短種子的儲藏期限，因此種子含水率的測定是種子檢查中重要的項目之一。

　　物體含水率的測定雖然以 Karl Fischer 滴定法最為精確，但其缺點是種子的水分的釋放較緩，因此可以用來矯正各種測定方法，但 ISTA 種子含水率測定或實驗室測定上還是採用烘乾法。在比較不講求精確度的情況下，通常會採用一些電子儀器來測量。

　　烘乾法是用高溫將種子樣品的水分蒸發，以烘乾前後樣品重量的變化來估算含水率。由於本法需要的器材便宜，操作單純，因此被 ISTA 列為正式的含水率測定程序，但這並不表示烘乾法是簡單的。操作過程影響烘乾法準確性的因素相當多，每個步驟都需要小心進行，俾能得到準確度與再現性高的數據。

　　烘乾法需要控溫準確的烘乾箱、含有具活性乾燥劑的乾燥皿、天平與稱量瓶，必要時也需要磨粉機。整個測定過程最重要的關鍵是除了烘乾過程外，所有步驟皆須防止水分的意外吸附或者脫逸。首先要考慮的是烘乾溫度，一般若是含油率高的種子，為了避免溫度過高而將較低分子的油脂蒸發，導致含水率的高估，因此 ISTA 規定此類種子只能在 103°C 下烘乾 17 小時。含油率低的種子使用 131°C 烘乾 1 或 2 小時即可。適用低溫法者如蔥屬、落花生、大豆、十字花科蔬菜、辣椒、茄子、棉花、亞麻與樹木種子等。

　　其次要考慮種子大小。大粒種子內部的水分較不易蒸散，容易低估含水率，因此烘乾前需要先加以磨碎。大型種子將種子磨成碎塊即可，不需成為細粉狀。磨碎的時間宜短，避免溫度升高而喪失水分。含油率高者若不適用磨碎機，可以將種子密封於鋁箔袋中，以鐵鎚擊碎即可。需磨碎者如玉米、稻、高粱、大麥、燕麥、落花生、大豆、菜豆、豌豆、蠶豆、羽扇豆、棉花、蕎麥等。

　　首先烘乾箱預熱 1 小時，然後稱量瓶取下瓶蓋一起熱烘。1 小時後連蓋置於乾燥皿內，冷卻後連蓋稱量瓶予以稱重。迅速加入欲測之種子樣品後再稱重，然後立即置於烘乾箱打

開瓶蓋熱烘。時間到後再度加蓋置於乾燥皿內，放於乾燥箱中冷卻後連蓋稱量瓶予以稱重。此過程中避免瓶蓋放到非所屬的稱量瓶上。

依下式計算種子含水率（濕基）：

$$mc\% = 100 \times [(E-F)/(E-D)] \tag{3}$$

D= 乾燥過之連蓋空稱量瓶重量。
E=D+ 烘乾前種子之重量。
F=D+ 乾燥後種子之重量。

含水率較高（例如超過 17%）而需要磨碎者的種子樣品，在操作的過程水分很容易脫逸而有低估其含水率之虞，此時可採用兩階段的烘乾法。前階段將種子樣品以同樣方式處理，唯一的不同是樣品放於稱量瓶中，置於開動中烘乾箱的外側上端過夜，先將種子含水率降低到一般程度，然後加以磨粉再進行前述正式的烘乾程序。

兩階段烘乾法含水率的計算（濕基）：

$$mc\% = 100 \times \{[(E-F) \times (C-A)/(E-D)] + (B-C)\}/(B-A) \tag{4}$$

A= 前階段乾燥過之連蓋空稱量瓶重量。
B=A+ 前階段原始樣品烘乾前總重。
C=A+ 前階段原始樣品烘乾後總重。
D、E、F 同式（3）。

或者兩階段依式（3）先算出各自的含水率，前後各為 S_1 與 S_2，然後計算：

$$mc\% = S_1 + S_2 - [(S_1 \times S_2)/100] \tag{5}$$

第五節　淨度分析

採用好的清理選種程序才能得到高品質的種子，而該等程序有無正確地執行，可以用淨度分析來檢定。在種子檢查規則中，將一批種子的內含物區分為三大類：潔淨種子、其他種子、無生命雜質。

檢查員從報驗樣品取小樣品供淨度分析，通常是把供試樣品平鋪桌面，逐粒進行檢查歸類，然後將三類分別稱重，以三類重量的總合來計算各類所占的百分比。通常的種子皆

可以輕易地達到 98% 以上潔淨種子的淨度，部分禾草類因空稃多而不易分離，因此淨度會略低。

淨度分析的重點在於三組成分的定義。

潔淨種子指的是某品種供播種的單位。若不給予該單位明確的定義，在檢查時會發生困擾。一般而言，一種作物的種子有其外觀上的特性，足夠與其他種區分。即使是未成熟、體型小、皺縮或已發芽過的乾種子，雖然都可能無或已喪失生命力，皆須算在潔淨種子之內（Felfoldi, 1987）。

不過種子若經微生物感染而已轉化成菌核、蟲癭者，就不算是種子，而是無生命雜質。至於破碎的種子，只要是大於原種子的一半者，還是一粒潔淨種子，若等於或小於一半，就算無生命雜質。此規則有例外，豆科、十字花科、松科、柏科、杉科等種子若不具種被，或是豆科裂作兩半，即使附有胚軸，也都算作無生命雜質。披衣種子的淨度分析則另有其準則。

有時兩種種子外表太接近，無法區分。例如多年生黑麥草與義大利黑麥草的種子唯一區別是後者具有芒，可是芒很容易在清理時斷掉，因此經常無法用肉眼判斷。此種狀況下只能退而求其次，僅檢查到黑麥屬的水準，該批種子凡是黑麥屬的種子皆視為潔淨種子。

許多禾草種子實際上是穎果外加內、外穎，有時還附帶有不稔的小花，因此在進行淨度檢查時平添許多困難。在 ISTA 檢查規則中特別針對禾草種子詳細定有一些準則。例如所謂空稃，實際上內、外穎內的穎果充實的程度不一，通常只要稃內含有胚乳者，就算是潔淨種子，但是在匍匐鵝觀草、羊茅屬及黑麥草屬等，若穎果的長度小於內穎的三分之一時，就算作無生命雜質。至於燕麥草屬、燕麥屬、虎尾草屬、鴨茅屬及絨毛草屬等，若在含有穎果的小花上附有不稔性的小花，則視為潔淨種子的一部分，不用把不稔性小花剝開。

淨度分析的第二組成分是其他種子，包括指定的某種作物的種子以外，任何其他種作物及雜草種子。可能列為其他種子的個體，在定義上若有疑義，可以比照潔淨種子與無生命雜質的分野進行判定。列為第三組成分的無生命雜質則是任何不屬於前述兩組者。進行淨度分析之際，需要時會將其他種子再分成其他作物種子與雜草種子，並辨識種的學名。

對於較大型的種子，淨度檢查可用肉眼直接觀察區分，較小的種子或是禾草種子則需要一些輔助工具，如放大鏡、實體顯微鏡、透光板、篩子或風選機等。放大鏡或實體顯微鏡可用於鑑定小顆粒。種子置於透光板之上，日光燈由底部透光，可用來檢查禾草種子小

花的稔實度，以及種子是否含有蟲癭或菌體等。稃內若含有種子，則底部的光會將種實顯現出黑的形狀，用鑷子來輕壓種子也可能判別出空稃。

篩子可分離樣品中的土壤等小顆粒，風選機則能夠分離樣品中的空種子，常用於禾草種子以減輕檢查工作的負擔。正確地使用風選機可將供試樣品分成三部分：重的種子，輕的無生命雜質，以及重力介於二者之間的部分。前兩者可用目視，確定是分別為種子及無生命雜質，第三部分才需要一粒一粒地檢查。

有一種特殊的風選機，專門針對草地早熟禾、粗莖早熟禾及果園草等三類種子，以特定的送風壓力吹 3 分鐘，將供試樣品分為較重的種子及較輕的無生命雜質兩部分。

進行淨度檢查的單位必須培養專精的人材，訓練其銳利的眼力，足以區分微小的差異，才能順利地執行本項工作。同時也要廣泛地蒐集各種作物及雜草種子的樣本與圖鑑，以便對於特殊少見的種子能正確地鑑別。針對如何訓練分析人員對於淨度檢查的可靠性，ISTA 準備有標準樣品，該樣品的淨度已經正確地設計，檢查者可以將檢查結果與標準答案比對，以便找出自己的盲點。

配合機器視覺系統（machine vision system）的影像分析（image analysis），可用於種子方面的研究，已有 30 年的發展歷史，不過至今尚未能被正式採用於 ISTA 種子檢查規則中。此技術包含自動化種子輸送設備、電子影像擷取設備、影像數位化轉換系統、影像處理與分析系統，以及電腦化決策與判別系統等。機器影像分析可用於品種 DUS 檢定、品種鑑定，乃至於種子發芽過程、種子活勢檢定、種子分級精選等。

第六節　品種檢定及純度檢定

對種子供應者而言，若一批種子混有太多的其他品種種子，甚至於由於標籤的誤貼而購買播種了非所要種的品種，可能會引起商業上的糾紛，皆應盡量避免。

同種作物不同品種的種子，由於外觀相當接近，經常無法用肉眼挑出。購買到一批種子，除了發芽率之外，買者關切的問題之一在於是否買對了作物與品種，其次是這批種子有沒有摻雜到其他品種的種子。前者是品種的正確性，需要進行品種鑑定來確定，後者則是品種的純度，要經過淨度分析，取得同一物種的純淨種子樣品後，進一步進行純度檢定，調查含有其他品種種子的重量百分比。用 100 減掉異品種重量百分比，即是該批種子的品種純度。

育種者通常可以輕易地維持品種純度，然而由育種者到農人手中，需要多次的繁殖，這個過程難免產生混雜。甚至於育種者所保存的種子，若因儲存不當或自行繁殖時成熟種

子太慢採收，皆可能導致種子輕微的劣變，而使原來的品種退化，產生走型的植株。種或者品種檢定的工作就是為了確保商業用種子的品種的正確性以及品種的純度，一方面維持育種者的信譽，另方面也是保障農人的權益。

　　就室內的種子檢查而言，純度檢定的目的在於測驗一批報驗樣品所含的種子是否純屬於標籤上所註明的種或品種，或者正確地說，屬於標籤上所註明的種及品種的程度，以百分率來表示。純度檢定的前題是種子供試者需要在樣品上註明種或品種的名稱，而且檢查單位有該種或品種的標準樣品材料以資比對。

　　純度檢定所採用的方法比淨度分析更加複雜，以材料而言，可分為植株鑑定、幼苗鑑定以及種子鑑定，以方法而言可以分為外觀鑑定與分子鑑定。外觀鑑定通常會把所有的品種分成若干大類，每一大類會容納相當多品種，因此「解析度」低，有很高的機會區分不出異品種。不過由於方法較簡單，因此若大致確定採種時只可能受到某另一品種種子的混雜，此時就可以用能夠區分兩品種的外觀鑑定法來進行（Ulvinen *et al.*, 1973）。

一、外觀鑑定

（一）植株與幼苗鑑定

　　報驗的種子樣品送到以後，就可以取樣做田間種植，以便進行植株鑑定。每樣品至少種兩重複，而且需種於不同位置以防意外，標準樣品可以種在旁邊的試區。試區、行株距的大小因作物而異，以能提供足夠的空間（比慣行的栽培法略寬）來讓各單株的特性充分生長發展，以及足夠的植株數來滿足鑑定精確度為原則。

　　例如 99.9% 的純度表示每 1,000 株中允許一株走型或其他品種，要精確地估計，則需要約 10,000 株，以水稻為例，每試區最少要 6×6m^2。不過限於人力物力，實際鑑定時常降低標準，以 1,000 株來進行。

　　整個生育期間要定期查驗，關鍵時期若需要得每天下田。查驗的項目包括生長習性、葉片角度、抽穗開花日期等。各種作物更有其重要的特徵需要觀察，如水稻的穗長、柱頭或稃尖的顏色，玉米幼苗的葉鞘色、穗葉葉鞘的毛等。

　　由於田間環境因素無法掌握，因此也可以在溫室或生長箱中進行純度檢定。控制的環境雖然提供較為均勻的生長條件，但是因為空間的限制，因此若摻雜的比率不高時較不適用，不過這種控制生長可以提供更多樣的檢驗方式。

　　田間檢定通常費時較長，生長箱則可以提供某特殊品種最適的溫度與日長，使得在最短的期間內完成開花，縮短檢定期限，也可以輕易地進行抗除草劑、抗病性，或是對肥料

缺乏所引起的症狀等的檢定。大豆、高粱、玉米及麥類等作物在缺乏磷素時，幼苗莖部容易形成紅色的花青素，色素的深淺與樣式可能因品種而異，因此提供品種檢定的可能。除草劑若對不同品種在幼株產生不同的傷害，也可以運用。

在控制環境下進行幼苗鑑定所用的播種密度相當高（Payne, 1993a）。一般而言，如苜蓿、三葉草等行株距可各為 2.5cm，播種深度 0.6cm；麥類、玉米、高粱、萵苣行株距可各為 4 及 2cm，播種深度 1cm，大粒的大豆、菜豆等行株距可各為 5 及 2.5cm，播種深度 2.5cm。

洋蔥種子若要鑑定的特性是葉色，則種在淺盤中，行株距可各為 4 及 2.5cm，播種深度 1cm。若要鑑定洋蔥球莖或胡蘿蔔塊根形狀，則容器中土壤深度至少要 17cm，而且要有足夠的空間讓地下部充分生長。

生長溫度一般以 25°C 為宜，如大豆、菜豆、萵苣、玉米、高粱等，洋蔥、胡蘿蔔可略低，約 20°C。生長箱的光照可用日光燈（33,000lux）加上鎢絲燈（3,000lux），光照稍弱，則可能導致花青素無法完全出現，但此時或可將溫度降低來加以補救。每天照光時間則因作物品種或其他因素而異。

植株或幼苗所進行的外觀鑑定因其遺傳特性而有不同的方式，若該外觀是「質」的特性，則鑑定的特性因作物而異。以萵苣為例，播種後約 3 週，3 至 4 葉齡時，可以觀察子葉寬或窄，下胚軸綠色或粉紅，第一葉葉色紅、粉紅、淺綠或深綠，葉捲曲與否，以及葉緣形狀等。像這類「質」的性狀，每單株可以清楚地歸於某一類時，鑑定的結果如下例：

萵苣下胚軸顏色鑑定，品種 A 的標準樣品為 100% 粉紅色。
供試樣品 200 株中 94% 粉紅色，6% 綠色。綠色者為走型。

若鑑定的特性屬於「量」的性狀，如株高、分蘗數等，無法確定地歸成若干類時，鑑定的結果如下例：

三葉草植株高度鑑定，品種 A 的標準樣品有 85 至 95% 的植株超過 15cm。
供試樣品 B 的 196 株中有 87% 的植株超過 15cm，符合品種 A。
供試樣品 C 的 180 株中有 72% 的植株超過 15cm，有部分的種子不是品種 A。

（二）種子外觀鑑定

種子外觀鑑定法可以分成形態、細胞學鑑定以及化學速測法兩大類。種子用來進行純度檢定，比較沒有空間上的問題，更因所進行的方法都是形態或化學的鑑定法，通常所需

時間也較短。供試樣品一般在 400 到 1,000 粒種子，每重複不得高於 100 粒，以便能達到 0.1% 的準確度。

1. 形態、細胞學鑑定

　　不同品種的種子可能在構造、大小或色澤上有所差異，而可以加以辨認。若是屬於植物學上真正的種子，如紅豆、甘藍、西瓜等，差異可能較小，通常限於大小及顏色，豌豆品種在種臍的形狀及種被皺縮上會有所不同。假如種子實際是植物學上的果實，如禾穀類、菊科等，種子外面附上母體構造，則可以供為辨識的特點較多。禾本科作物在種子形態鑑定上可供使用的特點頗多，如：玉米種子的大小、顏色以及種實頂端的凹陷；燕麥種子外穎顏色、小花軸纖毛的有無；稻種子稃尖或外穎的顏色。

　　當品種間有不同的染色體倍數時，可以先讓種子發芽，當胚根長達 1 或 2cm 時切根，用固定液如 0.05% 的 8- 羥喹啉（8-hydroxyquinoline）溶液，在 5°C 低溫下固定分裂中的根尖細胞，水洗後即可馬上或冷凍待來日鑑定。鑑定時切除根尖 1 至 2mm 的長度，然後放在載玻片上，加 4% 的地衣紅（orcein），或 2% 的胭脂紅（carmine）染色劑，壓片後在 400 到 1,000 倍的顯微鏡下檢定該種子染色體的倍數。此方法常用於黑麥草、紅三葉草、甜菜等作物。

2. 化學速測法

　　用化學速測法來鑑定品種的純度，有其可取之處，例如便宜、不需複雜的儀器以及技術等。全世界的種子檢查室大概使用 20 種的化學速測法，這些方法可以分成三大類：酚試法、鹼試法以及螢光法等（Payne, 1993b）。

　　酚試法是以酚溶液處理種子，讓種子表面呈色，根據呈色結果來檢定品種。本法最常用於小麥，稻種子及其他禾穀類種子也有若干嘗試。就小麥而言，一般的操作法是將種子浸水 16 小時，然後將種子放入置有一張濾紙的培養皿內，加 1% 酚液後蓋緊，4 小時後觀察記錄各粒種子表面呈色的類型。以下是某一檢定結果的紀錄：

小麥種子酚試法，標準品種為 100% 深色，

供試樣品 A，400 粒中 94% 為深色，6% 為淺色，淺色者視為走型。

　　鹼試法也可以用在禾穀作物的種子上，如稻、高粱及小麥。某些品種在氫氧化鉀溶液中會表現出顏色來。以黑（紅）米為例，雖然有些品種連內外穎也是深紫色，很容易在淨度分析時由目測挑出，但有些品種則外殼也是一般的土黃色，無法由外觀分辨，此時可以

嘗試用此法。

檢查時先將樣品脫殼，然後觀察黑米所占的比率。不過某些較晚熟的黑米品種，種子紅色素的形成較栽培品種慢，因此在採種時所混雜的黑米品種種子可能不易確定。此時可將該穀粒（種子）放入小試管內，加兩滴 2% 的 KOH 溶液，若真是黑米，在 3 到 10 分鐘內鹼液會呈現紅色。

在印度的研究發現，水稻穀粒只要在室溫下 5% 的 KOH 溶液中浸 3 小時，當地 85 個栽培品種中就有 15 個可以使鹼液呈色，因此提供品種檢定的基礎。

燕麥、大麥有些品種的種子在紫外光照射下會釋出特殊的螢光，可作為鑑定的依據。例如白燕麥與黃燕麥被穎殼包著而看不出來，但只要在黑暗中對穀實照 360-380nm 的紫外光，黃品種會發亮且放出螢光，白品種不會。類似的方法也可以區分食用豌豆與飼用豌豆的種被。

種子檢查室常用紫外光來檢定黑麥草。義大利黑麥草種子置於白濾紙上發芽，根部充分長出後將濾紙放在紫外光下其根部會釋出螢光，但是大多數多年生黑麥草的種子不會。

其他的化學速測法尚有燕麥的鹽酸法、蠶豆的香草醛（vanillin）試法、羽扇豆的生物鹼試法，以及大豆種被的過氧化酶試法。美國的 AOSA 已在 1989 年正式將大豆的過氧化酶試法列在檢查規則中。正式的程序是將各粒乾種子的種被剝下，分別置於個別的小試管內，然後加入 0.5 至 1ml 的 0.5% 的癒創木酚（guaiacol）溶液，10 分鐘後注入 0.1ml 的 0.1% 的雙氧水，1 分鐘後記錄試管溶液是否呈紅棕色。

二、分子鑑定

前述品種（種）檢定的化學速測法雖然迅速簡單，然而各種鑑定項目所能區分的品種非常有限，例如小麥的酚試法、水稻的鹼試法以及大豆的過氧化酶試法皆只將各品種區分成兩、三組。這在純度檢查上有時是夠用的，但是當異品種的來源多或不確定時，這些速測法就相當局限。此時可以用各種化學指紋法（Smith & Smith, 1992; Cooke, 1995）來做更有效的區分。

有多種化學分離術可供品種鑑定用，例如可以分離二次化合物的氣液層析法（gas-liquid chromatography, GLC）、高效液層析法（high performance liquid chromatography, HPLC）、分離蛋白質的 HPLC 或各種電泳法如聚丙烯醯胺凝膠電泳（polyacrylamide gel electrophoresis, PAGE）等。DNA 的分離則有使用限制核酸酶（restriction enzyme）的限制片段長度多型性（restriction fragment length polymorphism, RFLP）與增幅片段長度多型性

（amplified fragment length polymorphism, AFLP），以及使用聚合酶鏈鎖反應（polymerase chain reaction, PCR）的隨機擴增多型性去氧核糖核酸（random amplified polymorphic DNA, RAPD）與簡單重複序列（simple sequence repeats, SSR）等技術。

　　這些方法也不斷地改進中。有些方法準確度高，但是若要推廣到一般種子檢查室的例行檢定，則需要能改進到操作相對地簡單、快速、成本低，以及檢查室間高重複性的結果。目前 ISTA 規則中明文規定的只有用於小麥、大麥的 PAGE，以及用於豌豆、黑麥草的 SDS-PAGE。規則中對於操作程序皆有詳細的規定。

（一）二次化合物

　　二次化合物可用色層分析法分離，所形成的分離式樣因品種而異，而有別於其他品種，因此可據以判別品種（Cooke, 1995）。例如用 GLC 來分離種子的脂肪酸可區分不同的油菜品種，Lewis & Fenwick（1987）曾用 GLC 做出抱子甘藍 22 個品種的硫化葡萄糖苷（glucosinolate）圖譜，用 HPLC 分析花青素（anthocyanin）及類黃酮也可作為花卉品種的區分。

（二）蛋白質

　　蛋白質是基因的表現，不過若要作為品種鑑定用，則需要使用具有多個分子型態，即所謂的多型性的蛋白質，該蛋白質存在的量要多，而且易於萃取。通常用的是種子的儲藏性蛋白質及酵素。分離方法可分為色層分析法及電泳法兩大類。

　　一些 HPLC 技術可以將各種禾穀類種子的儲存性蛋白質分離成具有品種特性的圖譜，常用的是醇溶性蛋白質。由圖譜上尖峰出現的位置（質）下所占的面積（量）的差異來作為品種的依據。大豆的水溶性蛋白質也可以用 HPLC 來分離並製作種圖譜。本方法的缺點在於設備昂貴，所需的技術較複雜，分離結果對一些操作上的細節相當敏感，而且無法同時間內進行多粒種子樣品的分離。目前在發展的技術是加強定量的敏銳度，配合電腦軟體的開發，使得多粒種子合併分析就同時可做品種鑑定以及純度檢定的工作。

　　電泳法分離儲藏性蛋白質或酵素來鑑定品種。種子蛋白質對應多個基因座，每個基因座可用電泳技術分離出若干條帶。根據某一或某些特別條帶（泳膠上的特定位置）的出現與否來區分不同品種。一種同功異構酵素對應一個基因座，若具有多型性，則可在泳膠上出現若干條帶。

　　異交作物每個個體都有其特殊的遺傳結構，由各種不同的同質接合與異質結合體所組成，因此每個單株或每粒種子皆含有不同構造的蛋白質，不過經過多代的種子生產程序，

一個異交作物品種的基因變異性已維持在平衡的狀態，因此可以將種子多粒相混萃取蛋白質再做分離，以得知該品種的圖譜，或者是由單粒種子同功異構酵素條帶的電泳式樣所出現的頻率來區分不同的品種。

自交作物（以及無性繁殖植物的植體）可由該等種子蛋白質條帶顯現於泳膠的型態來區分不同品種。禾穀作物特別是大麥、小麥這方面的研究最多，大多是做種子蛋白質的分離，但也有以同功酵素來進行者。可使用的電泳法是 PAGE、加入十二基硫酸鈉（sodium dodecyl sulfate）的 SDS-PAGE，或者是等電集聚法（isoelectric focusing, IEF）。

甚至於同一樣品可以進行兩次的分離，製作出雙向的圖譜，更可以用來區分遺傳結構甚為接近的品種。當然此方法不論在技術上或是結果的解釋上皆較複雜，因此比較不適用作為例行檢查。根據 ISTA 的規則，大麥或小麥種子是使用 PAGE 在 pH3.2 下進行。種子 100 粒分別壓碎、萃取後在泳膠下進行分離，經 1 至 2 天的染色後依照條帶的位置或某些計算方程式來確定各條帶的「命名」。

（三）核酸

核酸是區分品種最直接的手段，但是其分子量相當大，很難在分離化合物的介質中移動，因此要先用分子生物學的手段來做些特別的處理，才能有效地鑑定品種。核酸指紋法以 RFLP、AFLP、RAPD 及 SSR 最為盛行，雖仍未能進入 ISTA 的規則，但是其應用的潛能是很大的。

核酸是一條由四種核苷酸鹼基依一定的次序組成的長鏈，不同品種，核苷酸鹼基的排列或有少數不同之處，用限制核酸酶就可以把不同之處切成不一樣大小的片段，而可在泳膠中分離到不同的位置。然而由於片段的數目太多，當然很難在泳膠上挑出哪幾個片段是不同的，因此要先製造一些帶有放射性同位素的「探針」（probe），然後讓探針與片段結合（所謂的雜交），洗去未被結合的片段後再用被結合的探針把底片曝光，就可以將這些片段給予定位。

用 RFLP 來進行品種鑑定是先將核酸切成小片段，再將小片段進行分離，由於各品種的值位分布狀態不同，切割反應後可產生核酸片段長度多型性，因此可以由分離的特殊狀況來指稱某特殊品種。AFLP 是先用限制核酸酶切割核酸成片段，再利用分子技術設計核酸引子進行 PCR 選擇性放大，然後用電泳分離這些被複製的片段，呈現片段長度多型性以資判斷品種。

PCR 方法是利用核酸引子與耐高溫的 DNA 聚合酶，在高溫下讓 DNA 分子進行雙股分離（96°C）、黏合引子（55°C）、複製延長（72°C）等循環程，每經過一個循環使 DNA

複製成兩倍，經過 30 次以上，只需 2 小時就可大量複製 DNA 約幾十億倍，達到可以偵測到的程度。其程序需要：（1)DNA 模板；（2）兩段引子；（3）耐高溫的特定 DNA 聚合酶；（4）四種脫氧核苷三磷酸（A，C，G，T）；（5）緩衝液體系，在可以調溫度的自動化儀器中進行。

　　RAPD 是利用 8-12 核苷酸引子序列隨機進行 PCR 反應，複製產物進行膠體電泳分析其片段多型，以資鑑定品種。簡單重複序列（SSR），指的是基因組中由 1 至 6 個核苷酸組成的基本單位重複多次構成的一段 DNA，廣泛分布於基因組的不同位置，長度一般在 200bp 以下，又稱為微衛星（microsatellite）DNA。微衛星中重複單位的數目存在高度變異，因而造成多個位點的多型性。不同品種有不一樣的多型性，因此也可用來鑑定品種。

（四）化學指紋法的應用

　　化學指紋法不但在遺傳學與育種學的應用相當廣泛，就是在種子生產以及品質的管制上好處也多。例如雜交種子的生產上最講求的是 100% 的雜交率，假設部分種子是由自交得來，或者是由非父本的外來花粉所產生，則會降低種子的品種純度，因此採種上需要去檢定雜交成功率。過去常用的方法是由種子取樣，種於田間直接觀察所長出來的植株，現在則已可以使用酵素或蛋白質的電泳技術來測量。這個方法目前已大量應用在十字花科蔬菜、番茄、棉花，特別是玉米雜交種的種子生產。

　　在新品種權利上所申請的品種需要符合 DUS 的三項基本條件，其中區別性是指該品種需要具備一種以上的重要特性而能與其他已有的品種區分。由於電泳法可以區分出外觀無法區分的品種，因此提供區別性檢定的新方向。不過這個方法尚未被 UOPV 所認可，主要的理由是唯恐承認電泳結果的區別性後，會助長無關緊要的育種。也就是種子公司在既有的品種加入一個不一樣但無助於品種優良特性的基因，即使種子公司可以擁有新品種權利，卻無助於人類。不過不論 ISTA 或者 UPOV，目前都積極研究核酸品種鑑定技術，其中尤以 SSR 法最具潛力。

第七節　發芽檢定

　　發芽檢定是種子檢查中最重要的項目，也是一般有關種子的實驗中最基礎的試驗。一般的「發芽試驗」，其目的常在於決定一批種子在某條件下的發芽百分率。根據 ISTA 規則的陳述，種子檢查的「發芽檢定」，其目的則在於決定一批種子最大的發芽潛能，該潛

能可以用來比較不同批種子的品質，以及預期其田間的表現。兩者的英文都是 germination test，但為了區分，中文可以分別用試驗與檢定表示。

　　種子檢查的原則是結果的一致性。在規定的實驗室條件下進行的試驗結果，摒除試驗者不當的技術誤差後，其結果照理應是可以將最大的發芽潛能正確地表現出來。不過所謂發芽試驗結果可以「預期其田間的表現」則是不可靠、不精確的描述，這點在「活勢檢定」一節中會進一步討論。

一、種子材料

　　發芽檢定的供試樣品與其他試驗一樣，樣品越大，所得的結果變異範圍越窄，種子數目越多，人力的花費也高。由於超過 400 粒以後，更多的粒數並不再縮小變異範圍，因此 ISTA 標準的發芽檢定以 400 粒為準。此 400 粒常分成四個重複，每重複 100 粒，若種子太大，或是為避免病害傳染，也可以增加重複數，每重複可以是 50 或 25 粒種子。一般的種子生理試驗常用 200 粒種子，種子數目少時還需要減小樣品，代價當然是試驗結果的準確度。

　　種子表面經常附有各種細菌、真菌等微生物，活種子在發芽試驗中通常不會受到微生物的感染，但是死種子或衰弱的種子則會滋長微生物。ISTA 的檢查規則並沒有規定種子在發芽檢定前需先消毒，但是某些研究者則事先用殺菌劑或次氯酸鈉溶液來處理種子。

二、發芽介質與使用方法

　　種子發芽的適當條件通常是適當的水分、氧、溫度，部分種子則還需要光照。溫度通常用可以控溫的發芽箱、發芽室等來提供。良好的發芽介質則必須能同時供給適當的水分與溶氧，此外不易長菌以及不含毒性物質也是必要的條件。

　　發芽介質可用濾紙、紙巾、砂及土壤等，發芽的方法依介質分為紙床法與砂床法，其中紙床法又可分為紙上法及紙間法。紙床可以用濾紙或者一般擦手紙，但市售擦手紙可能含有漂白劑等化學物質，使用前應確定對種子無毒害。紙張用後即丟，砂或土壤用後加以清洗消毒，則可重複使用，不過由於土壤成分較複雜，不易標準化。不論使用何種介質，都要控制水的供給，介質含水過少，當然不利發芽。水分太多時，會在種子四周形成水膜，阻礙氧氣進入種子而可能降低發芽率，小種子特別容易發生此情形。

（一）砂床法

　　砂床法是用砂或者土壤作為介質，適用的介質是二氧化矽含量高於 99.5% 的建築用砂，顆粒大小約在 0.05 到 0.8mm，而且不含有機質者。土壤以砂質壤土，具保水力又不會太黏者為宜。介質重複使用前需用水淋洗，高溫高壓滅菌後需靜置 1 週，以去除有機質經高溫處理所產生的揮發性毒物。使用時將濕砂置於發芽皿（圖 11-2 B），將種子埋於約 0.6cm（如蘿蔔大小者）或約 1.5cm（如玉米大小者）的深度，然後置於發芽箱。

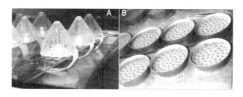

圖11-2　發芽率檢定
A：紙上法；B：砂床法。

（二）紙上法

　　細小種子可採用紙上法，略大者用紙間法。紙上法是以一層或數層濾紙平鋪，種子置於紙上，全部放於有蓋培養皿內，或者置於板上用鐘型玻璃罩蓋著（圖 11-2 A）。玻璃罩之下吸水紙可以延長，浸於控溫水槽中吸水。

（三）紙間法

　　種子略大者可用紙間法，將吸水紙平鋪，上面放置供試種子，種子上再覆蓋一張紙。紙間法可以在控溫給水式發芽箱中進行，不過建議用特殊的方式，即捲紙法來進行發芽試驗。

　　取適當數量的發芽紙整疊浸於蒸餾水中，全部吸水後撈起用手捲紙使水盡量流乾，直到用手指壓紙時不見水滲出紙面為止。然後三張發芽紙平鋪，種子均勻放於紙上，但紙的一邊約留 4cm 勿放種子。

　　種子放妥後再取紙一張蓋於種子上，由留邊的地方上摺，然後有如捲春捲似地用紙將種子捲成條狀，內附標籤註明編號。每若干捲放於塑膠袋或盒內，並且封好勿使失水。捲條放於發芽箱時宜直立，上摺處朝下，以防止種子掉落。定期檢查水分是否足夠，必要時加適量的水。供試種子若為吸水量大的大型豆類，發芽紙會很快乾掉，可以多加紙張張數，或者第 2 天酌予加水。

三、發芽環境

若是進行種子檢定，則發芽溫度以及是否需要變溫與加光照都應參考 ISTA 的規定，不過該等規定只是為了檢驗的重複性而設，實際上並不一定是各類種子的最適發芽溫度，何況即使是同一批種子，隨著儲藏時間其休眠狀況會有所變化，因此其最適溫度可能改變，並非定值。發芽箱或發芽室宜有送風裝置，使溫度均勻。即使是有送風裝置，箱內各地點的溫度還是會有差異，特別是發芽檢定樣品太多而充滿時，空氣循環的效果極差。因此在進行比較的試驗時需要採用生物統計上的方法，以便消除微小溫度差異所造成的結果。

有些種子需要照光才能發芽，然而過度曝光有時會抑制發芽。一般種子雖然可以在黑暗下發芽，但會徒長或形成白苗，若加光照，則幼苗較健壯，有利於判斷幼苗的狀況。

四、發芽率的調查

發芽率的調查以能得到最高發芽率為原則。一般作物種子常在兩週內發芽完畢，有些需時較長，有些棕櫚科植物一批的種子發芽時間從第一粒到最後一粒前後長可達兩百天以上。即使一般的種子，若略有休眠，也會延遲發芽。活度低的種子雖可發芽，但是發芽所需的時間會較長。

然而發芽試驗有其時限，無法等到所有可以發芽的種子全部發芽完畢，因此試驗前要先決定試驗的期限，期限一到，就進行計數發芽數。不過若等到最後期限才計數，有時早先發芽者由於根系的生長快，會糾纏成堆而不易計數。因此宜採用兩次計數，在發芽期間過半時先行算一次，將已判斷為發芽的種子（即幼苗）先行移去，以利第二次的計數，將兩次計數的結果加成即可。

由 ISTA 的規則所表列的發芽檢定方法可以得到一些訊息。農藝、園藝作物，包括穀類、牧草、蔬菜等 300 餘種作物中，發芽期限短可到 5、6 天，極少數長可達 35、42 天，但以 14 天最多，約占 25%，其次是 10 或 21 天，各約占 20%，7、28 天者各約占 11%。花卉、香料及藥用植物種子約 350 種之中，發芽期限以 21 天為主，占 56%，10 天者占 27%，28 天者占 14%。林木、灌木種子的發芽期限則以 21 或 28 天為主。

發芽試驗結果的調查，需要將種子的發芽情況加以判斷。胚根或胚莖突出包覆組織而可以目視者，種子生理試驗常認定為已發芽的種子。不過死種子因胚根吸水產生物理性膨脹也可能突出表面，若將之算為發芽的種子則有所誤差，因此試驗者可自行認定一個胚根（莖）長度（例如 2mm）作為發芽的標準，不足者不算是已發芽。

假如發芽試驗的目的在於間接了解該樣品將來成為新的植株的潛能時，則生理發芽的標準較不適當，宜採用種子檢定的標準。種子檢查依 ISTA 的規定，將種子發芽檢定的結果分為發芽及不發芽兩大類，發芽者分為正常苗及異常苗兩項，不發芽者則再分為硬粒／休眠種子、新鮮種子及死種子等三項。

死種子通常在發芽試驗期限到時已經軟化、變色或發霉。但若不發芽的種子仍堅硬與初吸水時無異，而且種子確實已充分吸水，則該種子可能是因環境不適或具休眠性而尚未發芽，因此可視為新鮮的休眠種子。若該種子確認為未能吸水，則可以視為硬粒種子。假若無法區分種子為死種子或是休眠種子，則宜進行活度生化檢定（如 TEZ 染色）來確定。

五、正常苗與異常苗

發芽率檢定在計數發芽種子時，需要判斷幼苗的正常與否（如圖 11-3）。為了避免主觀的影響，也由於種子種類龐大，無法一一詳列判斷方法，因此 ISTA 系統性地規範了異常苗的判別準則。基本上先區分單子葉植物（1）與雙子葉植物（2）兩大類，然後依播種發芽後子葉的位置，即出土型（1）與入土型（2）作為次級的歸類，下一層以幼苗各部位的特徵再行區分，以此方式將各物種納入某一代號，每個代號都有其詳細的判斷準則，使用者即可很方便地確定特定種子的判別準則。表 11-3 列舉若干代表性種子的代號。

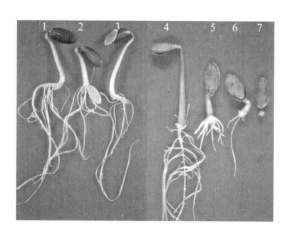

圖11-3　胡瓜幼苗與正常苗的判斷圖
1、2、4有完整主根，3主根生長受阻，但二次根足夠，皆為正常苗。5、6、7為異常苗。

表11-3　若干種子的正常苗準則

代號	發芽型態	莖葉	根（正常苗條件）	植物
1.1.1.1	出土型	頂芽包在子葉內	有主根，需正常	蔥屬
1.2.1.1	入土型	頂芽包在子葉內，上胚軸無明顯伸長	有主根，需正常	香雪蘭屬
1.2.2.1	入土型	上胚軸伸長	有主根，需正常	蘆筍
1.2.3.1	入土型	頂芽包在芽鞘內，上胚軸無明顯伸長	有主根，需正常	狗牙根、稗子、黑麥草屬
1.2.3.2	入土型	頂芽包在芽鞘內，上胚軸無明顯伸長	有主根，二次根可以取代主根	稻、玉米、高粱
1.2.3.3	入土型	頂芽包在芽鞘內，上胚軸無明顯伸長	種子根數條，至少兩條正常	小麥、大麥、燕麥、黑麥
2.1.1.1	出土型	上胚軸不伸長	有主根，需正常	向日葵、萵苣、甘藍、甜椒、莧菜、菠菜、胡蘿蔔、芫荽
2.1.1.2	出土型	上胚軸不伸長	有主根，二次根可以取代主根	胡瓜、西瓜、南瓜、棉花
2.1.2.2	出土型	上胚軸略伸長	有主根，二次根可以取代主根	落花生、菜豆、大豆
2.1.4.3	出土型	下胚軸肥大；子葉僅一片長出	種子根數條，至少兩條正常	仙客來
2.2.2.2	入土型	上胚軸伸長	有主根，二次根可以取代主根	豌豆、蠶豆

* 代號第一個數字中：1為單子葉植物，2為雙子葉植物；第二個數字中：1為出土型，2為入土型。

六、休眠種子的處理

有些活的種子，因各種原因而在發芽試驗時無法發芽。對這些具有休眠性的種子，依照試驗的目的，以及不能發芽的原因而有不同的處理方式。就試驗的目的而言，若僅在於了解或比較種子樣品的可發芽粒數或百分率，則依照該種種子的一般發芽條件進行試驗即可，種子檢查或者種原庫的發芽試驗則需要進一步了解不發芽種子的成分是為死種子或者是休眠種子。

由於後兩者的目的皆是要調查樣品中能發芽種子的真確數目，因此最保險的方法是先進行一般的發芽試驗，計算在該條件下可發芽的種子數，試驗期限後再針對不發芽的種子做進一步的處理，以正確地分別計算死種子及具休眠性種子的數目，而不宜在發芽試驗前進行休眠解除／促進發芽處理。這是因為處理可能會傷害種子，致使原本可以發芽的種子反而死去而低估發芽潛能。

不過在 ISTA 規則中提到，若懷疑種子樣品具有休眠性時，也可以在發芽檢定之初即進行處理。鑑於 ISTA 所規定的部分處理方法可能會傷害種子，因此依照其方法不見得能

得到最準確的結果，不過由於 ISTA 又規定處理的方法與時間應列於報告，因此應不會危及 ISTA 的最終目標：檢查結果的一致性。

　　促進發芽的方法很多，ISTA 所推薦者，若是硬粒種子，可以用預先浸水、割傷、酸蝕等；其他如剝殼乾藏、預冷、預熱、照光、硝酸鉀溶液、激勃酸液或淋洗等，皆已在表中針對個別種子加以註明。這些方法中比較可能傷害種子的如割傷、酸蝕、預熱等，在進行時需要特別小心。

七、其他

　　有時一個播種單位可能含有兩個或以上的胚，例如具多胚特性的柑橘類植物，或者複式種子（即種子球）如甜菜，或芫荽兩個種子合成一粒種實，在種子檢查時可能由一個單位長出一個或兩個或以上的胚，此時發芽率的計算依照試驗的目的而有不同的標準。一般的情況下每個單位只要長出一個正常幼苗，就可算為該單位產生正常幼苗。不過若想進一步釐清發芽的狀況，則依 ISTA 規則，供試者可以要求檢查單位詳細調查長出一株、兩株或以上幼苗的百分率。通常這類種子在進行發芽檢定時，會採用經摺式發芽紙（pleated paper，圖 11-4）。發芽紙按一定行數，連續左右折疊而成，猶如佛經的折法。經摺紙加水置於器皿內，將一粒種子放到一凹槽處，粒粒區分以方便將來計數發芽種子。

圖11-4　經摺紙法

第八節　活度生化檢定

　　種子檢查進行的諸多項目中，除了淨度、品種純度、含水率等之外，種子活度的高低更是決定一批種子品質的重要指標。檢定種子活度的傳統方法便是進行發芽試驗，將種子培養於適當溫度下，進而了解某批種子的發芽狀況。然而缺點即是費時較久，一般蔬菜及

禾穀種子雖然只需要 1 至 2 星期的時間便能得到結論，採收後具有休眠特性的作物品種也不在少數，許多休眠中的喬木、灌木種子更需要數月至數年的時間才能發芽。在種子買賣頻繁的現代，為了及早完成交易，掌握農時，種子活度速測法有其必要。

一、四唑檢定法的原理

　　種子活度生化速測法以四唑檢定法（簡稱 TEZ 法、TTC 法、TZ 法）最為廣泛使用。其原理是讓三苯基四唑（triphenyl tetrazolium, TEZ）溶液滲透到種子的細胞內，在活細胞內的去氫酶會將無色的 TEZ 還原為紅色的三苯基甲䐶（triphenyl formazan），甲䐶無法通過細胞膜。死細胞內缺乏去氫酶，因此無法還原 TEZ，旁邊活細胞內紅色的甲䐶又不會滲到死細胞，因此活的以及死的細胞很可以涇渭分明地呈現出來。四唑檢定法整個檢驗過程在 24 小時內可以完成，雖非新技術，卻仍是無可取代。

　　然而一粒種子的細胞千千萬萬，到底多少細胞不能染色才算種子沒有生命力呢？答案是不一定。跟人一樣，關鍵部位的細胞死了一些，就可能喪命，反之較不重要的部位死了一大片，種子還是可能發芽。由於 TEZ 法需要針對種子全部的部位研判染色結果，因此此法也稱為形貌四唑檢定法（Topographical Tetrazolium Test）。有人把染過色的整粒種子磨碎，用分光儀測紅色素的濃度來代表種子的活度，那是對 TEZ 法的誤解。

二、四唑檢定法的操作

（一）器材與藥劑

　　本法需要若干簡單的器材與藥劑。

（1）工具：刀片、挑針與鑷子（圖 11-5）。

（2）設備：立體顯微鏡、恆溫箱。

（3）藥劑：

　　a. 緩衝液：（a）9.0708g 的 KH_2PO_4 溶於 1,000ml 水中；（b）11.876g 的 $Na_2HPO_4 \cdot 2H_2O$ 溶於 1,000ml 水中。兩份（a）加上三份（b）即可調整為 pH7。

　　b. TEZ 溶液：取 2,3,5-triphenyl tetrazolium chloride（2,3,5- 氯化三苯基四唑，TTC），以緩衝液配置 0.5% 的 TEZ 溶液，為避免光照，因此裝於褐色瓶中備用。

圖11-5　TEZ法用到的工具

（二）步驟

本法分三步驟，即前處理、染色與研判。

1. 前處理與染色

種子吸濕及前處理的目的是要使藥劑容易滲入種子各部位細胞。許多種子可以直接浸泡水中以吸水，種子快速吸水容易受傷者如大豆、高粱等，則可以把種子置於濕紙巾上緩慢吸潤。有些乾燥種子較不易吸水，因此常要先經切割、去殼或真空處理，以利水分的滲透。吸水後至染色研判前，種子不得乾燥失水，特別在顯微鏡下觀察時，需要經常給水以避免染色結果失真。切割方式甚多，不同種子各有合適的方式，可參考相關手冊（如 ISTA 規則或 Moore, 1993）選用。

成熟的胡瓜種子在胚外面仍殘留一層外胚乳加內胚乳的半透性薄膜，將胚部完全包覆，無法讓 TEZ 等有機物滲入（Ramakrishna & Amritphale, 2005），需要先除去才能染色。方法是種子浸於溫水（37.5°C）中 1 小時後，用鑷子輕壓基部，以裂開種被並剝除之，然後再回浸 2 小時，即可撕去薄膜（宋戴炎譯，1964）。

種子經前處理之後加入 TEZ 溶液，置於 37 到 47°C 下進行染色。染色的速度因 TEZ 溶液濃度與溫度的提升而加快，而設定處理條件的要點在於染色程度的恰當，紅色不宜太深，能夠進行研判即可。ISTA 的檢查規則針對多種種子提供處理條件與研判準則，可以參考。

2. 研判

如何根據染色結果來判斷種子的死活，是四唑檢定法最難的地方。除了染色失敗部位重要與否如何去決定外，還有不少的陷阱。有三類種子不適於使用本法：（1）受過病菌感

染的種子，由於侵占胚的病菌本身也是活的，因此種子染色狀況看起來即使正常，其實種子已無生命；（2）因遺傳的關係種子本身衰弱，則雖是活種子但可能染色不佳；（3）胚部本身顏色深，則雖是死種子但也可能被誤認為活種子。

　　研判前先將胚部加以揭露，以利判斷染色結果。首要是注意重要部位的染色結果（圖11-6；11-7），例如胚軸與子葉（或胚盤）連接處雖然不大，卻是養分輸送進入胚芽與胚根的重要管道，此處細胞若不具生命，則種子無法長成幼苗。反之，胚部子葉呈葉狀亞型者，子葉的末端細胞即使無生命的範圍稍大，也不會影響到其餘部位養分的分解輸送到胚軸，因此該種子仍可判為具生命。胚根的尖端若無法染色的部位不大，也不至於影響活度。ISTA 檢查規則通常指出胚根尖端無法染色的部位若超過胚根長度的三分之一，才表示該種子不具生命。

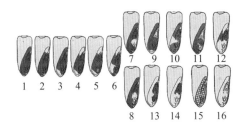

圖11-6　玉米胚切面染色型態

1-6：具活度種子；7-16：不具活度種子。

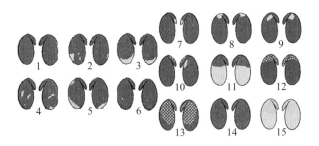

圖11-7　大豆胚切面染色型態

1-6：具活度種子；7-15：不具活度種子。

　　有時染色時種被僅部分割傷，讓 TEZ 滲到胚部，但由於種被其他部位與胚部的結合緊密，因此溶液到不了深處，無法染色。此時必須確定不染色是因為細胞無生命，或是藥劑未能進到細胞內。染色色澤也須注意，異常色澤如半透明狀為死組織，染色深暗可能的原因，應區分是細胞受傷或染色過度。

三、四唑檢定法的自我訓練

　　染色結果的研判在過去累積相當多的經驗，ISTA 已將多類種子的判斷準則記錄在 TEZ 法技術手冊中，然而尚有不少植物的資料仍未備齊，而 ISTA 檢查規則的研判準則仍然失之簡略。對於新的物種，或者新手而言，若無老手從旁指導，實在沒有信心來區分活的與死的種子。以下提供 TEZ 法操作的自我訓練方式。

　　了解該種子的胚部構造，是很重要的預備工作，體認胚與胚軸的位置，才能決定哪些範圍是重要部位。其次在進行 TEZ 法的探討前，需準備多批種子，各批種子的發芽率高低不一，但需要確定是完全無休眠的樣品。若供試種子具休眠性，則需要先行後熟處理，確定休眠性消失後，再分成若干批進行不同程度的老化處理，來取得不同發芽率而且沒有休眠性的樣品。

　　再來要建立染色的程序。染色過程中主要的目的不外是使活的胚組織能在短時間中順利地與 TEZ 試劑作用而呈色。一般常用割傷或局部割棄種被的方式來讓 TEZ 溶液進入體內，有時還可以抽真空來輔助。新的物種可以參考類似物種而其染色程序已知者。

　　染色結果的研判準則可以採用均方根法來建立（Kuo *et al.*, 1996）。首先拿前述不同發芽率的多個樣品，例如 20 批，每批樣品分兩組種子，一組進行發芽試驗，另一組進行 TEZ 檢定，然後將所有 20 批種子的染色狀況歸納成若干型態，例如說 12 種。每一個染色型態不是可以研判為活種子，就是死的種子，因此一共有 $2^{12}-1$ 種不同研判準則的組合（以最簡單的例子來說明，假如染色型態只有三種，A、B 與 C，那麼研判準則有 2^3-1 即 7 種組合，包括僅 A 為活種子、僅 B 為活種子、僅 C 為活種子，或 A 及 B、A 及 C、B 及 C 皆為活種子，或 ABC 皆活種子等）。

　　最後是訂定最正確的研判準則。把很清楚、有把握判斷為死的或活的型態去除，剩下例如說 5 種型態不知如何決定，則剩下 2^5-1，31 種可能的組合。然後用每種組合去判斷各批種子的染色結果，因此對每批種子而言有實測的發芽率以及 31 種染色所判斷的存活率。所謂正確的研判準則就是用在這 20 批種子所判斷出來的存活率能最接近實測發芽率的那個研判組合。所謂「最接近」是指均方根（root mean square）最小的那一組合。

$$RMS = \sqrt{\frac{(G_1-P_1)^2 + (G_2-P_2)^2 + ... + (G_n-P_n)^2}{n}} \tag{6}$$

其中 n 為供試樣品數，G 為各樣品的發芽百分率，P 為各樣品某一研判組合的預估活種子百分比。比較所有研判組合的 RMS，以 RMS 最低的那一組合作為研判標準。

　　四唑檢定法雖然快速正確，但即使染色模式的界定再明確詳細，因為每粒種子的染色狀況各有不同，在判斷上仍難免碰上模稜兩可的情形，這時必須仰賴檢驗員主觀的判斷，在檢驗過程中也需要仔細耐心地從事繁瑣的處理，因此可以說 TEZ 檢定的正確性大部分是建立在檢驗員的處理技術及判斷經驗上。

第九節　發芽能力有關的其他檢定

　　由於種子的種類繁多，許多較特殊的狀況需要加以考慮，因此除了發芽率與活度生化檢定外，相關的檢查方法還有如下的項目。

一、取胚活度檢定

　　一般發芽檢定都在兩、三週內完成，然而有些種子具有長休眠期，可能高達兩個月甚至於半年以上，若還是進行一般發芽試驗，則不能趕上貿易或播種期的時機。這類的種子以林木類居多，可以用取胚檢定法迅速檢定胚的活度，來取代發芽檢定。經過取胚活度檢定及格的種子批，依正當程序育苗，就可以在預定的時候得到預期的幼苗數。

　　目前ISTA針對若干溫帶樹木類已提出取胚檢定的方法指引，如松屬、槭屬、衛矛屬、花楸屬、梣屬、椴樹屬、梅屬、蘋果屬及梨屬等。亞熱帶及熱帶樹木也不乏深度休眠種子，宜趕快建立取胚檢定程序。

　　本檢定以 400 粒種子分四個或八個重複進行，視胚的大小而定。但是取樣時宜多取 25-50 粒，以便在切取種子不小心傷及胚部時得以補充。檢定時種子先行浸水 1 至 3 天，視吸水速度而定，不能吸水者先用割痕法或酸蝕法處理。浸水溫度宜低於 25°C，並且每日換水兩次，以防止微生物滋長。此時開始到全程結束為止都要保持樣品濕潤，不得受到乾燥。

　　完全吸水後取出種子以刀片小心切取胚，胚部因取胚受傷時要棄卻，另以備份供試。若所切到的種子不含胚，或所含的胚部嚴重受到病蟲或機械清理的傷害，或是胚部畸形時，則應當作供試樣品的一部分，不得棄卻。檢定結束時胚仍保持堅硬，或者顯示生長情況者為活種子的胚，腐敗者判定為死種子。

二、X-射線檢定法

　　硬殼種子若殼重胚輕，則一般的清理方法無法將這類空種子剔除，充實飽滿的種子

若胚部嚴重龜裂，可能已無生命，這類種子更不易清除。完整的種子胚部遭受蟲咬甚至於產卵，也是無法用機械方式來清理，但是不清除而混在正常種子中播種，則有傳播蟲害之虞。這幾類的種子若需要剔除或者至少了解其成分的百分率時，可以採用非破壞性的軟 X-射線作為檢定方法（Willan, 1985），來找出空種子、蛀蟲種子或不正常胚種子（圖 11-8）。

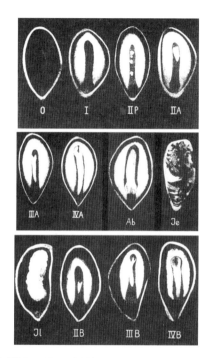

圖11-8　針葉樹中子的X-射線照片

A：胚乳發育完整；B：胚乳發育不完整；I：有胚乳無胚；J：蛀蟲種子；O：空種子；IIP：胚乳及一到數個極微小胚；IIA：胚乳及長度約半的胚；IIIA：胚乳及長度過半的胚；IVA：胚乳及發育完全胚；Ab：胚或胚乳發育不正常；Je：出現蟲排泄物；JI：出現幼蟲。

　　X- 射線是以光速前進的電磁波，波長僅為可見光的 1/10,000 到 1/100,000。波長較大的稱軟 X- 射線，適用於人體及種子內部構造的偵測。種子置於光源與底片之間，照光時因種子各部位吸收能力的差異照成底片不均勻地曝光，曝光底片沖洗後就可以將種子內部的狀況顯露出來。

　　影響顯像結果的因素大抵有四，射線管內的電位差、施於射線管的電流強度、曝光時間，以及種子與底片的距離等。低電位差可以得到較好的解像度，高電位差得到的密度差較小。電流強度與曝光時間互補，同時降低電流強度與增加曝光時間可以得到相同的光量密度。種子與底片的距離越大，影像的效果越差。

第十節　種子活勢檢定

　　依照 ISTA 的規則，發芽檢定的結果可以用來預期田間種植的表現，實際的情況是，當實驗室發芽檢定的結果較差時，種子在田間的表現也不好，但是發芽檢定所得的發芽率相當高時，田間的表現可能好，但也可能差（表 11-4）。發芽率相同的若干批種子，在同樣的儲藏條件下經過同樣的時間後，發芽率可能有顯著的差異。甚至於在出口前發芽率相同的種子，到國外後發芽率卻非常不同。

表11-4　發芽檢定結果接近，其品質可能有差異

| | | 種子批發芽、萌芽率（%） | | | |
		1	2	3	4
田間播種：豌豆	實驗室發芽率	93	92	95	97
	田間萌芽率	84	71	68	82
儲藏：紅三葉草	儲藏前發芽率	90	90	90	90
	儲藏12個月後發芽率	71	90	66	89
運輸：草原雀麥	出口前發芽率	94	96	93	90
	到達後發芽率	87	19	74	53

　　因此可知，種子發芽率檢定的結果即使有高的發芽率，也可能只是假象，實際上這批種子是在高品質的邊緣，很容易就劣變。這對於種子企業是很重要的，因為農民對於某公司種子品質的信賴，取決於種子在田間的表現，而非包裝上的發芽試驗結果。

　　田間的環境經常較不穩定，包括土壤水分過多或過少、溫度過高或過低、土壤因雨後而變乾硬等，與實驗室的發芽條件差異頗大。種子可以儲存的期限既然因不同批而有所差異，則哪幾批需要先行出清，哪些可以略為延後，是種子最佳管理所必需的資訊。進行種子的國際貿易時，特別需要知道的是這批合格的種子是否難儲存、難運輸。種子進行拔衣、萌調等提升品質的處理之前，也想知道這批種子是否值得進行。針對以上的需求，若要對種子的品質做進一步的確定，則可以進行種子活勢檢定。

　　發芽率的檢定比較單純，只要依照標準的程序執行，結果的重複性很高。活勢所指的卻是好幾個不同的種子特性，包括田間萌芽率、耐儲能力等，而田間的表現又受到各種環境條件的影響。因此活勢的定義頗為複雜，在學界爭論很久，ISTA 的活勢委員會經過 27 年的研商，才達成共識。

　　根據 ISTA 的定義，活勢是種子多項特質的集合概念，這些特質會影響種子發芽及幼苗出土過程的表現，表現好的就稱為高活勢種子。這裡所謂的表現，具體而言包括種子發

芽與幼苗生長、出土的速率與整齊度、種子儲藏或運輸後的發芽能力等。

　　好的活勢檢定方法有一些基本的要件：（1）品質檢定的敏感度比發芽檢定還要高；（2）對於不同的種子批的活勢表現要能夠加以分級；（3）具重複性；以及（4）客觀、快速、單純、便宜。

　　其中所謂等級是指活勢檢定的結果只能告知某批種子屬於若干等級中的某一級，而無法像發芽檢定那樣地給一個特定的「分數」。活勢檢定的結果無法告知某批種子在某次的田間播種的出土率有多高，因為田間狀況不同，同一批種子的出土率當然也不一樣。不過分了等級後，對於該批種子將來在什麼狀況下會有怎樣的表現就會有概括的了解。

　　種子活勢檢定方法可分為發芽法、生理生化法及複式檢定等三大類。

　　發芽法是指直接在發芽試驗時測量種子發芽速率、幼苗生長狀況（如各種發芽指標的計算）、在特殊條件下測驗種子的發芽表現（如磚礫法、冷試法），或者種子經處理後再進行發芽試驗（如加速老化法、控制劣變法）。

　　生理生化法是直接測量種子樣品的成分或作用，如電導度法、ATP 法、麩胺酸脫氫酶活性法（glutamic acid dehydrogenase activity, GADA）、呼吸活性法，或者需要染色如 TEZ 法。這幾類方法的最大優點是快速。

　　複式檢定則基於活勢乃是多重特性的總合的特點，把若干種檢定方法全都用來試驗一批種子，由各項結果綜合研判出活勢的狀況。

一、磚礫法

　　早在 20 世紀初 Hiltner 與同仁將受鐮刀菌屬真菌（*Fusarium* spp）感染的種子播在 3cm 深度的磚礫下，發現發芽突出了之後幼苗皆呈受傷狀。其後的學者進一步發現，利用磚礫作為發芽床也可以將種子其他的缺陷暴露出來，如已發芽的乾種子，或受熱水燙傷、霜凍、化學傷害的種子等，因此在磚礫下發芽法可引用為種子活勢檢定的方法。

　　磚礫法（Hiltner brick grit test）主要的材料是直徑 2-3mm 的磚礫、粗砂或其他經鑑定可用的類似材料。磚礫在每次使用後皆需清洗滅菌方可以再使用，使用前將磚礫充分浸水 1 小時之後再取出，平鋪於 9.5×9.5×8cm 塑膠盒之內，磚礫高度 3cm。然後將 100 粒純淨種子均勻置於磚礫之上，種子上再鋪蓋 3 至 4cm 磚礫，盒子加蓋後置於 20°C 黑暗發芽箱之中 14 天，然後取出進行幼苗評估。

　　計算已突出磚礫層的正常幼苗占（100 粒）種子的比率，作為種子活勢的水準。以德國為例，該國種子法規規定磚礫法所得到的正常幼苗在 85% 以上為高活勢種子。

　　磚礫法可用於禾穀類、大粒型豆科種子、菠菜、甜菜等。使用於小種子時所蓋的磚礫厚度要降低。本法的缺點是所需的時間較長、空間較大、清洗乾燥磚礫較麻煩、結果的變異較大、有時與田間萌芽率的相關性不會高於正規的發芽檢定等。

二、冷試法

　　溫帶國家常在早春播種玉米，此時土壤潮濕，加上土溫較低，種子發芽速度較慢，因此容易遭受土壤微生物的侵襲，常導致實驗室的發芽率檢定結果與田間萌芽率之間的差異太大。冷試法（cold test）即是模擬田間較差的條件進行發芽試驗，以期得到較符合採種田間表現的結果。目前仍以玉米使用最廣，但高粱、大豆、豌豆、洋蔥、胡蘿蔔等也皆有試驗成功的例子。冷試法常用加土壤的捲紙法來進行，雖然有人倡議使用平鋪法。

　　所使用的土壤相當重要，是試驗結果重複性與不同實驗室結果的比較性高不高的關鍵。土壤以一般種植供試作物的田土為宜，並力求來自同一地點，使用前用 5mm 篩網過篩並保持濕潤，也可以加入一至兩倍的乾淨粗砂，以降低土壤的用量。

　　試驗前先將濾紙充分吸水並冷到 10°C，在 10°C 之下將土壤薄薄地平鋪於濾紙之上。種子單行（若紙張較寬，雙行）置於土上，再覆蓋一張濾紙如發芽檢定中的捲紙法。然後將紙捲直立於塑膠盒中加蓋，迅速移入 10°C 的黑暗培養箱中 7 天，再將整個塑膠盒移入 25°C 的黑暗發芽箱中 5 天，依照標準的發芽檢定方法檢查正常幼苗的百分比。

三、幼苗生長法

　　發芽檢定雖然將發芽的種子分成正常苗及異常苗兩大類，但是 ISTA 所認定的正常苗定義頗為寬鬆，不少的所謂正常苗實際上是長得有些缺陷。另外同在正常苗的部分內，發芽檢定並沒有將發芽速度快的幼苗與慢的給予區分，但是發芽的快慢卻是活勢高低的表現。作為種子活勢檢定的各式各樣的幼苗生長法，大抵上皆是根據這兩項缺失所進行的補救方法。

　　操作方法同發芽檢定中的捲紙法，不過紙巾在沾水前要先劃一線條，以便將種子整齊地置於線上。每包捲紙所放的種子數目也縮減（如 25 粒）。發芽檢定的時間到了，將捲紙攤開於桌上計算正常苗、異常苗與不發芽種子，然後移去不發芽種子及異常苗。另取一透明片，片上每隔 1cm 劃一線，把片子放在幼苗上量幼苗的生長狀況。

　　以幼苗平均長度（正常苗總長度／供試種子數）表示該批種子的活勢狀況，此法可用於禾本科種子。除了以長度為準外，也可以稱量乾重，將正常苗除去種子或子葉，將莖根

幼葉 80°C 下烘乾 1 天後稱重，以正常苗平均乾重的大小來表示活勢的高低。幼苗生長測定所得到的數值的影響因素頗多，除了活勢狀況外，如溫度、紙巾水含量、品種等皆是，試驗時需小心。

　　另亦可用幼苗評鑑來進行豌豆或蠶豆種子的活勢檢定。方法同發芽檢定中的捲紙法或砂床法，不過幼苗評鑑時將原來 ISTA 所規定的正常苗中再分出「強壯幼苗」來。這類幼苗的發育程度不能太慢，也只允許很小部分的輕微傷。若幼苗矮小、根系稀疏、初生葉受損等原還可列入正常苗者則視為活勢不高。此法的缺點是幼苗的評鑑較為主觀，操作略不小心也會影響結果。

四、電導度檢定

　　早在 1928 年就有學者利用種子浸水時所釋出的電解質來測驗種子的活度，然而要等到 40 年後才有建議以浸出液電導度作為預測豌豆採種田間萌芽的例行活勢檢定法。目前除了英國外，歐美及紐澳等國皆使用電導度檢定（electric conductivity test）於豌豆種子。其他大粒型的豆類，如大豆、綠豆、菜豆、蠶豆等，蔬菜如甘藍、番茄，禾穀類如水稻、小麥、玉米，以及棉花、一些禾草種子皆進行過研究。

　　種子劣變過程中，細胞膜的完整性首先逐漸受損，其時機還在畸形苗產生甚至於發芽速度減緩之前，因此測量細胞膜完整性的方法按理應可以很靈敏地偵測種子的活勢。除了硬實外，乾種子浸水時會將電解質滲到水中，這些電解質可能存在種子表面或組織中的細胞壁、細胞間隙內（質外體），不過多數會來自細胞膜以內。因此測量浸潤滲出液的電導度可望評估一批種子的活勢。

　　電導度法主要有多粒法與單粒法兩個方式，多粒法是供試樣品分成若干重複，每重複所有種子整個浸水，單粒法則是用多電極的電導度計測量各單粒種子的滲出電導度。不論哪種方法皆要留意一些細節，除了電導度計的準確度外，水溶液的溫度有無固定或校正、浸種水液有無蒸發皆會影響電導度的讀數，以及種子本身的含水率電解質的釋放。

（一）標準程序：多粒法

　　根據 ISTA 活勢檢定手冊的建議，多粒法用 50 粒種子為一重複，由每報驗樣品的潔淨種子部分逢機取四重複，並且稱重。種子含水率要在 10 到 14% 的範圍內，否則必須加以調節。取 500ml 的三角瓶準確地注入 250ml 的去離子水或者 <5μS/cm 的蒸餾水（20°C），將 50 粒種子倒入三角瓶後輕搖、封口、再靜置於 20°C 下，24 小時一到馬上取出三角瓶輕搖 10 到 15 秒，再將電極插入瓶中測量電導度（20°C），電極金屬片要完全浸入，但注意

不要與種子接觸。所得的電導度讀數要扣除對照（僅裝水者）。電導的計算為：

滲漏電導度（μS/cm/gm）＝各瓶的電導度（μS）/50 粒種子的重量（gm）　　　　（7）

重複間最大與最小值相差達 5μS/cm/gm 時，該批報驗樣品需要重測。

滲漏電導度要能正確地加以分級，才能用來判斷種子的活勢。英國經過多年在豌豆上的測試，主要是電導度與採種田間萌芽率間的比較，已對豌豆的分級提出清楚、簡單的說明供參考：

<25μS/cm/gm：該批種子在早春或不良環境下播種並無不可。

25-29μS/cm/gm：該批種子可能合適於早春播種，不良環境下表現可能欠佳。

30-43μS/cm/gm：該批種子不適於早春播種，不良環境下更糟。

>43μS/cm/gm：該批種子不適於播種。

其他種子如大豆雖然也進行過許多的電導度研究，但多僅進行相關性分析，尚未能進一步做分級的努力。很顯然地，即使是豌豆，英國的分級也不一定可用在我國，因為我國豌豆以冬季播種為主，田間環境不良的狀況與英國有所不同。

多粒電導度法迄今只在豌豆種子得到較可靠的結果，其他作物上則有不少的報告指出電導度與發芽率或田間萌芽率之間相關性不高。其原因尚未釐清，不過在水稻及木瓜上，若將初期滲漏液倒棄，用第 6 到 24 小時（水稻，郭華仁，1986）或第 2 天（木瓜，施佳宏、郭華仁，1996）的滲漏液來進行相關性計算，則相關的程度都比標準方法要高。

（二）單粒種子法

使用單粒電導度法的理由是唯恐多粒法一批種子中若有少數幾粒死種子釋出大量的電解質，會使浸出液的電導度提升過高，因而可能低估了該批種子的活勢。若能找出一個區分值，超過該值者視為死種子，低於該值者視為活（高活勢）種子，並且測定出每粒種子的滲漏電導度，那麼就可以更準確地計算該批種子的存活率。

出品多電導度計的公司已經提出多種作物的區分值，但是尚未普遍地被接受，實際上某些研究結果對此法仍有所保留。例如少數幾粒滲漏量極大的種子，不論剔除與否，可能不影響整批種子的滲漏電導度（Kuo & Wang, 1991）。

然而一粒種子若只有很重要部位的細胞發生劣變，雖然區域很小，電解質滲漏很少，但種子可能已無生命，反之不重要的部位劣變，雖然造成高滲漏，然而種子或仍可以發芽。因此單粒法在理論上也不易成立，所謂的區分值實際上無法絕對地分出各粒種子是否

具有發芽能力。

五、加速老化法

加速老化法（accelerated aging test）原本是用來預估商業種子的耐儲性，後來被引用於多種作物種子活勢的指標，據云其結果常與田間萌芽率具有相關性。在美國許多實驗室已將許多變因加以了解與標準化，因此 AOSA 也推薦加速老化法作為活勢檢定的方法，而且在該地區廣泛地使用。

將種子置於高溫高濕的環境之下數天，活勢高的種子尚可以忍受而保持較高的發芽能力，而低活勢種子的發芽能力可能已經降低。這是加速老化法作為種子活勢測驗方法的基本方式。其原理則可以用種子的「活度旅程」來說明。

同品種的兩批種子 A 與 B 在標準發芽試檢下都呈現高發芽率，實際上起始活度可能是不同的，讓這兩批種子在相同的溫度與含水率的條件下經過一段時間，則起始活度較差的 B 的發芽率已有大幅度的下降，但 A 的活度可能才「走」到就要開始快速下降之前。例如依照圖 6-3，a、a' 種子起始活度分別是 3.6、3.2；兩者的發芽百分率分別為 99.98%、99.93%，兩者相差有限，發芽檢定時會落在信賴界線內而被視為相同。經過同樣的儲藏旅程，a、a' 的活度機率值分別降到 0.4、0，但是用百分率來表示，分別為 65.54%、50%，發芽檢定結果已顯著不同。

加速老化的方法就是使用高溫（41 到 45°C，因作物而異）、高濕的嚴格控制條件來儲藏種子，種子在短短的 2、3 日內走過相等的活度旅程，讓處理後種子發芽率的高低顯現出兩者活勢的不同。

根據 ISTA 的建議，以規格化的器材來進行加速老化檢定。取 11×11×3.5cm 的加蓋塑膠盒，盒內放入加短腳架的不鏽鋼篩網，長寬各 10cm。器材先用 15% 的過氯酸鈉消毒後乾燥待用。測種子含水率，需要調到 10 至 14% 之間。使用時將 40ml 的蒸餾水注入塑膠盒中，再覆上乾篩網，篩網不得沾到水。取 220 粒種子置於篩網上之後加蓋密閉。將塑膠盒放於可調到 40 到 45°C，誤差 ±0.3°C 的培養箱處理。處理過程中不得打開培養箱。處理時間一到，立刻取出塑膠盒，並且立刻取 20 粒種子測含水率，並在 1 小時內進行標準發芽檢定。若含水率不在標準範圍內，該樣品需要重做。

經過標準的加速老化處理後，再進行發芽檢定所得到的數值，若與原本的發芽檢定相似，則表示該批種子的活勢高，反之若發芽率顯著地降低，表示該批種子的活勢為中度或低度。

　　加速老化法直接將種子放在高溫高濕的容器內進行加速老化處理，因此在短短的2、3天之內，種子會不斷地自空氣中吸收水分，種子水分含量一直上升。由於種被滲透性不同，品種間或相同品種而不同批種子含水率的上升速度也可能有所不同。由於種子含水率是控制種子壽命的兩大因素之一，因此若含水率的上升速度不同，可能不能很正確地反映種子活勢的程度。

　　舉一例說明，兩批活勢程度相同的大豆種子，若有一批種子較不易吸水，則在加速老化之後，不易吸水者可能還具有較高的發芽能力，而較易吸水者其發芽率可能較低。在這種情況之下加速老化法或可以作為預測種子在密封下的儲藏能力，但似乎不宜作為測驗前種子活勢的指標。

　　比起發芽檢定，加速老化法所得到的結果與田間發芽率相關程度較高。除了大豆之外，也有一些作物已試出可行的處理條件（表11-5）。

表11-5　各作物種子加速老化法的處理方式

作物	盒內[1]		培養箱		種子含水率（％）[3]
	種子重量	數目[2]	老化溫度（℃）	老化時間（h）	
大豆[4]	42	2	41	72	27-30
豌豆	30	2	41	72	31-32
油菜	1	1	41	72	39-44
玉米	40	2	45	72	26-29
甜玉米	24	1	41	72	31-35
萵苣	0.5	1	41	72	38-41
綠豆	40	1	45	96	27-32
洋蔥	1	1	41	72	40-45
甜椒類	2	1	41	72	40-45
黑麥草	1	1	41	48	36-38
高粱	15	1	43	72	28-30
番茄	1	1	41	72	44-46
小麥	20	1	41	72	28-30

1. 加蓋塑膠盒，底部加40ml水，種子重量gm。
2. 種子較大的品種，每盒重量及盒數可能要調高。
3. 老化處理後的含水率。
4. 僅大豆為推薦使用，其餘作為參考。

六、控制劣變法

控制劣變法（controlled deterioration test）的原理與加速老化法類似，皆是讓種子在短期內度過「活度旅程」。所不同者，加速老化法中種子在處理過程含水率是變動的，不斷在上升。控制劣變法則是在低溫（10°C）之下，先將種子含水率調高到 20-24%，然後裝入鋁鉑袋密封之，在固定的含水率下放於 40 到 45°C 的高溫進行老化處理 1 至 2 天。處理時間結束後也是進行發芽檢定。

這個方法最先用來篩檢小型的蔬菜種子，如萵苣、洋蔥、甘藍等在田間表現不佳的種子批。此法經過少數幾個實驗室測試認為可用，但也有相反的結論。不過至少在含有吸水較慢的種子時，這個方法可能更能準確地評估種子活勢。

本法的缺點則是需調高種子的含水率，操作上較麻煩。若用吸濕氣的方法，可能需要 4 到 6 天才可以達到所訂的含水率，若用加固定水量的方法，一來種子直接接觸水分有其潛在的危險，再者對小種子，所加的水量很小，容易因加水量的略多或略少而影響到含水率的精確控制。

第十一節　種子健康檢定

種子帶有真菌、細菌、病毒等微生物，因此植物病害會經由種子而擴散、蔓延，稱為種傳病害，種傳病害的控制是作物病蟲害管理上相當重要的工作，其中減少種子帶病菌是重要的預防措施。種子健康檢查是指偵測種子所帶病原微生物的種類與數量，以推知一批種子的健康狀況與價值。種子上面有多種微生物，但只有數量達到臨界點，該病害才會由種子傳染到所長出的植株。精確地測定種子上某病菌或病毒的數量，可以有效地作為是否進行種子消毒處理的依據。種子健康檢查也有助於種子國際貿易，許多國家都有進口產品的檢疫規定，進口時會需要種子的健康檢查數據。

偵測種傳病原的方法很多，包括一般檢定法、培養檢定法、抗體檢定法，以及核酸檢定法，可根據不同的病原與檢驗的目標，以及各種檢定法的靈敏度、專一性、檢測速度，以及所需勞力、空間與經費等因素加以選擇使用。國際貿易上可能需要依照 ISTA 的規定進行。

一、一般檢定法

較傳統的種子健康檢定例如：（1）田間檢視；（2）直接目測；（3）浸潤鏡檢；（4）沖

洗鏡檢；和（5）生長檢定等方法。

田間檢視法是在採種田例行的田間檢查時確認罹病植株的病原，此病原將來可能會出現在種子上。此法的好處是可以同時發現不同的病害，也有助於決定是否進一步進行室內檢定，不過植株出現病害，不見得會感染到種子。

直接目測法是觀察種子外觀或者內部組織，檢視是否出現病徵。帶病原種子其色澤、大小、形狀可能發生改變，有時種子外面也會摻雜線蟲的腫瘤等，這些可以直接用目測或放大鏡、實體顯微鏡鏡檢。不過直接目測法靈敏度不高，經常無法檢測出來。

浸潤鏡檢法是用水或 NaOH 溶液浸潤種子，然後分離胚部在顯微鏡下觀察菌絲體出現與否。胚部分離後也可以用乳酚（lactophenol）溶液處理，以利菌絲體的顯現。本法的靈敏度較高，但較費工，能檢驗出的病菌種類也不多。沖洗鏡檢法是將種子用含有清潔劑的水沖洗，洗出附著於種被的孢子，然後離心洗出液，顯微鏡下檢查液體中孢子。本法較簡單，但難以檢測到出現於包覆組織內的病原。

生長檢定法是將種子播種於田間或溫室，幼苗長出後觀察種傳病徵。播種前確定土壤不含病株殘體與媒介昆蟲，生長條件也應適合病原的滋長。變通的方法是將供測種子以水萃取病原，然後接種於健康的幼苗。本法需要較多的勞力與時間，不過操作得當時可以較準確地預估一批種子播種長成後的罹病率，但前提是病徵明顯易於判斷。由於不是每種病原皆會傳遞到幼苗，因此本法在偵測種子病原的敏感度也偏低。

二、培養檢定法

直接培養種子所帶微生物，然後檢查病原滋繁菌叢的出現，稱為培養檢定法。培養之前通常進行種子表面的消毒，以減少一般微生物的干擾。其次將種子置於濕潤吸水紙，或萃取種子所帶微生物，取萃取液畫線於特定培養基上，然後將吸水紙或培養基培養在特定的溫度、濕度、光照與時間環境下。通常約經過 2 到 7 天後，確認菌叢的顏色、質地、子實體與生長速率等，再於顯微鏡下檢查子實體的種類、大小或構造。

針對不同的細菌或者真菌，目前已開發出多種高選擇性的培養基，對於細菌的偵測相當有用。所培養出的菌叢若有非目標微生物干擾之虞，可以進行繼代培養，然後將純株菌種用生化、血清或 DNA 法來鑑定菌種。

若選對培養基，本法偵測細菌或真菌病原的靈敏度可說相當高，不過若種子嚴重附著腐生菌，可能會降低其靈敏度。透過不同的表面消毒程序，本法也可以察覺病原是附生於種子表面、內部或兩者皆有。

三、抗體檢定法

將高純度的單一病原注入動物作為抗原，待動物產生抗體與之結合，然後由其血清或者脾臟細胞分離出抗體。此抗體就可以用來結合所要檢測的病原，但需要先確定其專一性，避免其他微生物的干擾。兼具靈敏度與專一性的抗血清檢測法已經廣泛使用，若能精確地測定與定量抗體—病原複合體，則可以提升本法的靈敏度。

此複合體的測定可以簡單地使用凝集（agglutination）法，將帶有病原的溶液加入裝有特定抗體的試管中充分混合，若目標病原存在，就會凝集產生沉澱。常用的方法是膠體沉澱（agar gel precipitation）法。單向膠體沉澱法是備製含特定抗體的膠體平板，在膠體上等距打洞，待測抗原加入洞內，抗原會自然擴散進入膠體內，擴散至欲測抗原與抗體呈適當比例時可看見明顯的環狀沉澱，沉澱環直徑的平方與抗原濃度成正比。雙向膠體沉澱法則製備不含抗體的膠板，在膠面上打兩洞，在各洞內分別加入抗體和抗原，抗原與抗體各自向外擴散，抗原與抗體接觸點會出現沉澱線。

酵素連結免疫吸附法（enzyme-linked immunosorbent assay, ELISA）是將訊號放大後再測定的方法，通常設計成 96 個穴盤，每穴底部將抗體分子固定，這抗體連接有某種酵素，待測抗原加入後若產生抗原抗體反應，則為所欲偵測的病原。將未被結合的其他抗原清洗除去後，再加上酵素的受質，依其呈色的量來估計待測抗原。

ELISA 的靈敏度有賴於樣品中抗原（蛋白質）的含量與品質、所使用抗體的專一性，以及所使用的訊號放大的化學方法。用 ELISA 來偵測病原與其他分析方法一樣，會有兩種不確定性，即偽正率與偽負率。偽正率是測驗結果指出欲偵測病原的出現，但事實上不存在。偽負率是測驗結果指出欲偵測病原不存在，但事實上是有的。偽正率低代表分析方法的專一度高，而偽負率高則表示抗體黏附性不足，因此靈敏度差。靈敏度水準的建立皆需要考慮混和種子數目的大小，和種子種類的不同。

還有其他類似的方法，如結合抗體與 RT-PCR 之免疫捕捉聚合酵素連鎖反應（immunocapture-RT-PCR, IC-RT-PCR）等（張清安，2005）。

四、核酸檢定法

病原與其他生命一樣，都含有最重要的大分子，即 DNA。將特定病原 DNA 的特定序列加以放大，也可以偵測其存在，在病原出現量極少時，需要使用 PCR 技術放大 DNA。

其他方法包括免疫吸附—聚合酵素鏈反應（immunomagnetic separation-polymerase chain reaction, IMS-PCR）法等。本法結合血清學與 PCR 檢測法，應用專一性的血清配合

磁珠（magnetic beads），將較為完整的細菌體先行捕捉並濃縮，再以 PCR 方法進行檢測，可去除樣本中的干擾物質，以增加反應的靈敏度與準確度（黃秀珍等，2013）。

第十二節　基因改造種子檢定

基因改造作物自從 1996 年開始大規模種植，到了 2014 年全球已達 1.815 億公頃，超過全球耕地面積的一成。不過種植後因基因汙染造成農民損失的事件不斷發生（如郭華仁、周桂田，2004），導致農民或者基改公司的損失不貲。因此基改作物的種植如何而能與一般作物或有機作物的種植共存，乃是重要的課題。

含基改成分的食物皆須標示，若一批非基改種子不經意地混雜了基改種子，會讓農民無法以有機的名義出售較高價的產品，或者原本不須標示成分的非基改產品需要額外負擔檢驗、標示的費用，而導致經濟上的損失。因此種子商在生產、買賣一般種子時，皆須確保無基改的汙染。一般種子混雜基改種子的檢定就成為近年來種子檢查的新項目。

基改種子的檢測技術如同前述的病原檢測，分為訊號放大如 ELISA，與目標放大，如 PCR 兩大類別。任何方法都要考慮其靈敏度與專一性，會有兩種不確定性，即偽正率與偽負率。偽正率低代表分析方法的專一度高，因此選擇方法之前應詳加了解，而整個檢測過程中，樣本皆可能被標示錯誤、汙染或處理不當，操作過程應嚴格遵照標準程序小心進行，避免造成分析系統的誤差。

由於基改種子的檢測費用相當昂貴，而其結果的經濟效應也很大，特別需要在考量成本之下講求其效果，因此統計方法（Remund *et al.,* 2001）就顯出其重要性，其重點在取樣策略，所測的樣品需要多少粒種子，而樣品內所能容許的，不被接受的或異常的種子又為多少粒。該等數目多少的決定取決於：

（1）品質容許標（lower quality limit, LQL）：消費者所能接受種子批純度的最低水準。種子批的純度若高於 LQL，則可被接受，因此 LQL 通常稱為純度（或未達純度）的門檻。

（2）品質低標（acceptable quality level, AQL）：一種子批在現行採種方式下，所能達到的最低純度。種子生產者希望達到或高於此水準的種子批，被接受的機率高。

（3）生產者風險：拒絕一個實際上達到 AQL 種子批的機率。簡單地說，就是拒絕一達到近似「純」的種子批。檢測系統若偽正率高，則會提高生產者的風險。

（4）消費者風險：接受一個實際上純度在 LQL 的種子批。也就是說接受一不「純」種子批的機率。偽負率低，消費者的風險也較低。

取樣策略可以用操作特性曲線（operating characteristic curve, OCC）來輔助。圖 11-9

以三條 OCC 作為說明，橫軸表示一批種子實際的異（基改）種子出現百分率，縱軸則表示在各特定的異種子率下，一批種子被接受（及格）的機率值。理想的 OCC 是當實際的異種子率小於 LQL 時拒絕一批種子的機率為零，而當實際的異種子率大於 LQL 時拒絕一批種子的機率為 100%；這只有當一批種子內的全部種子皆被檢測時才有可能達到。圖中的粗線為精確的 OCC，當種子純度高達 LQL，被接受的機率高（即生產者風險只有 5%），當異種子率高達 LQL 時，接受機率則低（即消費者風險只有 5%），但這只能在供測單粒種子數量大，且異種子門檻數恰當時才為可能。

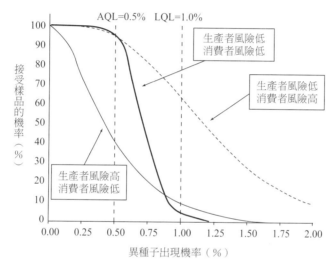

圖11-9　考慮生產者風險與消費者風險的三取樣操作特性曲線

AQL：品質低標；LQL：品質容許標。粗線N＝3,000，C＝21；細線N＝400，C＝1；虛線N＝400，C＝4；N為供測單粒種子數，C為異種子門檻數，超過即不接受。

在供試單粒種子數較低（400 粒），細線的 OCC 在異種子門檻數為 1 時，即使種子純度高達 LQL，被接受的機率仍然不高，生產者風險高達 40%，不過若異種子率高達 LQL 時，接受機率（即消費者風險）則仍然低，約只 10%。若為虛線的 OCC，異種子門檻數為 4 時，種子純度若高達 LQL，仍可維持高的被接受機率，生產者風險僅 5%，不過若異種子率高達 LQL 時，接受機率仍高於 60%，消費者買到不及格的風險相當大。同為 400 粒的受測單粒種子，若異種子門檻數設為 2，則生產者與消費者的風險各為 32% 與 24%；若為 800 粒的受測單粒種子，而異種子門檻數設為 5，則生產者與消費者的風險各為 21% 與 19%；若為 1,600 粒的受測單粒種子，而異種子門檻數設為 11，則生產者與消費者的風險各為 11% 與 13%。

　　利用單粒種子來測定基改特性存在與否，其花費相當龐大，以混合種子替代單粒種子，通常可以節省資源，例如，400 粒個別種子可以以 10 粒分成 40 份，每份混合種子可以磨成均質粉粒混合物再測，分析時所需的花費可減少十倍。但是混合種子只能做定性檢測（即存在與否），若需要混雜的百分比，還是得進行單粒測驗。

　　仿效逐次檢定法（sequential testing）的精神，採用雙階段檢測也可以降低檢驗系統的花費，特別是當預期汙染的情況不嚴重時為然。第一階段檢測較少的種子，可以省下抽樣和測定的數量（詳第十二章）。第一階段檢測可能有三種結論：（1）接受一批種子；（2）拒絕一批種子；或（3）無法下定論。結果落在前兩者，即可節省費用，若為第三者則再進行第二階段重新取樣測定，並結合第一和第二階段結果，以決定接受或拒絕（基改種子超標）此批種子。

第**12**章 種原庫的種子技術

　　農民生產首先需要播種。長久以來農民習慣在田間選種、留種自用，或者與其他農民交換播種。在年年重複選種播種的過程，所選出的種子得以逐漸適應當地環境，出現良好的變異株時，也可能經由此方式保留下來，形成特殊的地方品種。這些地方品種可提供作為育種材料，可說是人類珍貴的資產。然而由於科學的進展，品種育成由農民轉到公家研究機構與私人種苗公司的育種專家，所培育出的新品種逐漸取代地方品種，這些珍貴的種子因此迅速地消失。

　　種原庫設置的目的就在於針對遺傳資源進行保育的工作，包括種子與營養器官或活體。種原保存的目標是針對某一批種原，經常維持一定數量及一定存活率的材料如種子或活的植株，而這些材料所包含的遺傳組成應該與首次採集時沒有兩樣。種原管理的效率則是指運用最低的成本來保存最大的種原批數，而且保存的方式及結果達到標準。不論是目的有否達成，或是工作效率的高低，皆與工作人員的技術有莫大的關係。囿於篇幅，本書的討論僅限於種子材料。

　　種子技術不論是種子生產、種子清理、種子調製、種子檢查、種子儲存等，在近年來進步相當大，而由於穴盤育苗的興起，對種子品質的要求更加提高，因此種子品質提升的方法益加發達。在這樣的條件下，種原庫所需要的種子技術，除了部分問題尚未克服外，大致可說已經相當成熟。有關種原庫的種子技術，已出版有相當詳細的手冊可供參考（Ellis *et al.*, 1985a, b; Hanson, 1985; Rao *et al.*, 2006）。

第一節　植物種原保育

一、公立機構

　　鑑於農民地方品種的急遽消失，20 世紀中期，在洛克菲勒基金會、福特基金會贊助下，聯合國的糧農組織（Food and Agriculture Organization, FAO）成立了國際農業研究諮詢組（Consultative Group on International Agricultural Research, CGIAR），在作物遺傳資源豐富的第三世界國家成立 13 所國際農業研究中心，更在 1973 年於羅馬設置國際植物遺傳資

源委員會（International Board for Plant Genetic Resources, IBPGR），後來改制成為國際植物遺傳資源學院（International Plant Genetic Resources Institute, IPGRI），即目前的國際生物多樣性組織（Biodiversity International, BI）。此機構針對各作物研究中心關於種原採集保育各項工作的規劃、技術、資訊以及人員訓練等，加以統籌、發展並提供幫助，積極蒐集各地方農民的地方品系，然後將這些種子長期存放於這些國際農業研究中心的種原庫，進行種原的保育工作。到 2012 年底，國際種原庫所保存的種原共計 751,717 批，分贈各界的材料累計已達 1,720,161 包。

挪威政府斥資於北極斯瓦爾巴（Svalbard）群島的冰山底下建造斯瓦爾巴全球種子庫（Svalbard Global Seed Vault），本處地殼板塊不會移動，又屬於永久凍土層，一時缺電溫度也不會升高超過零度，因此極適合種子的長期保存。本種原庫於 2008 年開始運作，免費提供各國種原庫進行備份的儲存，但不提供種子給使用者。由於材料的所有權仍屬於各提供者，因此仍須向原提供者索取。種子經四層包裝，儲藏於 –18°C 的環境。Svalbard 種原庫的營運經費由挪威政府與全球農作物多樣性信託基金（Global Crop Diversity Trust）支付，工作業務由北歐遺傳資源中心（Nordic Genetic Resource Center）負責執行。在 2012 年 7 月，所保存的材料已達到 750,000 批。我國的兩座種原庫也有備份保存於此。

我國的作物種原庫設立在霧峰農業試驗所的國家作物種原中心。在 2012 年該中心保存 188 科、785 屬、1,472 種作物與野生植物種原，其中在中期庫的種子有 71,247 批，長期庫者 35,430 批。位於善化的亞洲蔬菜研究與發展中心〔Asian Vegetable Research and Development Center, AVRDC；又稱世界蔬菜中心（World Vegetable Center, WVC）〕則保存蔬菜種原計 59,507 批，其中包含 12,000 批原生蔬菜。

由於每批種原帶有相當多的資訊，除了特性調查資料、儲存數量、檢疫狀況外，還有身分資料（passport data，一批種子採集時所獲得的資料，包括採集者姓名機構等資訊、採集地點與地理位置資訊、採集植株數量、品系類別與名稱等），而且種原庫保存的批數又相當多，因此為了提高申請者迅速檢索掌握所需要的特定種原，種原庫會設計中央電腦系統加以處理，以方便索取。例如 FAO 國際種原體制就設置了資訊入口網站 GENESYS，整合全球作物種原庫的資料，使用者可以直接搜尋各種原庫所保存種原的資訊。美國國家種原系統設有遺傳資源資訊網（Germplasm Resources Information Network, GRIN），進行資料整合的作用。

在野生植物方面，英國 Kews 皇家植物園從 2000 年開始進行全球規模最大的野生植物種子的採集保存計畫，在 2012 年底從 135 個國家收集到約 341 科 30,000 種植物的種子，達到陸生種子植物 10% 的目標。

二、農民保種

　　種原庫的長期保存只是種原保育的兩大支柱之一，另一個同等重要的工作就是農民的保種。國家種原庫的種原保育目標在於所收集的種原經長期保存後，種原的遺傳組成盡可能維持不變。實際上農地環境是逐年變動的，農民年復一年的選種留種，長久之後可以確保隨著環境的變遷，作物能夠有新的遺傳組成來適應新的環境，提供為新遺傳組成的來源。因此農民留種也是作物種原保育重要的一環，與國家種原庫的工作可相輔佐。

　　農民留種都於自家農場進行，面積通常有限，因此只能選留少數作物與品種。許多國家的民間組織都積極提倡農民留種的工作，保種組織除了本身有較大農場，可以保留數量較多的作物與品種外，更會舉辦種子交換活動，邀請各地農民參加，達到擴充整體保種能量的目標。美國民間組織保種交流會（Seed Savers Exchange, SSE）由 1975 年開始運作，其 23 英畝的農場以有機栽培方式永久性保存的老品種超過 25,000 個，1900 年代以前的蘋果樹品種就有 700 個。此外法國的 Association Kokopelli、澳洲的 Seed Savers' Network、加拿大的 Seeds of Diversity、印度的九種基金會（Navdanya Foundation）等都致力於農民留種的推廣。

　　我國民間團體從 2010 年開始正式推展「藏種於農」的農民保種運動，農民保種網站記錄了相關活動與留種技術（http://seed.agron.ntu.edu.tw/fcs/）。

第二節　種原庫作業

　　依照地點的不同，種原保育分為原場（*in situ*）保育及移地（*ex situ*）保育兩類。原場保育是在種原自生的棲地進行，也常需要以種子技術作為基礎，移地保育則是將種原材料在原棲地以外的地區進行繁殖並且保存。植物園及樹木園將種原直接栽培於室外田間，種原庫以種子或組織培養的型態來進行室內種原保育，都是移地保育的範疇。

　　植物種原保育是跨領域的工作，需要多方面的協調方能完成。首先，由於植物物種以及作物野生種、近緣種、地方品系等數量龐大，因此需要先擬定蒐集保存的先後次序。其次要透過資訊的蒐集或實地查訪以了解保育對象的分布狀況。再者是派送相關專家實地採集，或者由其他種原庫、私人保存等處尋求提供材料。當外國種原材料抵達，需要通過檢疫處理，方能進一步送種原單位處理。

　　種原庫的保育對象分為室內的種子、無性繁殖組織，以及種植於室外園圃的植株。正儲型種子以種子的方式保存成本最低，中間型種子的儲藏期限較短，但通常也是採用種

子。異儲型植物無法用種子保存，可用組織培養或種植於園圃的方式來進行。種子的儲藏類別可以由 Kew Gardens 的資料庫 Seed Information Database 查閱（http://data.kew.org/sid/sidsearch.html）。無法確定者可以根據以下流程判斷（圖 12-1）：

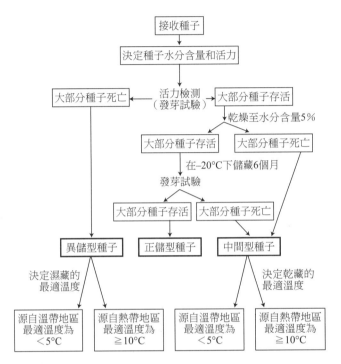

圖12-1 決定種子儲藏型態的測試流程

一、種子操作概觀

就正儲型種子而言，其儲藏分為長程與中程兩大類。長程儲存是將種子樣品乾燥到 5% 含水率，然後密封保存在 –18°C 的冷凍庫。這種保存方式是用在基本收藏（basic collection），非必要時不取出。中程儲存的條件通常是溫度約為 5°C，在這種條件下保存的種子稱為作用收藏（active collection），這些樣品數量較多，可能在幾年內供特性檢查或再生時播種用，或者提供其他單位索取，因此保存的時期不會太長，不需很低的溫度，以節省儲存成本。就長程儲存而言，若為遺傳同質性高者每批約 3,000-4,000 粒即可，若為異交品種，則以 4,000-12,000 粒為宜。

種原庫的種子工作以批（accession）為基本單位，在定義上有別於種子檢查的一批（lot）。種子檢查的「一批」，是指可資識別及檢查的一群特定數量的種子，而種原庫的

「一批」，則是能代表某品種、某育種系或是某野外採集到的種子樣品，而這樣品的大小必須足夠反映所代表的族群本身的遺傳變異，並且足夠提供作為發芽率測定及分送其他單位的使用。

　　種子材料送到種原庫，首先需要進行登錄（圖12-2），將來確定保存時也須給予編號。材料先經清理、測定其含水率、然後乾燥並測定發芽率。種子發芽率高、種子數量足夠者可加以包裝儲藏，發芽率低或數量不夠者需要採種再生。儲藏過程可能會將材料分送索取單位，也需要監測種子發芽率；當種子數量減少至一程度，也需要進行採種再生，以便充實該批種子的儲藏數量。採種時可以順便調查植株各項性狀，以了解其可以提供應用的可能。所有的工作皆需詳細登錄，並送到中央電腦系統進行數位化管理。

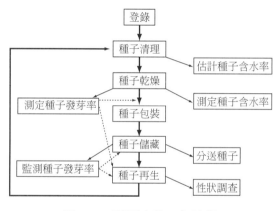

圖12-2　種原庫的工作流程

二、種子的採集

　　長久以來農民年復一年地選種、留種以自用，在各地創造出許多具有特色的地方品系，田野中也可能出現作物的野生種。這些都是育種珍貴的材料，是野外採集種原的重要對象。

　　進行野外採集種原的工作需要事先經過周詳的計畫，也需要攜帶足夠的材料工具。這方面的資訊可以參考 Frankel & Bennett（1970）、Guarino *et al.*（1995）、Smith *et al.*（2003）等人的書籍。

　　就種子技術而言，理想的狀況是種子在活勢最旺盛的成熟期一次全部採集。不過野外採種很難在最恰當的時間到場，野生型的植物經常脫粒性相當高，更是無法一次全部採收。通常需要判斷整個族群種子成熟度的百分比，在能夠採到最大量高活勢種子時進行採

集，所採集的種子當然難免有些過熟，部分尚未完全成熟。

根據果實或種子的顏色可判斷種子成熟度。通常漿果類的果實由綠完全轉成其他顏色後，就表示種子已成熟，轉色不足則種子尚未完全成熟，轉色過深表示種子活勢可能已開始下降。十字花科蔬菜、豆類植物等也是如此。果實成熟即將散播種子，表示種子已充分成熟，若時間許可，可以在尚未開始散播之前先行套袋，過幾天再採收，以避免過多種子的損失。這表示同一個小族群樣品的地區，採集者可能會造訪兩或三次，因此有必要藉重地理定位器材確定植株的所在，並且適當地加以標記，以免失誤。

漿果類果實可整粒採收裝於透氣容器帶回，異儲型種子的果實不宜取種，而要直接將果實送達種原庫處理。種子需要後熟者，或者是種子小而多如奇異果、草莓者，避免立刻收取種子。一般如番茄、胡瓜類者，取出種子在水中清洗，平鋪報紙上陰乾。在外採集計畫若屬於短期，也可以直接帶回種原庫處理。

其他乾果類果實或種實可裝入紙袋或者尼龍網袋中攜回營地，或者到旅館後再剝取種子。野採種子通常含水率高，容易劣變或者感染微生物，溫度高時也容易發酵產生熱量，都會降低種子活度。在潮濕的地區，野外環境不利種子的乾燥，若氣溫又高，種子的品質便下降得更快。在旅館可以整天打開空調以乾燥種子。若種子已略乾，可進一步將種子與具活性的乾燥劑如藍色矽膠分層同裝於密閉罐中，種子與矽膠的比例由 1:1 到 3:2 不等。若無矽膠，則將種子置於透氣紙袋、棉袋中。種子材料運送到種原庫的途中宜避免時間過長、溫度與濕度過高，以及種子受損。

種原庫種子工作流程中幾乎每個步驟都隱藏一個或一些應該注意的要點，若忽視了這些要點，種原管理工作的效率會下降，甚至於種原保存的目標會因而無法達成。種原庫種子操作技術，與一般種子企業所講求的種子操作技術，有相同的地方，但是也有若干差異之處。種子企業由於成本的考慮，因此種子不能庫存太久，反之種原庫力求在更低的成本下得到最長程的儲藏效果。其次對種子公司而言，種子的純度要求雖然也很高，在考慮到生產成本下，仍然會允許某些低程度的混雜其他種子，但是種原庫的要求則近乎零汙染。雖然如此，種原庫的種子技術與種子企業的種子技術一樣，都還是基於共同的科學基礎，分別是種子壽命及種子休眠。

三、種子登錄

種原庫接收到種子之後，首先要檢查種子樣品與所附的身分資料清單是否一致，若發現問題應加以釐清修正。其次要檢查該樣品是否與已保存者重複，重複者建檔，但種子不

予入庫。未重複者檢視種子狀況，狀況良好者可以指定批號予以登記，並進行入庫作業。種子樣品的量最好能足夠 3 次繁殖之所需，以免繁殖失敗而導致樣品的消失。若種子量不足，則用臨時編號，等數量足夠後再正式登錄批號。

種原庫接收到一批種子樣品，為了與其他樣品區分，都會用獨一的鑑定號碼作為批號加以登錄，俾能精確處理該批樣品的資訊，來進行正確的保育、分送等種原庫工作。

一批樣品需要符合最低要求，才能進行登錄。首先，樣品需要是由採集者、其他種原庫或其他來源，透過適當的、合法的程序取得，具備檢疫證件，並且要附有樣品身分資料。由採集計畫提供者，其身分資料包括學名、採集日期與地點（與國家）、採集編號、所採集植株數與當地物候學（phenology）資料。由其他種原庫來的，其身分資料包括學名、批號、來源資訊與物候學資料，若是育種材料則要提供譜系資訊。

其次要確定樣品種子良好，可用實體顯微鏡觀察種子外觀，確定沒有受到菌類與昆蟲的侵襲。再者是要求發芽率高，數量足夠。可先移除受損種子，若有昆蟲入侵之虞，可將樣品密封置於冷凍櫃中數天，殺死昆蟲或蟲卵。種原庫可以購置軟質 X- 光儀器來偵測種子內有無昆蟲或蟲卵，有者剔除。

一般栽培作物種子發芽率宜高於 85%，野生種子宜高於 75%，每批種子數量宜足夠進行 3 次的再生種植。例如某批種子發芽率 95%，田間萌芽成功率 90%，該作物每次繁殖至少需要 100 株，則樣品最低種子數量為 351 粒〔(3×100)/(0.95×0.9)〕。若品質或數量不足，可以先進行繁殖。

種原庫經手的種原批數甚多，而每一批都需要經過一連串的調製、含水率及發芽率測定以及包裝等耗時的過程，因此許多樣品皆要等待一些時間才能開始處理，所以種子採收後進入種子庫以前所經過的時間可能不短。這段時間對種子而言也是經歷一段儲存的過程，這個過程若為時太長、溫度太高以及（或）種子含水率太高，則種子入庫開始儲存時的起始活度可能已降低了不少，也就是說已經過了一大段的活度旅程，這會大大地縮短庫存的時間。因此在入庫前種子放置的準備室應儘量維持低溫及低濕度，例如 15°C 及 40% RH。在這種環境下種子若放在紙袋內，在等待處理過程中含水率仍會緩慢地下降。純淨的種子就可以加以乾燥，以便包裝、儲存。

四、種子的乾燥與包裝

由於一般正儲型種子在入庫前需要乾燥到預定的程度，這需要正確的含水率來加以估算，因此必須進行種子含水率的測定。測定種子含水率可依種子檢查（第十一章）的標準方法進行。

種原庫乾燥種子不宜採用烘乾法，因為高溫的歷程會縮短種子的儲藏壽命，因此盡量在低溫下降低空氣相對濕度來進行乾燥的工作。確定乾樣品要乾燥到何等含水率後，即可計算出將種子乾燥到預設的水準時，樣品的鮮重量剩下多少，即：

$$W_f = W_i(100-MC_i)/(100-MC_f) \tag{1}$$

其中 W 為種子樣品鮮重，MC 為樣品的含水率（濕基），f 為調整後，i 為調整前。

　　調整前樣品的含水率與鮮重若已知，則可以計算出乾燥到哪個程度後，樣品的鮮重會降到多少。種子置於相對濕度約 15 % 的乾燥環境，然後監測種子鮮重的變化，當重量降低到 MC_f 時，即可以結束乾燥的工作。

　　乾燥的同時也需要進行發芽率檢測，發芽率若小於 85%，表示該批種子活度已降到種子細胞 DNA 突變開始要急遽上升的地步，因此該樣品不宜立即進庫，應該先加以繁殖，取得新種子後再進行儲藏。有關該批種子的各項數據，包括種子含水率、種子數量以及存活率等，皆要鍵入資料庫。

五、種子的繁殖再生

　　種原管理工作的過程有一些關鍵需要小心，以免種子的遺傳組成改變。最嚴重的是在室內操作或是在田間繁殖的過程中，因為疏忽而致使樣品標籤丟失或調換，而使得種原材料無法取得其真正的資訊，徒增利用上的困擾。田間種植時很容易因異花粉或異種子的汙染，使得採收樣品的遺傳組成發生嚴重改變，不能代表原來的一批種原。儲存過程中伴隨著種子發芽率的下降，也可能發生遺傳形質的變異而導致遺傳組成的變動。

　　種子儲存經過一段時間後需要監測存活率是否降低，儲存過程可能因拿來進行種原特性調查、分贈到其他單位等，這都會降低儲存量。若因為這些工作消耗種子，種子庫存量不足規定，則該批種子應暫時停止贈送，先進行繁殖以再生種子，這些重新繁殖的種子又從種子清理的步驟開始，進行種原庫的例行工作。

　　種原繁殖再生各項工作要點可參考第九章採種田管理所述，而用更嚴謹的方式進行，特別要避免品種的混雜以及遺傳組成的改變。

六、種子活度的監測

　　種原庫的目標既然是長久保存原來種子的遺傳特徵，因此在保存的過程需要監測其活度，在發芽開始迅速下降前重新種植，予以再生種子。不過種子發芽率的監測相當浪費種

子，加上種原工作過程也有許多地方容易過度使用種子，因此會提高再生繁殖的次數，而再生繁殖若不小心，也可能導致遺傳組成改變。

發芽率監測次數若太少，雖然可以節省種子，但可能因為無法及早查知種子品質的低落，因而導致遺傳質改變，即使再生也無法挽回。在此兩難之下，種原庫的種子活度監測可以採取逐次檢定法。逐次檢定法是二次世界大戰中美國為了對昂貴的槍械做非破壞性品質檢查，所發展出來的節省樣品的取樣方法。

（一）種子活度逐次檢定法

一般的取樣檢查是取用固定的樣品大小，以種原庫為例，種原的更新標準是發芽率85%，一次的發芽試驗需要 400 粒種子。當試驗顯示發芽能力高於 85% 時，該批種原可以繼續儲存，若低於 85% 則應該拿出來繁殖種子。然而試驗結果經常有機會誤判，即本來應該進行更新的，檢查出來的發芽率可能高於 85%，反之的可能也有。不過一批新種子剛進入低溫種原庫時，活度都很高，發芽率幾乎達 100%，與 85% 有相當大的差距。因此即使使用少量的種子進行發芽試驗，所得到的發芽率縱然信賴界線不小，仍明顯地高於 85%。此時顯然不需要用到 400 粒種子進行發芽試驗，是可以節省種子用量的最佳時機。

以表 12-1 為例，設若更新標準為發芽率 85%，每組以 50 粒種子供發芽試驗用，則第一次拿 50 粒種子做發芽試驗，若可發芽的種子數為 49 粒或以上，則該批種原的發芽能力高於 85% 的機率有 0.95，因此可以繼續庫存。可發芽的種子數若為 38 粒或以下，則該批種原的發芽能力低於 85% 的機率有 0.95，因此需要儘快予以更新。設若種子數在 39-48 之間，則無法做可靠的研判，可再另拿 50 粒種子試驗，把結果累計起來對照。這樣的檢定策略使得發芽率還相當高的樣品只需要用掉 100 粒甚或 50 粒的種子，而非標準的 400 粒，就足以確定不用更新。

逐次檢定法設定每次檢定後唯有三個結果：更新、繼續儲存或不確定。當然理論上是有可能永遠不確定，不過此時該批種原的發芽能力離更新標準也不會太遠，因此在檢查總數達 400 粒後尚不確定時，就中止檢定，視該批為需要更新。個別種原庫可就本身的考慮來決定更新標準、每組粒數或取捨機率，然後對照適當的表（Ellis *et al.*, 1985a）來設計逐次檢定的流程。

表12-1　發芽率的逐次檢定程序*

檢查組數	受檢種子累積數**	發芽種子累積數小（等）於本欄則需更新	發芽種子累積數在本欄之間則再測另一組	發芽種子累積數大（等）於本欄則繼續儲存
1	50 (43)	38	39-48	49
2	100 (85)	82	83-92	93
3	150 (128)	126	127-136	137
4	200 (170)	170	171-180	181
5	250 (213)	214	215-224	225
6	300 (255)	257	258-267	268
7	350 (298)	301	302-311	312
8	400 (340)	345	346-355	356

1. * 設定更新標準為發芽率85%，每組以50粒種子供發芽試驗用。
2. ** 括弧中數字為種子數量的85%。

（二）種子活度監測時機

　　除了以逐次檢定法來節省種子外，何時取種子進行發芽試驗也需要考慮，避免過度集中於高活度期間，或者錯過高活度期間。在此種子活度方程式具有很高的應用價值（詳第六章）。利用 excel 所編的種子活度運算程式 "SAMP"（王裕文、郭華仁，1990），可以在經過兩次的取樣進行發芽率試驗後，帶入 SAMP，預估其發芽率下降的趨勢，然後選擇恰當的下一次取樣時機（圖 12-3）。

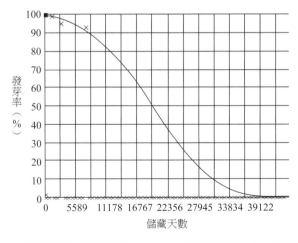

圖12-3　用種子活度運算程式"SAMP"可預測下一次取樣時機

（三）種子休眠之克服

監測種子活度的發芽試驗可能面臨休眠性的困擾。許多作物的野生種或雜草種具有休眠性，若沒有有效的對策，會因發芽試驗的結果低估了種子樣品的存活率，而導致需要繁殖的誤判。因此在發芽試驗終了時，若還有未能發芽者，須確定是否為休眠種子，或者是已死種子，方能準確測定該批種子的活度。

雖然解除休眠／促進發芽的方法很多，但是種原庫所採用者與商業用途者有所不同。種子公司的採種講求的是效率與成本，因此只要整體的發芽率提高到可接受的程度即可。如一批綠肥作物種子的活度高達 95%，但因硬實的關係，發芽率只有 45%，可用磨皮機處理種被，讓 50% 的硬粒種子都可以發芽，但同時也可能有 15% 的種子受傷不克發芽，處理後總發芽率達 80%。這是種子公司可以接受的，但不適用於種原庫，種原庫所採用的促進發芽方法不得有損任何種子的發芽能力，俾能測出所有具生命力的種子百分率。

種原庫可能面臨到一些野生的種子，其休眠解除方法並未有恰當的研究。針對此可能，英國皇家植物園 Kew Gardens 提供了嘗試性的流程可供參考（Ellis *et al.*, 1985a）。

1. 菊科種子

（1）取 3 個樣品，分別在恆溫 11、16 及 26°C，每天照光 12 小時下進行發芽試驗。試驗結果若發芽率不完全，則：

（2）若發芽率在 11°C 下最高：另取 1 樣品在 6°C 下進行試驗；若在 16 或 26°C 時最高，另取 1 樣品在 21°C 下進行試驗。若發芽率仍不完全，則：

（3）若 6°C 時最高，另取 1 樣品在 23/9°C 變溫下試驗（照光 12 小時）。若 6°C 時並非最高，另取 2 樣品分別在 23/9 及 33/19°C 變溫下試驗。試驗結果若發芽率仍不完全，則：

（4）另取 1 樣品在 2-6°C 之下做冷層積處理，然後在前述已知最適條件下行發芽試驗。結果若發芽率仍不完全，則：

（5）另取 3 樣品，將種被割傷，然後分別在 3×10^{-4}、7×10^{-4} 及 2.6×10^{-4}M 的 GA_3 溶液下處理後，依前述得到最高發芽率的方法進行發芽試驗。試驗結果若發芽率仍不完全，則：

（6）以 TEZ 法測驗存活率。若結果顯示前述最佳方法之下未能發芽的種子，其活度已喪失，則以該方法作為標準試驗程序。若證實有休眠性存在，則宜進一步研究休眠解除方法。

2. 禾本科種子

（1）先在恆溫下進行發芽試驗。源於溫帶的種子以 16 及 21°C，熱帶者以 21 及 26°C 分別進行兩組試驗。若不知起源，則分 3 組在 16、21 及 26°C 下進行；每天光照 12 小時。結果若發芽率不高但有明顯的趨勢，則再試以另一極端的恆溫，例如若 26°C 之下的發芽率較 21°C 之下為高，則另行在 31°C 恆溫下進行試驗。若恆溫下發芽率皆不高，則：

（2）另取樣品在 33/19°C（熱帶）或 23/9°C（溫帶）的變溫下（日夜各 12 小時）行發芽試驗；若不知起源，則兩種變溫皆試。若發芽率仍不佳，則：

（3）選前述方法中發芽率最佳者，另加入 $10^{-3}M$ 的硝酸鉀溶液，進行發芽試驗。若發芽率仍不高，則：

（4）取新樣品，去除或切割外殼後，以前述方法中最佳的條件進行發芽試驗。切割前種子宜浸潤吸水。若種子太小，可以在胚以外的胚乳部位用針刺傷。處理應避免傷及胚部。試驗結果若發芽率仍不夠高，則：

（5）在 2-6°C 之下預冷 8 週，然後以前述方法中最佳者的發芽條件進行發芽試驗。若需要處理種殼，則處理後再預冷。本方法若無法達最高發芽率，則：

（6）用 TEZ 法來測種子活度。

3. 草本薔薇科種子

（1）取 3 樣品分別在 16、21 及 26°C 恆溫下進行發芽試驗，每天光照 12 小時。若發芽率不佳，則再依情況增加恆溫處理如 6 或 11°C。若發芽率仍不佳，則：

（2）另取樣品，在 23/9°C 變溫（日夜各 12 小時）下行發芽試驗。若發芽率仍未達最高則：

（3）以 TEZ 法測驗種子活度。

4. 木本薔薇科種子

（1）取足夠的樣品三批在 2-6°C 之下各預冷 8、12 及 24 週，然後在 16 及 21°C 之下進行發芽試驗，每天光照 12 小時。若發芽率不高，則：

（2）另取兩樣品，一者剝去種被，一者割傷種被，然後在前述方法發芽率最高的試驗條件下進行發芽試驗。若發芽率仍不高，則：

（3）以 TEZ 法測驗種子活度。

引用文獻

一、中日文獻

大矢庄吉（1937）。〈台北お中心とする花卉園芸の発達〉（一），《熱帯園芸》，7: 35-46。

山田金治（1932）。〈さうしじゆ（相思樹）種子ノ發芽促進試驗〉，《台湾総督府中央研究所林業部報告》，12: 27-40。

王文龍（1983）。〈臺灣產植物種子油之性狀〉，《食品工業》，15(2): 24-30。

王世彬、林讚標、簡慶德（1995）。〈林木種子儲藏性質的分類〉，《林業試驗所研究報告》，10: 255-276。

王仕賢、謝明憲、王仁晃、林棟樑（2003）。〈平地甘藍親本採種技術〉，《臺南區農業專訊》，45: 5-9。

王裕文、郭華仁（1990）。《種子分析巨集程式》。臺北：國立臺灣大學農藝學系。

四方治五郎（1976）。〈ジベレリンによる大麦アミラーゼの生成：回想と総説〉，《植物の化学調節》，11: 3-8。

朱鈞、郭華仁、邱淑芬（1980）。〈一、二期水稻發育中穀粒乾物質之蓄積與充實特性〉，《科學發展月刊》，8: 414-427。

李勇毅、E. C. Yeung、李咟、鍾美珠（2008）。〈臺灣蝴蝶蘭的胚發育〉，《中央研究院植物學彙刊》，49: 139-146。（英文）

米倉賢一（2008）。《有機水稲育苗（プール＆陸苗）の栽培要点（はやわかり育苗マニュアル）改訂版》。靜岡：日本有機稲作研究所。

余宣穎（2003）。《小花蔓澤蘭種子發芽生態學之研究》。臺北：國立臺灣大學農藝學系碩士論文。

宋戴炎（譯）（1964）。《種子生活力之速測法》。臺北：行政院農業復興委員會。

沈書甄（2002）。《流蘇與呂宋莢迷之種子休眠與其果實與種子發育過程中形態形成之研究》。臺北：國立臺灣大學植物學研究所碩士論文。

何麗敏、宋妤、張武男（2004）。〈促進苦瓜種子發芽之技術〉，《興大園藝》，29: 27-42。

辛金霞、戎鬱萍（2010）。〈化學雜交劑在植物育種中的應用現狀〉，《草業科學》，27: 124-131。

和田富吉、前田英三（1981）。〈イネ科植物子実の背部維管束、珠心突起および転送細胞に関する比較形態学的研究〉，《日本作物学会紀事》，50: 199-209。

林讚標（1995）。〈數種殼斗科植物種子之儲藏性質——赤皮、青剛櫟、森氏櫟與高山櫟〉，《林業試驗所研究報告》，10: 9-13。

林讚標、簡慶德（1995）。〈六種楨楠屬植物種子之不耐旱特性〉，《林業試驗所研究報告》，10: 217-226。

近藤萬太郎（1933）。《日本農林種子学》（上）、（下）。東京：養賢堂。

周玲勤、張喜寧（2004）。〈臺灣金線蓮、彩葉蘭及其 F1 雜交種之種子發芽〉，《中央研究院植物學彙刊》，45: 143-147。（英文）

姚美吉（2004）。〈植物防疫檢疫重要積穀害蟲簡介〉，路光暉（主編），《植物重要防疫檢疫害蟲診斷鑑定研習會專刊》（四），頁 63-95。臺北：行政院農業委員會動植物防疫檢疫局。

姚美吉（2005）。《積穀害蟲防治手冊》。臺中：行政院農業委員會農業試驗所。

施佳宏、郭華仁（1996）。〈木瓜種子的電導度測驗〉，《臺大農學院研究報告》，36: 247-258。

張清安（2005）。〈種傳病毒之特性、檢測與管理〉，《植物病理學會刊》，14: 77-88。

笠原安夫（1976）。《走查電子顯微鏡で見た雜草種實の造形》。東京：養賢堂。

許建昌（1975）。《臺灣的禾草》。臺北：臺灣省教育會。

郭華仁（1984）。〈種子的壽命與其預測〉，《科學農業》，32: 361-369。

郭華仁（1985）。〈充實期間環境因素與成熟種子發芽能力〉，《科學農業》，33: 9-13。

郭華仁（1986）。〈預測水稻種子活力的改良電導度法〉，《中華農學會報》（新），136: 1-5。

郭華仁（1988）。〈提高種子品質的研究策略〉，林俊義、陳培昌（主編），《園藝種苗產銷技術研討會專刊》，頁 147-158。臺中：行政院農業委員會種苗改良繁殖場。

郭華仁（1990）。〈觀賞植物種子休眠的解除方法〉，《種苗通訊》，3: 3。

郭華仁（1991）。〈甜瓜種子儲藏壽命的預估〉，《臺大農學院研究報告》，31: 22-29。

郭華仁（1994）。〈薺（Capsella bursa-pastoris）種子在變溫條件下的發芽〉，《臺大農學院研究報告》，34: 9-20。

郭華仁（1995）。〈野花種子：英國的經驗〉，《種苗通訊》，22: 3-5。

郭華仁（2004a）。〈種子生態與雜草管理〉，《中華民國雜草學會會刊》，25: 53-68。

郭華仁（2004b）。〈專利與植物育種家權的接軌及其問題〉，《植物種苗》，6: 1-10。

郭華仁（編）（2005）。《遺傳資源的取得與利益分享》。臺北：國立臺灣大學農藝學系。（40 頁）

郭華仁（2011）。〈植物遺傳資源取得的國際規範〉，張哲瑋、楊儒民、張淑芬（編），《熱帶及亞熱帶果樹種原保存利用研討會專刊》。臺中：行政院農業委員會農業試驗所。

郭華仁、朱鈞（1979）。〈種子休眠的機制：磷酸五碳醣路線假說〉，《科學農業》，27: 71-77。

郭華仁、朱鈞（1981）。〈種子滲調法〉，《科學農業》，29: 381-383。

郭華仁、朱鈞（1983）。〈水稻穀粒休眠性與 catalase 無關之證據〉，《農學會報》（新），123: 13-20。

郭華仁、朱鈞（1986）。〈浸潤脫水處理對水稻種子儲藏特性的延長效果：處理的條件〉，《中華農學會報》（新），133: 16-23。

郭華仁、江敏、應紹舜（1997）。〈三宅勉、是石犖「臺灣雜草種子型態查」修訂〉，《雜草學會會刊》，18: 60-98。

郭華仁、沈明來、曾美倉（1990）。〈溫度與種子水份含量對蜀黍種子儲藏壽命的影響〉，《中華農學會報》（新），149: 32-41。

郭華仁、周桂田（2004）。〈基改作物的全球經驗〉，郭華仁、牛惠之（編），《基因改造議題講座：從紛爭到展望》，頁 120-157。臺北：行政院農業委員會動植物防疫檢疫局。

郭華仁、陳博惠（1992）。〈黃野百合與南美豬屎豆硬實種子解除方法對種子發芽及滲透性的影響〉，《臺大農學院研究報告》，32: 346-357。

郭華仁、陳博惠（2003）。〈水田土中鴨舌草種子數目的季節性變化〉，《雜草學會會刊》，24: 1-8。

郭華仁、鄭興陸（2013）。《種籽保典：農民留種手冊》。臺北：財團法人浩然基金會編印。

郭華仁、蔡元卿（2006）。〈栽培植物的命名〉，《臺灣之種苗》，85: 15-19。

郭華仁、蔡新舉（1997）。〈土中薺菜種子發芽能力的週年變遷〉，《雜草學會會刊》，18: 19-28。

郭華仁、謝銘洋、黃鈺婷（2002）。〈美國植物專利保護法制及植物品種專利核准案件解析〉。專利法保護植物品種之法制趨勢研討會，臺北：國立臺灣大學農藝學系。

郭華仁、謝銘洋、陳怡臻、劉東和、黃鈺婷、盧軍傑（2000）。《植物育種家權利解讀》。臺北：國立臺灣大學農藝學系。（36 頁）

陳哲民（1996）。〈植物油抑制植物病原真菌胞子發芽之效果〉，《花蓮區研究彙報》，12: 71-90。

陳博惠（1995）。《鴨舌草種子發芽與休眠之生理生態學研究》。臺北：國立臺灣大學農藝學系碩士論文。

陳舜英、陳昶諺、黃俊揚、簡慶德（2008）。〈千金榆種子的發芽與休眠〉，《臺灣林業》，34(6): 16-19。

馮丁樹（2004）。〈稻種調製與品質關係〉。臺北：國立臺灣大學生物機電工程學系課程講義。（http://www.bime.ntu.edu.tw/~dsfon/graindrying/riceconditioning.pdf）

黃秀珍、胡仲祺、張瑞璋、邱安隆、曾國欽（2013）。〈建立符合國際規範之瓜類種子傳播果斑病菌檢測技術平臺〉，《植物種苗生技》，33: 26-31。

黃鈺婷、郭華仁（1998）。〈植物的名稱與商標〉，邱阿昌（編），《農友種苗 30 年》，頁 89-94。高雄：農友種苗公司。

楊正釧、郭幸榮、李瓊美（2008a）。〈蘭嶼木薑子、毛柿與蘭嶼肉豆蔻種子的發芽與儲藏性質〉，《中華林學季刊》，41: 309-321。

楊正釧、郭幸榮、李瓊美（2008b）。〈鹿皮斑木薑子種子的發芽與儲藏性質〉，《台灣林業科學》，23: 309-321。

楊軒昂（2001）。《類地毯草及兩耳草種子的發芽生態學》。臺北：國立臺灣大學農藝學系碩士論文。

楊勝任、陳心怡（2004）。〈台灣具翅散殖體植物分類研究〉，《中華林學季刊》，37: 1-28。

楊勝任、薛雅文（2002）。〈臺灣具翅種子形態之研究〉，《中華林學季刊》，35: 221-242。

劉寶瑋、扈伯爾（1980）。〈休眠性及發芽性水稻種子中再生細胞核 DNA 含量〉，《中央研究院植物學彙刊》，21: 15-23。（英文）

簡萬能（1992）。〈臺灣蘆竹受精前胚囊之微細構造〉，*Taiwania,* 37: 85-103。（英文）

簡萬能（2004）。〈臺灣蘆竹胚乳發育之微細構造：從分化至成熟過程〉，《中央研究院植物學彙刊》，45: 69-85。（英文）

簡慶德（2005）。〈林木種子技術〉，行政院農業委員會台灣農家要覽策劃委員會編著，《台灣農家要覽・林業篇》（增修訂三版），頁 11-16。臺北：豐年社。

簡慶德、楊正釧、林讚標（2004）。〈香葉樹、大香葉樹、臺灣雅楠、紅葉樹與山龍眼種子的儲藏性質〉，《台灣林業科學》，19: 119-31。

簡慶德、楊佳如、鍾永立、林讚標（1995）。〈暖溫和低溫之組合層積促進臺灣紅豆杉種子的發芽〉，《林業試驗所研究報告》，10: 331-336。

嚴新富（2005）。〈台灣外來種植物的引種與利用〉，侯福分、郭華仁、楊宏瑛、張聖賢（編），《台灣植物資源之多樣性發展研討會專刊》，頁 43-61。花蓮：花蓮區農業改良場。

蘇育萩（1995）。《水稻田用早苗蓼作為綠肥之研究》。臺北：國立臺灣大學農化學系博士論文。

蘇育萩、鍾仁賜、黃振增、郭華仁、林鴻淇（1999）。〈早苗蓼在浸水土壤中的礦化作用〉，《中國農業化學會誌》，37: 215-224。

二、歐美文獻

Achinewhu, S. C., C. C. Ogbonna and A. D. Hart (1995). Chemical composition of indigenous wild herbs, spices, fruits, nuts and leafy vegetables used as food. *Plant Foods for Human Nutrition* 48: 341-348.

Aldridge, C. D., and R. J. Probert (1993). Seed development, the accumulation of abscisic acid and desiccation tolerance in the aquatic grasses *Porteresia coarctata* (Roxb.) Tateoka and *Oryza sativa* L. *Seed Science Research* 3: 97-103.

Amen, R. D. (1968). A model of seed dormancy. *The Botanical Review* 34: 1-31.

Ara, H., U. Jaiswal and V. S. Jaiswal (2000). Synthetic seed: Prospects and limitations. *Current Science* 78: 1438-1443.

Arditti, J. and A. K. A. Ghani (2000). Numerical and physical properties of orchid seeds and their biological implications. *New Phytologist* 145: 367-421.

Ashraf, M. and M. R. Foolad (2005). Pre-sowing seed treatment—a shotgun approach to improve germination, plant growth, and crop yield under saline and non-saline conditions. *Advances in Agronomy* 88: 223-271.

Ball, D. A. and D. Miller (1989). A comparison of techniques for estimation of arable soil seed banks and their relationship to weed flora. *Weed Research* 29: 365-373.

Ball, S. G., M. H. B. J. van de Wal and R. G. F. Visser (1998). Progress in understanding the biosynthesis of amylase. *Trends in Plant Science* 3: 462-467.

Barker, D., B. Freese and G. Kimbrell (2013). *Seed Giants vs. U.S. Farmers: A Report by the Center for Food Safety & Save Our Seeds*. Washington, DC: Center for Food Safety.

Barkworth, M. E. (1982). Embryological characters and the taxonomy of the *Stipeae* (Gramineae). *Taxon* 31: 233-243.

Baskin, C. C. and J. M. Baskin (1988). Germination ecophysiology of herbaceous plant species in a temperate region. *American Journal of Botany* 75: 286-305.

Baskin, C. C. and J. M. Baskin (2014). *Seeds—Ecology, Biogeography, and Evolution of Dormancy and Germination* (2nd ed.). San Diego: Academic Press.

Baskin, J. M. and C. C. Baskin (1984). Role of temperature in regulating timing of germination in soil seed reserves of *Labium purpureum*. *Weed Research* 24: 341-349.

Baskin, J. M. and C. C. Baskin (1985a). Does seed dormancy play a role in the germination ecophysiology of *Rumex crispus*? *Weed Science* 33: 340-344.

Baskin, J. M. and C. C. Baskin (1985b). Seed germination ecophysiology of the woodland spring geophyte Erythronium albidum. *Botanical Gazette* 146: 130-136.

Baskin, J. M. and C. C. Baskin (1989a). Physiology of dormancy and germination in relation to seed bank ecology. In M. A. Leck, V. T. Parker and R. L. Simpson (eds.), *Ecology of Soil Seed Banks* (pp. 53-66). San Diego: Academic Press.

Baskin, J. M. and C. C. Baskin (1989b). Germination responses of buried seeds of *Capsella bursa-pastoris* exposed to seasonal temperature changed. *Weed Research* 29: 205-212.

Baskin, J. M. and C. C. Baskin (1990). The role of light and alternating temperatures on germination of *Polygonum aviculare* seeds exhumed on various dates. *Weed Research* 30: 397-402.

Baskin, J. M. and C. C. Baskin (2004). A classification system for seed dormancy. *Seed Science Research* 14: 1-16.

Basu, R. N. (1977). Seed treatment for vigour, viability and productivity. *Indian Farming* 27: 27-28.

Bayer, C. and O. Appel (1996). Occurrence and taxonomic significance of ruminate endosperm. *Botanical Review* 62: 301-310.

Bekendam, J. and R. Grob (1979). *Handbook for Seedling Evaluation* (2nd ed.). Zurich: ISTA.

Bennett J. O., H. K. Krishnan, W. J. Wiebold and H. B. Krishnan (2003). Positional effect on protein and oil content and composition of soybeans. *Journal of Agricultural and Food Chemistry* 51: 6882-6886.

Berggren, G. (1963). Is the ovule type of importance for the water absorption of the ripe seeds? *Svensk Botanisk Tidskrift* 57: 377-395.

Berjak, P. and N. W. Pammenter (2008). From *Avicennia* to *Zizania*: Seed recalcitrance in perspective. *Annals of Botany* 101: 213-228.

Berjak, P. and T. A. Villiers (1972). Ageing in plant embryos. II. Age-induced damage and its repair during early germination. *New Phytologist* 71: 135-144.

Berjak, P., M. Dini and N. W. Pammenter (1984). Possible mechanisms underlying the differing dehydration responses in recalcitrant and orthodox seeds: Desiccation-associated subcellular changes in propagules of *Avicennia marina*. *Seed Science and Technology* 12: 365-384.

Bett-Garber, K. L., E. T. Champagne, A. M. McClung, K. A. Moldenhauer, S. D. Linscombe and K. S. McKenzie (2001). Categorizing rice cultivars based on cluster analysis of amylose content, protein content and sensory attributes. *Cereal Chemistry* 78: 551-558.

Bewley, J. D. and M. Black (1978). *Physiology and Biochemistry of Seeds in Relation to Germination, Vol. 1, Development, Germination, and Growth.* Berlin: Springer-Verlag.

Bewley, J. D. and M. Black (1994). *Seeds: Physiology of Development and Germination* (2nd ed.). New York and London: Plenum Press.

Bewley, J. D., D. W. M. Leung and F. B. Ouellette (1983). The cooperative role of endo-β-mannanase, β-mannosidase and α-galactosidase in the mobilization of endosperm cell wall hemicelluloses of germinated lettuce seed. *Recent Advances in Phytochemistry* 17: 137-152.

Bewley, J. D., K. J. Bradford, H. W. M. Hilhorst and H. Nonogaki (2012). *Seeds: Physiology of Development, Germination and Dormancy* (3rd ed.). Berlin: Springer-Verlag.

Bhatnagar, S. P. and B. M. Johri (1972). Development of angiosperm seeds. In T. T. Kozlowski (ed.), *Seed Biology*, Vol. 1 (pp. 77-149). New York: Academic Press.

Bicknella, R. A. and A. M. Koltunow (2004). Understanding apomixis: Recent advances and remaining conundrums. *The Plant Cell* 16: S228-S245 (Supplement).

Biddle, A. J. (1981). Harvesting damage in pea seed and its influence on vigour. *Acta Horticulturae* 111: 243-248.

Bierhuizen, J. F. and W. A. Wagenvoort (1974). Some aspects of seed germination in vegetables. I. The determination and application of heat sums and minimum temperature for germination. *Scientia Horticulturae* 2: 213-219.

Black, M., J. D. Bewley and P. Halmer (eds.) (2006). *The Encyclopedia of Seeds: Science, Thchnology and Uses*. Wallingford, Oxfordshire, UK: CABI Publishing.

Blakeney, M. (2009). *Intellectual Property Rights and Food Security*. Wallingford, Oxfordshire, UK: CABI Publishing.

Boesewinkel, F. D. and F. Bouman (1984). The seed: Structure. In B. M. Johri (ed.), *Embryology of Angiosperms* (pp. 567-610). Berlin: Springer-Verlag.

Bohart, G. E. and T. W. Koerber (1972). Insects and seed production. In T. T. Kozlowwski (ed.), *Seed Biology*, Vol. 3 (pp. 1-50). New York: Academic Press.

Borthwick, H. A., S. B. Hendricks, M. W. Parker, E. H. Toole and V. K. Toole (1952). A reversible photoreaction controlling seed germination. *Proceedings of the National Academy of Sciences U.S.A.* 38: 662-666.

Boswell, J. G. (1941). The biological decomposition of cellulose. *New Phytologist* 40: 20-33.

Bould, A. (1986). *Handbook on Seed Sampling*. Zurich: ISTA.

Bouwmeester, H. J. and C. M. Karssen (1992). The dual role of temperature in the regulation of the seasonal changes in dormancy and germination of seeds of *Polygonum persicaria* L. *Oecologia* 90: 88-94.

Bradford, K. and H. Nonogaki (eds.) (2007). *Seed Development, Dormancy, and Germination.* Oxford and Iowa: Blackwell Publishing.

Bridges, D. C. and R. H. Walker (1985). Influence of weed management and cropping system on sicklepod (*Cassia obtusifolia*) seed in soil. *Weed Science* 33: 800-804.

Brocklehurst, P. A. (1977). Factors controlling grain weight in wheat. *Nature* 266: 348-349.

Brown, R. F. and D. G. Mayer (1988). Representing cumulative germination. 2. The use of the Weibull function and other empirically derived curves. *Annals of Botany* 61: 127-138.

Brown, R. J. (1989). Wildflower seed mixtures: Supply and demand in the horticultural insudtry. In G. P. Buckley (ed.), *Biological Habitat Reconstruction* (pp. 201-220). London: Belhaven Press.

Buitink, J. and O. Leprince (2004). Glass formation in plant anhydrobiotes: Survival in the dry state. *Cryobiology* 48: 215-228.

Burger, W. C. (1998). The question of cotyledon homology in angiosperms. *The Botanical Review* 64: 356-371.

Buttenschoen, H. (1978). Problems in maintaining and seed production of modern vegetable varieties of different fitness. *Zeitschrift für Pflanzenzuechtung* 81: 188-202.

Casal, J. J., A. N. Candia and R. Sellaro (2013). Light perception and signalling by phytochrome A. *Journal of Experimental Botany*. doi:10.1093/jxb/ert379.

Cavers, P. B. and M. G. Steel (1984). Patterns of change in seed weight over time on individual plants. *American Naturalist* 124: 324-335.

Chang, T. T. (1991). Findings from a 28-yr seed viability experiment. *International Rice Research Newsletter* 16: 5-6.

Chapman, J. M. and H. V. Davies (1983). Control of the breakdown of food reserves in germinating dicotyledonous seeds—A reassessment. *Annals of Botany* 52: 593-595.

Chaudhury, R. and K. S. P. Chandel (1994). Germination studies and cryopreservation of seeds of black pepper (*Piper nigrum* L.)—a recalcitrant species. *CryoLetters* 15: 145-150.

Chen, P. H. and W. H. J. Kuo (1995). Germination conditions for the non-dormant seeds of *Monochoria vaginalis*. *Taiwania* 40: 419-432.

Chen, P. H. and W. H. J. Kuo (1999). Seasonal changes in the germination of the buried seeds of *Monochoria vaginalis*. *Weed Research* 39: 107-115.

Chen, S. S. C. and J. L. L. Chang (1972). Does gibberellic acid stimulates seed germination via amylase synthesis? *Plant Physiology* 49: 441-442.

Cheng, J., L. Wang, W. Du, Y. Lai, X. Huang, Z. Wang and H. Zhang (2014). Dynamic quantitative trait locus analysis of seed dormancy at three development stages in rice. *Molecular Breeding* 1-10. doi 10.1007/s11032-014-0053-z.

Chick, J. H., R. J. Cosgriff and L. S. Gittinger (2003). Fish as potential dispersal agents for floodplain plants: First evidence in North America. *Canadian Journal of Fisheries and Aquatic Sciences* 60: 1437-1439.

Chien, C. T. and S. Y. Chen (2008). Seed storage behaviour of *Phoenix hanceana* (Arecaceae). *Seed Science and Technology* 36: 780-786.

Chien, C. T. and T. P. Lin (1994). Mechanism of hydrogen peroxide in improving the germination of *Cinnamomum camphora* seed. *Seed Science and Technology* 22: 231-236.

Chien, C. T., J. M. Baskin, C. C. Baskin and S. Y. Chen (2010). Germination and storage behaviour of seeds of the subtropical evergreen tree *Daphniphyllum glaucescens* (Daphniphyllaceae). *Australian Journal of Botany* 58: 294-299.

Chien, C. T., L. L. Kuo-Huang and T. P. Lin (1998). Changes in ultrastructure and abscisic acid level, and response to applied gibberellins in *Taxus mairei* seeds treated with warm and cold stratification. *Annals of Botany* 81: 41-47.

Chin, H. F. and E. H. Roberts (eds.) (1980). *Recalcitrant Crop Seeds*. Kuala Lumpur: Tropical Press SDN. BHD.

Ching, T. M. (1972). Metabolism of germinating seeds. In T. T. Kozlowski (ed.), *Seed Biology*, Vol. 2 (pp. 103-218). New York: Academic Press.

Ching, T. M., J. M. Crane and D. L. Stamp (1974). Adenylate energy pool and energy charge in maturing rape seeds. *Plant Physiology* 54: 748-751.

Chiwocha, S. and P. von Aderkas (2002). Endogenous levels of free and conjugated forms of auxin, cytokinins and abscisic acid during seed development in Douglas fir. *Plant Growth Regulation* 36: 191-200.

Chojecki, A. J. S., M. W. Bayliss and M. D. Gale (1986). Cell production and DNA accumulation in the wheat endosperm, and their association with grain weight. *Annals of Botany* 58: 809-817.

Chrispeels, M. J. and J. E. Varner (1976). Hormonal control of enzyme synthesis: On the mode of action of gibberellic acid and abscisin in aleurone layers of barley. *Plant Physiology* 42: 1008-1016.

Cochrane, M. P. (1983). Endosperm cell number in cultivars of barley differing in grain weight. *Annals of Applied Biology* 102: 177-181.

Côme, D. and T. Tlssaoul (1973). Interrelated effects of imbibition, temperature and oxygen on seed germination. In W. Heydecker (ed.), *Seed Ecology* (pp. 157-168). University Park, Pennsylvania: The Pennsylvania State University Press.

Commuri, P. D. and R. J. Jones (2001). High temperatures during endosperm cell division in maize: A genotypic comparison under *in vitro* and field conditions. *Crop Science* 41: 1130-1136.

Cone, J. W., P. A. P. M. Jaspers and R. E. Kendrick (1985). Biphasic fluence-response curves for light induced germination of *Arabidopsis thaliana* seeds. *Plant, Cell and Environment* 8: 605-612.

Contreras, S., M. A. Bennett, J. D. Metzger and D. Tay (2008). Maternal light environment during seed development affects lettuce seed weight, germinability, and storability. *Hortscience* 43: 845-852.

Copeland, L. O. and M. B. McDonald (2001). *Production: Principles and Practice* (4th ed.). New York: Chapman and Hall.

Corbineau, F. and D. Côme (1995). Control of seed germination and dormancy by the gaseous environment. In J. Kigel and A. Galili (eds.), *Seed Development and Germination* (pp. 397-424). New York: Marcel Dekker.

Corner, E. J. H. (1976). *The Seeds of Dicotyledon*, Vol. 1-2. London: Cambridge University Press.

Courtney, A. D. (1968). Seed dormancy and field emergence in *Polygonum aviculare*. *Journal of Applied Ecology* 5: 675-684.

Covell, S., R. H. Ellis, E. H. Roberts and R. J. Summerfield (1986). The influence of temperature on seed germination rate in grain legumes. I. A comparison of chickpea, lentil, soybean and cowpea at constant temperatures. *Journal of Experimental Botany* 37: 705-715.

Cresswell, E. G. and J. P. Grime (1981). Induction of a light requirement during seed development and its ecological consequences. *Nature* 291: 583-585.

Cyr, D. R. (2000). Seed substitutes from the laboratory. In M. Black and J. D. Bewley (eds.), *Seed Technology and Its Biological Basis* (pp. 326-372). Sheffield: Academic Press.

Czaja, A. Th. (1978). Structure of starch grains and the classification of vascular plant families. *Taxon* 27: 463-470.

Dahal, P. and K. J. Bradford (1994). Hydrothermal time analysis of tomato seed germination at suboptimal temperature and reduced water potential. *Seed Science Research* 4: 71-80.

Dalling, J. W. (2005). The fate of seed banks: Factors influencing seed survival for light-demanding species in moist tropical forests. In P. M. Forget, J. E. Lambert, P. E. Hulme and S. B. Vander Wall (eds.), *Seed Fate: Predation, Dispersal, and Seedling Establishment* (pp. 31-44). Wallingford, UK: CABI Publishing.

Davey, J. E. and J. van Staden (1979). Cytokinin activity in *Lupinus albus* L. IV. Distribution in seeds. *Plant Physiology* 63: 873-877.

Davis, G. L. (1966). *Systematic Embryology of the Angiosperms*. New York: Wiley.

Daws, M. I., N. C. Garwood and H. W. Pritchard (2005). Prediction of desiccation sensitivity in seeds of woody species: A probabilistic model based on two seed traits and 104 species. *Annals of Botany* 97: 667-674.

Deleuran, L. C., M. H. Olesen and B. Boelt (2013). Spinach seed quality: Potential for combining seed size grading and chlorophyll fluorescence sorting. *Seed Science Research* 23: 271-278.

Demir, I. and R. H. Ellis (1992a). Changes in seed quality during seed development and maturation in tomato. *Seed Science Research* 2: 81-87.

Demir, I. and R. H. Ellis (1992b). Development of pepper (*Capsicum annuum*) seed quality. *Annals of Applied Biology* 121: 385-399.

Demir, I. and R. H. Ellis (1993). Changes in potential seed longevity and seedling growth during seed development and maturation in marrow. *Seed Science Research* 3: 247-257.

Denardin, C. C. and L. P. da Silva (2009). Estrutura dos grânulos de amido e sua relação com propriedades físico-químicas. *Ciência Rural* 39: 945-954.

Desai, B. B. (2004). *Seeds Handbook: Biology, Production, Processing, and Storage*. New York: Marcel Dekker.

Dickie, J. B. and H. W. Pritchard (2002). Systematic and evolutionary aspects of desiccation tolerance in seeds. In M. Black and H. W. Pritchard (eds.), *Desiccation and Survival in Plants: Drying Without Dying* (pp. 239-259). Wallingford, UK: CAB International.

Dickie, J. B., R. H. Ellis, H. L. Kraak, K. Ryder and P. B. Tompsett (1990). Temperature and seed storage longevity. *Annals of Botany* 65: 97-204.

Doneen, L. D. and J. H. MacGillivray (1943). Germination (emergence) of vegetable seed as affected by different soil moisture conditions. *Plant Physiology* 18: 524-529.

Douglas, J. E. P. (ed.) (1980). *Successful Seed Programs: A Planning and Management Guide*. Boulder, Colorado: Westview Press.

Dure III, L., S. Greenway and G. A. Galau (1981). Developmental biochemistry of cotton seed embryogenesis and germination XIV. Changing mRNA populations as shown in vitro and in vivo protein synthesis. *Biochemistry* 20: 4162-4168.

Edwards, P. J., J. Kollmann and K. Fleischmann (2002). Life history evolution in *Lodoicea maldivica* (Arecaceae). *Nordic Journal of Botany* 22: 227-238.

Egley, G. H. and R. D. Williams (1990). Decline of weed seeds and seeding emergence over five years as affected by soil disturbances. *Weed Science* 38: 504-510.

Egli, D. B. (1981). Species differences in seed growth characteristics. *Field Crops Research* 4: 1-12.

Egli, D. B. and D. M. TeKrony (1997). Species differences in seed water status during seed maturation and germination. *Seed Science Research* 7: 3-12.

Elias, S. G., L. O. Copeland, M. B. McDonald and R. Z. Baalbaki (2012). *Seed Testing: Principles and Practices*. East Lansing: Michigan State University Press.

Eliasson, A. C. and M. Gudmundsson (1996). Starch: Physicochemical and functional aspects. In A. C. Eliasson (ed.), *Carbohydrates in Food* (pp. 391-469). New York: Marcel Dekker.

Ellis, R. H. (1991). The longevity of seeds. *HortScience* 26: 1119-1125.

Ellis, R. H. and C. Pieta Filho (1992). The development of seed quality in spring and winter cultivars of barley and wheat. *Seed Science Research* 2: 9-15.

Ellis, R. H. and T. D. Hong (1994). Desiccation tolerance and potential longevity of developing seeds of rice (*Oryza sativa* L.). *Annals of Botany* 73: 501-506.

Ellis, R. H. and T. D. Hong (2006). Temperature sensitivity of the low-moisture-content limit to negative seed longevity—moisture content relationships in hermetic storage. *Annals of Botany* 97: 785-791.

Ellis, R. H. and E. H. Roberts (1980). Improved equations for the prediction of seed longevity. *Annals of Botany* 45: 13-30.

Ellis, R. H. and E. H. Roberts (1981). The quantification of aging and survival in orthodox seeds. *Seed Science and Technology* 9: 373-409.

Ellis, R. H., T. D. Hong and E. H. Roberts (1985a). *Handbook of Seed Technology for Genebanks, Vol. 1, Principles and Methodology*. Rome: International Board for Plant Genetic Resources.

Ellis, R. H., T. D. Hong and E. H. Roberts (1985b). *Handbook of Seed Technology for Genebanks, Vol. 2, Compendium of Specific Germination Information and Test Recommendations*. Rome: International Board for Plant Genetic Resources.

Ellis, R. H., T. D. Hong and E. H. Roberts (1989a). A comparison of the low-moisture-content limit to the logarithmic relation between seed moisture and longevity in twelve species. *Annals of Botany* 63: 601-611.

Ellis, R. H., T. D. Hong and E. H. Roberts (1989b). Response of seed germination in three genera of compositae to white light of varying photon flux density and photoperiod. *Journal of Experimental Botany* 40: 13-22.

Ellis. R. H., T. D. Hong and E. H. Roberts (1990). An intermediate category of seed storage behaviour? I. Coffee. *Journal of Experimental Botany* 41: 1167-1174.

Ellis, R. H., T. D. Hong and E. H. Roberts (1992). The low-moisture-content limit to the negative logarithmic relation between and longevity and moisture content in the three subspecies of rice. *Annals of Botany* 69: 53-58.

Ellis, R. H., T. D. Hong and M. T. Jackson (1993). Seed production environment, time of harvest, and the potential longevity of seeds of three cultivars of rice (*Oryza sativa* L.). *Annals of Botany* 72: 583-590.

Ellis, R. H., T. D. Hong, E. H. Roberts and K. L. Tao (1990). Low moisture content limits to relations between seed longevity and moisture. *Annals of Botany* 65: 493-504.

Emery, N. and C. Atkins (2006). Cytokinins and seed development. In A. S. Basra (ed.), *Handbook of Seed Science and Technology* (pp. 63-93). New York: Food Products Press.

Enoch, I. C. (1980). Morphology of germination. In H. F. Chin and E. H. Roberts (eds.), *Recalcitrant Crop Seeds* (pp. 6-37). Kuala Lumpur: Tropical Press SDN. BHD.

ETC Group (2013). *Putting the Cartel before the Horse...and Farm, Seeds, Soil, Peasants. Who Will Control Agricultural Inputs?* Action Group on Erosion, Technology and Concentration. Communiqué No. 111.

Etzler, M. E. (1985). Plant lectins: Molecular and biological aspects. *Annual Review of Plant Physiology* 36: 209-234.

Evangelista, D., S. Hotton and J. Dumais (2011). The mechanics of explosive dispersal and self-burial in the seeds of the filaree, *Erodium cicutarium* (Geraniaceae). *Journal of Experimental Biology* 214: 521-529.

Evenari, M. (1965). Light and seed dormancy. In W. Ruhland (ed.), *Encyclopedia of Plant Physiology*, Vol.15, Part2 (pp. 804-847). Berlin: Springer-Verlag.

Fahn, A. and E. Werker (1972). Anatomical mechanisms of seed dispersal. In T. T. Kozlowski (ed.), *Seed Biology*, Vol. 1 (pp. 151-221). New York: Academic Press.

Faria, J. M. R., J. Buitink, A. A. M. van Lammeren and H. W. M. Hilhorst (2005). Changes in DNA and microtubules during loss and re-establishment of desiccation tolerance in germinating *Medicago truncutula* seeds. *Journal of Experimental Botany* 56: 2119-2130.

Farrant, J. M., N. W. Pammenter and P. Berjak (1986). The increasing desiccation sensitivity of recalcitrant *Avicennia marina* seeds with storage time. *Physiologia Plantarum* 67: 291-298.

Farrant, J. M., N. W. Pammenter and P. Berjak (1988). Recalcitrance: A current assessment. *Seed Science and Technology* 16: 155-166.

Felfoldi, E. M. (1987). *Handbook of Pure Seed Definitions* (2nd. ed.). Zurich: ISTA.

Fenner, M. (1992). Environmental influences on seed size and composition. *Horticultural Review* 13: 183-213.

Filner, P. and J. E. Varner (1967). A test of de novo synthesis of enzymes: Density labeling with H2O18 of barley α-amylase induced by gibberellic acid. *Proceedings of the National Academy of Sciences U. S. A.* 58: 1520-1526

Finch-Savage, W. E., S. K. Pramanik and J. D. Bewley (1994). The expression of dehydrin protein in desiccation-sensitive (recalcitrant) seeds of temperate trees. *Planta* 193: 478-485.

Flint, L. H. (1934). Light in relation to dormancy and germination in lettuce seed. *Science* 80: 38-40.

Flint, L. H. and E. D. McAlister (1935). Wavelengths of radiation in the visible spectrum inhibiting the germination of light-sensitive lettuce seed. *Smithsonian Miscellaneous Collections* 94(5): 1-11.

Flint, L. H. and E. D. McAlister (1937). Wavelengths of radiation in the visible spectrum promoting the germination of light-sensitive lettuce seed. *Smithsonian Miscellaneous Collections* 96(2): 1-8.

Foley, M. E. (2006). Pre-harvest sprouting, genetics. In J. D. Bewley, M. Black and P. Halmer (eds.), *The Encyclopedia of Seeds: Science, Technology and Uses* (pp. 528-531). Wallingford, UK: CABI Publishing.

Forcella, F., K. Eradat-Oskoui and S. W. Wagner (1993). Application of weed seedbank ecology to low-input crop management. *Ecological Applications* 3: 74-83.

Franke, A. C., L. A. P. Lotz, W. J. van der Burg and L. van Overbeek (2008). The role of arable weed seeds for agroecosystem functioning. *Weed Research* 49: 131-141.

Frankel, O. H. and E. Bennett (eds.) (1970). *Genetic Resources in Plants: Their Exploration and Conservation*. Oxford and Edinburgh: Blackwell.

Friedman, W. E. (1990). Double fertilization in *Ephedra*, a nonflowering seed plant: Its bearing on the origin of Angiosperms. *Science* 247: 951-954.

Garcia de Castro, M. F. and C. J. Martinez-Honduvilla (1984). Ultrastructural changes in naturally aged *Pinus pinea* seeds. *Physiologia Plantarum* 62: 581-588.

Gardner, G. and W. R. Briggs (1974). Some properties of phototransformation of rye phytochrome in vitro. *Photochemistry and Photobiology* 19: 367-377.

Gates, R. R. (1951). Epigeal germination in the Leguminosae. *Botanical Gazette* 113: 151-157.

Gee, O. H., R. J. Probert and S. A. Coomber (1994). "Dehydrin-like" proteins and desiccation tolerance in seeds. *Seed Science Research* 4: 135-141.

Gerhardson, B. (2002). Biological substitutes for pesticides. *Trends in Biotechnology* 20: 338-343.

Goedert, C. O. and E. H. Roberts (1986). Characterization of alternating-temperature regimes that remove seed dormancy in seeds of *Brachiaria humidicola* (Rendle) Schweickerdt. *Plant, Cell and Environment* 9: 521-525.

Gomes, M. P. and Q. S. Garcia (2013). Reactive oxygen species and seed germination. *Biologia* 68: 351-357.

Gorial, B. Y. and J. R. O'Callaghan (1990). Aerodynamic properties of grain/straw materials. *Journal of Agricultural Engineering Research* 46: 275-290.

Graeber, K., K. Nakabayashi, E. Miatton, G. Leubner-Metzger and W. J. J. Soppe (2012). Molecular mechanisms of seed dormancy. *Plant, Cell and Environment* 35: 1769-1786.

Gray, D., J. R. A. Steckel and J. A. Ward (1985). The effect of plant density, harvest date and method on the yield of seed and components of yield of parsnip (*Pastinaca sativa*). *Annals of Applied Biology* 107: 547-558.

Grear, J. W. and N. G. Dengler (1976). The seed appendage of *Eriosema* (Fabaceae). *Brittonia* 28: 281-288.

Griffin, A. R., C. Y. Wong, R. Wickneswari and E. Chia (1992). Mass production of hybrid seed of *Acacia mangium* x *Acacia auriculiformis* in biclonal seed orchards. In *Breeding Technologies for Tropical Acacias* (pp. 70-75). ACIAR-Proceedings, No. 37. Proceeding of an International Workshop, Tawau, Sabah, Malaysia, 1-4 July 1991.

Grime, J. P. (1989). Seed banks in ecological perspective. In M. A. Leck, V. T. Parker and R. L. Simpson (eds.), *Ecology of Soil Seed Banks* (pp. xv-xxii). San Diego: Academic Press.

Groot, S. P. C., R. W. van den Bulk, W. J. van der Burg, H. Jalink, C. J. Langerak and J. M. van der Wolf (2005). Production of organic seeds: Status, challenges and prospects. *Seed Info Official Newsletter of the WANA Seed Network* 28.

Groot, S. P. C., B. Kieliszewska-Rokicka, E. Vermeer and C. M. Karssen (1988). Gibberellin-induced hydrolysis of endosperm cell walls in gibberellin-deficient tomato seeds prior to radicle protrusion. *Planta* 174: 500-504.

Groot, S. P. C., J. M. van der Wolf, H. Jalink, C. J. Langerak and R. W. van den Bulk (2004). Challenges for the production of high quality organic seeds. *Seed Testing International* 127: 12-15.

Groot, S. P. C., Y. Birnbaum, N. Rop, H. Jalink, G. Forsberg, C. Kromphardt, S. Werner and E. Koch (2006). Effect of seed maturity on sensitivity of seeds towards physical sanitation treatments. *Seed Science and*

Technology 34: 403-413.

Guarino, L., V. R. Rao and R. Reid (1995). *Collecting Plant Genetic Diversity: Technical Guidelines*. Wallingford, UK: CAB International.

Gueguen, J. and P. Cerletti (1994). Proteins of some legume seeds: Soybean, bean, pea, fababean and lupin. In B. J. F. Hudson (ed.), *New and Developing Sources of Food Proteins* (pp. 145-193). London: Chapman and Hall.

Gummerson, R. J. (1986). The effect of constant temperatures and osmotic potentials on the germination of sugar beet. *Journal of Experimental Botany* 179: 729-741.

Gunn, C. R. and L. Lasota (1978). Automated identification of true and surrogate seeds. *Biosystematics in Agriculture* 2: 241-257.

Hampton, J. G. and D. M. Tekrony (eds.) (1995). *Handbook of Vigour Test Methods* (3rd ed.). Zurich: ISTA.

Hanson, J. (1985). *Procedures for Handling Seeds in Genebanks*. Rome: IBPGR.

Harper, J. L. (1977). *Population Biology of Plants*. London: Academic Press.

Harper, J. L., P. H. Lovell and K. G. Moore (1970). The Shapes and sizes of seeds. *Annual Review of Ecology and Systematics* 1: 327-356.

Harrington, J. F. (1972). Seed storage and longevity. In T. T. Kozlowski (ed.), *Seed Biology*, Vol. 3 (pp. 145-245). New York: Academic Press.

Harrison, B. J. (1966). Seed deterioration in relation to storage conditions and its influence upon germination, chromosomal damage and plant performance. *Journal of the National Institute of Agricultural Botany* 10: 644-663.

Hartmann, H. T., D. E. Kester, F. T. Davies and R. L. Geneve (1997). Techniques of seed production and handling. In H. T. Hartmann and D. E. Kester (eds.), *Plant Propagation: Principles and Practices* (6th ed.) (pp. 162-199). New Jersey: Prentice Hall International, Inc.

Hay, E. R., R. Probert, J. Marro and M. Dawson (2000). Towards the *ex situ* conservation of aquatic angiosperms: A review of seed storage behaviour. In M. Black, K. J. Bradford and J. Vázquez-Ramos (eds.), *Seed Biology: Advances and Application* (pp. 161-177). Wallingford, UK: CAB International.

Hebblethwaite, P. D. (ed.) (1980). *Seed Production*. London: Butterworths.

Henry, A. G., H. F. Hudson and D. R. Piperno (2009). Changes in starch grain morphologies from cooking. *Journal of Archaeological Science* 36: 915-922.

Herman, E. M. and B. A. Larkins (1999). Protein storage bodies and vacuoles. *The Plant Cell* 11: 601-613.

Hilhorst, H. W. M. and C. M. Karssen (1992). Seed dormancy and germination: The role of abscisic acid and gibberellins and the importance of hormone mutants. *Plant Growth Regulation* 11: 225-238.

Hill, A. W. (1906). The morphology and seedling structure of the geophilous species of *Peperomia*, together with some views on the origin of Monocotyledons. *Annals of Botany* 20: 395-427.

Hill, J. P., W. Edwards and P. J. Franks (2012). Size is not everything for desiccation-sensitive seeds. *Journal of Ecology* 100: 1131-1140.

Hodgkison, R., S. T. Balding, A. Zubaid and T. H. Kunz (2003). Fruit bats (*Chiroptera*: *Pteropodidae*) as seed dispersers and pollinators in a lowland Malaysian rain forest. *Biotropica* 35: 491-502.

Hofmann, F., M. Otto, W. Wosniok and T. I. E. M. Ökologiebüro (2014). Maize pollen deposition in relation to distance from the nearest pollen source under common cultivation-results of 10 years of monitoring (2001 to 2010). *Environmental Sciences Europe* 26: 1-24.

Holt, B. F. and G. W. Rothwell (1997). Is *Ginkgo biloba* (Ginkgoaceae) really an oviparous plant? *American Journal of Botany* 84: 870-872.

Honek, A., Z. Martinkova and V. Jarosik (2003). Ground beetles (*Carabidae*) as seed predators. *European Journal of Entomology* 100: 531-544.

Hong, T. D. and R. H. Ellis (1996). *A Protocol to Determine Seed Storage Behaviour.* Rome, Italy: International Plant Genetic Resources Institute.

Hong, T. D., S. Linington and R. H. Ellis (1998). *Compendium of Information on Seed Storage Behaviour*, Vol. 1 & 2. Kew, Richmond, UK: Royal Botanic Gardens.

Hori, K., K. Sugimoto, Y. Nonoue, Y. Ono, K. Matsubara, U. Yamanouchi, A. Abe, Y. Takeuchi and M. Yano (2010). Detection of quantitative trait loci controlling pre-harvest sprouting resistance by using backcrossed populations of japonica rice cultivars. *Theoretical and Applied Genetics* 120: 1547-1557.

Howard, P. H. (2009). Visualizing consolidation in the global seed industry: 1996-2008. *Sustainability* 1: 1266-1287.

Hsu, F. H., C. J. Nelson and A. G. Matches (1985). Temperature effects on germination of perennial warm-season forage grasses. *Crop Science* 25: 215-220.

Hyde, E. O. C. (1954). The function of the hilum in some Papilionaceae in relation to the ripening of the seed and the permeability of the testa. *Annals of Botany* 18: 241-256.

Ichihara, M., S. Uchida, S. Fujii, M. Yamashita, H. Sawada and H. Inagaki (2014). Weed seedling herbivory by field cricket *Teleogryllus emma* (Orthoptera: Gryllidae) in relation to the depth of seedling emergence. *Weed Biology and Management* 14: 99-105.

Ingrouille, M. and B. Eddie (2006). *Plants: Evolution and Diversity.* Cambridge, UK and New York: Cambridge University Press.

Irving, D. W. (1983). Anatomy and histochemistry of *Echinochloa turnerana* (channel millet) spikelet. *Cereal Chemistry* 60: 155-160.

Ishimaru, T., T. Matsuda, R. Ohsugi and T. Yamagishi (2003). Morphological development of rice caryopses located at the different positions in a panicle from early to middle stage of grain filling. *Functional Plant Biology* 30: 1139-1149.

Itoh, J., K. Nonomura, K. Ikeda, S. Yamaki, Y. Inukai, H. Yamagishi, H. Kitano and Y. Nagato (2005). Rice plant development: from zygote to spikelet. *Plant and Cell Physiology* 46: 23-47.

Jackson, M. B. and C. Parker (1991). Induction of germination by a strigol analogue requires ethylene action in *Striga hermonthica* but not in *S. forbesii*. *Journal of Plant Physiology* 138: 383-386.

Jacobsen, J. V. (1984). The Seed: Germination. In B. M. Johri (ed.), *Embryology of Angiosperms* (pp. 611-646). Berlin: Springer-Verlag.

James, M. G., K. Denyer and A. M. Myers (2003). Starch synthesis in the cereal endosperm. *Current Opinion in Plant Biology* 6: 215-222.

Jenner, C. F. (1979). Grain-filling in wheat plants shaded for brief periods after anthesis. *Australian Journal of Plant Physiology* 6: 629-641.

Johri, B. M. (ed.) (1984). *Embryology of Angiosperms*. Berlin: Springer-Verlag.

Jordan, N. (1992). Weed demography and population dynamics: Implications for threshold management. *Weed Technology* 6: 184-190.

Juliano, B. O. and J. E. Varner (1969). Enzymic degradation of starch granules in the cotyledons of germinating peas. *Plant Physiology* 44: 886-892.

Justice, O. L. and L. N. Bass (1978). *Principles and Practices of Seed Storage*. USDA Agricultural Handbook no. 506.

Kameswara Rao, N., S. Appa Rao, M. H. Mengesha and E. H. Ellis (1991). Longevity of pearl millet (*Pennisetum glaucum* R. Br.) seeds harvested at different stages of maturity. *Annals of Applied Biology* 119: 97-103.

Karssen, C. M. and E. Laçka (1986). A revision of the hormone balance theory of seed dormancy: Studies on gibberellin and/or abscisic acid-deficient mutants of *Arabidopsis thaliana*. In M. Bopp (ed.), *Plant Growth Substances 1985* (pp. 315-323). Berlin: Springer-Verlag.

Karssen, C. M., D. L. C. Brinkhorst-van der Swan, A. E. Breekland and M. Koornneef (1983). Induction of dormancy during seed development by endogenous abscisic acid: Studies on abscisic acid deficient genotypes of *Arabidopsis thaliana* (L.) Heynh. *Planta* 157: 158-165.

Karssen, C. M., S. Zagorski, J. Kepczynski and S. P. C. Groot (1989). Key role for endogenous gibberellins in the control of seed germination. *Annals of Botany* 63: 71-80.

Kelly, A. F. (1988). *Seed Production of Agricultural Crops*. Harlow, UK: Longman Scientific & Technical.

Kelly, A. F. (1989). *Seed Planning and Policy for Agricultural Production*. Chichester, New York, Weinheim,

Brisbane, Singapore and Toronto: John Wiley & Sons.

Kelly, A. F. and R. A. T. George (1998). *Encyclopaedia of Seed Production of World Crops*. Chichester, New York, Weinheim, Brisbane, Singapore and Toronto: John Wiley & Sons.

Khan, A. A. (1975). Primary, preventive and permissive roles of hormones in plant systems. *Botanical Review* 41: 391-420.

Kieffer, M. and M. P. Fuller (2013). *In vitro* propagation of cauliflower using curd microexplants. *Methods in Molecular Biology* 994: 329-339.

Kim, S. J. (2006). Networks, scale, and transnational corporations: The case of the South Korean seed industry. *Economic Geography* 82: 317-338.

Kim, Y. C., M. Nakajima, A. Nakayama and I. Yamaguchi (2005). Contribution of gibberellins to the formation of *Arabidopsis* seed coat through starch degradation. *Plant Cell Physiology* 46: 1317-1325.

Kleczkowski, K., J. Schell and R. Bandur (1995). Phytohormone conjugates: Nature and Function. *Critical Reviews in Plant Sciences* 14: 283-298.

Kloppenburg, J. R. (2004). *First the Seed: The Political Economy of Plant Biotechnology, 1492-2000* (2nd ed.). Cambridge: Cambridge University Press.

Koornneef, M., G. Reuling and C. M. Karssen (1984). The isolation and characterization of abscisic acid-insensitive mutants of *Arabidopsis thaliana*. *Physiological Plantarum* 61: 377-383.

Kraak, H. L. and J. Vos (1987). Seed viability constants for lettuce. *Annals of Botany* 59: 343-349.

Kranner, I., H. Chen, H. W. Pritchard, S. R. Pearce and S. Birtić (2011). Inter-nucleosomal DNA fragmentation and loss of RNA integrity during seed ageing. *Plant Growth Regulation* 63: 63-72.

Kuo, W. H. J. (1989). Delayed-permeability of soybean seeds: characteristics and screening methodology. *Seed Science and Technology* 17: 131-142.

Kuo, W. H. J. (1994). Seed germination of *Cyrtococcum patens* under alternating temperature regimes. *Seed Science and Technology* 22: 43-50.

Kuo, W. H. J. and A. W. Y. Tarn (1988). The pathway of water absorption of mungbean seeds. *Seed Science and Technology* 16: 139-144.

Kuo, W. H. J. and C. Chu (1985). Prophylactic role of hull peroxidase in the dormancy mechanism of rice grain. *Botanical Bulletin of Academia Sinica* 26: 59-66.

Kuo, W. H. J. and Y. W. Wang (1991). Changes of the population parameters of electrolyte conductivities during imbibition of soybean seeds. *Chinese Agronomy Journal* 1: 57-68.

Kuo, W. H. J., A. C. Yan and N. Leist (1996). Tetrazolium test for the seeds of *Salvia splendens* and *S. farinacea*. *Seed Science and Technology* 24: 17-21.

Lakshmanan, K. K. and K. B. Ambegaokar (1984). Polyembryo. In B. M. Johri (ed.), *Embryology of Angiosperms* (pp. 445-474). Berlin: Springer-Verlag.

Lammerts van Bueren, E. T., R. Ranganathan and N. Sorensen (eds.) (2004). *Challenges and Opportunities for Organic Agriculture and the Seed Industry*. FAO, Rome: Proceedings of First World Conference on Organic Seed, 2004.

Langkamp, P. J. (ed.) (1987). *Germination of Australian Native Plant Seed*. Melbourne, Sydney: Inkata Press.

Leck, M. A. (2003). Seed-bank and vegetation development in a created tidal freshwater wetland on the Delaware River, Trenton, New Jersey, USA. *Wetlands* 23: 310-343.

Leck, M. A., V. T. Parker and R. L.Simpson (eds.) (1989). *Ecology of Soil Seed Banks*. San Diego: Academic Press.

Lengyel S., A. D. Gove, A. M. Latimer, J. D. Majer and R. R. Dunn (2010). Convergent evolution of seed dispersal by ants, and phylogeny and biogeography in flowering plants: A global survey. *Perspectives in Plant Ecology Evolution and Systematics* 12: 43-55.

Leo-Kloosterziel, K. M., G. A. van de Bunt, J. A. D. Zeevaart and M. Koornneef (1996). *Arabidopsis* mutants with a reduced seed dormancy. *Plant Physiology* 110: 233-240.

Lewis, J. A. and G. R. Fenwick (1987). Glucosinolate content of brassica vegetables: Analysis of twenty-four cultivars of calabrese (green sprouting broccoli, *Brassica oleracea* L. var. *botrytis* subvar. *cymosa* Lam.). *Food Chemistry* 25: 259-268.

Lin, T. P. (1992). A method of breaking the deep dormancy of Sassafras randaiense (Hay.) Rehd. seed. In S. C. Huang, S. C. Hsieh and D. J. Liu (eds.), *The Impact of Biological Research on Agricultural Productivity: Proceedings of the Society for the Advancement of Breeding Research in Asian and Oceania International Symposium*. Changhua: Society for the Advancement of Breeding Research in Asian and Oceania.

Lin, T. P. and M. H. Chen (1995). Biochemical characteristics associated with the development of the desiccation-sensitive seeds of *Machilus thunbergii* Sieb. & Zucc. *Annals of Botany* 76: 381-387.

Linkies, A. and G. Leubner-Metzger (2012). Beyond gibberellins and abscisic acid: how ethylene and jasmonates control seed germination. *Plant Cell Reports* 31: 253-270.

Linkies, A., K. Graeber, C. Knight and G. Leubner-Metzger (2012). The evolution of seeds. *New Phytologist* 186: 817-831.

López-Fernández, M. P. and S. Maldonado (2013). Programmed cell death during quinoa perisperm development. *Journal of Experimental Botany* 64: 3313-3325.

Lorenzi, R., A. Bennici, P. G. Cionini, A. Alpi and F. D'Amato (1978). Embryo-suspensor relations in *Phaseolus coccineus*: Cytokinins during seed development. *Planta* 143: 59-62.

Lott, J. N. A. (1981). Protein bodies in seeds. *Nordic Journal of Botany* 1: 421-432.

Madsen, E. and N. E. Langkilde (eds.) (1987). *Handbook for Cleaning Agricultural and Horticultural Seeds on Small-Scale Machines*, Part 1. Zurich: ISTA.

Mall, U. and G. S. Singh (2014). Soil seed bank dynamics: History and ecological significance in sustainability of different ecosystems. In M. K. Fulckar, B. Pathak and R. K. Kale (eds.), *Environment and sustainable development* (pp. 31-46). India: Springer.

Marinos, N. G. (1970). Embryogenesis of the pea (*Pisum sativum*) I. The cytological environment of the developing embryo. *Protoplasma* 70: 261-279.

Marks, M. K. and A. C. Nwachuku (1986). Seed-bank characteristics in a group of tropical weeds. *Weed Research* 26: 151-157.

Martin, A. C. (1946). The comparative internal morphology of seeds. *The American Midland Naturalist* 36: 513-660.

Matthews, J. F. and P. A. Levins (1986). The systematic significance of seed morphology in *Portulaca* (Portulacaceae) under scanning electron microscopy. *Systematic Botany* 11: 302-308.

Maxwell, C. D., A. Zobel and D. Woodfine (1994). Somatic polymorphism in the achenes of *Tragopogon dubius*. *Canadian Journal of Botany* 72: 1282-1288.

McDonald, M. B. and F. Y. Kwong (eds.) (2004). *Flower Seeds: Biology and Technology*. Wallingford, UK: CABI Publishing.

Mckay, W. (1936). Factor interaction in *Citrullus*: Seed-coat color, fruit shape and markings show evidence of Mendelian inheritance in watermelon crosses. *Journal of Heredity* 27: 110-112.

Meerow, A. W. (1991). *Palm Seed Germination*. Institute of Food and Agricultural Sciences, University of Florida Cooperative Extension Service Bulletin 274.

Mendes, A. J. T. (1941). Cytological observations in *Coffea*. VI. Embryo and endosperm development in *Coffea arabica* L. *American Journal of Botany* 28: 784-789.

Meyer, D. J. L. (2005). Seed development and structure in floral crops. In M. B. McDonald and F. Y. Kwong (eds.), *Flower Seeds: Biology and Technology* (pp. 117-144). Wallingford, UK: CABI Publishing.

Mikulíková D., Š. Masár and J. Kraic (2008). Biodiversity of legume health-promoting starch. *Starch/Stärke* 60: 426-432.

Milberg, P. (1990). What is the maximum longevity of seeds? *Svensk Botanisk Tidskrift* 84: 323-352.

Milcu, A., J. Schumacher and S. Scheu (2006). Earthworms (*Lumbricus terrestris*) affect plant seedling recruitment and microhabitat heterogeneity. *Functional Ecology* 20: 261-268.

Miller, S. A. and M. L. L. Ivey (2005). Hot water treatment of vegetable seeds to eradicate bacterial plant pathogens in organic production systems. *Ohio State University Extension Fact Sheet*, HYG-3086-05.

Mishkind, M., N. V. Raikhel, B. A. Palevitz and K. Keegstra (1982). Immunocytochemical localization of wheat germ agglutinin in wheat. *The Journal of Cell Biology* 92: 753-764.

Mng'omba, S. A., E. S. du Toit and F. K. Akinnifesi (2007). Germination characteristics of tree seeds: spotlight on Southern African tree species. *Tree and Forestry Science and Biotechnology* 1: 81-88.

Montague, D. (2000). *Farming, Food and Politics: The Merchant's Tale* (pp. 271-272). Dublin: IAWS Group Plc.

Moore, R. P. (1993). *Handbook of Tetrazolium Testing* (2nd ed.). Zurich: ISTA.

Morita, S., J. I. Yonemaru and J. I. Takanashi (2005). Grain growth and endosperm cell size under high night temperatures in rice (*Oryza sativa* L.). *Annals of Botany* 95: 695-701.

Morpeth D. R. and A. M. Hall (2000). Microbial enhancement of seed germination in *Rosa corymbifera* 'Laxa'. *Seed Science Research* 10: 489-494.

Mossé, J., J. C. Huet and J. Baudet (1988). The amino acid composition of rice grain as a function of nitrogen content as compared with other cereals: A reappraisal of rice chemical scores. *Journal of Cereal Science* 8: 165-175.

Murdoch, A. J., E. H. Roberts and C. O. Goedert (1989). A model for germination responses to alternating temperatures. *Annals of Botany* 63: 97-111.

Murdock, L. and R. E. Shade (2002). Lectins and protease inhibitors as plant defenses against insects. *Journal of Agricultural and Food Chemistry* 50: 6605-6611.

Nambara, E., M. Okamoto, K. Tatematsu, R. Yano, M. Seo and Y. Kamiya (2010). Abscisic acid and the control of seed dormancy and germination. *Seed Science Research* 20: 55-67.

Natesh, S. and M. A. Rau (1984). The embryo. In B. M. Johri (ed.), *Embryology of Angiosperms* (pp. 377-443). Berlin: Springer-Verlag.

Navarro, S. (2012). The use of modified and controlled atmospheres for the disinfestation of stored products. *Journal of Pest Science* 85: 301-322.

Nieves, N., Y. Zambrano, R. Tapia, M. Cid, D. Pina and R. Castillo (2003). Field performance of artificial seed derived sugarcane plants. *Plant Cell, Tissue and Organ Culture* 75: 279-282.

Nikolaeva, M. G. (1999). Patterns of seed dormancy and germination as related to plant phylogeny and ecological and geographical conditions of their habitats. *Russian Journal of Plant Physiology* 46: 369-373.

Nonogaki, H. (2014). Seed dormancy and germination—emerging mechanisms and new hypotheses. *Frontiers in Plant Science* 5: 233. doi: 10.3389/fpls.2014.00233.

Nonogaki, H., G. W. Bassel and J. D. Bewley (2010). Germination—still a mystery. *Plant Science* 179: 574-581.

Ohlgart, S. M. (2002). The terminator gene: Intellectual property rights vs. the farmers' common law right to save seed. *Drake Journal of Agricultural Law* 7: 473-492.

Ohlrogge, J. B. and J. G. Jaworski (1997). Regulation of fatty acid synthesis. *Annual Review of Plant Physiology and Plant Molecular Biology* 48: 109-136.

Ohlrogge, J. B. and T. P. Kernan (1982). Oxygen-Dependent Aging of Seeds. *Plant Physiology* 70: 791-794.

Okamoto, K., T. Murai, G. Eguchi, M. Okamoto and T. Akazawa (1982). Enzymic mechanism of starch breakdown in germinating rice seeds 11. Ultrastructural changes in scutellar epithelium. *Plant Physiology* 70: 905-911.

Oliveira, D. M. T. and E. A. S. Paiva (2005). Anatomy and ontogeny of *Pterodon emarginatus* (Fabaceae: Faboideae) seed. *Brazilian Journal of Biology* 65: 483-494.

Olsen, O. A. (2001). Endosperm development: Cellularization and cell fate specification. *Annual Review of Plant Physiology and Plant Molecular Biology* 52: 233-267.

Orozco-Segovia A., J. Márquez-Guzmán, M. E. Sánchez-Coronado, A. Gamboa De Buen, J. M. Baskin and C. C. Baskin (2007). Seed anatomy and water uptake in relation to seed dormancy in *Opuntia tomentosa* (Cactaceae, Opuntioideae). *Annals of Botany* 99: 581-592.

Osborne, T. B. (1924). *Vegetable Proteins* (2nd ed.). New York: Longmans, Green.

Ozudogru, E. A., E. Kaya and M. Lambardi (2013). *In vitro* propagation of peanut (*Arachis hypogaea* L.) by shoot tip culture. *Methods in Molecular Biology* 994: 77-87.

Parker, M. L., A. R. Kirby and V. J. Morris (2008). *In situ* imaging of pea starch in seeds. *Food Biophysics* 3: 66-76.

Pascoe, F. (1994). Using soil seed banks to bring plant communities into classroom. *The American Biology Teacher* 7: 429-432.

Payne, R. C. (ed.) (1993a). *Handbook of Variety Testing: Growth chamber—Greenhouse Testing Provedures*. Zuirch: ISTA.

Payne, R. C. (ed.) (1993b). *Handbook of Variety Testing: Rapid Chemical Identification Techniques*. Zurich: ISTA.

Peleg, Z., M. Reguera, E. Tumimbang, H. Walia and E. Blumwald (2011). Cytokinin-mediated source/sink modifications improve drought tolerance and increase grain yield in rice under water-stress. *Plant Biotech Journal* 9: 747-758.

Pemberton, R. W. and D. W. Irving (1990). Elaiosomes on weed seeds and the potential for myrmecochory in naturalized plants. *Weed Science* 38: 615-619.

Philomena, P. A. and C. K. Shah (1985). Unusual germination and seedling development in two monocotyledonous dicotyledons. *Proceedings of the Indian Academy of Science* (Plant Science) 95:

221-225.

Pijl, van der L. (1982). *Principles of Dispersal in Higher Plants*. Berlin: Springer.

Pill, W. G. (1994). Low water potential and presowing germination treatments to improve seed quality. In A. S. Basra (ed.), *Seed Quality: Basic Mechanisms and Agricultural Implications* (pp. 319-359). Binghanton, New York: Food Product Press.

Probert, R. J. (2001). The role of temperature in germination ecophysiology. In M. Fenner (ed.), *Seeds: The Ecology of Regeneration in Plant Communities* (2nd ed.) (pp. 261-292). Wallingford, UK: CAB International.

Ramakrishna, P. and D. Amritphale (2005). The perisperm-endosperm envelope in *Cucumis*: Structure, proton diffusion and cell wall hydrolyzing activity. *Annals of Botany* 96: 769-778.

Rao, N. K., J. Hanson, M. E. Dulloo, K. Ghosh, D. Nowell and M. Larinde (2006). *Manual of Seed Handling in Genebanks. Handbooks for Genebanks* No. 8. Rome: Bioversity International.

Reeder, J. R. (1957). The embryo in grass systematics. *American Journal of Botany* 44: 756-768.

Reid, J. S. G. and J. D. Bewley (1979). A dual role for the endosperm and its galactomannan reserves in the germinative physiology of fenugreek (*Trigonella foenum-graecum* L.) and endospermic leguminous seed. *Planta* 147: 145-150.

Remund, K. M., D. A. Dixon, D. L. Wright and L. R. Holden (2001). Statistical considerations in seed purity testing for transgenic traits. *Seed Science Research* 11: 101-119.

Richardson, M. J. (1990). *An Annotated List of Seedborne Diseases* (4th ed.). Zurich: ISTA.

Roberts H. A. and J. E. Neilson (1981). Changes in the soil seed bank of four long-term crop/herbicide experiments. *Journal of Applied Ecology* 18: 661-668.

Roberts, E. H. (1961). The viability of rice seed in relation to temperature, moisture content, and gaseous environment. *Annals of Botany* 25: 381-390.

Roberts, E. H. (ed.) (1972). *Viability of Seeds.* London: Chapman and Hall.

Roberts, E. H. (1973a). Predicting the storage life of seeds. *Seed Science and Technology* 1: 499-514.

Roberts, E. H. (1973b). Oxidative processes and the control of seed germination. In W. Heydecker (ed.), *Seed Ecology* (pp. 189-231). London: Butterworth.

Roberts, E. H. and F. H. Abdalla (1968). The influence of temperature, moisture, and oxygen on period of seed viability in barley, broad beans, and peas. *Annals of Botany* 32: 97-117.

Roberts, E. H. and R. H. Ellis (1989). Water and seed survival. *Annals of Botany* 63: 39-52.

Roberts, E. H., F. H. Abdalla and R. J. Owen (1967). Nuclear damage and the ageing of seeds, with a model for seed survival curves. *Symposia of the Society for Experimental Biology* 21: 65-99.

Roberts, H. A. and P. A. Dawkins (1967). Effect of cultivation on the numbers of viable weed seeds in soil. *Weed Research* 7: 290-301.

Roberts, H. A. and P. M. Feast (1973). Changes in the numbers of viable weed seeds in soil under different regimes. *Weed Research* 13: 298-303.

Roberts, H. A. and F. G. Stokes (1965). Studies on the weeds of vegetable crops. V, Final observations on an experiment with different primary cultivations. *Journal of Applied Ecology* 2: 307-315.

Robichaud, C. S., J. Wong and I. M. Sussex (1979). Control of viviparous embryo mutants of maize by abscisic acid. *Developmental Genetics* 1: 325-330.

Rolston, M. P. (1978). Water impermeable seed dormancy. *The Botanical Review* 44: 365-396.

Rowse, H. R. (1996). Drum priming—A non-osmotic method of priming seeds. *Seed Science and Technology* 24: 281-294.

Rowse, H. R., J. M. T. Mckee and W. E. Finch-Savage (2001). Membrane priming—A method for small samples of high value seeds. *Seed Science and Technology* 29: 587-597.

Rugenstein, S. R. and N. R. Lersteny (1981). Stomata on seeds and fruits of *Bauhinia* (Leguminosae: Caesalpinioideae). *American Journal of Botany* 68: 873-876.

Sacks, E. J. and D. A. St. Clair (1996). Cryogenic storage of tomato pollen: Effect on fecundity. *Hortscience* 31: 447-448.

Sallon, S., E. Solowey, Y. Cohen, R. Korchinsky, M. Egli, I. Woodhatch, O. Simchoni and M. Kislev (2008). Germination, genetics, and growth of an ancient date seed. *Science* 320: 1464.

Sánchez-Coronado, M. E., J. Márquez-Guzmán, J. Rosas-Moreno, G. Vidal-Gaona, M. Villegas, S. Espinosa-Matías, Y. Olvera-Carrillo and A. Orozco-Segovia (2011). Mycoflora in exhumed seeds of *Opuntia tomentosa* and its possible role in seed germination. *Applied and Environmental Soil Science*. doi: 10.1155/2011/107159.

Schmid, R. (1986). On Cornerian and other terminology of angiospermous and gymnospermous seed coats: Historical perspective and terminological recommendations. *Taxon* 35: 476-491.

Schmitt, A., T. Amein, F. Tinivella, J. V. D. Wolf, S. Roberts, S. Groot, M. L. Gullino, S. Wright and E. Knch (2004). Control of seed-borne pathogens on vegetable by microbial and other alternative seed treatments. In E. T. Lammerts van Bueren, R. Ranganathan and N. Sorensen (eds.), *Challenges and Opportunities for Organic Agriculture and the Seed Industry* (pp. 120-123). FAO, Rome: Proceedings of First World Conference on Organic Seed, 2004.

Schroeder, M., J. Deli, E. D. Schall and G. F. Warren (1974). Seed composition of 66 weed and crop species. *Weed Science* 22: 345-348.

Schweizer, E. E. and R. J. Zimdahl (1984a). Weed seed decline in irrigated soil after six years of continuous corn (*Zea mays*) and herbicides. *Weed Science* 32: 76-83.

Schweizer, F. E. and R. J. Zimdahl (1984b). Weed seed decline in irrigated soil after rotation of crops and herbicides. *Weed Science* 32: 84-89.

Scopel, A. L., C. L. Ballare and S. R. Radosevich (1994). Photostimulation of seed germination during soil tillage. *New Phytologist* 126: 145-152.

Seo, M., E. Nambara, G. Choi and S. Yamaguchi (2009). Interaction of light and hormone signals in germinating seeds. *Plant Molecular Biology* 69: 463-472.

Shen-Miller, J. (2002). Sacred lotus, the long-living fruits of China antique. *Seed Science Research* 12: 131-143.

Singh, B. K. (1982). Association between concentration of organic nutrients in the grain, endosperm cell number and grain dry weight within the ear of wheat. *Australian Journal of Plant Physiology* 9: 83-95.

Singh, H. and B. M. Johri (1972). Development of gymnosperm seeds. In T. T. Kozlowski (ed.), *Seed Biology*, Vol. 1 (pp. 21-75). New York: Academic Press.

Smith, H. (1975). *Phytochrome and Photomorphogenesis: An Introduction to the Photocontrol of Plant Development*. London: McGraw-Hill Inc.

Smith, R. D., J. B. Dickie, S. H. Linington, H. W. Pritchard and R. J. Probert (eds.) (2003). *Seed Conservation: Turning Science into Practice*. Kew, UK: Royal Botanic Gardens.

Sofield, I., L. T. Evans, M. G. Cook and I. F. Wardlaw (1977). Factors influencing the rate and duration of grain filling in wheat. *Australian Journal of Plant Physiology* 4: 785-797.

Sondheimer E, E. C. Galson, E. Tinelli and D. C. Walton (1974). The metabolism of hormones during seed germination and dormancy. *Plant Physiology* 54: 803-808.

Sparg, S. G., M. E. Light and J. van Staden (2004). Biological activities and distribution of plant saponins. *Journal of Ethnopharmacology* 94: 219-243.

Splittstoesser, W. E. (1990). *Vegetable Growing Handbook: Organic and Traditional Methods*. New York: Van Nostrand Reinhold.

Standifer, L. C. (1980). A technique for estimating weed seed populations in cultivated soil. *Weed Science* 28: 134-138.

Steiner, A. M. and M. Kruse (2006). History of seed testing: Centennial—The 1st international conference for seed testing 1906 in Hamburg, Germany. *Seed Testing International* (ISTA) 132: 19-21.(http://www.ista-cologne2010.de/the-congress/history-of-seed-testing/)

Stoffberg, E. (1991). Morphological and ontogenetic studies on southern African podocarps. Initiation of the seed scale complex and early development of integument, nucellus and epimatium. *Botanical Journal of the Linnean Society* 105: 21-35.

Swain, S. M., J. B. Reid and Y. Kamiya (1997). Gibberellins are required for embryo growth and seed development in pea. *Plant Journal* 12: 1329-1338.

Takaki, M. (2001). New proposal of classification of seeds based on forms of phytochrome instead of photoblastism. *Revista Brasileira de Fisiologia Vegetal* 13: 104-108.

Tateoka, T. (1964). Notes on some grasses. XVI. Embryo structure of the genus *Oryza* in relation to the systematics. *American Journal of Botany* 51: 539-543.

Taylorson, R. B. (1979). Response of weed seeds to ethylene and related hydrocarbons. *Weed Science* 27: 7-10.

Taylorson, R. B. and S. B. Hendricks (1979). Overcoming dormancy in seeds with ethanol and other anesthetics. *Planta* 145: 507-510.

Teekachunhatean, S., N. Hanprasertpong and T. Teekachunhatean (2013). Factors affecting isoflavone content in soybean seeds grown in Thailand. *International Journal of Agronomy*, Article ID 163573, 11 pages.

Telewski, F. W. and J. A. D. Zeevaart (2002). The 120-yr period for Dr. Beal's seed viability experiment. *American Journal of Botany* 89: 1285-1288.

Thompson P. A. (1974). Effects of fluctuating temperatures on germination. *Journal of Experimental Botany* 25: 164-175.

Thompson, K. and J. P. Grime (1979). Seasonal variation in the seed banks of herbaceous species in ten contrasting habitats. *Journal of Ecology* 67: 893-921.

Thompson, K., S. R. Band and J. G. Hodgson (1993). Seed size and shape predict persistence in soil. *Functional Ecology* 7: 236-241.

Thomson, J. R. (1979). *An Introduction to Seed Technology*. London: Leonard Hill.

Tillich, H. R. (2007). Seedling diversity and the homologies of seedling organs in the Order Poales (Monocotyledons). *Annals of Botany* 100: 1413-1429.

Toole, E. H. (1961). The effect of light and other variables on the control of seed germination. *Proceedings of the International Seed Testing Association* 26: 659-673.

Totterdell, S. and E. H. Roberts (1979). Effects of low temperatures on the loss of innate dormancy and the development of induced dormancy in seeds of *Rumex obtusifolius* L. and *Rumex crispus* L. *Plant, Cell and Environment* 2: 131-137.

Tsuyuzaki, S. (1994). Rapid seed extraction from soils by a flotation method. *Weed Research* 34: 433-436.

Tunnacliffe, A., and M. J. Wise (2007). The continuing conundrum of the LEA proteins. *Naturwissenschaften* 94: 791-812.

Turcotte, E. L. and C. V. Feaster (1967). Semigamy in Pima cotton. *Journal of Heredity* 58: 54-57.

Turnbull, L. A., L. Santamaria, T. Martorell, J. Rallo and A. Hector (2006). Seed-size variability: From carob to carats. *Biology Letters* 22: 397-400.

Tweddle, J. C., J. B. Dickie, C. C. Baskin and J. M. Baskin (2003). Ecological aspects of seed desiccation sensitivity. *Journal of Ecology* 91: 294-304.

Ulvinen, O., A. Voss, H. C. Baekgaard, and P. E. Terning (1973). *Testing for Genuineness of Cultivars*. Zurich: ISTA.

Upadhyaya, H. D. (2003). Geographical patterns of variation for morphological and agronomic characteristics in the chickpea germplasm collection. *Euphytica* 132: 343-352.

Valk, A. G. van der and R. L. Pederson (1989). Seed banks and the management and restoration of natural vegetation. In M. A. Leck, V. T. Parker and R. L. Simpson (eds.), *Ecology of Soil Seed Banks* (pp. 329-346). San Diego: Academic Press.

Varier, A., A. K. Vari and M. Dadlani (2010). The subcellular basis of seed priming. *Current Science* 99: 450-456.

Vázquez-Ramos, J. M. and M. de la Paz Sánchez (2003). The cell cycle and seed germination. *Seed Science Research* 13: 113-130.

Vertucci, C. W. and E. E. Roos (1990). Theoretical basis of protocols for seed storage. *Plant Physiology* 94: 1019-1023.

Vertucci, C. W. and E. E. Roos (1993). Theoretical basis of protocols for seed storage II. The influence of temperature on optimal moisture levels. *Seed Science Research* 3: 201-213.

Vijayaraghavan, M. R. and K. Prabhakar (1984). The endosperm. In B. M. Johri (ed.), *Embryology of Angiosperms* (pp. 319-376). Berlin: Springer-Verlag.

Villiers, T. A. (1973). Seed aging: chromosome stability and extended viability of seeds stored fully imbibed. *Plant Physiology* 53: 875-878.

Villiers, T. A. (1975). Genetic Maintenance of seeds in imbibed storage. In O. H. Frankel and J. G. Hawkws (eds.), *Crop Genetic Resources for Today and Tomorrow* (pp. 297-315). Cambridge: Cambridge University Press.

Werker, E. (1997). *Seed Anatomy*. Berlin and Stuttgart: Borntraeger.

Wester, H. V. (1973). Further evidence on age of ancient viable lotus seeds from Pulantien deposit, Manchuria. *HortScience* 8: 371-377.

Wieser, H. (2007). Chemistry of gluten proteins. *Food Microbiology* 24: 115-119.

Willan, R. L. (1985). *A Guide to Forest Seed Handling*. FAO, Rome: FAO Forestry Paper 20/2.

Xu, N. and J. D. Bewley (1992). Contrasting pattern of somatic and zygotic embryo development in alfalfa (*Medicago sativa* L.) as revealed by scanning electron microscopy. *Plant Cell Reports* 11: 279-284.

Yaklich, R. W. (2001). β-Conglycinin and glycinin in high-protein soybean seeds. *Journal of Agricultural and Food Chemistry* 49: 729-735.

Yam, T. W., E. C. Yeung, X. L. Ye, S. Y. Zee and J. Arditti (2002). Orchid embryos. In T. Kull and J. Arditti (eds.), *Orchid Biology: Reviews and Persectives* (8th ed.) (pp. 287-385). Dordrecht: Kluwer.

Yang, J., J. Zhang, Z. Huang, Z. Wang, Q. Zhu and L. Liu (2002). Correlation of cytokinin levels in the endosperms and roots with cell number and cell division activity during endosperm development in rice. *Annals of Botany* 90: 369-377.

Zanakis, G. N., R. H. Ellis and R. J. Summerfield (1994). A comparison of changes in vigour among three genotypes of soyabean (*Glycine max*) during seed development and maturation in three temperature regimes. *Experimental Agriculture* 30: 157-170.

頭字詞

ABA	abscisic acid, abscisin 離層素
ABS	Access and benefit-sharing 取得與利益分享
ACP	acyl carrier protein 醯基載體蛋白質
ADP	adenosine 5'-diphosphate 二磷酸腺苷酸
AOSA	Association of Official Seed Analysts 公部門種子檢查師協會
APSA	Asia Pacific Seed Association 亞太種子協會
AQL	acceptable quality level 品質低標
ASSINSEL	Association Internationale des Sélectionneurs pour la Protection de Obentions Végétales 國際植物品種保護植物育種家協會
ASTA	American Seed Trade Association 美國種子商協會
AVRDC	Asian Vegetable Research and Development Center 亞洲蔬菜研究與發展中心
BI	Biodiversity International 國際生物多樣性組織
CBD	Convention on Biological Diversity 生物多樣性公約
CF	chlorophyll fluorescence 葉綠素螢光
CGIAR	Consultative Group on International Agricultural Research 國際農業研究諮詢組
CK	cytokinin 細胞分裂素

CMS	cytoplasmic male sterility 細胞質雄不稔
CNS	Chinese National Standards 中華民國國家標準
CSSAAC	Commercial Seed Analysts Association of Canada 加拿大商業種子技師協會
CUG	coefficient of uniformity of germination 發芽整齊度係數
DNA	deoxyribonucleic acid 去氧核糖核酸
DNAse	deoxyribonuclease 去氧核糖核酸酶
EDV	Essentially Derived Variety 實質衍生品種
ELISA	enzyme-linked immunosorbent assay 酵素連結免疫吸附法
FAO	Food and Agriculture Organization 聯合國糧農組織
FAS	fatty acid synthetase 脂肪酸合成酶
FIS	Fédération Internationale du Commerce des Semences 國際種子貿易聯合會
GA	gibberellic acid, gibberellin 激勃素
GADA	glutamic acid dehydrogenase activity 麩胺酸脫氫酶活性法
GLC	gas-liquid chromatography 氣液層析法
GMO	genetically modified organism 基因改造生物
GRI	germination rate index 發芽速率指標
GRIN	Germplasm Resources Information Network (USA) 遺傳資源資訊網

HIR	high irradiance responses 高照射反應
HPLC	high performance liquid chromatography 高效液層析法
IAA	indole-3-acetic acid, auxin 生長素
IBPGR	International Board for Plant Genetic Resources 國際植物遺傳資源委員會
ICNCP	International Code of Nomenclature for Cultivated Plants 國際栽培植物命名規則
ICRISAT	The International Crops Research Institute for the Semi-Arid Tropics 半乾燥熱帶國際作物研究所
IEF	isoelectric focusing 等電集聚法
IMS-PCR	immunomagnetic separation-polymerase chain reaction 免疫吸附—聚合酵素鏈反應
IPGRI	International Plant Genetic Resources Institute 國際植物遺傳資源學院
IPPC	International Plant Protection Convention 國際植物保護公約
ISF	International Seed Federation 國際種子聯合會
ISPMs	International Standards for Phytosanitary Measures 國際植物防疫檢疫措施標準
ITPGRFA	International Treaty on Plant Genetic Resources for Food and Agriculture 國際糧農植物遺傳資源條約
LEA	late embryogenesis abundant protein 胚形成後期豐存蛋白質
LFR	low fluence responses 低照射反應
LMO	living modified organism 基改活體生物
LQL	lower quality limit 品質容許標

MAT	mutually agreed terms 相互共識條款
MGP	mean germination period 平均發芽時間
MGR	mean germination rate 平均發芽速率
NMS	nuclear male sterility 核雄不稔
OCC	operating characteristic curve 操作特性曲線
OECD	Organisation for Economic Co-operation and Development 經濟合作暨發展組織
PAGE	polyacrylamide gel electrophoresis 聚丙烯醯胺凝膠電泳
PBR	Plant Breeders' Right 植物育種家權
PCR	polymerase chain reaction 聚合酶鏈鎖反應
PEG	polyethylene glycol 聚乙二醇
PIC	prior informed consent 事先告知同意
PPP	pentose phosphate pathway 磷酸五碳醣路線
PVR	Plant Variety Right 植物品種權
QTL	quantitative trait locus 數量性狀基因座
RAPD	random amplified polymorphic DNA 隨機擴增多型性去氧核糖核酸
RER	rough endoplasmic reticulum 粗內質網
RFLP	restriction fragment length polymorphism 限制片段長度多型性

RNAse	ribonuclease 核糖核酸酶
ROS	Reactive oxygen species 活性氧化物
SCST	Society of Commercial Seed Technologists 商業種子技師協會
SEM	scanning electron microscope 掃描式電子顯微鏡
SSE	Seed Savers Exchange 保種交流會
SSR	simple sequence repeats 簡單重複序列
TAG	triacyglyceride 三酸甘油酯
TCA	tricarboxylic acid 三羧酸
TEZ	triphenyl tetrazolium 三苯基四唑
TRIPs	Agreement on Trade Related Aspects of Intellectual Property Rights 與貿易相關的智慧財產權協定
UDP	uridine diphosphate 二磷酸尿核苷
UPOV	Union Internationale pour la Protection des Obtentions Végétales 植物新品種保護國際聯盟
VCU	Value for cultivation and use 種植利用價值
VLFR	very low fluence responses 超低照射反應
WVC	World Vegetable Center 世界蔬菜中心

植物名稱（以拉丁文學名排序）

Aesculus chinensis	七葉樹	*Aleurites moluccana*	石栗
Abelmoschus esculentus	黃秋葵	*Alisma plantago*	歐澤瀉
Abrus	雞母珠屬	*Alisma plantago-aquatica*	澤瀉
Abrus precatorius	雞母珠	*Allium*	蔥屬
Abutilon theophrasti	茼麻	*Allium ampeloprasum Porrum Group*	韭蔥
Acacia	相思樹屬		
Acanthephippium splendidum	亮麗壇花蘭	*Allium cepa*	洋蔥
Acer	楓屬	*Allium cepa var. aggregatum*	紅蔥頭
Acer buergerianum var. formosanum	臺灣三角楓	*Allium fistulosum*	蔥（大蔥、青蔥）
Acer japonicum	大羽團扇楓	*Allium ursinum*	熊蔥
Acer platanoides	挪威楓	*Allium victorialis*	茖蔥
Acer pseudoplatanus	岩楓	*Alnus formosana*	臺灣赤楊
Acer saccharum	糖楓	*Alopecurus myosuroides*	大穗看麥娘
Acorus	菖蒲屬	*Alpinia chinensis*	山薑
Actinidia deliciosa	奇異果	*Alpinia zerumbet*	月桃
Adansonia digitata	猢猻樹	*Alsomitra macrocarpa*	翅葫蘆
Adenanthera	孔雀豆屬	*Amaranthus*	莧菜屬
Aegle	木桔屬	*Amaranthus albus*	白莧
Aframomum melegueta	馬拉蓋椒蔻薑	*Amaranthus caudatus*	尾穗莧
Agnstemma	麥仙翁屬	*Amaranthus retroflexus*	反枝莧
Agropyron repen	匍匐鵝觀草	*Ambrosia trifida*	三裂葉豚草
Agrostis tenuis	細弱剪股穎	*Amomum xanthioides*	縮砂
		Amygdalus communis	扁桃
Aleurites fordii	油桐	*Anacardium occidentale*	腰果

Anemone coronaria	罌粟秋牡丹	*Artocarpus*	波羅蜜屬
Angelica	當歸屬	*Artocarpus altilis*	麵包樹
Anguloa	鬱金香蘭屬	*Artocarpus heterophyllus*	波羅蜜
Anneslea crassipes	粗根茶梨	*Arundinella berteroniana*	伯氏野古草
Annona squamosa	釋迦	*Arundo formosana*	臺灣蘆竹
Anodendeon benthamianum	大錦蘭	*Asclepias syriaca*	敘利亞馬利筋
Anoectochilus formosanus	臺灣金線蓮	*Asparagus officinalis*	蘆筍
Anoectochilus imitans	金線蓮	*Asphodelus tenuifolius*	狹葉日影蘭
Anthriscus sylvestris	峨參	*Astragalus spinosus*	多刺黃耆
Apium graveolens	旱芹	*Atalantia racemosa*	總花烏柑
Aporosa	銀柴屬	*Atriplex rosea*	紅濱藜
Arabidopsis thaliana	阿拉伯芥	*Avena*	燕麥屬
Arachis hypogaea	落花生	*Avena fatua*	野燕麥
Aralia elata	遼東楤木	*Avena sativa*	燕麥
Araucaria	南洋杉屬	*Averrhoa carambola*	楊桃
Araucaria araucana	智利南洋杉	*Avicennia marina*	海茄苳
Araucaria bidwillii	廣葉南洋杉	*Axonopus affinis*	類地毯草
Araucaria columnaris	庫氏南洋杉	*Baccaurea*	木奶果屬
Araucaria cunninghamii	肯氏南洋杉	*Bambusa vulgaris*	泰山竹
Araucaria hunsteinii	亮葉南洋杉	*Baptisia tinctoria*	野靛草
Archontophoenix alexandrae	亞歷山大椰	*Barringtonia asiatica*	棋盤腳
Arenaria seropyllifolia	鵝不食草	*Barringtonia racemosa*	水茄苳
Aristida	三芒草屬	*Bauhinia*	羊蹄甲屬
Aristolochia kaempferi	馬兜鈴	*Bauhinia purpurea*	紫花羊蹄甲
Arrhenatherum	燕麥草屬	*Begonia taiwaniana*	臺灣秋海棠
		Bertholletia excelsa	巴西核桃
Artemisia japonica	牡蒿	*Beta vulgare*	甜菜

Biden pilosa var. pilosa	白花鬼針	*Camellia oleifera*	苦茶
Bidens bipinnata	鬼針	*Camellia sinensis*	茶
Billbergia pyramidalis	水塔花	*Canavalia ensiformis*	白鳳豆（刀豆）
Bischofia javanica	茄冬	*Canavalia lineata*	肥豬豆
Bletilla striata	白及	*Canna*	美人蕉屬
Bouteloua barbata	芒刺格拉馬草	*Canna flaccida*	黃花美人蕉
Brachiaria	臂形草屬	*Cannabis sativa*	大麻
Brachiaria mutica	巴拉草	*Capsella bursa-pastoris*	薺菜
Brassica	甘藍屬	*Capsicum annum*	辣椒（番椒）
Brassica juncea	芥菜	*Capsicum annuum*	甜椒（番椒）
Brassica napus	油菜（芥花籽）	*Capsicum frutescens*	辣椒（番椒）
Brassica nigra	黑芥	*Cardiospermum halicacabum*	倒地鈴
Brassica oleracea	甘藍		
Brassica oleracea L. Botrytis Group	花椰菜	*Carex*	薹草屬
		Carica papaya	木瓜
Brassica oleracea L. Capitata Group	甘藍	*Carpinus kawakamii*	阿里山千金榆
		Carthamus tinctorius	紅花
Brassica oleracea L. Gemmifera Group	抱子甘藍	*Cassia*	決明屬
		Cassia multijuga	小葉黃槐
Brassica oleracea L. Italica Group	青花菜	*Castanea sativa*	歐洲栗
		Catapodium rigidum	硬繩柄草
Brassica rapa	蕪菁（大頭菜）	*Cattleya aurantiaca*	橙紅嘉德麗亞蘭
Bulbophyllum mysorense	高止捲瓣蘭	*Cenchrus*	蒺藜草屬
Calla palustris	沼澤水芋	*Centella asiatica*	雷公根
Calliandra	粉撲花屬	*Centrolobium robustum*	粗刺片豆
Calligonum comosum	毛沙拐棗	*Ceratonia siliqua*	長角豆
Calophyllum inophyllum	瓊崖海棠	*Cerbera manghas*	海檬果
Camelina sativa	亞麻薺	*Chamaerops humilis*	叢櫚
Camellia japonica	茶花		

Champereia manillana	山柚	*Citrus sinensis*	柳丁
Chenopodium album	白藜	*Clarkia unguiculata*	山字草（爪蕊粉粧花）
Chenopodium bonus-henricus	歐野藜	*Clerodendron cyrtophyllum*	大青
Chenopodium quinoa	藜粟	*Cocos nucifera*	椰子
Chenopodium rubrum	紅葉藜	*Coffea arabica*	小果咖啡
Chionanthus retusus	流蘇	*Coffea canephora*	中果咖啡
Chloris	虎尾草屬	*Coffea congensis*	剛果咖啡
Chloris barbata	孟仁草	*Coffea dewevrei*	高產咖啡
Chrysanthemum	菊屬	*Cola nitida*	光亮可樂果
Chrysophyllum cainito	星蘋果	*Cooperia*	雨百合屬
Chrysopogon aciculatus	竹節草	*Coriandrum sativum*	芫荽
Cicer arietinum	雞兒豆（鷹嘴豆）	*Corydalis cava*	空心紫菫
Cichorium endiva	苦苣	*Corylus*	榛屬
Cinchona officinalis	金雞納樹	*Crataegus*	山楂屬
Cinnamomum camphora	樟	*Crepis capillaris*	絨毛還陽參
Cinnamomum osmophloeum	土肉桂	*Crinum asiaticum*	文殊蘭
Cinnamomum subavenium	香桂	*Crotalaria*	黃野百合屬
Cinnamomum zeylanicum	錫蘭肉桂	*Croton tiglium*	巴豆
Citrullus lanatus	西瓜	*Cucumis sativus*	胡瓜
Citrus	柑桔屬	*Cucurbita maxima*	印度南瓜
Citrus aurantifolia	萊姆	*Cucurbita pepo*	美國南瓜
Citrus aurantium	酸橙	*Curcurbita moschata*	南瓜
Citrus grandis	柚子	*Cuscuta*	菟絲子屬
Citrus limon	檸檬	*Cyamopsis psoraloides*	瓜爾豆
Citrus microcarpa	金桔	*Cycad*	蘇鐵屬
Citrus reticulata	橘	*Cyclamen persicum*	仙客來

Cyclobalanopsis gilva	赤皮	*Diploglottis diphyllostegia*	雙遮葉類酸豆木
Cyclobalanopsis glauca	青剛櫟	*Dipsacus fullonum*	起絨草
Cyclobalanopsis morii	森氏櫟	*Dipterocarpus kunstleri*	坤氏龍腦香
Cycnoches chlorochilon	綠天鵝蘭	*Durio zibethinus*	榴槤
Cymbidium bicolor	硬葉蘭	*Dypsis lutescens*	黃椰子
Cynodon dactylon	狗牙根	*Ecballium elaterium*	噴瓜
Cyperus	莎草屬	*Echinochloa*	稗屬
Cyrtococcum patens	弓果黍	*Echinochloa crus-galli*	稗子
Cysticapnos vesicaria	氣囊南非菫	*Ekebergia capensis*	好望角類岑棟
Dactylis	鴨茅屬	*Elaeis guineensis*	油棕
Dactylis glomerata	果園草	*Elaeocarpus serratus*	錫蘭橄欖
Dactyloctenium	龍爪茅屬	*Eleusine*	穇屬
Daphniphyllum glaucescens ssp. Oldhamii	奧氏虎皮楠	*Elytriga repens*	匍伏麥草
Datura alba	蔓陀羅	*Ephedra*	麻黃屬
Daucus carota	胡蘿蔔	*Epidendrum secundum*	樹蘭
Dendrobium	石斛蘭屬	*Epipogium aphyllum*	無葉上鬚蘭
Dendrobium insigne	華麗石斛蘭	*Eragrostis curvala*	彎葉畫眉草
Derris microphylla	小葉魚藤	*Eremochloa*	蜈蚣草屬
Desmodium paniculatum	錐花山螞蝗	*Erodium cicutarium*	芹葉牻牛兒苗
Desmodium pulchellum	排錢樹	*Erythonium*	豬牙花屬
Dianthus	石竹屬	*Erythrina*	刺桐屬
Dictyosperma album	網實椰子	*Erythrina caffra*	火炬刺桐
Digitalis purpurea	毛地黃	*Eucalyptus*	桉樹屬
Dioscorea	藷蕷屬	*Eucalyptus dunnii*	鄧恩桉
Diospyros blancoi	毛柿	*Eugenia*	蒲桃屬
Diospyros ferrea	象牙樹	*Euonymus*	衛矛屬
		Euphorbia lathyris	續隨子

Fagopyrum esculentum	蕎麥	*Gnetum gnemon*	顯軸買麻藤
Fagus sylvatica	歐洲水青岡	*Gossypium*	棉花屬
Festuca	羊茅屬	*Gossypium barbadense*	海島棉
Festuca arundinacea	高狐草	*Halophila ovalis*	卵葉鹽藻
Ficus	榕屬	*Helianthus annus*	向日葵
Firmiana simplex	青桐	*Helicia cochinchinensis*	紅葉樹
Forestiera acuminata	沼地類女貞	*Helicia formosana*	山龍眼
Fortunella	金柑屬	*Heracleum sphondylium*	椎獨活
Fragaria x ananassa	草莓	*Heritiera littoralis*	銀葉樹
Fraxinus	梣屬	*Hernandia sonora*	蓮葉桐
Fraxinus americana	美國白梣木	*Heteropogon contortus*	黃茅
Fraxinus excelsior	歐洲白臘樹	*Hevea brasiliensis*	巴西橡膠樹
Fraxinus griffithii	白雞油	*Holcus*	絨毛草屬
Fraxinus nigra	黑梣木	*Holcus lanatus*	絨毛草
Freesia	香雪蘭屬	*Hopea*	坡壘屬
Galanthus nivalis	雪花蓮	*Hordeum murinum*	鼠大麥
Galeola	山珊瑚屬	*Hordeum vulgare*	大麥
Garcinia gummi-gutta	柬埔寨山竹	*Hura crepitans*	沙盒樹
Garcinia mangostana	山竹	*Hyoscyamus niger*	莨菪
Gastrodia	赤劍屬	*Hyptis suavelens*	山香
Geranium	天竺葵屬	*Iberis*	屈曲花屬
Geranium pratense	草原老鸛草	*Ilex opaca*	齒葉冬青
Ginkgo biloba	銀杏	*Impatiens*	鳳仙花屬
Gleditsia	皂莢屬	*Impatiens devolii*	隸慕華鳳仙花
Glyceria	甜茅屬	*Impatiens glandulifera*	有腺鳳仙花
Glycine max	大豆	*Imperata cylindrica*	白茅
Gnetum	買麻藤屬	*Inga vera*	印加甜豆

Ipomoea aquatica	蕹菜	*Linum*	亞麻屬
Iris	鳶尾屬	*Linum usitatissimum*	亞麻
Ixeris	兔仔菜屬	*Liriodendron*	鵝掌楸屬
Jatropha curcas	麻瘋樹	*Litchi chinensis*	荔枝
Juglans	胡桃屬	*Litsea garciae*	蘭嶼木薑子
Juncus	燈心草屬	*Livistona chinensis*	蒲葵
Juncus prismatocarpus	錢蒲	*Lobelia*	山梗菜屬
Kalanchoe blossfeldiana	長壽花	*Lobelia erinus*	翠蝶花（六倍利）
Kandelia candel	水筆	*Lodoicea maldivica*	海椰子
Kingiodendrum pinnatum	斐濟豆	*Lolium*	黑麥草屬
Koelreuteria henryi	臺灣欒樹	*Lolium multiflorum*	義大利黑麥草
Lachnanthes	紅根屬	*Lophatherum gracile*	淡竹葉
Lactuca sativa	萵苣	*Lotus corniculatus*	百脈根
Lamium amplexicaule	寶蓋草	*Lupinus*	羽扇豆屬
Lamium purpureum	圓齒野芝麻	*Lupinus albus*	羽扇豆
Lansium	蘭撒果屬	*Lupinus arboreus*	叢羽扇豆
Leersia hexandra	李氏禾	*Lycopus europaeus*	歐洲地筍
Leersia oryzoides	類稻李氏禾	*Macadamia ternifolia*	澳洲核桃
Lens culinaris	扁豆	*Machilus*	楨楠屬
Lepidium virgincum	北美獨行菜	*Machilus thunbergii*	紅楠
Leptaspis formosana	囊桴竹	*Magnolia*	木蘭屬
Lepturus repens	細穗草	*Malus*	蘋果屬
Lilium formosanum	臺灣百合	*Malva rotundifolia*	圓葉錦葵
Limnanthes	澤花屬	*Mangifera indica*	芒果
Limnodea arkansana	阿肯色泥草	*Mansonia altissima*	曼森梧桐
Lindera communis	香葉樹	*Medicago lupulina*	天藍苜蓿
Lindera megaphylla	大葉釣樟	*Medicago sativa*	苜蓿

Medicago truncatula	蒺藜苜蓿	*Nigella damascena*	黑種草
Melandrium	女婁草屬	*Nigella sativa*	瘤果黑種草
Melandrium rubrum	紅女婁菜	*Nymphaea*	睡蓮屬
Melia azedarach	苦楝	*Ocimum basilicum*	九層塔
Melilotus indicus	印度草木樨	*Oenothera*	月見草屬
Mikania micrantha	小花曼澤蘭	*Oenothera biennis*	月見草
Mimosa	含羞草屬	*Oldenlandia corymbosa*	繖花龍吐珠
Momordica charantia	苦瓜	*Ononis*	芒柄花屬
Monochoria vaginalis	鴨舌草	*Oplismenus compositus*	竹葉草
Monotropa uniflora	單花錫杖花	*Opuntia*	仙人掌屬
Morus indica	桑椹	*Opuntia dillenii*	仙人掌
Morus rubra	紅桑椹	*Orobanche*	列當屬
Mucuna sloanei	史隆血藤	*Oryza*	稻屬
Murraya paniculata	月橘	*Oryza sativa*	稻／水稻
Musa	香蕉屬	*Oryzopsis*	落芒草屬
Myristica cagayanensis	蘭嶼肉豆蔻	*Oxyspora paniculata*	尖子木
Myristica fragrans	肉豆蔻	*Pachira aquatica*	馬拉巴栗
Najas flexilis	折葉茨藻	*Pachyrhizus erosu*	豆薯
Nelumbo nucifera	蓮（荷花）	*Paeonia*	牡丹屬
Nemophila insignis	大幌菊	*Palaquium formosanum*	大葉山欖
Nemophila menziesii	粉蝶花	*Panicum maximum*	大黍
Neoalsomitra integrifoliola	穿山龍	*Panicum miliaceum*	稷
Neolitsea aciculata var. variabillima	變葉新木薑子	*Papaver*	罌粟屬
		Papaver somniferum	罌粟
Neolitsea parvigemma	小芽新木薑子	*Paspalum conjugatum*	兩耳草
Nephelium lappaceum	紅毛丹	*Paspalum dilatatum*	毛花雀稗
Nicotiana tabacum	菸草	*Paspalum vaginatum*	海雀稗

Passiflora edulis	百香果		*Picea mariana*	黑雲杉
Pastinaca sativa	歐防風		*Pimpinella anisum*	大茴香
Paulownia x taiwaniana	臺灣泡桐		*Pinus*	松屬
Pennisetum	狼尾草屬		*Pinus densiflora*	日本赤松
Pennisetum glaucum	珍珠粟		*Pinus lambertiana*	糖松
Pennisetum purpureum	象草		*Pinus maximartinezii*	馬丁內斯松
Peperomia	椒草屬		*Pinus morrisonicola*	臺灣五葉松
Perilla frutescens	紫蘇		*Pinus pinea*	石松
Persea americana	酪梨		*Pinus ponderosa*	西黃松
Petroselinum crispum	香芹		*Pinus strobus*	白松
Petunia	矮牽牛屬		*Pinus sylvestris*	歐洲赤松
Phacelia tanacetifolia	蒿葉蜈蚣花		*Piper guineense*	幾內亞胡椒
Phalaenopsis amabilis var. formosa	臺灣蝴蝶蘭		*Piper nigrum*	胡椒
Phaseolus angularis	紅豆		*Pisum sativum*	豌豆（田豌豆）
Phaseolus coccineus	紅花菜豆		*Plantago*	車前草屬
Phaseolus lunatus	皇帝豆		*Poa annua*	早熟禾
Phaseolus multiflorus	多花菜豆		*Poa pratensis*	草地早熟禾
Phaseolus vulgaris	菜豆（敏豆）		*Poa trivialis*	粗莖早熟禾
Philydrum lanuginosum	田蔥		*Podocarpus*	羅漢松屬
Phoebe formosana	臺灣雅楠		*Podocarpus henkelii*	垂葉羅漢松
Phoenix hanceana	臺灣海棗		*Polygonum*	蓼屬
Phonix dactylifera	棗椰		*Polygonum aviculare*	萹蓄
Phragmites karka	開卡蘆		*Polygonum convolvulus*	卷莖蓼
Phytelephas macrocarpa	象牙棕		*Polygonum lappathifolium*	早苗蓼
Phytolacca americana	美洲商陸		*Polygonum persicaria*	春蓼
Picea abies	歐洲雲杉		*Poncirus*	枳殼屬
			Poncirus trifoliata	枸橘

Porteresia coarctata	叢集野稻	*Rudbeckia laciniata*	裂葉金光菊
Portulaca oleracea	馬齒莧	*Rumex crispus*	皺葉酸模
Primula	櫻草屬	*Rumex obtusifolius*	鈍葉酸模
Primula auricula	耳報春	*Saccharum officinarum*	甘蔗
Primula vialii	高穗報春	*Saccharum spontaneum*	甜根子草
Prunus	梅屬	*Salix alba*	白柳
Prunus amygdalus var. amara	苦扁桃	*Salix matsudana*	旱柳
Prunus dulcis	杏	*Salix warburgii*	水柳
Prunus persica	桃	*Salsola*	豬毛菜屬
Pseudotsuga menziesii	花旗松	*Salvia hispanica*	墨西哥鼠尾草
Psoralea corylifolia	補骨脂	*Salvia splendens*	一串紅
Ptelea trifoliata	三葉椒	*Sassafras randaiense*	臺灣檫樹
Pterodon emarginatus	無緣翅齒豆	*Schefflera octophylla*	鵝掌柴
Pyrus	梨屬	*Secale cereale*	黑麥
Quercus	櫟屬	*Senecio vulgaris*	歐洲黃菀
Quercus alba	白櫟	*Sequoia sempervirens*	美洲紅杉（世界爺）
Quercus nigra	水櫟	*Setaria italica*	小米
Quercus robur	夏櫟	*Shorea*	娑羅屬
Quercus rubra	紅櫟樹	*Simmondsia chinensis*	荷荷芭
Quercus spinosa	高山櫟	*Sinapis*	芥屬
Raphanus sativus	蘿蔔	*Sinapis alba*	白芥
Ravenala madagascariensis	旅人蕉	*Sinapis arvensis*	野田芥
Rhizophora mangle	美國紅樹	*Sisymbrium altissimum*	高拂娘蒿
Ricinus communis	蓖麻	*Solanum lycopersicum*	番茄
Rosa corymbifera	傘房薔薇	*Solanum melongena*	茄子
Roystonea regia	大王椰子	*Solanum rostratum*	壺萼刺茄

Solanum sarrachoides	毛龍葵	*Theobroma cacao*	可可樹
Solanum tuberosum	馬鈴薯	*Thevetia peruviana*	黃花夾竹桃
Soliva anthemifolia	假吐金菊	*Thlaspi*	菥蓂屬
Sorbus	花楸屬	*Thuarea involuta*	芻蕾草
Sorghum bicolor	高粱	*Thymus vulgaris*	百里香
Sorghum halepense	強生草	*Thysanolaena maxima*	箭竹茅
Sorghum sudanense	蘇丹草	*Tilia*	椴樹屬
Spinacia oleracea	菠菜	*Tillaea aquatica*	東爪草
Spinifex littoreus	濱刺草	*Tradescantia*	鴨跖草屬
Sporobolus	鼠尾粟屬	*Tradescantia paludosa*	沼澤鴨跖草
Sporobolus virginicus	鹽地鼠尾粟	*Tragopogon dubius*	山羊波羅門參
Stellaria media	繁縷	*Trapa natans*	菱角
Stipa	針茅屬	*Trema cannabina*	銳葉山黃麻
Striga asiatica	獨腳金	*Trifolium*	三葉草屬
Striga lutea	黃獨腳金	*Trifolium hybridium*	瑞典三葉草
Symphoricarpos racemosus	聚總毛核木	*Trifolium incarnatum*	茜紅三葉草
Syzygium	蒲桃屬	*Trifolium pratense*	紅三葉草
Taraxacum officinale	西洋蒲公英	*Trifolium repens*	白三葉草
Taxus baccata	歐洲紫杉	*Trifolium subterraneum*	地果三葉草
Taxus mairei	臺灣紅豆杉	*Trigonella foenum-gracecum*	葫蘆巴豆
Taxus sumatran	南洋紅豆杉	*Trillium undulatum*	波葉延齡草
Terminalia calamansanai	馬尼拉欖仁	*Trilliun*	延齡草屬
Terminalia catappa	欖仁	*Tripsacum fasciculatum*	瓜地馬拉草
Terminalia myriocarpa	千果欖仁	*Triticum aestivum*	小麥
Thalia dealbata	水竹芋	*Triticum durum*	硬粒小麥
Thaumastochloa	假蛇尾草屬	*Tulipa gesneriana*	鬱金香
Themeda caudata	苞子草	*Typha latifolia*	水蠟燭

Ulmus americana	美洲榆樹		*Zizania latifolia*	茭白筍
Vanilla planifolia	扁葉香莢蘭		*Zizania palustris*	沼菰
Vepris elliotti	艾氏鐵荊		*Ziziphus mauritiana*	印度棗
Verbascum	毛蕊花屬		*Zoysia matrella*	馬尼拉芝
Verbascum blattaria	毛瓣毛蕊花			
Verbascum thapsus	北非毛蕊花			
Verbena	美女櫻屬			
Veronica	婆婆納屬			
Viburnum	莢迷屬			
Viburnum luzonicum	呂宋莢迷			
Vicia faba	蠶豆			
Vicia sativa	野豌豆			
Vigna radiata	綠豆			
Vigna unguiculata	豇豆			
Viscum album	白果槲寄生			
Vitis vinifera	葡萄			
Wasabia japonica	山葵			
Washingtonia robusta	壯幹華盛頓棕櫚			
Wittrockia superba	積水鳳梨			
Xanthium pensylvanicum	南美蒼耳			
Xanthium struarium	蒼耳（羊帶來）			
Yucca	王蘭屬			
Zea mays	玉米			
Zelkova serrata	櫸樹			
Zephyranthes	蔥蘭屬			
Zeuxine sulcata	細葉線柱蘭			
Zizania aquatica	水菰			

圖表出處

第一章

圖 1-1　改自 Wikipedia。

圖 1-3　楊勝任、陳心怡，2004。楊勝任授權。

圖 1-5　仿自 Martin, 1946。

圖 1-6　近藤萬太郎，1933，下冊。

圖 1-7　Boesewinkel & Bouman, 1984. Springer 授權。

圖 1-8　彭淑貞授權。

圖 1-9　B 之左圖：彭淑貞授權。

圖 1-10　近藤萬太郎，1933，下冊。

圖 1-11　楊勝任、薛雅文，2002。楊勝任授權。

圖 1-12　Boesewinkel & Bouman, 1984. Springer 授權。

圖 1-13　Open Access Biomedical Image Search Engine.

圖 1-14　左圖：彭淑貞授權。右圖：陳函君繪。

圖 1-16　李勇毅等，2008。《中央研究院植物學彙刊》授權。

圖 1-17　彭淑貞授權。

第二章

圖 2-2　C 圖：Denardin & da Silva, 2009. Cristiane Casagrande Denardin 授權。

圖 2-3　Parker *et al.*, 2008. Springer 授權。

圖 2-4　左圖：http://www.cermav.cnrs.fr/lessons/starch/page.php.21.html。

圖 2-6　National Human Genome Research Institute.

圖 2-7　簡萬能，2004。《中央研究院植物學彙刊》授權。

圖 2-9　簡萬能，2004，《中央研究院植物學彙刊》授權。

表 2-1　編自 Schroeder *et al.*, 1974。

表 2-2　食品工業研究所。

表 2-3　Bewley & Black, 1978。

表 2-4　編自 Bewley & Black, 1978；與 Gueguen & Cerletti, 1994。

表 2-6　主要來自 Etzler, 1985。

表 2-7　Bewley & Black, 1978。

表 2-8　王文龍整理自加福均三等人在 1932-1938 年陸續發表的〈臺灣産植物種子油の研究〉，發表於《食品工業》, 15(2): 24-30, 1983。

表 2-9　主要取自 Bewley & Black, 1978。

表 2-10　Roberts, 1972.

表 2-13　Gorial & O'Callaghan, 1990.

第三章

圖 3-1　Marinos, 1970. Springer 授權。

圖 3-2　Xu & Bewley, 1992. Springer 授權。

圖 3-3　取自 Itoh *et al.*, 2005. Oxford University Press 授權。

圖 3-4　http://www.dtpfs.org.uk/phd_project/post-anthesis-heat-stress-in-wheat-is-the-reduction-in-grain-size-a-consequence-of-premature-maturation-of-the-outer-layers-of-the-grain/。

表 3-1　Egli, 1981.

表 3-2　Singh, 1982.

第四章

圖 4-4　Willan, 1985.

圖 4-6　修改自 http://agritech.tnau.ac.in/horticulture/Comparison_of_Early_and_Late_Germination.jpg。

圖 4-7　高橋秀幸，http://iss.jaxa.jp/shuttle/flight/sts95/pict/sts95_takahashi_exp2.jpg。

圖 4-8　改自 http://www.seedbiology.de/structure.asp。承 Professor Gerhard Leubner 授權。

圖 4-9　彭淑貞授權。

圖 4-10　周玲勤、張喜寧，2004。《中央研究院植物學彙刊》授權。

圖 4-11　Chen & Kuo, 1995.

圖 4-12　繪自 Chen & Kuo, 1995。

圖 4-13　Kuo & Tarn, 1988.

圖 4-14　Okamoto *et al.*, 1982. American Society of Plant Biologists 授權。

表 4-1　Splittstoesser, 1990.

表 4-2　Doneen *et al.*, 1943.

表 4-3　節自 Corbineau & Côme, 1995。

表 4-4　主要來自 Bewley *et al.*, 2012, ch.5。

第五章

圖 5-1　彭淑貞授權。

圖 5-2　沈書甄，2002。黃玲瓏授權。

圖 5-5　數據來自陳博惠，1995。

圖 5-6　Kuo, 1994.

圖 5-7　Thompson, 1974. Oxford University Press 授權。

圖 5-8　Flint & McAlister, 1937.

圖 5-9　Borthwick *et al.*, 1952.

圖 5-11　Gardner & Briggs, 1974. John Wiley and Sons 授權。

圖 5-12　Cone *et al.*, 1985. John Wiley and Sons 授權。

圖 5-13　改自 http://www.photobiology.info/Chalker-Scott.html。Dr. Linda Chalker-Scott 授權。

圖 5-14　Cresswell & Grime, 1981. Nature Publishing Group 授權。

圖 5-15　Anwar Khan, 1975.

表 5-2　Borthwick *et al.*, 1952.

表 5-3　Smith, 1975.

表 5-4　Smith, 1975.

第六章

圖 6-4　Roberts *et al.*, 1967. Society for Experimental Biology 授權。

圖 6-5　Kranner *et al.*, 2011. Springer 授權。

圖 6-6　Hong & Ellis, 1996.

表 6-1　摘自 Tweddle *et al*., 2003.

表 6-2　摘自 Tweddle *et al*., 2003.

表 6-3　甜瓜（郭華仁，1991）、高粱（郭華仁等，1990），以外見 Hong *et al*., 1998。

第七章

圖 7-1　陳函君繪。

圖 7-2　攝於馬來西亞沙巴 kinabalu 國家公園內的植物園。

圖 7-3　Chen & Kuo, 1999.

圖 7-5　Probert, 2001. CAB International 授權。

圖 7-6　重繪自楊軒昂，2001。

表 7-1　郭華仁，2004a。

表 7-2　郭華仁，2004a。

第八章

圖 8-1　數據來自 ISF 網站。

表 8-1　數據來自 ISF 網站。

表 8-2　數據來自 ISF 網站。

表 8-3　ETC Group, 2013.

第九章

圖 9-2　陳函君繪。

圖 9-3　Ms Wendy Shu, https://www.icmag.com/ic/showthread.php?t=90236.

第十章

圖 10-1　Westrup 出品，實驗室型號 LA-H。

圖 10-2　美國專利 4,991,721。

圖 10-3　Madsen & Langkilde, 1987.

第十一章

第十二章

索　引

六畫

十一畫

十二畫

十七畫

國家圖書館出版品預行編目(CIP)資料

種子學／郭華仁著. -- 初版. -- 臺北市：臺大出版中心出版：
臺大發行, 2015.11
面；　公分
ISBN 978-986-350-113-8（平裝）

1. 種子

371.75　　　　　　　　　　　　　　　　　　104022382

種子學

作　　　者　郭華仁

總　　　監　項　潔
責任編輯　蔡忠穎
文字編輯　阮慧敏
封面設計　張瑜卿
版型設計　陳宛琳
內文編排　黃秋玲

發 行 人　楊泮池
發 行 所　國立臺灣大學
出 版 者　國立臺灣大學出版中心
法律顧問　賴文智律師
印　　製　全凱數位資訊有限公司
出版年月　2015年11月初版
　　　　　2016年5月初版三刷
定　　價　新臺幣450元整

展 售 處　國立臺灣大學出版中心
　　　　　臺北市10617羅斯福路四段1號
　　　　　電話：(02) 2365-9286　　　　　傳真：(02) 2363-6905
　　　　　臺北市10087思源街18號澄思樓1樓
　　　　　電話：(02) 3366-3991~3分機18　傳真：(02) 3366-9986
　　　　　E-mail：ntuprs@ntu.edu.tw　　　http://www.press.ntu.edu.tw

　　　　　國家書店松江門市
　　　　　臺北市10485松江路209號1樓　　　電話：(02) 2518-0207
　　　　　國家網路書店　　　　　　　　　　http://www.govbooks.com.tw

ISBN：978-986-350-113-8
GPN：1010402035